21世纪数学教育信息化精品教材

大学数学立体化教材

微积分（上册）

（经管类·第五版）

⊙吴赣昌　主编

U0386293

中国人民大学出版社
·北京·

内容简介

　　本书根据高等院校普通本科经管类专业微积分课程的最新教学大纲及考研大纲编写而成，并在第四版的基础上进行了重大修订和完善（详见本书前言）。本书包含函数与极限、一元微分学、一元积分学等内容模块，并特别加强了数学建模与数学实验教学环节。

　　本"书"远非传统意义上的书，作为立体化教材，它包含线下的"书"和线上的"服务"两部分。其中线上的"服务"用以下两种形式提供：一是书中各处的二维码，用户通过手机或平板电脑等移动端扫码即可使用；二是在本书的封面上提供的网络账号，用户通过它即可登录与本书配套建设的网络学习空间。

　　网络学习空间中包含与本书配套的在线学习系统，该系统在内容结构上包含教材中每节的教学内容及相关知识扩展、教学例题及综合进阶典型题详解、数学实验及其详解、习题及其详解等，并为每章增加了综合训练，其中包含每章的总结、题型分析及其详解、历届考研真题及其详解等。该系统采用交互式多媒体化建设，并支持用户间在线求助与答疑，为用户自主式高效率地学习奠定基础。

　　本书可作为高等院校经济、管理等非数学本科专业的基础数学教材，并可作为上述各专业领域读者的教学参考书。

前　　言

　　大学数学是自然科学的基本语言，是应用模式探索现实世界物质运动机理的主要手段．对于大学非数学专业的学生而言，大学数学的教育，其意义则远不仅仅是学习一种专业的工具而已．中外大量的教育实践事实充分显示了：优秀的数学教育，乃是一种人的理性的思维品格和思辨能力的培养，是聪明智慧的启迪，是潜在的能动性与创造力的开发，其价值是远非一般的专业技术教育所能相提并论的．

　　随着我国高等教育自1999年开始迅速扩大招生规模，至2009年的短短十年间，我国高等教育实现了从精英教育到大众化教育的过渡，走完了其他国家需要三五十年甚至更长时间才能走完的道路．教育规模的迅速扩张，给我国的高等教育带来了一系列的变化、问题与挑战．大学数学的教育问题首当其冲受到影响．大学数学教育过去是面向少数精英的教育，由于学科的特点，数学教育呈现几十年甚至上百年一贯制，仍处于经典状态．当前大学数学课程的教学效果不尽如人意，概括起来主要表现在以下两方面：一是教材建设仍然停留在传统模式上，未能适应新的社会需求．传统的大学数学教材过分追求逻辑的严密性和理论体系的完整性，重理论而轻实践，剥离了概念、原理和范例的几何背景与现实意义，导致教学内容过于抽象，也不利于与后续课程教学的衔接，进而造成了学生"学不会，用不了"的尴尬局面．二是在信息技术及其终端产品迅猛发展的今天，在大学数学教育领域，信息技术的应用远没有在其他领域活跃，其主要原因是：在教材和教学建设中没能把信息技术及其终端产品与大学数学教学的内容特点有效地整合起来．

　　作者主编的"大学数学立体化教材"，最初脱胎于作者在2000—2004年研发的"大学数学多媒体教学系统"．2006年，作者与中国人民大学出版社达成合作，出版了该系列教材的第一版，合作期间，该系列教材经历多次改版，并于2011年出版了第四版，具体包括：面向普通本科理工类、经管类与纯文科类的完整版系列教材；面向普通本科部分专业和三本院校理工类与经管类的简明版系列教材；面向高职高专院校理工类与经管类的高职高专版系列教材．在上述第四版及相关系列教材中，作者加强了对大学数学相关教学内容中重要概念的引入、重要数学方法的应用、典型数学模型的建立、著名数学家及其贡献等方面的介绍，丰富了教材内涵，初步形成了该系列教材的特色．令人感到欣慰的是，自2006年以来，"大学数学立体化教材"已先后被国内数百所高等院校广泛采用，并对大学数学的教育改革起到了积极的推动作用．

　　2017年，距2011年的改版又过去了6年．而在这6年时间里，随着移动无线通信技术(如3G、4G等)、宽带无线接入技术(如Wi-Fi等)和移动终端设备(如智能手机、平板电脑等)的飞速发展，那些以往必须在电脑上安装运行的计算软件，如今在普通的智能手机和平板电脑上通过移动互联网接入即可流畅运行，这为各类教育信息化产品的服务向前延伸奠定了基础.

作者本次启动的"大学数学立体化教材"(第五版)的改版工作，旨在充分利用移动互联网、移动终端设备与相关信息技术软件为教材用户提供更优质的学习内容、实验案例与交互环境.顺利实现这一宗旨，还得益于作者主持的数苑团队的另一项工作成果：公式图形可视化在线编辑计算软件.该软件于2010年研发成功时，仅支持在Win系统电脑中通过IE类浏览器运行.2014年10月底，万维网联盟(W3C)组织正式发布并推荐了跨系统与跨浏览器的HTML5.0标准.为此，数苑团队通过最近几年的努力，也实现了相关技术突破.如今，数苑团队研发的公式图形可视化在线编辑计算软件已支持在各类操作系统的电脑和移动终端(包括智能手机、平板电脑等)上运行于不同的浏览器中，这为我们接下来的教材改版工作奠定了基础.

作者本次"大学数学立体化教材"(第五版)的改版具体包括：面向普通本科院校的"理工类·第五版""经管类·第五版"与"纯文科类·第四版"；面向普通本科少学时或三本院校的"理工类·简明版·第五版""经管类·简明版·第五版"与"综合类·应用型本科版"合订本；面向高职高专院校的"理工类·高职高专版·第四版""经管类·高职高专版·第四版"与"综合类·高职高专版·第三版".

本次改版的指导思想是：为帮助教材用户更好地理解教材中的重要概念、定理、方法及其应用，设计了大量相应的数学实验.实验内容包括：数值计算实验、函数计算实验、符号计算实验、2D函数图形实验、3D函数图形实验、矩阵运算实验、随机数生成实验、统计分布实验、线性回归实验、数学建模实验等.相比教材正文所举示例，这些实验设计的复杂程度更高、数据规模更大、实用意义也更大.本系列教材于2017年改版修订的各个版本均包含了针对相应课程内容的数学实验，其中的大部分都在教材内容页面上提供了对应的二维码，用户通过微信扫码功能扫描指定的二维码，即可进行相应的数学实验，而完整的数学实验内容则呈现在教材配套的网络学习空间中.

大学数学按课程模块分为高等数学(微积分)、线性代数、概率论与数理统计三大模块，各课程的改版情况简介如下：

高等数学课程：函数是高等数学的主要研究对象,函数的表示法包括解析法、图像法与表格法.以往受计算分析工具的限制,人们对函数的解析表示、图像表示与数表表示之间的关系往往难以把握,大大影响了学习者对函数概念的理解.为了弥补这方面缺失,欧美发达国家的大学数学教材一般都补充了大量流程分析式的图像说明,因而其教材的厚度与内涵也远较国内的厚重.有鉴于此,在高等数学课程的数学实验中,我们首先就函数计算与函数图形计算方面设计了一系列的数学实验,包括函数值计算实验、不同坐标系下2D函数的图形计算实验和3D函数的图形计算实验等,实验中的函数模型较教材正文中的示例更复杂,但借助微信扫码功能可即时实现重复实验与修改实验.其次,针对定积分、重积分与级数的教学内容设计了一系列求和、多重求和、级数展开与逼近的数学实验. 此外, 还根据相应教学内容的需求, 设计了一系列数值计算实验、符号计算实验与数学建模实验. 这些数学实验有助于用户加深对高等数学中基本概念、定理与思想方法的理解, 让他们通过对量变到质变过程的观察, 更深刻地理解数学中近似与精确、量变与质变之间的辩证关系.

线性代数课程: 矩阵实质上就是一张长方形数表, 它是研究线性变换、向量组线性相关性、线性方程组的解、二次型以及线性空间的不可替代的工具. 因此, 在线性代数课程的数学实验设计中, 首先就矩阵基于行 (列) 向量组的初等变换运算设计了一系列数学实验, 其中矩阵的规模大多为 6~10 阶的, 有助于帮助用户更好地理解矩阵与其行阶梯形、行最简形和标准形矩阵间的关系. 进而为矩阵的秩、向量组线性相关性、线性方程组及其应用、矩阵的特征值及其应用、二次型等教学内容分别设计了一系列相应的数学实验. 此外, 还根据教学的需要设计了部分数值计算实验和符号计算实验, 加强用户对线性代数核心内容的理解, 拓展用户解决相关实际应用问题的能力.

概率论与数理统计课程: 本课程是从数量化的角度来研究现实世界中的随机现象及其统计规律性的一门学科. 因此, 在概率论与数理统计课程的数学实验中, 我们首先设计了一系列服从均匀分布、正态分布、0-1 分布与二项分布的随机试验, 让用户通过软件的仿真模拟试验更好地理解随机现象及其统计规律性. 其次, 基于计算软件设计了常用统计分布表查表实验, 包括泊松分布查表、标准正态分布函数查表、标准正态分布查表、t 分布查表、F 分布查表与卡方分布查表等. 再次, 还设计了针对数组的排序、分组、直方图与经验分布图的一系列数学实验. 最后, 针对经验数据的散点图与线性回归设计了一系列数学实验. 这些数学实验将会在帮助用户加深对概率论与数理统计课程核心内容的理解、拓展解决相关实际应用问题的能力上起到积极作用.

致用户

作者主编的 "大学数学立体化教材" (第五版) 及 2017 年改版的每本教材, 均包含了与相应教材配套的网络学习空间服务. 用户通过教材封面下方提供的网络学习空间的网址、账号和密码, 即可登录相应的网络学习空间. 网络学习空间提供了远较纸质教材更为丰富的教学内容、教学动画以及教学内容间的交互链接, 提供了教材中所有习题的解答过程. 在所有内容与习题页面的下方, 均提供了用户间的在线交互讨论功能, 作者主持的数苑团队也将在该网络学习空间中为你服务. 使用微信扫码功能扫描教材封面提供的二维码, 绑定微信号, 你即可通过扫描教材内容页面提供的二维码进行相关的数学实验.

在你进入高校后即将学习的所有大学课程中, 就提高你的学习基础、提升你的学习能力、培养你的科学素质和创新能力而言, 大学数学是最有用且最值得你努力的课程. 事实上, 像微积分、线性代数、概率论与数理统计这些大学数学基础课程,你无论怎样评价其重要性都不为过，而学好这些大学数学基础课程，你将终生受益.

主动把握好从"学数学"到"做数学"的转变，这一点在大学数学的学习中尤为重要，不要以为你在课堂教学过程中听懂了就等于学到了，事实上，你需要在课后花更多的时间去主动学习、训练与实验，才能真正掌握所学知识.

致教师

使用本系列教材的教师，请登录数苑网"大学数学立体化教材"栏目：

http://www.sciyard.com/dxsx

作者主持的数苑团队在那里为你免费提供与本系列教材配套的教学课件系统及相关的备课资源，它们是作者团队十余年积累与提升的成果. 与本系列教材配套建设的信息化系统平台包括在线学习平台、试题库系统、在线考试及其预约管理系统等，感兴趣和有需要的用户可进一步通过数苑网的在线客服联系咨询.

正如美国《托马斯微积分》的作者 G.B.Thomas 教授指出的，"一套教材不能构成一门课；教师和学生在一起才能构成一门课"，教材只是支持这门课程的信息资源. 教材是死的，课程是活的. 课程是教师和学生共同组成的一个相互作用的整体，只有真正做到以学生为中心，处处为学生着想，并充分发挥教师的核心指导作用，才能使之成为富有成效的课程. 而本系列教材及其配套的信息化建设将为教学双方在教、学、考各方面提供充分的支持，帮助教师在教学过程中发挥其才华，帮助学生富有成效地学习.

作　者
2017 年 3 月 28 日

目　录

第 4 章　不定积分

第 5 章　定积分及其应用

附　录

习题答案

绪　言

考虑到数学有无穷多的主题内容，数学，甚至是现代数学也是处于婴儿时期的一门科学．如果文明继续发展，那么在今后两千年，人类思维中压倒一切的新特点就是数学悟性要占统治地位．

—— A.N. 怀海德

一、为什么学数学

大学数学（包括高等数学、线性代数、概率论与数理统计）是高等院校理工类、经管类、农林类与医药类等各专业的公共基础课程．如今，即使以往一般不学数学的纯文科类专业也普遍开设了大学数学课程．为什么现在对它的学习受到如此大的重视？具体来说，大致有以下两方面的原因：

首先是因为当代数学及其应用的发展．进入20世纪以后，数学向更加抽象的方向发展，各个学科更加系统化和结构化，数学的各个分支学科之间交叉渗透，彼此的界限已经逐渐模糊．时至今日，数学学科的所有分支都或多或少地联系在一起，形成了一个复杂的、相互关联的网络．纯粹数学和应用数学一度存在的分歧在更高的层面上趋于缓和，并走向协调发展．总而言之，数学科学日益走向综合，现在已经形成了一个包含上百个分支学科、各学科相互交融渗透的庞大的科学体系，这充分显示了数学科学的统一性．

数学与其他学科之间的交叉、渗透与相互作用，既使得数学领域在深度和广度上进一步扩大，又促进了众多新兴的交叉学科与边缘学科的蓬勃发展，如金融数学、生物数学、控制数学、定量社会学、数理语言学、计量史学、军事运筹学，等等．这种交融大大促进了各相关学科的发展，使得数学的应用无处不在．20世纪下半叶，数学与计算机技术的结合产生了数学技术．数学技术的迅速兴起，使得数学对社会进步所起的作用从幕后走向台前．计算机的迅速发展和普及，不仅为数学提供了强大的技术手段，也极大地改变了数学的研究方法和思维模式．所谓数学技术，就是数学的思想方法与当代计算机技术相结合而成的一种高级的、可实现的技术．数学的思想方法是数学技术的灵魂，拿掉它，数学技术就只剩下一个空壳．数学技术对于人类社会的现代化起着极大的推动作用．正是在这个意义上，联合国教科文组织把21世纪的第一年定为"世界数学年"，并指出"纯粹数学与应用数学是理解世界及其发展的一把主要钥匙"．

其次是因为数学能够很好地培养人的理性思维．数学除了是科学的基础和工具外，还是一种十分重要的思维方式与文化精神．美国国家研究委员会在一份题为《人人关心数学教育的未来》的研究报告中指出："除了定理和理论外，数学提供了有特色的思考方式，包括建立模型、抽象化、最优化、逻辑分析、由数据进行推断以及符号运算等．它们是普遍适用的、强有力的思考方式．应用这些数学思考方式的经验构成了数学能力 —— 在当今这个技术时代里日益重要的一种智力．它使人们能批判地阅读，能识别谬误，能探索偏见，能估计风险，能提出变通办法．数学能使我们更好地了解我们生活在其中的充满信息的世界．"数学在形成人类的理性思维方面起着核心作用，而我国的传统文化教育在这方面恰恰是不足的．一位西方数学史家曾说过："我们讲授数学不只是要教涉及量的推理，不只是把它作为科学的语言来讲授 —— 虽然这些都很重要 —— 而且要让人们知道，如果不从数学在西方思想史上所起的重要作用方面来了解它，就不可能完全理解人文科学、自然科学、人的所有创造和人类世界．"

二、数学是什么

《数学是什么》是 20 世纪著名数学家柯朗(R. Courant)的名著．每一个受过教育的人都不会认为自己不知道数学是什么，但是每个读过这本书的人都受益匪浅．人们了解数学是通过阅读有关算术、代数、几何与微积分等方面的教材和著作，知道数学的一些内容．但这只是数学极小的一部分．柯朗认为，数学教育应该使人了解数学在人类认识自己和认识自然中所起的作用，而不只是一些数学理论和公式．

凡是学过数学的人都能领略到它的特点——理论抽象、逻辑严密，从而显示出一种其他学科无法比拟的精确和可靠．但人们更需要了解的是数学对整个人类文明的重要影响．回顾人类的文明史，2 500 年来，人们一直在利用数学追求真理，而且成就辉煌．数学使人类充满自信，因为由此能够俯视世界、探索宇宙．人类改变世界和自身所依赖的是科学，而科学之所以能实现人的意志是因为**科学的数学化**．马克思曾说过："一门科学，只有当它成功地运用数学时，才能达到真正完善的地步．"一百多年前，成功地由数学完善其理论的不过是力学、天文学和某些物理学的分支，化学很少用到数学，生物学与数学毫无关系．而现在就完全不同了，几乎所有科学，不仅是自然科学，而且包括社会科学和人文科学的各个领域，都正在大量应用数学理论．这正是 20 世纪人类社会和自然面貌迅速改变的原因．我们还可以回顾一下，在人类进入近代文明之前，对于现实世界的认识和描述大多是定性的，诸如"日月星辰绕地球旋转""重的物体比轻的物体下落得快"，等等．而现在的科学则要求定量地知道，一个物体以什么速度沿什么轨道运行，怎样准确无误把人送到月球上指定的地点，等等．一个科学理论必须经得起反复的观察验证，而且可以精确地预言即将出现的事物和现象，只有这样才能按照人的意志改造客观世界．不论是验证还是预言，都需要有定量的标准，这就要求科学数学化．现在，数学化了的科学已经渗透到社会所有领域的各个层面，人类可以在大范围内预报中长期的气象，可以预测一个地区、一个国家甚至全世界的经济前景．这是因为现在对于这些看似纷乱的现象已经可以建立数学模型，然后经过演算和推理就能得出人们想知道的结论．金融、保险、教育、人口、资源、遗传，甚至语言、历史、文学都不同程度地采用数学方法，许多领域的科学论文都以它所使用的数学工具作为重要的评估标准之一．电视、通信、摄影技术正在数字化，其目的在于通过计算机技术更准确细微地反映图像、声音．甚至计算歌星与球队的排名都有许多方法．因此有人说："一个国家的科学水平可以用它消耗的数学来度量．"

　　20世纪初期，科学的深刻变化促使人们从哲学高度进行反思，从整个文明发展进程的角度来加以总结，并认识到：数学是一种语言，它精确地描述着自然界和人类自身；数学是一种工具，它普遍地适用于所有科学领域；数学是一种精神，它理性地促使人类的思维日臻完善；数学是一种文化，它决定性地影响着人类的物质文明和精神文明的各个方面．

三、数学科学的形成与发展

　　当人类试图按照自己的意志来支配和改造自然界时，就需要用数学的方法来构想、描述和落实，因此，在人类文明之初就诞生了数学．古代的巴比伦、埃及、中国、希腊和印度在数学上都有重要的创新，不过从现代意义上说，数学形成于古希腊．著名的欧几里得几何学是第一个成熟的数学分支．相比于欧几里得几何学，其他文明中的数学并未形成一个独立的体系，也没有形成一套方法，而是表现为一系列相互无关的、用于解决日常问题的规则，诸如历法推算和用于农业与商业的数学法则等．这些法则如同人类的其他知识一样是源于经验归纳，因此往往只是近似正确的．例如，有许多像"径一周三"这样以三表示圆周率的命题．欧几里得几何学则完全不同，它是一个逻辑严密的庞大体系，仅从10条公理出发，就推导出487个命题，采用的是与归纳思维法相反的演绎推理法．归纳法是由特殊现象归纳出一般规律的思维方法，而演绎法则正好相反，它从已有的一般结论推导出特殊命题．例如，假定有"一个运用数学的学科是成熟的学科"这样一个公认正确的一般结论，即所谓的大前提；"物理学运用了数学"是一个特殊的命题，即所谓的小前提；由以上两点可以得出结论："物理学是成熟的学科"．这就是常说的"三段论"逻辑．演绎法就运用了这样的逻辑，其主要特征是在前提正确的情况下，结论一定正确．意识到逻辑推理的作用是古希腊文明对人类的一项巨大贡献．

　　在希腊被罗马帝国统治之后，希腊的数学研究中断了将近2 000年．在与罗马的历史平行的1 100年间，希腊没有出现过一位数学家．他们夸耀自己讲究实际，兴建过许多庞大的工程．但是过于务实的文化不能产生深刻的数学．在那之后统治欧洲的基督教提倡为心灵作好准备，以便死后去天国，对于现实的物理世界缺乏兴趣．这一时期，数学在中国、印度和阿拉伯地区继续发展，也有许多重要的创新．但是这些古代文明不像希腊文明那样追求绝对可靠的真理，因此没有形成大规模的理论结构体系. 例如, 著名的数学家祖冲之提出的圆周密率领先欧洲 1 000 多年, 但是他没有给出推导密率的理论依据.

被罗马帝国和基督教逐出的希腊文明, 在 1 000 多年后重返欧洲. 当时, 教会仍然主宰一切, 真理只存在于《圣经》之中. 饱受压抑而善于思索的学者们看清了希腊文明远比教会高明, 于是他们立即接受了这份遗产, 特别是 "世界按数学设计" 的信念. 哥白尼经过多年的观察和计算, 创立了日心说, 认定太阳才是宇宙的中心, 而不是地球. 日心说不仅改变了那个时代人类对宇宙的认识, 而且动摇了宗教的基本教义: 上帝把最珍爱的创造物 —— 人类安置在宇宙的中心 —— 地球. 日心说是近代科学的开端, 而科学正是现代社会的标志. 科学使处于低水平的西欧文明迅速崛起, 短短两三百年后领先于全世界.

在这之后, 科学发展具有决定性意义的一步是由伽利略 (G. Galileo) 迈出、由牛顿完成的, 这就是**科学的数学化**. 伽利略认为, 基本原理必须源于经验和实验, 而不是智慧的大脑. 这是革命性的关键的一步, **它开辟了近代实验科学的新纪元**. 人脑可以提供假设, 但假设和猜想必须通过检验. 哥白尼的日心说如此, 牛顿的万有引力定律如此, 爱因斯坦的相对论也是如此. 为了使科学理论得以反复验证, 伽利略认为科学必须数学化, 他要求人们不要用定性的模糊的命题来解释现象, 而要追求定量的数学描述, 因为数量是可以反复验证和精确测定的. **追求数学描述而不顾物理原因是现代科学的特征**.

17 世纪 60 年代, 牛顿用这种新的方法论取得了辉煌的成功, 以至几乎所有科学家都立即接受了这种方法, 并取得了丰硕的成果. 这种方法称为西欧工业革命的科学基础. 牛顿决心找出宇宙的一般法则, 他提出了著名的力学三定律和万有引力定律. 然后用他发明的微积分方法, 经过复杂的计算和演绎, 既导出了地球上物体的运动规律, 也导出了太空中物体的运动规律, 统一了宇宙中的各种运动, 而这些都是由数学推导完成的, 从而引起了巨大的轰动. 17 世纪的伟大学者们发现了一个量化了的世界, 这就是繁荣至今的科学数学化的开始.

牛顿的广泛的研究方向, 以及他和莱布尼茨 (G. W. Leibniz) 共同创造的微积分, 成为从那以后的 100 多年间科学家研究的课题. 由于追求量化的结论, 当时的科学家都是数学家, 而伟大的数学家也毫无例外地都是科学家. 科学家寻求一个量化的世界的努力一直延续至今, 他们的主要目标不再是解释自然, 而是为了作出预测, 以便实现各种理想和愿望. 在这个过程中, 以几何为基础的数学, 重心转移到了代数、微积分及其各种数量关系的后续分支上.

代数成为一门学科可以认为开始于韦达 (F. Viète) 的研究. 在此之前, 代数是用文字表示的一些应用问题, 只不过是一些实用的方法和计算的 "艺术", 没有自己的理论. 韦达的功绩是用一整套符号表示代数中的已知量、未知量和运算. 这使得代数问题可以抽象归结为符号算式, 这样就脱离了它的具体背景, 然后根据一整套规定的法则作恒等变形, 直至求出答案. 后来, 笛卡儿 (R. Descartes) 用坐标方法把点表示为坐标，把曲线表示为方程，实现了几何对象的代数化．传统的几何问题都可以量化为代数方程来求解．

代数方法是机械的，思路明确简单，不像几何问题那样需要机智巧妙的处理．那个时期，笛卡儿实际上已经洞察到了代数将使数学机械化，使得数学创造变成一项几乎自动化的工作．等到牛顿，尤其是莱布尼茨把微积分也像代数一样形式化并解决了大量科学问题之后，符号化的定量数学终于取代了几何学，成为数学的基础．20世纪中叶计算机出现以后，数学机械化的思想得以广泛应用于解决各个领域的实际问题，而借助于计算机工具，数学也越来越深入社会生活的各个领域．

四、结语

古往今来对数学做了开创性工作的大数学家，其创造动机都不是追求物质，而是追求一种理想，或是为了揭开自然的奥秘，或是出于某种哲学信念．数学是一种理想，为理想而奋斗才有力量．数学是人类智慧的杰出结晶，是人脑最富创造性的产物．与文学、艺术、音乐等创造有共同之处的是，指引数学创造的是数学家的一种审美直觉．数学是介于自然科学与人文科学之间的一种特殊学科，是影响人类文化全局的一种文化现象．每一个时代的总的特征与这个时代的数学活动密切相关．著名的数学史家克莱因(M. Klein)曾以抒情的笔调写道："音乐能激起或平静人的心灵，绘画能愉悦人的视觉，诗歌能激发人的感情，哲学能使思想得到满足，工程技术能改善人的物质生活，而数学则能做到所有这一切。"

第1章 函数、极限与连续

函数是现代数学的基本概念之一，是微积分的主要研究对象. 极限概念是微积分的理论基础，极限方法是微积分的基本分析方法. 因此，掌握、运用好极限方法是学好微积分的关键. 连续是函数的一个重要性态. 本章将介绍函数、极限与连续的基本知识和有关的基本方法，为今后的学习打下必要的基础.

§1.1 函　　数

在现实世界中，一切事物都在一定的空间中运动着. 17 世纪初，数学首先从对运动(如天文、航海等问题)的研究中引出了函数这个基本概念. 在那以后的 200 多年里，这个概念几乎在所有的科学研究工作中占据了中心位置.

本节将介绍函数的概念、函数关系的构建与函数的特性.

一、实数与区间

公元前 3 000 年以前，人类的祖先最先认识的数是自然数 1, 2, 3, …. 从那以后，伴随着人类文明的发展，数的范围不断扩展，这种扩展一方面与社会实践的需要有关，另一方面与数的运算需要有关. 这里我们仅就数的运算需要做些解释，例如，在自然数的范围内，对于加法和乘法运算是封闭的，即两个自然数的和与积仍是自然数. 然而，两个自然数的差就不一定是自然数了. 为使自然数对于减法运算封闭，就引进了负数和零，这样，人类对数的认识就从自然数扩展到了整数. 在整数范围内，加法运算、乘法运算与减法运算都是封闭的，但两个整数的商又不一定是整数了. 探索使整数对于除法运算也封闭的数的集合，导致了整数集向有理数集的扩展.

任意一个有理数均可表示成 $\dfrac{p}{q}$ (其中 p, q 为整数，且 $q \neq 0$)，与整数相比较，有理数具有整数所不具有的良好性质，例如，任意两个有理数之间都包含着无穷多个有理数，此即所谓的有理数集的**稠密性**；又如，任一有理数均可在数轴上找到唯一的对应点(称其为**有理点**)，而在数轴上有理点是从左到右按大小次序排列的，此即所谓的有理数集的**有序性**.

虽然有理点在数轴上是稠密的，但它并没有充满整个数轴. 例如，对于边长为 1

的正方形，假设其对角线长为 x（见图 1-1-1），则由勾股

定理，有 $x^2 = 2$，解此方程，得 $x = \sqrt{2}$，虽然这个点确定

地落在数轴上，但在数轴上却找不到一个有理点与它相

对应，这说明在数轴上除了有理点外还有许多空隙，同

时也说明了有理数尽管很稠密，但是并不具有连续性.

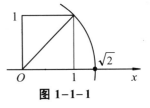

图 1-1-1

我们把这些空隙处的点称为**无理点**，把无理点对应的数称为**无理数**. 无理数是无限

不循环的小数，如 $\sqrt{2}$，π，等等.

　　有理数与无理数的全体称为**实数**，这样就把有理数集扩展到了实数集. 实数集

不仅对于四则运算是封闭的，而且对于开方运算也是封闭的. 可以证明，实数点能铺

满整个数轴，而不会留下任何空隙，此即所谓的实数的**连续性**. 数学家完全弄清实

数及其相关理论，已是 19 世纪的事情了.

　　由于任给一个实数，在数轴上就有唯一的点与它相对应；反之，数轴上任意的

一个点也对应着唯一的实数，可见实数集等价于整个数轴上的点集，因此，在本书

今后的讨论中，对实数与数轴上的点就不加区分. 今后如无特别说明，本课程中提到

的数均为实数，用到的集合主要是实数集. 此外，为后面的叙述方便，我们重申中学

学过的几个特殊实数集的记号：自然数集记为 $\mathbf{N}$，整数集记为 $\mathbf{Z}$，有理数集记为 $\mathbf{Q}$，

实数集记为 $\mathbf{R}$，这些数集间的关系如下：

$$\mathbf{N} \subset \mathbf{Z} \subset \mathbf{Q} \subset \mathbf{R}.$$

区间是微积分中常用的实数集，分为**有限区间**和**无限区间**两类.

有限区间

　　设 a, b 为两个实数，且 $a < b$，数集 $\{x \mid a < x < b\}$ 称为开区间，记为 (a, b)，即

$$(a, b) = \{x \mid a < x < b\}.$$

　　类似地，有闭区间和半开半闭区间：

$$[a, b] = \{x \mid a \leq x \leq b\}, \quad [a, b) = \{x \mid a \leq x < b\}, \quad (a, b] = \{x \mid a < x \leq b\}.$$

无限区间

　　引入记号 $+\infty$（读作"正无穷大"）及 $-\infty$（读作"负无穷大"），则可类似地表示无

限区间. 例如

$$[a, +\infty) = \{x \mid a \leq x\}, \quad (-\infty, b) = \{x \mid x < b\}.$$

　　特别地，全体实数的集合 $\mathbf{R}$ 也可表示为无限区间 $(-\infty, +\infty)$.

　　注：在本教程中，当不需要特别辨明区间是否包含端点、是有限还是无限时，常

将其简称为"区间"，并常用 I 表示.

二、邻域

　　定义 1　设 a 与 δ 是两个实数，且 $\delta > 0$，数集 $\{x \mid a - \delta < x < a + \delta\}$ 称为点 a

的 δ **邻域**，记为

$$U(a,\delta) = \{x \mid a - \delta < x < a + \delta\}.$$

其中, 点 a 称为该**邻域的中心**, δ 称为该**邻域的半径** (见图 1-1-2).

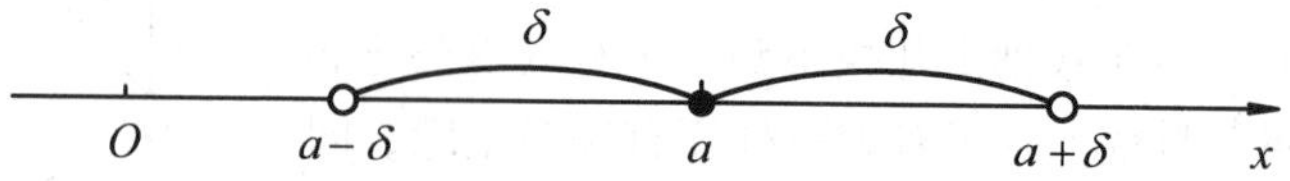

$$U(a,\delta) = \{x \mid a - \delta < x < a + \delta\}$$

图 1-1-2

由于 $a - \delta < x < a + \delta$ 相当于 $|x - a| < \delta$, 因此

$$U(a,\delta) = \{x \mid |x - a| < \delta\}.$$

若把邻域 $U(a,\delta)$ 的中心去掉, 所得到的邻域称为点 a 的**去心的** δ 邻域, 记为 $\overset{\circ}{U}(a,\delta)$, 即

$$\overset{\circ}{U}(a,\delta) = \{x \mid 0 < |x - a| < \delta\}.$$

更一般地, 以 a 为中心的任何开区间均是点 a 的邻域, 当不需要特别辨明邻域的半径时, 可简记为 $U(a)$.

在实际应用中, 有时还会用到左邻域与右邻域, 此处一并引入如下:

记点 a 的左邻域: $U_-(a,\delta) = \{x \mid a - \delta < x \leqslant a\}$;

记点 a 的右邻域: $U_+(a,\delta) = \{x \mid a \leqslant x < a + \delta\}$.

三、函数的概念

函数是描述变量间相互依赖关系的一种数学模型.

在某一自然现象或社会现象中, 往往同时存在多个不断变化的量, 即变量, 这些变量并不是孤立变化的, 而是相互联系并遵循一定的规律. 函数就是描述这种联系的一个法则. 本节我们先讨论两个变量的情形 (多于两个变量的情形将在第 6 章中讨论).

例如, 在自由落体运动中, 设物体下落的时间为 t, 落下的距离为 s.

假定开始下落的时刻为 $t = 0$, 则变量 s 与 t 之间的相依关系由数学模型

$$s = \frac{1}{2} g t^2$$

给定, 其中 g 是重力加速度.

定义 2　设 x 和 y 是两个变量, D 是一个给定的非空数集. 如果对于每个数 $x \in D$, 按照一定法则 f, 总有确定的数值与变量 y 对应, 则称 y 是 x 的**函数**, 记作

$$y = f(x), \quad x \in D,$$

其中, x 称为**自变量**, y 称为**因变量**, 数集 D 称为这个函数的**定义域**, 也记为 D_f, 即 $D_f = D$.

对 $x_0 \in D$, 按照对应法则 f, 总有确定的值 y_0 (记为 $f(x_0)$) 与之对应, 称 $f(x_0)$ 为函数在点 x_0 处的**函数值**. 因变量与自变量的这种相依关系通常称为**函数关系**.

当自变量 x 遍取 D 的所有数值时，对应的函数值 $f(x)$ 的全体构成的集合称为函数 f 的**值域**，记为 R_f 或 $f(D)$，即

$$R_f = f(D) = \{y \mid y = f(x), x \in D\}.$$

注：函数的定义域与对应法则称为函数的两个要素. 两个函数相等的充分必要条件是它们的定义域和对应法则均相同.

关于函数的定义域，在实际问题中应根据问题的实际意义具体确定. 如果讨论的是纯数学问题，则往往取使函数的表达式有意义的一切实数所构成的集合作为该函数的定义域，这种定义域又称为函数的**自然定义域**.

例如，函数 $y = \dfrac{1}{\sqrt{1-x^2}}$ 的 (自然) 定义域即为开区间 $(-1, 1)$.

函数的图形

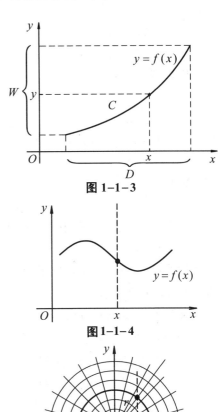

对于函数 $y = f(x)\,(x \in D)$，若取自变量 x 为横坐标，因变量 y 为纵坐标，则在平面直角坐标系 xOy 中就确定了一个点 (x, y). 当 x 遍取定义域 D 中的每个数值时，平面上的点集

$$C = \{(x, y) \mid y = f(x), x \in D\}$$

称为函数 $y = f(x)$ 的**图形** (见图 $1-1-3$).

图 1-1-3

若自变量在定义域内任取一个数值，对应的函数值总是只有一个，这种函数称为**单值函数**. 从几何上看，即：任意一条垂直于 x 轴的直线与函数的图形最多相交于一点 (见图 $1-1-4$).

图 1-1-4

例如，方程 $x^2 + y^2 = a^2$ 在闭区间 $[-a, a]$ 上确定了一个以 x 为自变量、y 为因变量的函数，其几何上即为圆心在原点且半径为 a 的圆. 易见，对于每个 $x \in (-a, a)$，都有两个 y 值 $(\pm\sqrt{a^2-x^2})$ 与之对应 (见图 $1-1-5$)，因而 y 不是单值函数. 但在附加条件 $y \geq 0$ 或 $y \leq 0$ 后，可分别得到单值函数

$$y = \sqrt{a^2-x^2} \quad 或 \quad y = -\sqrt{a^2-x^2}.$$

但上述圆方程在极坐标系下的形式为

$$r = a \,(0 \leq \theta \leq 2\pi),$$

故在极坐标系其显然是单值函数.

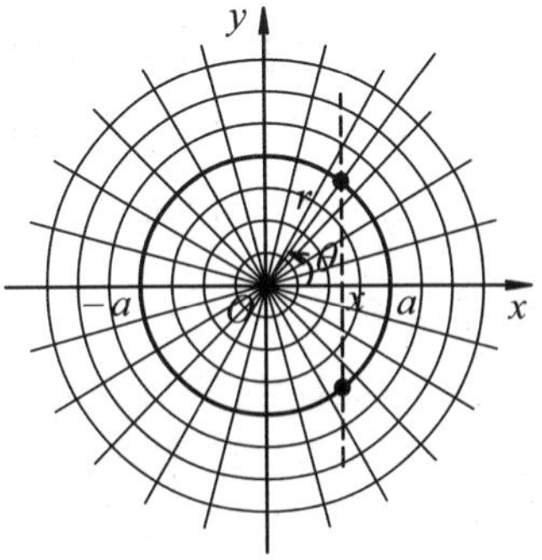

图 1-1-5

注：若无特别声明，本教材中的函数均指单值函数.

函数的常用表示法

(1) 表格法　将自变量的值与对应的函数值列成表格的方法.

(2) 图像法　在坐标系中用图形来表示函数关系的方法.

(3) 公式法(解析法)　将自变量和因变量之间的关系用数学表达式(又称为解析表达式)来表示的方法. 根据函数的解析表达式的形式不同, 函数也可分为 **显函数**、**隐函数** 和 **分段函数** 三种:

(i) 显函数: 函数 y 由 x 的解析表达式直接表示. 例如, $y = x^2 + 1$.

(ii) 隐函数: 函数的自变量 x 与因变量 y 的对应关系由方程

$$F(x, y) = 0$$

来确定. 例如, $\ln y = \sin(x + y)$, $x^3 + y^3 = 1$, 但后者的显函数表示为 $y = \sqrt[3]{1 - x^3}$.

(iii) 分段函数: 函数在其定义域的不同范围内具有不同的解析表达式. 以下是几个分段函数的例子.

例 1　绝对值函数

$$y = |x| = \begin{cases} x, & x \geq 0 \\ -x, & x < 0 \end{cases}$$

的定义域 $D = (-\infty, +\infty)$, 值域 $R_f = [0, +\infty)$, 图形如图 1-1-6 所示.　■

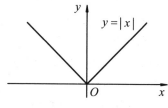

图 1-1-6

例 2　符号函数

$$y = \operatorname{sgn} x = \begin{cases} 1, & x > 0 \\ 0, & x = 0 \\ -1, & x < 0 \end{cases}$$

的定义域 $D = (-\infty, +\infty)$, 值域 $R_f = \{-1, 0, 1\}$, 图形如图 1-1-7 所示.　■

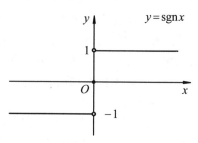

图 1-1-7

例 3　取整函数 $y = [x]$, 其中, $[x]$ 表示不超过 x 的最大整数. 例如,

$$[\pi] = 3, \quad [-2.3] = -3, \quad [\sqrt{3}] = 1.$$

易见, 取整函数的定义域 $D = (-\infty, +\infty)$, 值域 $R_f = \mathbf{Z}$, 图形如图 1-1-8 所示.　■

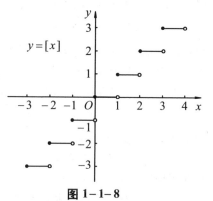

图 1-1-8

***数学实验**

函数是现代数学的基本概念之一, 是大学数学的主要研究对象, 函数的表示法包括解析法、图像法与表格法. 以往受计算分析工具便利性的限制, 人们对函数的解析表示、图像表示与数表表示之间的关系往往难以把握, 大大影响了学习者对函数概

念的理解与掌握. 数学实验设计旨在充分利用移动互联网、移动终端设备与相关信息技术软件为教材用户提供更优质的学习内容、实验案例与交互环境. 针对本课程, 作者为各章节相关教学内容设计了一系列的数学实验, 这些数学实验有助于用户加深对高等数学中基本概念、定理与思想方法的理解, 让他们通过对量变到质变过程的观察, 更深刻地理解数学中近似与精确、量变与质变之间的辩证关系. 下面首先给出的是函数及其图形计算方面的数学实验.

实验1.1 试用计算软件计算下列函数值:

(1) $f(x) = x^{20} - 3x^{10} + 2x^{\sqrt{x}}$, $f(0.5)$, $f(0.8)$, $f(1.1)$, $f(1.3)$;

(2) $f(x) = x^2 \cos(xe^{2x})$, 在 $x = 1, 2, \cdots, 10$ 处的函数值;

(3) $f(x) = \dfrac{5 + x^2 + x^3 + x^4}{5 + 5x + 5x^2}$, 在区间 $[-4,4]$ 上每间隔 0.2 的函数值.

函数计算实验

微信扫描右侧二维码, 即可进行重复或修改实验(详见教材配套的网络学习空间).

实验1.2 试用计算软件计算下列函数的图形:

(1) $f(x) = \dfrac{5 + x^2 + x^3 + x^4}{5 + 5x + 5x^2}$;

(2) $f(x) = \begin{cases} \cos x, & x \le 0; \\ e^x, & x > 0; \end{cases}$

(3) $x^3 + y^3 - 3xy = 0$;

(4) $x^{2/3} + y^{2/3} = 2^{2/3}$;

(5) $f(x) = 2e^{-\frac{1}{2}x^2} \cos(12x^2)$.

函数图形计算

微信扫描右侧二维码, 即可进行重复或修改实验(详见教材配套的网络学习空间).

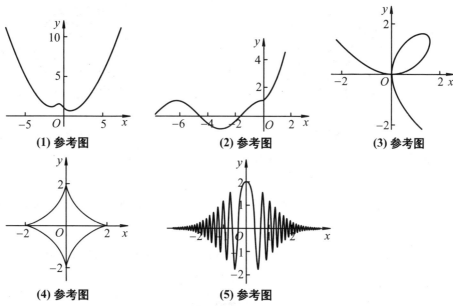

(1) 参考图　　　　**(2) 参考图**　　　　**(3) 参考图**

(4) 参考图　　　　**(5) 参考图**

实验1.3 试用计算软件计算下列参数方程的图形:

(1) $\begin{cases} x = 0.2t \\ y = 0.04t \cos 3t \end{cases} (t > 0)$;

(2) $\begin{cases} x(t) = (1 + \sin t - 2\cos 4t)\cos t \\ y(t) = (1 + \sin t - 2\cos 4t)\sin t \end{cases}$;

$(3)\begin{cases} x(t)=2\cos\left(-\dfrac{11}{5}t\right)+2.8\cos t \\ y(t)=2\sin\left(-\dfrac{11}{5}t\right)+2.8\sin t \end{cases}$;

函数图形计算

$(4)\begin{cases} x=2.6\cos t-\cos\left(\dfrac{13}{5}t\right) \\ y=2.6\sin t-\sin\left(\dfrac{13}{5}t\right) \end{cases}$.

微信扫描右侧二维码, 即可进行重复或修改实验 (详见教材配套的网络学习空间).

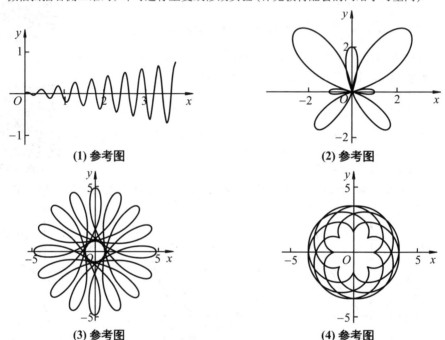

(1) 参考图　　　　　　**(2) 参考图**

(3) 参考图　　　　　　**(4) 参考图**

实验1.4　试用计算软件计算下列极坐标系下的函数的图形:

(1) $r=\mathrm{e}^{t/15}$;

(2) $\rho=2\cos(\pi\theta)\mathrm{e}^{\sin(\pi\theta)}$, $-7\pi\le\theta\le 7\pi$;

(3) $\rho=0.04\theta\sin\left(\dfrac{25}{23}\theta\right)$, $0\le\theta\le 81$;

(4) $\rho=\sin(2.9\theta)\mathrm{e}^{\sin^{4}(4.9\theta)}$, $-5\pi\le\theta\le 5\pi$;

(5) $\rho=2\sin(\theta)\mathrm{e}^{\sin^{3}(1.9\theta)}$, $-12\pi\le\theta\le 12\pi$.

微信扫描右侧二维码, 即可进行重复或修改实验 (详见教材配套的网络学习空间).

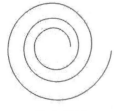

(1) 参考图　　　　　**(2) 参考图**　　　　　函数图形计算

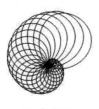

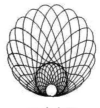

(3) 参考图　　　　　　(4) 参考图　　　　　　(5) 参考图

四、函数特性

1. 函数的有界性

设函数 $f(x)$ 的定义域为 D, 数集 $X \subset D$, 若存在一个正数 M, 使得对一切 $x \in X$, 恒有

$$|f(x)| \le M,$$

则称函数 $f(x)$ 在 X 上**有界**, 或称 $f(x)$ 是 X 上的**有界函数**. 每个具有上述性质的正数 M 都是该**函数的界**.

若具有上述性质的正数 M 不存在, 则称 $f(x)$ 在 X 上**无界**, 或称 $f(x)$ 是 X 上的**无界函数**.

如果存在常数 M, 使得对于一切 $x \in X$, 恒有

$$f(x) \le M \text{（或者 } f(x) \ge M\text{）},$$

则称函数在 X 上有**上界**(或**下界**).

易知, 函数 $f(x)$ 在 X 上有界的充要条件是函数 $f(x)$ 在 X 上既有上界又有下界.

例如, 函数 $y = \sin x$ 在 $(-\infty, +\infty)$ 内有界, 因为对任何实数 x, 恒有 $|\sin x| \le 1$. 函数 $y = \dfrac{1}{x}$ 在区间 $(0, +\infty)$ 上有下界 0, 无上界, 是无界函数.

例4　证明函数 $y = \dfrac{x}{x^2+1}$ 在 $(-\infty, +\infty)$ 上是有界的.

证明　因为 $(1-|x|)^2 \ge 0$, 所以 $|1+x^2| \ge 2|x|$, 故对于一切 $x \in (-\infty, +\infty)$, 恒有

$$|f(x)| = \left| \frac{x}{x^2+1} \right| = \frac{2|x|}{2|1+x^2|} \le \frac{1}{2},$$

从而函数 $y = \dfrac{x}{1+x^2}$ 在 $(-\infty, +\infty)$ 上是有界的(见图 1-1-9).

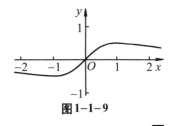

图 1-1-9

2. 函数的单调性

设函数 $f(x)$ 的定义域为 D, 区间 $I \subset D$. 如果对于区间 I 上任意两点 x_1 及 x_2, 当 $x_1 < x_2$ 时, 恒有

$$f(x_1) < f(x_2),$$

则称函数 $f(x)$ 在区间 I 上是**单调增加函数**；如果对于区间 I 上任意两点 x_1 及 x_2，当 $x_1 < x_2$ 时，恒有

$$f(x_1) > f(x_2),$$

则称函数 $f(x)$ 在区间 I 上是**单调减少函数**。单调增加函数和单调减少函数统称为**单调函数**。

由定义易知，单调增加函数的图形沿 x 轴正向是逐渐上升的 (见图1-1-10)，单调减少函数的图形沿 x 轴正向是逐渐下降的 (见图1-1-11)。

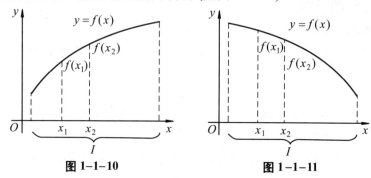

图 1-1-10　　　　　　　图 1-1-11

例如，$y = x^2$ 在 $[0, +\infty)$ 内单调增加，在 $(-\infty, 0]$ 内单调减少，但在 $(-\infty, +\infty)$ 内不是单调函数(见图1-1-12)。而 $y = x^3$ 在 $(-\infty, +\infty)$ 内是单调增加函数(见图1-1-13)。

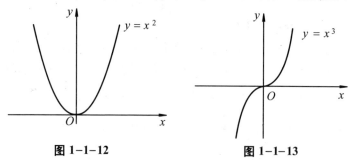

图 1-1-12　　　　　　　图 1-1-13

例5　证明函数 $y = \dfrac{x}{1+x}$ 在 $(-1, +\infty)$ 内是单调增加函数。

证明　在 $(-1, +\infty)$ 内任取两点 x_1，x_2，且 $x_1 < x_2$，则

$$f(x_1) - f(x_2) = \frac{x_1}{1+x_1} - \frac{x_2}{1+x_2} = \frac{x_1 - x_2}{(1+x_1)(1+x_2)}.$$

因为 x_1，x_2 是 $(-1, +\infty)$ 内任意两点，所以

$$1+x_1 > 0, \quad 1+x_2 > 0.$$

又因为 $x_1 - x_2 < 0$，故 $f(x_1) - f(x_2) < 0$，即

$$f(x_1) < f(x_2),$$

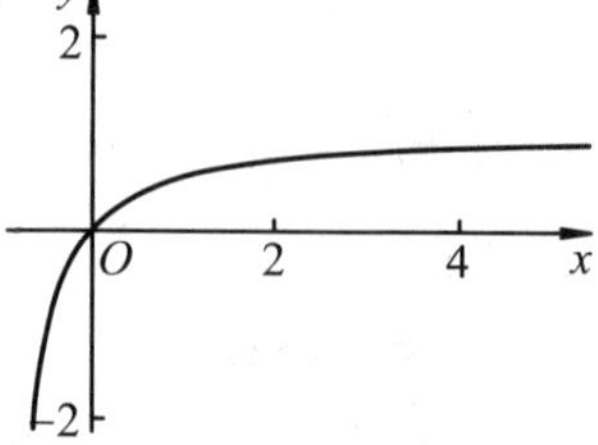

图1-1-14

所以 $f(x) = \dfrac{x}{1+x}$ 在 $(-1, +\infty)$ 内是单调增加的(见图1-1-14)。

3. 函数的奇偶性

设函数 $f(x)$ 的定义域 D 关于原点对称. 若 $\forall x \in D$, 恒有

$$f(-x) = f(x),$$

则称 $f(x)$ 为**偶函数**；若 $\forall x \in D$, 恒有

$$f(-x) = -f(x),$$

则称 $f(x)$ 为**奇函数**.

偶函数的图形关于 y 轴是对称的 (见图1-1-15). 奇函数的图形关于原点是对称的 (见图1-1-16).

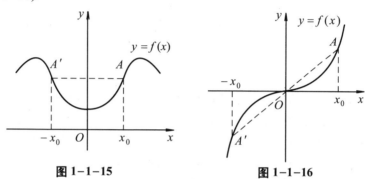

图 1-1-15　　　　　　　　　图 1-1-16

例如, 函数 $y = \dfrac{1}{x}$、$y = x^3$、$y = \sin x$ 是奇函数, $y = x^2$, $y = \cos x$ 是偶函数.

例 6　判断函数 $y = \ln(x + \sqrt{1 + x^2})$ 的奇偶性.

解　因为函数的定义域为 $(-\infty, +\infty)$, 且

$$
\begin{aligned}
f(-x) &= \ln(-x + \sqrt{1 + (-x)^2}) \\
&= \ln(-x + \sqrt{1 + x^2}) \\
&= \ln \frac{(-x + \sqrt{1 + x^2})(x + \sqrt{1 + x^2})}{x + \sqrt{1 + x^2}} \\
&= \ln \frac{1}{x + \sqrt{1 + x^2}} \\
&= -\ln(x + \sqrt{1 + x^2}) = -f(x).
\end{aligned}
$$

函数图形计算

所以 $f(x)$ 为奇函数 (见图1-1-17). ∎

图 1-1-17

4. 函数的周期性

设函数 $f(x)$ 的定义域为 D, 如果存在常数 $T > 0$, 使得对一切 $x \in D$, 有 $(x \pm T) \in D$, 且

$$f(x + T) = f(x),$$

则称 $f(x)$ 为**周期函数**, T 称为 $f(x)$ 的**周期**.

例如, $\sin x$, $\cos x$ 都是以 2π 为周期的周期函数; 函数 $\tan x$ 是以 π 为周期的周期函数.

周期函数的图形特点是, 如果把一个周期为 T 的周期函数在一个周期内的图形向左或向右平移周期的正整数倍距离, 则它将与周期函数的其他部分图形重合 (见图 1–1–18).

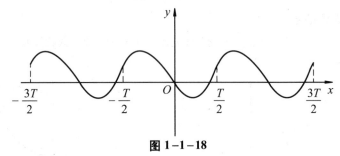

图 1–1–18

通常周期函数的周期是指其**最小正周期**. 但并非每个周期函数都有最小正周期.

周期函数的应用是广泛的, 因为我们在科学与工程技术中研究的许多现象都呈现出明显的周期性特征, 如家用的电压和电流是周期的, 用于加热食物的微波炉中的电磁场是周期的, 季节和气候是周期的, 月相和行星的运动是周期的, 等等.

例 7 设函数 $f(x)$ 是周期为 T 的周期函数, 试求函数 $f(ax+b)$ 的周期, 其中 a, b 为常数, 且 $a>0$.

解 因为

$$f\left[a\left(x+\frac{T}{a}\right)+b\right]=f(ax+T+b)=f[(ax+b)+T]=f(ax+b),$$

故按周期函数的定义, $f(ax+b)$ 的周期为 $\dfrac{T}{a}$.   ■

五、数学建模——函数关系的建立

数学, 作为一门研究现实世界数量关系和空间形式的科学, 在它产生和发展的历史长河中, 一直是和人们生活的实际需要密切相关的. 作为用数学方法解决实际问题的第一步, 数学建模自然有着与数学同样悠久的历史. 牛顿的万有引力定律与爱因斯坦的质能公式都是科学发展史上数学建模的成功范例. 马克思说过, 一门科学只有成功地运用数学时, 才算达到了完善的地步. 在高新技术领域, 数学已不再仅仅作为一门科学, 而是许多技术的基础, 从这个意义上说, 高新技术本质上就是一种数学技术. 20 世纪下半叶以来, 由于计算机软硬件的飞速发展, 数学正以空前的广度和深度向一切领域渗透, 而数学建模作为应用数学方法研究各领域中定量关系的关键与基础也越来越受到人们的重视.

在应用数学解决实际应用问题的过程中, 先要将该问题量化, 然后要分析哪些是常量, 哪些是变量, 确定选取哪个作为自变量, 哪个作为因变量, 最后要把实际问题中变量之间的函数关系正确抽象出来，根据题意建立起它们之间的**数学模型**. 数学模型的建立有助于我们利用已知的数学工具来探索隐藏其中的内在规律，帮助我们把握现状、预测和规划未来，从这个意义上说，我们可以把数学建模设想为旨在研究人们感兴趣的特定系统或行为的一种数学构想(见图1–1–19).

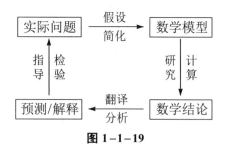

图 1–1–19

在上述过程中，数学模型的建立是数学建模中最核心和最困难之处. 在本课程的学习中，我们将结合所学内容逐步深入地探讨不同的数学建模问题.

1. 依题意建立函数关系

例8　某工厂生产某型号车床，年产量为 a 台，分若干批进行生产，每批生产准备费为 b 元. 设产品均匀投入市场，且上一批用完后立即生产下一批，即平均库存量为批量的一半. 设每年每台库存费为 c 元. 显然，生产批量大则库存费高; 生产批量少则批数增多，因而生产准备费高. 为了选择最优批量，试求出一年中库存费与生产准备费的和与批量的函数关系.

解　设批量为 x，库存费与生产准备费之和为 $f(x)$. 因年产量为 a，所以每年生产的批数为 $\dfrac{a}{x}$ (设其为整数). 于是，生产准备费为 $b \cdot \dfrac{a}{x}$，因库存量为 $\dfrac{x}{2}$，故库存费为 $c \cdot \dfrac{x}{2}$. 由此可得

$$f(x) = b \cdot \frac{a}{x} + c \cdot \frac{x}{2} = \frac{ab}{x} + \frac{cx}{2}.$$

$f(x)$ 的定义域为 $(0, a]$，注意到本题中的 x 为车床的台数，批数 $\dfrac{a}{x}$ 为整数，所以 x 只取 $(0, a]$ 中 a 的正整数因子. ■

有些情况下，我们需要用到分段函数来建立相应的数学模型.

例9　某运输公司规定货物的吨·公里运价为: 在 a 公里以内，每公里 k 元，超过部分为每公里 $\dfrac{4}{5}k$ 元. 求运价 m 和里程 s 之间的函数关系.

解　根据题意，可列出函数关系如下:

$$m = \begin{cases} ks, & 0 < s \leqslant a \\ ka + \dfrac{4}{5}k(s-a), & a < s \end{cases},$$

这里运价 m 和里程 s 的函数关系是用分段函数来表示的，定义域为 $(0, +\infty)$. ■

*2. 依据经验数据建立近似函数关系

在许多实际问题中，人们往往只能通过观测或试验获取反映变量特征的部分经

验数据,问题要求我们从这些数据出发来探求隐藏其中的某种模式或趋势.如果这种模式或趋势确实存在,而我们又能找到近似表达这种模式或趋势的曲线

$$y = f(x),$$

那么,我们一方面可以用这个函数表达式来概括这些数据,另一方面还能够以此来预测其他未知处的值.求这样一条拟合指定数据的特殊曲线类型的过程称为**回归分析**,而该曲线就称为**回归曲线**.

有关回归分析的理论要到后续课程(如概率论与数理统计课程)中才会涉及,这里,我们仅介绍其中较为简单且又广泛应用的**线性回归问题**.

设有 n 组经验数据 $(x, y)(i = 1, 2, 3, \cdots, n)$,在 xOy 平面上作出其散点图(见图1-1-20),如果这些数据之间大致为线性关系,则可大致确定其线性回归方程为

$$y = ax + b,$$

其中, a, b 是与上述经验数据有关的待定系数:

$$a = \frac{n(\sum_{i=1}^{n} x_i y_i) - (\sum_{i=1}^{n} x_i)(\sum_{i=1}^{n} y_i)}{n\sum_{i=1}^{n} x_i^2 - (\sum_{i=1}^{n} x_i)^2},$$

$$b = \frac{(\sum_{i=1}^{n} y_i)(\sum_{i=1}^{n} x_i^2) - (\sum_{i=1}^{n} x_i y_i)(\sum_{i=1}^{n} x_i)}{n\sum_{i=1}^{n} x_i^2 - (\sum_{i=1}^{n} x_i)^2}.$$

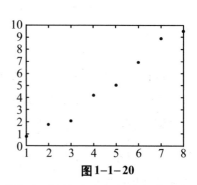

图 1-1-20

注:作者主持的数范团队推出的"统计图表工具"中,提供了"散点图与线性回归"功能菜单,支持用户在线输入指定经验数据后生成散点图并作线性回归.教材用户既可登录与教材配套的网络学习空间在相应内容处调用,也可通过微信扫码功能扫描教材相应内容页面上的二维码调用,调用的内容还包括相应案例的原始数据,为用户重复或修改案例的实验提供了便利.

例10 为研究某国标准普通信件(重量不超过50克)的邮资与时间的关系,得到如下数据:

年份(年)	1983	1986	1989	1990	1992	1996	2000	2002	2006	2010	2013
邮资(分)	6	8	10	13	15	20	22	25	29	32	33

试构建一个邮资作为时间的函数的数学模型,在检验了这个模型是"合理"的之后,用这个模型来预测一下 2017 年的邮资.

解 (1) 先将实际问题量化,确定自变量 x 和因变量 y.用 x 表示时间,为方便计算,设起始年1983 年为0,用 y(单位:分)表示相应年份的信件的邮资,得到下表:

x	0	3	6	7	9	13	17	19	23	27	30
y	6	8	10	13	15	20	22	25	29	32	33

(2) 用统计图表工具作出散点图 (见图 1–1–21). 由此图可见邮资与时间大致为线性关系, 故可设 y 与 x 的函数关系为

$y = a + bx$, 其中 a, b 为待定常数.

(3) 利用线性回归系数公式计算, 得

$a = 5.897\,8$, $b = 0.961\,8$.

从而得到回归直线为

$y = 5.897\,8 + 0.961\,8x$.

(4) 在散点图中添加上述回归直线, 可见该线性模型与散点图拟合得相当好, 说明线性模型是合理的.

(5) 预测 2017 年的邮资, 即 $x = 34$ 时 y 的取值. 将 $x = 34$ 代入上述回归直线方程可得 $y \approx 39$. 即可预测 2017 年的邮资约为 39 分.

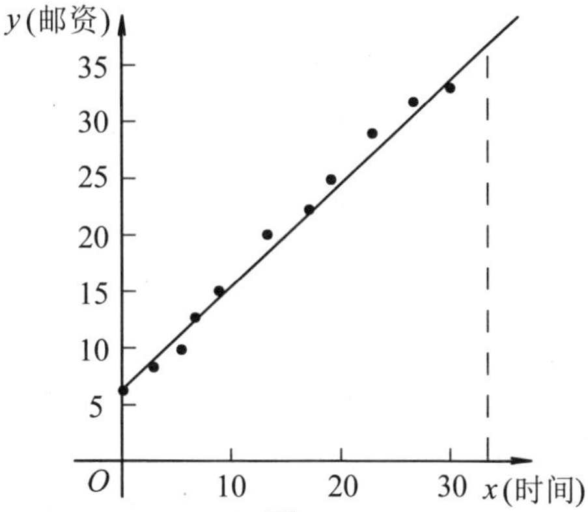

图 1–1–21

注: 微信扫描右侧二维码即可对本例进行验算.

在例 10 中, 问题所给邮资与时间的数据对之间大致为线性关系, 由回归分析知, 直线为较理想的回归曲线, 此类回归问题又称**为线性回归问题**, 它是最简单的回归分析问题, 但却具有广泛的实际应用价值. 此外, 许多更加复杂的非线性的回归问题, 如幂函数、

散点图与线性回归

指数函数与对数函数回归等都可以通过适当的变量替换化为线性回归问题来研究. 下面我们就以指数函数回归问题为实例来说明.

例 11　地高辛是用来治疗心脏病的一种药物. 医生必须开出处方用药量使之能保持血液中地高辛的浓度高于有效水平而不超过安全用药水平. 下表中给出了某个特定病人使用初始剂量 0.5 (毫克) 的地高辛后不同时间 x (天) 的血液中剩余地高辛的含量.

x	0	1	2	3	4	5	6	7	8
y	0.500	0.345	0.238	0.164	0.113	0.078	0.054	0.037	0.026

(1) 试构建血液中地高辛含量和用药后天数间的近似函数关系;

(2) 预测 12 天后血液中的地高辛含量.

解　(1) 根据所给数据作散点图 (见图 1–1–22). 由该图可见, y 与 x 之间大致为指数函数关系, 故设函数关系式为

$$y = ae^{bx},$$

其中 a, b 为待定常数. 在上式两端取对数, 得

$$\ln y = \ln a + bx,$$

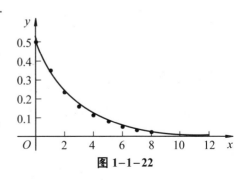

图 1–1–22

令 $u = \ln y$, $c = \ln a$, 则指数函数 $y = ae^{bx}$ 转化为线性函数

$$u = c + bx.$$

利用题设数据表进一步计算得到下表:

x	0	1	2	3	4	5	6	7	8
y	0.500	0.345	0.238	0.164	0.113	0.078	0.054	0.037	0.026
$u = \ln y$	-0.693	-1.064	-1.435	-1.808	-2.180	-2.551	-2.919	-3.297	-3.650

采用与例 10 类似的方法计算, 得

$$c \approx -0.695, \ b \approx -0.371.$$

所以

$$u = -0.695 - 0.371x.$$

散点图与线性回归

再由关系式 $c = \ln a$, 得 $a = e^{-0.695} \approx 0.5$, 从而得到血液中地高辛含量和用药后天数间的近似函数关系为

$$y = 0.5e^{-0.371x}.$$

在散点图中添加上述回归曲线, 可见该指数函数与散点图拟合得相当好, 说明指数模型是合理的.

(2) 根据上述函数关系, 12 天后血液中的地高辛含量为

$$y = 0.5e^{-0.371 \times 12} \approx 0.006 \ (毫克).$$

在数学模型的建立及其求解过程中, 了解以下几点是重要的:

(1) 为描述一种特定现象而建立的数学模型是实际现象的理想化模型, 从而远非完全精确的表示.

(2) 反映实际问题的数学模型大多是很复杂的, 从实际应用的角度看, 人们通常不可能也不必要追求数学模型的精确解.

(3) 掌握优秀的数学软件工具并学会将其应用于解决相关领域的实际问题成为当代大学生必须具备的一项重要能力.

习题 1-1

1. 求下列函数的自然定义域:

(1) $y = \dfrac{1}{x} - \sqrt{1 - x^2}$;　　　(2) $y = \sqrt{4 - x^2} + \dfrac{1}{\sqrt{x - 1}}$;　　　(3) $y = \arcsin \dfrac{x - 1}{2}$;

(4) $y = \sqrt{3 - x} + \arctan \dfrac{1}{x}$;　　　(5) $y = \dfrac{\lg(3 - x)}{\sqrt{|x| - 1}}$;　　　(6) $y = \log_{x-1}(16 - x^2)$.

2. 下列各题中, 函数是否相同? 为什么?

(1) $f(x) = \lg x^2$ 与 $g(x) = 2\lg x$;　　　(2) $y = x$ 与 $y = (\sqrt{x})^2$;

(3) $y = 2x + 1$ 与 $x = 2y + 1$;　　　(4) $y = \sqrt{1 + \cos 2x}$ 与 $y = \sqrt{2}\cos x$.

3. 设 $y = \pi(x)(x \geq 0)$ 表示不超过 x 的素数的数量. 对于自变量 $0 \leq x \leq 20$ 的值, 作出这个函数的图形.

4. 试证下列函数在指定区间内的单调性:

(1) $y = \dfrac{x}{1-x}$, $(-\infty, 1)$;　　　　　　(2) $y = 2x + \ln x$, $(0, +\infty)$.

5. 设 $f(x)$ 为定义在 $(-l, l)$ 内的奇函数, 若 $f(x)$ 在 $(0, l)$ 内单调增加, 证明: $f(x)$ 在 $(-l, 0)$ 内也单调增加.

6. 设下面所考虑的函数的定义域关于原点对称, 证明:

(1) 两个偶函数的和是偶函数, 两个奇函数的和是奇函数;

(2) 两个偶函数的乘积是偶函数, 两个奇函数的乘积是偶函数, 偶函数与奇函数的乘积是奇函数.

7. 下列函数中哪些是偶函数, 哪些是奇函数, 哪些既非奇函数又非偶函数?

(1) $y = \tan x - \sec x + 1$;　(2) $y = \dfrac{e^x + e^{-x}}{2}$;　(3) $y = |x \cos x| e^{\cos x}$;　(4) $y = x(x-2)(x+2)$.

8. 下列各函数中哪些是周期函数? 对于周期函数, 指出其周期:

(1) $y = \cos(x-1)$;　　　　　　(2) $y = x \tan x$;　　　　　　(3) $y = \sin^2 x$.

9. 证明: $f(x) = x \sin x$ 在 $(0, +\infty)$ 上是无界函数.

*10. 为研究某地区的各种商店每月的广告费与该店该月的营业收入之间的关系, 在该地区随机地选取了9家商店在某年内平均每月的广告费 x(单位:元) 与平均收入 y(单位:元) 的数据如下表所示:

x(广告费)	1 000	2 000	3 000	4 000	5 000	6 000	7 000	8 000	9 000
y(月收入)	265 000	324 000	340 000	412 000	436 000	490 000	574 000	585 000	680 000

(1) 试建立广告费 x 与月收入 y 之间的数学模型;

(2) 若某一家商店打算在 2009 年平均每月投入广告费 3 800 元, 试预测该商店 2009 年内平均每月的收入.

*11. 为了估计山上积雪融化后对下游灌溉的影响, 在山上建立了一个观察站, 测量了最大积雪深度 (x) 与当年灌溉面积 (y), 得到连续 10 年的数据见下表.

x	15.2	10.4	21.2	18.6	26.4	23.4	13.5	16.7	24.0	19.1
y	28.6	19.3	40.5	35.6	48.9	45.0	29.2	34.1	46.7	37.4

(1) 试确定最大积雪深度与当年灌溉面积间的关系模型;

(2) 试预测当年积雪的最大深度为 27.5 时的灌溉面积.

*12. 某次动物实验中测知, 施用于动物的药物在其血液中的浓度逐天递减. 用每百万个单位占多少个单位 (ppm) 度量的浓度见下表.

时间(天)	0	1	2	3	4	5	6	7	8	9	10
浓度(ppm)	853	587	390	274	189	130	97	67	50	40	31

(1) 试构建药物浓度水平与所经历的时间之间关系的数学模型.

(2) 用你的模型预测何时浓度水平会低于 10 ppm.

§1.2 初 等 函 数

一、反函数

函数关系的实质就是从定量分析的角度来描述运动过程中变量之间的相互依赖关系. 但在研究过程中, 哪个量作为自变量, 哪个量作为因变量 (函数) 是由具体问题决定的.

例如, 设某种商品的单价为 p, 销售量为 q, 则销售收入 R 是 q 的函数:

$$R = pq, \tag{2.1}$$

这里 q 是自变量, R 是因变量 (函数).

若已知收入 R, 反过来求销售量 q, 则有

$$q = \frac{R}{p}, \tag{2.2}$$

这里 R 是自变量, q 是因变量 (函数).

式(2.1) 和式(2.2) 是同一个关系的两种写法, 但从函数的观点来看, 由于对应法则不同, 它们是两个不同的函数, 常称它们互为反函数.

一般地, 设函数 $y = f(x)$ 的定义域为 D, 值域为 W. 对于值域 W 中的任一数值 y, 在定义域 D 上至少可以确定一个数值 x 与 y 对应, 且满足关系式

$$f(x) = y.$$

如果把 y 作为自变量, x 作为函数, 则由上述关系式可确定一个新函数

$$x = \varphi(y) \quad (或 \ x = f^{-1}(y)),$$

这个新函数称为函数 $y = f(x)$ 的 **反函数**. 反函数的定义域为 W, 值域为 D. 相对于反函数, 函数 $y = f(x)$ 称为 **直接函数**.

注: (1) 即使 $y = f(x)$ 是单值函数, 其反函数 $x = \varphi(y)$ 也不一定是单值的 (见图 1–2–1). 但如果 $y = f(x)$ 在 D 上不仅单值, 而且单调, 则其反函数 $x = \varphi(y)$ 在 W 上是单值的.

例如, 函数 $y = x^2$ 的定义域为 $(-\infty, +\infty)$, 值域为 $[0, +\infty)$. 易见 $y = x^2$ 的反函数不是单值函数. 但函数 $y = x^2$ 在区间 $[0, +\infty)$ 上是单调增加的 (见图 1–2–2), 所以当把 x 限制在 $[0, +\infty)$ 时, $y = x^2$ 的反函数是单值函数, 即

$$x = \sqrt{y}.$$

同理, 函数 $y = x^2$ 在区间 $(-\infty, 0]$ 上的反函数

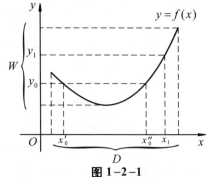

图 1–2–1

也是单值的,即 $x=-\sqrt{y}$.

(2)习惯上,总是用 x 表示自变量, y 表示因变量,因此, $y=f(x)$ 的反函数 $x=\varphi(y)$ 常改写为 $y=\varphi(x)$ (或 $y=f^{-1}(x)$).

(3)在同一个坐标平面内,直接函数 $y=f(x)$ 和反函数 $y=\varphi(x)$ 的图形关于直线 $y=x$ 是对称的(见图 $1-2-3$).

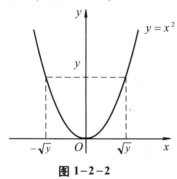

图 $1-2-2$

例1 求函数 $y=1+\sqrt{\mathrm{e}^x-1}$ 的反函数.

解 $y=1+\sqrt{\mathrm{e}^x-1}$ 的定义域为 $x\geq 0$, 值域为 $y\geq 1$. 由 $y=1+\sqrt{\mathrm{e}^x-1}$, 得

$$x=\ln(y^2-2y+2), \quad y\geq 1.$$

将 x,y 互换, 得反函数

$$y=\ln(x^2-2x+2), \quad x\geq 1.$$

将本例 (直接) 函数与所求反函数的图形绘制在同一坐标平面上(见图 $1-2-4$), 易见函数与其反函数图形关于直线 $y=x$ 的对称性.

微信扫描本例右侧的二维码,即可进行相关函数图形计算的实验.

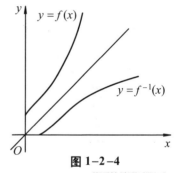

图 $1-2-4$

函数图形计算

例2 求 $y=(1+x^2)\operatorname{sgn}x$ 的反函数, 其中 $\operatorname{sgn}x$ 为符号函数.

解 由题设, 有

$$y=(1+x^2)\operatorname{sgn}x=\begin{cases} 1+x^2, & x>0 \\ 0, & x=0, \\ -(1+x^2), & x<0 \end{cases}$$

分段解得

$$x=\begin{cases} \sqrt{y-1}, & y>1 \\ 0, & y=0, \\ -\sqrt{-(1+y)}, & y<-1 \end{cases}$$

按习惯改变变量的记号, 即得所求反函数为

$$y = \begin{cases} \sqrt{x-1}, & x > 1 \\ 0, & x = 0 \\ -\sqrt{-(1+x)}, & x < -1 \end{cases}.$$

如图 1-2-5 所示. ■

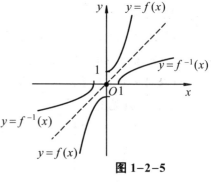

图 1-2-5

二、基本初等函数

幂函数、指数函数、对数函数、三角函数和反三角函数是五类基本初等函数. 由于在中学数学中我们已经深入学习过这些函数, 这里只作简要复习.

1. 幂函数

幂函数 $y = x^{\alpha}$ (α 是任意实数), 其定义域要依 α 具体是什么数而定. 当

$$\alpha = 1,\ 2,\ 3,\ \frac{1}{2},\ -1$$

时是最常用的幂函数 (见图 1-2-6).

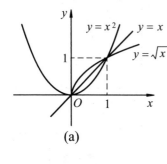

(a)

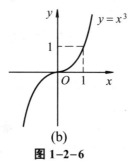

(b)

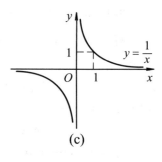

(c)

图 1-2-6

2. 指数函数

指数函数 $y = a^x$ (a 为常数, 且 $a > 0$, $a \neq 1$), 其定义域为 $(-\infty, +\infty)$. 当 $a > 1$ 时, 指数函数 $y = a^x$ 单调增加; 当 $0 < a < 1$ 时, 指数函数 $y = a^x$ 单调减少. $y = a^{-x}$ 与 $y = a^x$ 的图形关于 y 轴对称 (见图 1-2-7). 其中最为常用的是以 $e = 2.718\ 281\ 8 \cdots$ 为底数的指数函数 $y = e^x$.

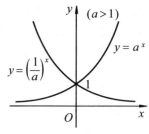

图 1-2-7

3. 对数函数

指数函数 $y = a^x$ 的反函数称为对数函数, 记为

$$y = \log_a x\ (a\ \text{为常数, 且}\ a > 0,\ a \neq 1).$$

其定义域为 $(0, +\infty)$. 当 $a > 1$ 时, 对数函数 $y = \log_a x$ 单调增加; 当 $0 < a < 1$ 时, 对数函数 $y = \log_a x$ 单调减少. 见图 1-2-8.

其中以 e 为底的对数函数称为**自然对数函数**, 记

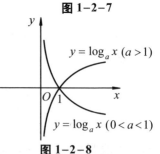

图 1-2-8

为$y = \ln x$. 以10为底的对数函数称为**常用对数函数**, 记为$y = \lg x$.

4. 三角函数

常用的三角函数有:

(1) 正弦函数$y = \sin x$, 其定义域为$(-\infty, +\infty)$, 值域为$[-1, 1]$, 是奇函数及以2π为周期的周期函数 (见图$1-2-9$).

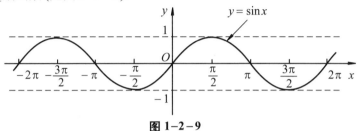

图 1 − 2 − 9

(2) 余弦函数$y = \cos x$, 其定义域为$(-\infty, +\infty)$, 值域为$[-1, 1]$, 是偶函数及以2π为周期的周期函数 (见图$1-2-10$).

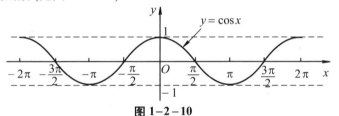

图 1 − 2 − 10

(3) 正切函数$y = \tan x$, 其定义域为$\{x \mid x \neq k\pi + \pi/2, k \in \mathbf{Z}\}$, 值域为$(-\infty, +\infty)$, 是奇函数及以$\pi$为周期的周期函数 (见图$1-2-11$).

(4) 余切函数$y = \cot x$, 其定义域为$\{x \mid x \neq k\pi, k \in \mathbf{Z}\}$, 值域为$(-\infty, +\infty)$, 是奇函数及以$\pi$为周期的周期函数 (见图$1-2-12$).

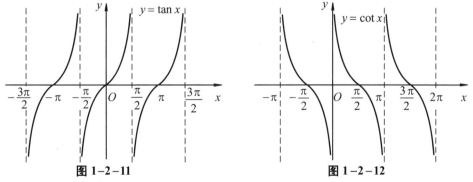

图 1 − 2 − 11   **图 1 − 2 − 12**

5. 反三角函数

三角函数的反函数称为反三角函数, 由于三角函数$y = \sin x$, $y = \cos x$, $y = \tan x$, $y = \cot x$不是单调的, 所以为了得到它们的反函数, 对这些函数限定在某个单调区间内来讨论. 一般地, 取反三角函数的"主值". 常用的反三角函数有:

(1) 反正弦函数 $y = \arcsin x$, 定义域为 $[-1, 1]$, 值域为

$$\left| \arcsin x \right| \le \frac{\pi}{2}$$

(见图 1-2-13).

(2) 反余弦函数 $y = \arccos x$, 定义域为 $[-1, 1]$, 值域为

$0 \le \arccos x \le \pi$ (见图 1-2-14).

(3) 反正切函数 $y = \arctan x$, 定义域为 $(-\infty, +\infty)$, 值域为

$$\left| \arctan x \right| < \frac{\pi}{2}$$

(见图 1-2-15).

(4) 反余切函数 $y = \operatorname{arccot} x$, 定义域为 $(-\infty, +\infty)$, 值域为

$$0 < \operatorname{arccot} x < \pi$$

(见图 1-2-16).

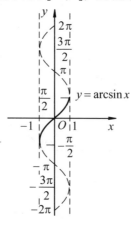

图 1-2-13

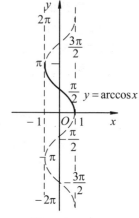

图 1-2-14

三、复合函数

定义 1 设函数 $y = f(u)$ 的定义域为 D_f, 而函数 $u = \varphi(x)$ 的值域为 R_φ, 若

$$D_f \bigcap R_\varphi \ne \varnothing,$$

则称函数 $y = f[\varphi(x)]$ 为 x 的复合

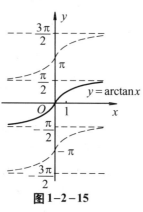

图 1-2-15

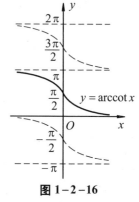

图 1-2-16

函数. 其中, x 称为**自变量**, y 称为**因变量**, u 称为**中间变量**.

注: (1) 并非任何两个函数都可以复合成一个复合函数.

例如, $y = \arcsin u$, $u = 2 + x^2$. 因前者定义域为 $[-1, 1]$, 而后者 $u = 2 + x^2 \ge 2$, 故这两个函数不能复合成复合函数.

(2) 复合函数可以由两个以上的函数经过复合构成.

例 3 设 $y = f(u) = \sin u$, $u = \varphi(x) = x^2 + 1$, 求 $f[\varphi(x)]$.

解 $f[\varphi(x)] = \sin[\varphi(x)] = \sin(x^2 + 1)$. ■

例 4 设 $y = f(u) = \arctan u$, $u = \varphi(t) = \dfrac{1}{\sqrt{t}}$, $t = \psi(x) = x^2 - 1$, 求 $f\{\varphi[\psi(x)]\}$.

解 $f\{\varphi[\psi(x)]\} = f[\varphi(x^2 - 1)] = f\left(\dfrac{1}{\sqrt{x^2 - 1}}\right) = \arctan \dfrac{1}{\sqrt{x^2 - 1}}$. ■

例 5 将下列函数分解成基本初等函数的复合.

(1) $y = \sqrt{\ln \sin^2 x}$; 　　(2) $y = e^{\arctan x^2}$; 　　(3) $y = \cos^2 \ln(2 + \sqrt{1 + x^2})$.

解 (1) 所给函数是由

$$y = \sqrt{u}, \quad u = \ln v, \quad v = w^2, \quad w = \sin x$$

四个函数复合而成的;

(2) 所给函数是由

$$y = \mathrm{e}^u, \quad u = \arctan v, \quad v = x^2$$

三个函数复合而成的;

(3) 所给函数是由

$$y = u^2, u = \cos v, v = \ln w, w = 2 + t, t = \sqrt{h}, h = 1 + x^2$$

六个函数复合而成的.

例 6 设 $f(x) = \begin{cases} \mathrm{e}^x, & x < 1 \\ x, & x \geq 1 \end{cases}$, $\varphi(x) = \begin{cases} x + 2, & x < 0 \\ x^2 - 1, & x \geq 0 \end{cases}$, 求 $f[\varphi(x)]$.

解 $f[\varphi(x)] = \begin{cases} \mathrm{e}^{\varphi(x)}, & \varphi(x) < 1 \\ \varphi(x), & \varphi(x) \geq 1 \end{cases}$.

(1) 当 $\varphi(x) < 1$ 时,

 或 $x < 0, \varphi(x) = x + 2 < 1$, 得 $x < -1$;

 或 $x \geq 0, \varphi(x) = x^2 - 1 < 1$, 得 $0 \leq x < \sqrt{2}$;

(2) 当 $\varphi(x) \geq 1$ 时,

 或 $x < 0, \varphi(x) = x + 2 \geq 1$, 得 $-1 \leq x < 0$;

 或 $x \geq 0, \varphi(x) = x^2 - 1 \geq 1$, 得 $x \geq \sqrt{2}$;

综上所述, 得到

$$f[\varphi(x)] = \begin{cases} \mathrm{e}^{x+2}, & x < -1 \\ x + 2, & -1 \leq x < 0 \\ \mathrm{e}^{x^2-1}, & 0 \leq x < \sqrt{2} \\ x^2 - 1, & x \geq \sqrt{2} \end{cases}.$$

*数学实验

实验 1.5 试用计算软件完成下列各题:

(1) 作出复合函数 $y = \mathrm{e}^{\sin(3x)}$ 的图形;

(2) 设 $f(x) = \dfrac{x}{\sqrt{1+x^2}}$, 求 $f\{f[f(x)]\}$, 并作出它们的图形;

(3) 作函数 $\sin x$ 及其下列自复合函数的图形:

(a) $\underbrace{\sin(\sin(\cdots(\sin x)))}_{5}$, (b) $\underbrace{\sin(\sin(\cdots(\sin x)))}_{10}$, (c) $\underbrace{\sin(\sin(\cdots(\sin x)))}_{30}$.

计算实验

微信扫描右侧相应的二维码即可进行计算实验(详见教材配套的网络学习空间).

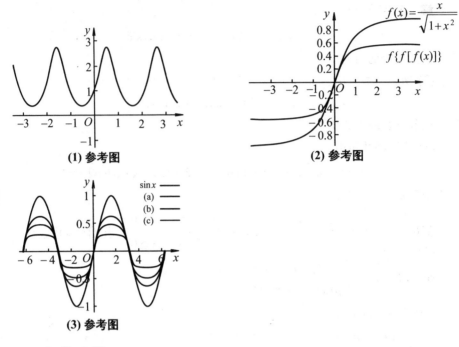

(1) 参考图

(2) 参考图

(3) 参考图

四、初等函数

由常数和基本初等函数经过有限次的四则运算和有限次的函数复合步骤构成并可用一个式子表示的函数, 称为**初等函数**.

初等函数的基本特征: 在函数有定义的区间内, 初等函数的图形是不间断的. 如上节引入的符号函数 $y = \mathrm{sgn}\,x$、取整函数 $y = [x]$ 等分段函数均不是初等函数.

*数学实验

实验1.6　试用计算软件完成下列各题:

(1) 作出函数 $y = x$、$y = 2\sin x$ 和 $y = x + 2\sin x$ 的图形, 观察函数的叠加;

(2) 作出函数 $y = \mathrm{e}^x$、$y = -1/2\,x^2$ 和 $y = \mathrm{e}^{(-1/2 x^2)}$ 的图形, 观察函数的复合;

(3) 作出函数 $f(x) = x^2 \sin(cx)$ 的图形动画, 观察参数 c 对函数图形的影响.

微信扫描右侧相应的二维码即可进行计算实验 (详见教材配套的网络学习空间).

计算实验

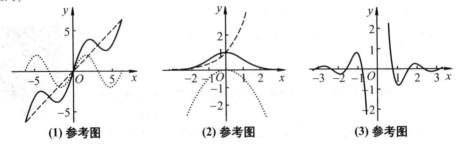

(1) 参考图　　　　**(2) 参考图**　　　　**(3) 参考图**

在科学和工程技术领域中,初等函数有着极其重要和广泛的应用.本段我们将通过实例来考察指数函数和对数函数在储蓄存款增长、放射性物质衰减、地震强度计算等问题的数学建模中的应用.构成这些模型的数学基础是优美而深刻的.

函数 $y=y_0 e^{kx}$, 当 $k>0$ 时称为**指数增长模型**, 当 $k<0$ 时称为**指数衰减模型**.

作为指数增长模型应用的一个例子,我们来考察投资公司在计算投资增值 S 时常常利用的连续复利模型(参见§1.8):

$$S = Pe^{rt},$$

其中 P 为初始投资, r 为年利率, t 是按年计算的时间.我们知道,同样的问题,按单利与按年复利计算,则 n 年后的投资增值情况分别为(参见§1.3):

$$S = P(1+nr) \quad \text{与} \quad S = P(1+r)^n.$$

例7 某人在 2008 年初欲用 1 000 元投资 5 年,设年利率为 5%,试分别按单利、复利和连续复利计算到第 5 年末该人应得的本利和 S.

解 按单利计算
$$S = 1\,000(1+0.05 \times 5) = 1\,250\,(元);$$

按复利计算

$$S = 1\,000(1+0.05)^5 \approx 1\,276.28\,(元);$$

按连续复利计算

$$S = 1\,000\,e^{5 \times 0.05} \approx 1\,284.03\,(元).$$　■

表1-2-1中我们比较了2008年到2012年利息按单利、复利和连续复利计算的本利和,我们看到,当按连续复利计算时,投资者赚钱最多;按单利计算时,投资者赚钱最少.

银行为了吸引顾客,可以用额外多出来的钱来做广告——我们按连续复利计算.

表1-2-1

年份	总额(元) 按单利计	总额(元) 按复利计	总额(元) 按连续复利计
2008	1 050.00	1 050.00	1 051.27
2009	1 100.00	1 102.50	1 105.17
2010	1 150.00	1 157.63	1 161.83
2011	1 200.00	1 215.51	1 221.40
2012	1 250.00	1 276.28	1 284.03

例8 物理学中,我们称放射性物质从最初的质量到衰变为自身质量的一半所花费的时间为**半衰期**.试证明半衰期是一个常数,它只依赖于放射性物质本身,而不依赖于其初始质量.

证明 设 y_0 是时刻 $t=0$ 时放射性物质的质量,在以后任何时刻 t 的质量为

$$y = y_0 e^{-kt}.$$

我们求出 t 使得此时放射性核的质量等于初始质量的一半,即

$$y_0 e^{-kt} = \frac{1}{2}y_0 \Rightarrow t = \frac{\ln 2}{k},$$

t 的值就是该元素的半衰期, 它只依赖于 k 的值, 而与 y_0 无关.

例如, 钋 –210 的衰减率 $k = 5 \times 10^{-3}$, 所以该元素的半衰期为

$$t = \frac{\ln 2}{k} = \frac{\ln 2}{5 \times 10^{-3}} \approx 139 (\text{天}).$$

不同物质的半衰期差别极大, 如铀的普通同位素 (^{238}U) 的半衰期约为 50 亿年; 通常镭 (^{226}Ra) 的半衰期为 1 600 年, 而镭的另一同位素 ^{230}Ra 的半衰期仅为 1 小时.

放射性物质的半衰期反映了该物质的一种重要特征, 1 克 ^{226}Ra 衰变成半克所需要的时间与 1 吨 ^{226}Ra 衰变成半吨所需要的时间同样都是 1 600 年, 正是这一事实才构成了确定考古发现日期时使用的著名的碳 –14 测验的基础. 有关放射性物质衰变问题的更深入的讨论参见 §8.8.

例 9　地震的里氏震级用常用对数来刻画. 以下是它的公式

$$\text{里氏震级} \quad R = \lg\left(\frac{a}{T}\right) + B,$$

其中 a 是监听站以微米计的地面运动的幅度, T 是地震波以秒计的周期, 而 B 是当离震中的距离增大时地震波减弱所允许的一个经验因子. 对监听站 10 000 千米处的地震来说, $B = 6.8$. 如果记录的垂直地面运动为 $a = 10\,\mu\text{m}$, 而周期 $T = 1\text{s}$, 那么震级为

$$R = \lg\left(\frac{a}{T}\right) + B = \lg\left(\frac{10}{1}\right) + 6.8 = 7.8,$$

这种强度的地震在其震中附近会造成极大的破坏.

习题 1-2

1. 求下列函数的反函数:

(1) $y = \dfrac{1-x}{1+x}$;

(2) $y = \dfrac{2^x}{2^x + 1}$;

(3) $y = 1 + \ln(x-1)$;

(4) $y = \sqrt[3]{x^3 + 1}$.

2. 设 $f(x) = \begin{cases} 1, & x < 0 \\ 0, & x = 0, \\ 1, & x > 0 \end{cases}$ 求 $f(x-1)$, $f(x^2-1)$.

3. 设函数 $f(x) = x^3 - x$, $\varphi(x) = \sin 2x$, 求 $f\left[\varphi\left(\dfrac{\pi}{12}\right)\right]$, $f\{f[f(1)]\}$.

4. 设 $f(x) = \dfrac{x}{1-x}$, 求 $f[f(x)]$ 和 $f\{f[f(x)]\}$.

5. 下列函数是哪些函数复合而成的?

(1) $y = \sin 2x$;

(2) $y = \sqrt{\tan \text{e}^x}$;

(3) $y = a^{\sin^2 x}$;

(4) $y = \ln[\ln(\ln x)]$;

(5) $y = (1 + \ln^2 x)^3$;

(6) $y = x^2 \cos \text{e}^{\sqrt{x}}$.

6. 设 $f(x)$ 的定义域是 $[0,1]$, 求

(1) $f(x^2)$;   (2) $f(\sin x)$;   (3) $f(\ln x)$;   (4) $f(\sqrt{1-x^2})$

的定义域.

7. 已知 $f\left(\dfrac{1}{t}\right) = \dfrac{5}{t} + 2t^2$, 求 $f(t)$, $f(t^2+1)$.

8. 已知 $f\left(x + \dfrac{1}{x}\right) = x^2 + \dfrac{1}{x^2}$, 求 $f(x)$.

9. 已知 $f[\varphi(x)] = 1 + \cos x$, $\varphi(x) = \sin\dfrac{x}{2}$, 求 $f(x)$.

10. $f(x) = \sin x$, $f[\varphi(x)] = 1 - x^2$, 求 $\varphi(x)$ 及其定义域.

11. x 小时后在某细菌培养溶液中的细菌数为 $B = 100\,\mathrm{e}^{0.693x}$.

(1) 一开始的细菌数是多少?   (2) 6 小时后有多少细菌?

(3) 近似计算一下什么时候细菌数为 200?

12. 磷 -32 的半衰期约为 14 天, 一开始有 6.6 克.

(1) 写出磷 -32 的残余量关于时间 x 的函数.

(2) 什么时候只剩下 1 克磷 -32?

§1.3　常用经济函数

用数学方法解决实际问题, 首先要构建该问题的数学模型, 即找出该问题的函数关系. 本节将介绍几种常用的经济函数.

一、单利与复利

利息是指借款者向贷款者支付的报酬, 它是根据本金的数额按一定比例计算出来的. 利息又有存款利息、贷款利息、债券利息、贴现利息等几种主要形式.

单利计算公式

设初始本金为 p(元), 银行年利率为 r, 则

第一年末本利和为 $s_1 = p + rp = p(1+r)$;

第二年末本利和为 $s_2 = p(1+r) + rp = p(1+2r)$;

       ······   ······

第 n 年末本利和为 $s_n = p(1+nr)$.

复利计算公式

设初始本金为 p(元), 银行年利率为 r, 则

第一年末本利和为 $s_1 = p + rp = p(1+r)$;

第二年末本利和为 $s_2 = p(1+r) + rp(1+r) = p(1+r)^2$;

       ······   ······

第 n 年末本利和为 $s_n = p(1+r)^n$.

例1 现有初始本金 100 元, 若银行年储蓄利率为 7%, 问:

(1) 按单利计算，3 年末的本利和为多少？

(2) 按复利计算，3 年末的本利和为多少？

(3) 按复利计算，需多少年才能使本利和超过初始本金一倍？

解　(1) 已知 $p = 100$，$r = 0.07$，由单利计算公式得

$$s_3 = p(1 + 3r) = 100 \times (1 + 3 \times 0.07) = 121 \text{ (元)},$$

即 3 年末的本利和为 121 元．

(2) 由复利计算公式得

$$s_3 = p(1 + r)^3 = 100 \times (1 + 0.07)^3 \approx 122.5 \text{ (元)},$$

即 3 年末的本利和为 122.5 元．

(3) 若 n 年后的本利和超过初始本金一倍，即要

$$s_n = p(1 + r)^n > 2p, \quad (1.07)^n > 2, \quad n\ln 1.07 > \ln 2,$$

从而　　　　　　　　　　　　$n > \ln 2 / \ln 1.07 \approx 10.2,$

即需 11 年才能使本利和超过初始本金一倍．　　　　　　　　　　　■

二、多次付息

前面是对确定的年利率及假定每年支付利息一次的情形来讨论的．下面再讨论每年多次付息的情况．

单利付息情形

因每次的利息都不计入本金，故若一年分 n 次付息，则年末的本利和为

$$s = p\left(1 + n\frac{r}{n}\right) = p(1 + r),$$

即年末的本利和与支付利息的次数无关．

复利付息情形

因每次支付的利息都记入本金，故年末的本利和与支付利息的次数是有关系的．

设初始本金为 p（元），年利率为 r，若一年分 m 次付息，则第一年末的本利和为

$$s = p\left(1 + \frac{r}{m}\right)^m,$$

易见本利和是随付息次数 m 的增大而增加的．

而第 n 年末的本利和为

$$s_n = p\left(1 + \frac{r}{m}\right)^{mn}.$$

三、贴现

为在票据到期以前获得资金，票据的持有人从票面金额中扣除未到期期间的利息后，得到剩余金额的现金称为**贴现**．

钱存在银行里可以获得利息，如果不考虑贬值因素，那么若干年后的本利和就高于本金．如果考虑贬值的因素，则在若干年后使用的**未来值**（相当于本利和）就有

一个较低的**现值**.

例如, 若银行年利率为 7%, 则一年后的 107 元未来值的现值就是 100 元.

考虑更一般的问题: 确定第 n 年后价值为 R 元的现值. 假设在这 n 年之间复利年利率 r 不变.

利用复利计算公式有 $R = p(1+r)^n$, 得到第 n 年后价值为 R 元的现值为

$$p = \frac{R}{(1+r)^n},$$

式中 R 表示第 n 年后到期的**票据金额**, r 表示**贴现率**, 而 p 表示现在进行票据转让时银行付给的**贴现金额**.

若票据持有者手中持有若干张不同期限及不同面额的票据, 且每张票据的贴现率都是相同的, 则一次性向银行转让票据而得到的现金为

$$p = R_0 + \frac{R_1}{(1+r)} + \frac{R_2}{(1+r)^2} + \cdots + \frac{R_n}{(1+r)^n},$$

式中 R_0 为已到期的票据金额, R_n 为 n 年后到期的票据金额. $\frac{1}{(1+r)^n}$ 称为**贴现因子**, 它表示在贴现率 r 下 n 年后到期的 1 元的**贴现值**. 由它可给出不同年限及不同贴现率下的贴现因子表.

例 2 某人手中有三张票据, 其中一年后到期的票据金额是 500 元, 两年后到期的是 800 元, 五年后到期的是 2 000 元, 已知银行的贴现率为 6%, 现在将三张票据向银行做一次性转让, 银行的贴现金额是多少?

解 由贴现计算公式, 贴现金额为

$$p = \frac{R_1}{(1+r)} + \frac{R_2}{(1+r)^2} + \frac{R_5}{(1+r)^5},$$

其中, $R_1 = 500$, $R_2 = 800$, $R_5 = 2\,000$, $r = 0.06$. 故

$$p = \frac{500}{(1+0.06)} + \frac{800}{(1+0.06)^2} + \frac{2\,000}{(1+0.06)^5} \approx 2\,678.21(元).$$

即银行的贴现金额约为 2 678.21 元. ∎

四、需求函数

需求函数 是指在某一特定时期内, 市场上某种商品的各种可能的购买量和决定这些购买量的诸因素之间的数量关系.

假定其他因素(如消费者的货币收入、偏好和相关商品的价格等)不变, 则决定某种商品需求量的因素就是这种商品的价格. 此时, 需求函数表示的就是商品需求量和价格这两个经济变量之间的数量关系

$$Q = f(P),$$

其中, Q 表示需求量, P 表示价格. 需求函数的反函数 $P = f^{-1}(Q)$ 称为**价格函数**, 习惯

上将价格函数也统称为需求函数.

一般地,商品的需求量随价格的下降而增加,随价格的上涨而减少,因此,需求函数是单调减少函数.

例如,函数 $Q_d = aP + b\,(a < 0,\ b > 0)$ 称为线性需求函数 (见图 1-3-1).

五、供给函数

供给函数是指在某一特定时期内,市场上某种商品的各种可能的供给量和决定这些供给量的诸因素之间的数量关系.

假定生产技术水平、生产成本等其他因素不变,则决定某种商品供给量的因素就是这种商品的价格.此时,供给函数表示的就是商品的供给量和价格这两个经济变量之间的数量关系

$$S = f(P),$$

其中, S 表示供给量, P 表示价格.供给函数以列表方式给出时称为**供给表**,而供给函数的图形称为**供给曲线**.

一般地,商品的供给量随价格的上涨而增加,随价格的下降而减少,因此,供给函数是单调增加函数.

例如,函数 $Q_s = cP + d\,(c > 0)$ 称为线性供给函数 (见图 1-3-2).

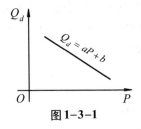

图 1-3-1

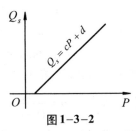

图 1-3-2

六、市场均衡

对一种商品而言,如果需求量等于供给量,则这种商品就达到了**市场均衡**.以线性需求函数和线性供给函数为例,令

$$Q_d = Q_s,\ aP + b = cP + d,\ P = \frac{d-b}{a-c} \equiv P_0,$$

这个价格 P_0 称为该商品的**市场均衡价格** (见图 1-3-3).

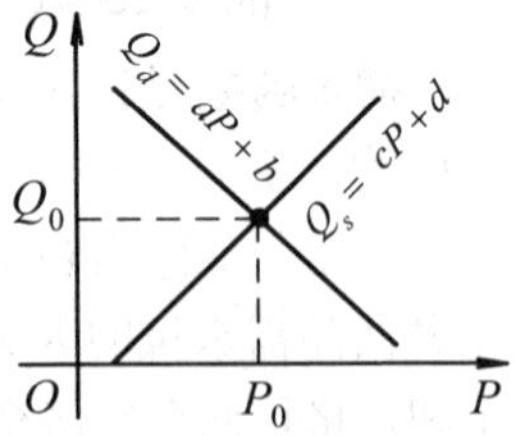

市场均衡价格就是需求函数和供给函数两条直线的交点的横坐标.当市场价格高于均衡价格时,将出现**供过于求**的现象,而当市场价格低于均衡价格时,将出现**供不应求**的现象.当市场均衡时,有

$$Q_d = Q_s = Q_0,$$

图 1-3-3

称 Q_0 为**市场均衡数量**.

根据市场的不同情况, 需求函数与供给函数还可以是二次函数、多项式函数与指数函数等. 但其基本规律是相同的, 都可找到相应的**市场均衡点** (P_0, Q_0).

例3 某种商品的供给函数和需求函数分别为

$$Q_s = 25P - 10, \quad Q_d = 200 - 5P,$$

求该商品的市场均衡价格和市场均衡数量.

解 由均衡条件 $Q_d = Q_s$ 得

$$200 - 5P = 25P - 10, \quad 30P = 210, \quad 得 P = P_0 = 7,$$

从而
$$Q_0 = 25P_0 - 10 = 165.$$

即市场均衡价格为7, 市场均衡数量为165. ∎

例4 某批发商每次以160元/台的价格将500台电扇批发给零售商, 在这个基础上零售商每次多进100台电扇, 则批发价相应降低2元, 批发商最大批发量为每次1 000台, 试将电扇批发价格表示为批发量的函数, 并求零售商每次进800台电扇时的批发价格.

解 由题意可看出, 所求函数的定义域为[500, 1 000]. 已知每次多进100台, 价格减少2元, 设每次进电扇 x 台, 则每次批发价减少 $\frac{2}{100}(x-500)$ 元/台, 即所求函数为

$$P = 160 - \frac{2}{100}(x-500) = 160 - \frac{2x-1\,000}{100} = 170 - \frac{x}{50}.$$

当 $x=800$ 时,

$$P = 170 - \frac{800}{50} = 154 \quad (元/台),$$

即每次进800台电扇时的批发价格为154元/台. ∎

七、成本函数

产品成本是以货币形式表现的企业生产和销售产品的全部费用支出, 成本函数表示费用总额与产量(或销售量)之间的依赖关系, 产品成本可分为**固定成本**和**变动成本**两部分. 所谓固定成本, 是指在一定时期内不随产量变化的那部分成本; 所谓变动成本, 是指随产量变化而变化的那部分成本. 一般地, 以货币计值的(总)成本 C 是产量 x 的函数, 即

$$C = C(x) \quad (x \geq 0),$$

称其为**成本函数**. 当产量 $x=0$ 时, 对应的成本函数值 $C(0)$ 就是产品的固定成本值.

$$\overline{C}(x) = \frac{C(x)}{x} \quad (x > 0),$$

称为**单位成本函数**或**平均成本函数**.

成本函数是单调增加函数, 其图形称为**成本曲线**.

例5 某工厂生产某产品, 每日最多生产200单位. 它的日固定成本为150元,

生产一个单位产品的可变成本为 16 元. 求该厂日总成本函数及平均成本函数.

解 据 $C(x) = C_{固} + C_{变}$，可得总成本

$$C(x) = 150 + 16x, \quad x \in [0, 200],$$

平均成本

$$\overline{C}(x) = \frac{C(x)}{x} = 16 + \frac{150}{x}.$$

例 6 某服装有限公司每年的固定成本为 10 000 元. 要生产某个式样的服装 x 件，除固定成本外，每套(件)服装要花费 40 元. 即生产 x 套这种服装的变动成本为 $40x$ 元.

(1) 求一年生产 x 套服装的总成本函数.

(2) 画出变动成本、固定成本和总成本的函数图形.

(3) 生产 100 套服装的总成本是多少？400 套呢？并计算生产 400 套服装比生产 100 套服装多支出多少成本？

解 (1) 因 $C(x) = C_{固} + C_{变}$，所以总成本

$$C(x) = 10\ 000 + 40x, \quad x \in [0, +\infty).$$

(2) 变动成本函数和固定成本函数如图 1-3-4 所示，总成本函数如图 1-3-5 所示. 从实际情况来看，这些函数的定义域是非负整数 0, 1, 2, 3 等，因为服装的套数既不能取分数，也不能取负数. 通常的做法是把这些图形的定义域描述成好像是由非负实数组成的整个集合.

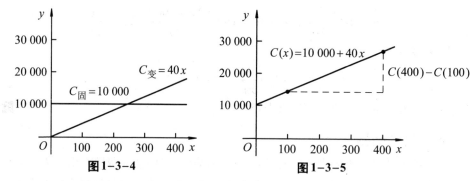

图 1-3-4　　　　　　图 1-3-5

(3) 生产 100 套服装的总成本是

$$C(100) = 10\ 000 + 40 \times 100 = 14\ 000 \,(元).$$

生产 400 套服装的总成本是

$$C(400) = 10\ 000 + 40 \times 400 = 26\ 000 \,(元).$$

生产 400 套服装比生产 100 套服装多支出的成本是

$$C(400) - C(100) = 26\ 000 - 14\ 000 = 12\ 000 \,(元).$$

八、收入函数与利润函数

销售某产品的收入 R 等于产品的单位价格 P 乘以销售量 x，即 $R = P \cdot x$，称其为**收入函数**. 而销售利润 L 等于收入 R 减去成本 C，即 $L = R - C$，称其为**利润函数**.

当 $L = R - C > 0$ 时，生产者盈利；

当 $L = R - C < 0$ 时，生产者亏损；

当 $L = R - C = 0$ 时，生产者盈亏平衡. 使 $L(x) = 0$ 的点 x_0 称为**盈亏平衡点**(又称为**保本点**).

一般地，利润并不总是随销售量的增加而增加(如例8)，因此，如何确定生产规模以获取最大的利润对生产者来说是一个不断追求的目标.

例7　参看例6. 该有限公司决定，销售 x 套服装所获得的总收入按每套100元计算，即收入函数 $R(x) = 100x$.

(1) 用同一坐标系画出 $R(x)$、$C(x)$ 和利润函数 $L(x)$ 的图形.

(2) 求盈亏平衡点.

解　(1) $R(x) = 100x$ 和 $C(x) = 10\ 000 + 40x$ 的图形如图1-3-6所示.

当 $R(x)$ 在 $C(x)$ 下方时，将出现亏损.

当 $R(x)$ 在 $C(x)$ 上方时，将有盈利.

利润函数为

$$L(x) = R(x) - C(x) = 100x - (10\ 000 + 40x) = 60x - 10\ 000.$$

将 $L(x)$ 用虚线表示. x 轴下方的虚线表示亏损，x 轴上方的虚线表示盈利.

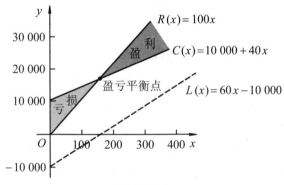

图1-3-6

(2) 为求盈亏平衡点，需解方程

$$R(x) = C(x)，即\ 100x = 10\ 000 + 40x，$$

解之得 $x = 166\dfrac{2}{3}$.

所以盈亏平衡点约为167. 预测盈亏平衡点通常要进行充分考虑，因为公司为了获利最大，必须有效经营.

例8　某电器厂生产一种新产品，在定价时不单是根据生产成本而定，还要请各消费单位来出价，即他们愿意以什么价格来购买. 根据调查得出需求函数为

$$x = -900P + 45\ 000.$$

该厂生产该产品的固定成本是 270 000 元, 而单位产品的变动成本为 10 元. 为获得最大利润, 出厂价格应为多少?

解　以 x 表示产量, C 表示成本, P 为价格, 则有

$$C(x) = 10x + 270\,000.$$

而需求函数为

$$x = -900P + 45\,000,$$

代入 $C(x)$ 中得

$$C(P) = -9\,000P + 720\,000,$$

收入函数为

$$R(P) = P \cdot (-900P + 45\,000) = -900P^2 + 45\,000P,$$

利润函数为

$$L(P) = R(P) - C(P) = -900(P^2 - 60P + 800)$$
$$= -900(P-30)^2 + 90\,000.$$

由于利润是一个二次函数, 容易求得, 当价格 $P=30$ 元时, 利润 $L=90\,000$ 元为最大利润. 在此价格下, 销售量为

$$x = -900 \times 30 + 45\,000 = 18\,000\,(单位).　■$$

习题 1-3

1. 火车站行李收费规定如下: 当行李不超过 50 kg 时, 按每千克 0.15 元收费, 当超出 50 kg 时, 超重部分按每千克 0.25 元收费, 试建立行李收费 $f(x)$(元) 与行李重量 x(kg) 之间的函数关系.

2. 某人手中持有一年到期的面额为 300 元和 5 年到期的面额为 700 元的两张票据, 银行贴现率为 7%, 若去银行进行一次性票据转让, 银行所付的贴现金额是多少?

3. 市场中某种商品的需求函数为 $q_d = 25 - p$, 而该种商品的供给函数为 $q_s = \frac{20}{3}p - \frac{40}{3}$, 试求市场均衡价格和市场均衡数量.

4. 某商品的成本函数是线性函数, 并已知产量为零时成本为 100 元, 产量为 100 时成本为 400 元, 试求:

(1) 成本函数和固定成本;

(2) 产量为 200 时的总成本和平均成本.

5. 设某商品的需求函数为 $q = 1\,000 - 5p$, 试求该商品的收入函数 $R(q)$, 并求销量为 200 件时的总收入.

6. 某厂生产电冰箱, 每台售价 1 200 元, 生产 1 000 台以内可全部售出, 超过 1 000 台时经广告宣传后, 又可多售出 520 台. 假定支付广告费 2 500 元, 试将电冰箱的销售收入表示为

销售量的函数.

7. 设某商品的需求量 Q 是价格 P 的线性函数 $Q = a + bP$，已知该商品的最大需求量为 40 000 件 (价格为零时的需求量)，最高价格为 40 元 / 件 (需求量为零时的价格). 求该商品的需求函数与收益函数.

8. 某商品的成本函数 (单位: 元) 为 $C = 81 + 3q$，其中 q 为该商品的数量. 试问:

(1) 如果商品的售价为 12 元 / 件，该商品的保本点是多少?

(2) 售价为 12 元 / 件时，售出 10 件商品时的利润为多少?

(3) 该商品的售价为什么不应定为 2 元 / 件?

9. 收音机每台售价为 90 元，成本为 60 元. 厂方为鼓励销售商大量采购，决定凡是订购量超过 100 台的，每多订购 1 台，售价就降低 1 分，但最低价为每台 75 元.

(1) 将每台的实际售价 p 表示为订购量 x 的函数;

(2) 将厂方所获的利润 L 表示成订购量 x 的函数;

(3) 某一商行订购了 1 000 台，厂方可获利润多少?

10. 设某商品的成本函数和收入函数分别为 $C(q) = 7 + 2q + q^2$，$R(q) = 10q$，

(1) 求该商品的利润函数;

(2) 求销量为 4 时的总利润及平均利润;

(3) 销量为 10 时是盈利还是亏损?

11. 求上题中商品的盈亏平衡点，并说明该商品随销量变动的盈亏状况.

12. 某商品的需求函数为 $Q_1 = 14 - 1.5P$. 供给函数为 $Q_2 = 4P - 5$，其中价格 P 的单位为元，求:

(1) 市场均衡价格;

(2) 若每销售一单位商品，政府收税 1 元，此时的均衡价格.

§1.4 数列的极限

一、极限概念的引入

极限的思想是由于求某些实际问题的精确解而产生的. 例如, 数学家刘徽[①]利用圆内接正多边形来推算圆面积的方法 —— 割圆术, 就是极限思想在几何学上的应用. 图 1-4-1 给出了用单位圆内接正 12 边形 (面积为 3) 近似圆面积的示例, 其动画演示见教材配套的网络学习空间.

又如, 春秋战国时期的哲学家庄子 (公元前 4 世纪) 在《庄子·天下篇》中对 "截丈问题" 有一段名言: " 一

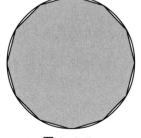

图 1-4-1

----

① 刘徽 (公元 3 世纪), 中国数学家.

尺之棰，日取其半，万世不竭"，其中也隐含了深刻的极限思想.

二、数列的定义

定义 1　按一定次序排列的无穷多个数

$$x_1, x_2, \cdots, x_n, \cdots$$

称为无穷数列，简称**数列**，可简记为 $\{x_n\}$. 其中的每个数称为数列的项，x_n 称为**通项**（一般项），n 称为 x_n 的**下标**.

数列既可看作数轴上的一个动点，它在数轴上依次取值 $x_1, x_2, \cdots, x_n, \cdots$（见图 1-4-2），也可看作自变量为正整数 n 的函数：

$$x_n = f(n),$$

其定义域是全体正整数，当自变量 n 依次取 1，2，3，$\cdots$ 时，对应的函数值就排成数列 $\{x_n\}$（见图 1-4-3）.

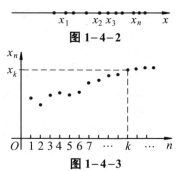

图 1-4-2

图 1-4-3

三、数列的极限

极限的概念最初是在运动观点的基础上凭借几何直观产生的直觉用自然语言来定性描述的.

定义 2　设有数列 $\{x_n\}$ 与常数 a，如果当 n 无限增大时，x_n 无限接近于 a，则称常数 a 为**数列 $\{x_n\}$ 的极限**，或称**数列 $\{x_n\}$ 收敛于 a**，记为

$$\lim_{n \to \infty} x_n = a, \text{ 或 } x_n \to a \, (n \to \infty).$$

如果一个数列没有极限，就称该数列是**发散**的.

注：记号 $x_n \to a \, (n \to \infty)$ 常读作：当 n 趋于无穷大时，x_n 趋于 a.

例 1　下列各数列是否收敛，若收敛，试指出其收敛于何值.

(1) $\{2^n\}$;　　　　(2) $\left\{\dfrac{1}{n}\right\}$;　　　　(3) $\{(-1)^{n+1}\}$;　　　　(4) $\left\{\dfrac{n-1}{n}\right\}$.

解　(1) 数列 $\{2^n\}$ 即为

$$2, 4, 8, \cdots, 2^n, \cdots,$$

易见，当 n 无限增大时，2^n 也无限增大，故该数列是发散的；

(2) 数列 $\left\{\dfrac{1}{n}\right\}$ 即为

$$1, \frac{1}{2}, \frac{1}{3}, \cdots, \frac{1}{n}, \cdots,$$

易见，当 n 无限增大时，$\dfrac{1}{n}$ 无限接近于 0，故该数列收敛于 0；

(3) 数列 $\{(-1)^{n+1}\}$ 即为

$$1, -1, 1, -1, \cdots, (-1)^{n+1}, \cdots,$$

易见,当 n 无限增大时,$(-1)^{n+1}$ 无休止地反复取 1、-1 两个数,而不会无限接近于任何一个确定的常数,故该数列是发散的;

(4) 数列 $\left\{\dfrac{n-1}{n}\right\}$ 即为

$$0, \frac{1}{2}, \frac{2}{3}, \frac{3}{4}, \cdots, \frac{n-1}{n}, \cdots,$$

易见,当 n 无限增大时,$\dfrac{n-1}{n}$ 无限接近于 1,故该数列收敛于 1. ■

*数学实验

实验 1.7 (1) 观察数列 $\sqrt[n]{n}$ 的前 100 项的变化趋势,并绘出其散点图.

利用计算软件易绘出该数列前 100 项的散点图 (见下图),从该散点图看,这个数列似乎收敛于 1.

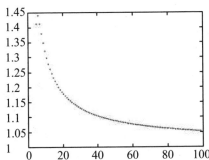

n	$\sqrt[n]{n}$	$\sqrt[n]{n}-1$
500	1.012 507	0.012 507
1 000	1.006 932	0.006 932
5 000	1.001 705	0.001 705
10 000	1.000 921	0.000 921
100 000	1.000 115	0.000 115
...	...	...

进一步计算,得到上表数据,从该表结果观察,可以初步判断该数列收敛于 1,即

$$\lim_{n\to\infty}\sqrt[n]{n}=1.$$

(2) 观察数列 $x_n=\dfrac{2n^3+1}{5n^3+1}$ 当 $n\to+\infty$ 时的变化趋势.

利用计算软件,得

计算实验

n	x_n	$x_n-0.4$	n	x_n	$x_n-0.4$
1	0.500 000	0.100 000	9	0.400 165	0.000 165
2	0.414 634	0.014 634	10	0.400 120	0.000 120
3	0.404 412	0.004 412	11	0.400 090	0.000 090
4	0.401 869	0.001 869	12	0.400 069	0.000 069
5	0.400 958	0.000 958	13	0.400 055	0.000 055
6	0.400 555	0.000 555	14	0.400 044	0.000 044
7	0.400 350	0.000 350	15	0.400 036	0.000 036
8	0.400 234	0.000 234	...	...	...

计算实验

从上表结果可见,随着 n 的增大,x_n 越来越接近 0.4. 由此可以初步判断该数列收敛于 0.4.

事实上, 在本教材 §1.4 例 3 中对这个判断给出了肯定的回答.

微信扫描上页下方二维码, 即可进行重复或修改实验 (详见教材配套的网络学习空间).

从定义 2 给出的数列极限概念的定性描述可见, 下标 n 的变化过程与数列 $\{x_n\}$ 的变化趋势均借助了 "无限" 这样一个明显带有直观模糊性的形容词. 从文学的角度看, 不可不谓尽善尽美, 并且能激起人们诗一般的想象. 几何直观在数学的发展和创造中扮演着充满活力的积极的角色, 但在数学中仅凭直观是不可靠的, 必须将凭直观产生的定性描述转化为用数学语言表达的超越现实原型的定量描述.

观察数列 $\{x_n\} = \left\{\dfrac{n+(-1)^{n-1}}{n}\right\}$ 当 n 无限增大

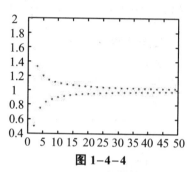

时的变化趋势 (见图 1−4−4), 易见当 n 无限增大时其无限接近于 1, 事实上, 由

$$|x_n - 1| = \left|\frac{(-1)^{n-1}}{n}\right| = \frac{1}{n},$$

图 1−4−4

可见, 当 n 无限增大时, x_n 与 1 的距离无限接近于 0, 若以确定的数学语言来描述这种趋势, 即有:对于任意给定的正数 ε (不论它多么小), 总可以找到正整数 N, 使得当 $n > N$ 时, 恒有

$$|x_n - 1| = \frac{1}{n} < \varepsilon.$$

图形动画实验

受此启发, 我们可以给出用数学语言表达的数列极限的定量描述.

定义 3　设有数列 $\{x_n\}$ 与常数 a, 若对于任意给定的正数 ε (不论它多么小), 总存在正整数 N, 使得对于 $n > N$ 时的一切 x_n, 不等式

$$|x_n - a| < \varepsilon$$

都成立, 则称常数 a 是**数列 $\{x_n\}$ 的极限**, 或称**数列 $\{x_n\}$ 收敛于 a**, 记为

$$\lim_{n \to \infty} x_n = a,$$

或

$$x_n \to a\,(n \to \infty).$$

如果一个数列没有极限, 就称该数列是**发散**的.

注:定义中 "对于任意给定的正数 ε …… $|x_n - a| < \varepsilon$" 实际上表达了 x_n 无限接近于 a 的意思. 此外, 定义中的 N 与任意给定的正数 ε 有关.

在微积分于 17 世纪诞生后的近 200 年间, 虽然微积分的理论和应用有了巨大的发展, 但整个微积分的理论却建立在直观的、模糊不清的极限概念上, 没有一个牢固的基础, 直到 19 世纪, 法国数学家柯西[①]和德国数学家魏尔斯特拉斯[②]建立了严密的极限理论后, 才使微积分完全建立在严格的极限理论基础之上.

① 柯西 (A. L. Cauchy, 1789−1857), 法国数学家.
② 魏尔斯特拉斯 (K. T. W. Weierstrass, 1815−1897), 德国数学家.

$\lim\limits_{n\to\infty} x_n = a$ 的几何解释:

将常数 a 及数列 $x_1, x_2, \cdots, x_n, \cdots$ 表示在数轴上, 并在数轴上作邻域 $U(a, \varepsilon)$ (见图 $1-4-5$).

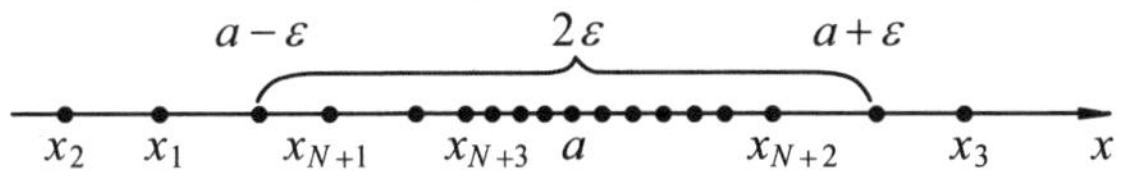

图 $1-4-5$

注意到不等式 $|x_n - a| < \varepsilon$ 等价于 $a - \varepsilon < x_n < a + \varepsilon$, 所以数列 $\{x_n\}$ 的极限为 a 在几何上即表示: 当 $n > N$ 时, 所有的点 x_n 都落在开区间 $(a - \varepsilon, a + \varepsilon)$ 内, 而落在这个区间之外的点至多只有 N 个.

数列极限的定义并未给出求极限的方法, 只给出了论证数列 $\{x_n\}$ 的极限为 a 的方法, 常称为 **$\varepsilon - N$ 论证法**, 其论证步骤为:

(1) 对于任意给定的正数 ε;

(2) 由 $|x_n - a| < \varepsilon$ 开始分析倒推, 推出 $n > \varphi(\varepsilon)$;

(3) 取 $N \geq [\varphi(\varepsilon)]$, 再用 $\varepsilon - N$ 语言顺述结论.

例 2 证明 $\lim\limits_{n\to\infty} \dfrac{n + (-1)^{n-1}}{n} = 1$.

证明 由

$$|x_n - 1| = \left| \frac{n + (-1)^{n-1}}{n} - 1 \right| = \frac{1}{n},$$

易见, 对于任意给定的 $\varepsilon > 0$, 要使 $|x_n - 1| < \varepsilon$, 只需 $\dfrac{1}{n} < \varepsilon$, 即 $n > \dfrac{1}{\varepsilon}$, 取 $N = \left[\dfrac{1}{\varepsilon} \right]$, 则对于任意给定的 $\varepsilon > 0$, 当 $n > N$ 时, 就有

$$\left| \frac{n + (-1)^{n-1}}{n} - 1 \right| < \varepsilon, \quad 即 \quad \lim\limits_{n\to\infty} \frac{n + (-1)^{n-1}}{n} = 1. \qquad \blacksquare$$

例 3 证明 $\lim\limits_{n\to\infty} \dfrac{2n^3 + 1}{5n^3 + 1} = \dfrac{2}{5}$.

证明 由

$$\left| x_n - \frac{2}{5} \right| = \left| \frac{2n^3 + 1}{5n^3 + 1} - \frac{2}{5} \right| = \frac{3}{5(5n^3 + 1)} < \frac{3}{25n^3} < \frac{1}{n^3} < \frac{1}{n} \ (n > 1),$$

易见, 对于任意给定的 $\varepsilon > 0$, 要使 $\left| x_n - \dfrac{2}{5} \right| < \varepsilon$, 只需 $\dfrac{1}{n} < \varepsilon$, 即 $n > \dfrac{1}{\varepsilon}$, 取 $N = \left[\dfrac{1}{\varepsilon} \right]$, 则对于任意给定的 $\varepsilon > 0$, 当 $n > N$ 时, 就有

$$\left| \frac{2n^3 + 1}{5n^3 + 1} - \frac{2}{5} \right| < \varepsilon,$$

即　　$\lim\limits_{n\to\infty}\dfrac{2n^3+1}{5n^3+1}=\dfrac{2}{5}.$　　　　　　■

例4　用数列极限定义证明

$$\lim_{n\to\infty}\frac{n^2-2}{n^2+n+1}=1.$$

证明　由

$$|x_n-1|=\left|\frac{n^2-2}{n^2+n+1}-1\right|=\frac{3+n}{n^2+n+1}<\frac{n+n}{n^2}=\frac{2}{n}\ (n>3),$$

易见，对于任意给定的 $\varepsilon>0$，要使 $|x_n-1|<\varepsilon$，只需 $\dfrac{2}{n}<\varepsilon$，即 $n>\dfrac{2}{\varepsilon}$，取 $N=\left[\dfrac{2}{\varepsilon}\right]$，则对于任意给定的 $\varepsilon>0$，当 $n>N$ 时，就有

$$\left|\frac{n^2-2}{n^2+n+1}-1\right|<\varepsilon,\quad 即\quad \lim_{n\to\infty}\frac{n^2-2}{n^2+n+1}=1.\qquad ■$$

四、收敛数列的有界性

定义4　对于数列 $\{x_n\}$，若存在正数 M，使对于一切自然数 n，恒有 $|x_n|\le M$，则称数列 $\{x_n\}$ **有界**，否则，称其**无界**.

例如，数列 $x_n=\dfrac{n}{n+1}(n=1,2,\cdots)$ 是有界的，因为可取 $M=1$，使 $\left|\dfrac{n}{n+1}\right|\le 1$ 对于一切正整数 n 都成立.

数列 $x_n=2^n(n=1,2,\cdots)$ 是无界的，因为当 n 无限增加时，2^n 可以超过任何正数.

几何上，若数列 $\{x_n\}$ 有界，则存在 $M>0$，使得数轴上对应于有界数列的点 x_n 都落在闭区间 $[-M,M]$ 上.

定理1　收敛的数列必定有界.

证明　设 $\lim\limits_{n\to\infty}x_n=a$，由定义，若取 $\varepsilon=1$，则存在 $N>0$，使得当 $n>N$ 时，恒有

$$|x_n-a|<1,$$

即　　　　　　　　　　　　　　$a-1<x_n<a+1.$

若记 $M=\max\{|x_1|,\cdots,|x_N|,|a-1|,|a+1|\}$，则对于一切自然数 n，皆有 $|x_n|\le M$，故 $\{x_n\}$ 有界.　　　　　　■

推论1　无界数列必定发散.

五、极限的唯一性

定理2　收敛数列的极限是唯一的.

证明　反证法　对于数列 $\{x_n\}$，假设 $\lim\limits_{n\to\infty}x_n=a$，$\lim\limits_{n\to\infty}x_n=b$，且 $a\ne b$，则由极限定义，对于任意给定的 $\varepsilon>0$，存在 $N_1>0$，$N_2>0$，使得

当 $n > N_1$ 时, 恒有 $|x_n - a| < \varepsilon$;

当 $n > N_2$ 时, 恒有 $|x_n - b| < \varepsilon$.

取 $N = \max\{N_1, N_2\}$, 则对于任意给定的 $\varepsilon' = 2\varepsilon > 0$, 当 $n > N$ 时, 使得

$$|a - b| = |(x_n - a) - (x_n - b)| \leq |x_n - a| + |x_n - b| < \varepsilon + \varepsilon = 2\varepsilon = \varepsilon',$$

所以 $a = b$. 这与假设矛盾, 从而原结论正确. ■

例5 证明数列 $x_n = (-1)^{n+1}$ 是发散的.

证明 设 $\lim\limits_{n \to \infty} x_n = a$, 由定义, 对于 $\varepsilon = 1/2$, 存在 N, 使得当 $n > N$ 时, 恒有

$$|x_n - a| < 1/2,$$

即当 $n > N$ 时, $x_n \in \left(a - \dfrac{1}{2}, a + \dfrac{1}{2}\right)$, 区间长度为 1. 而 x_n 无休止地反复取 1、−1 两个数, 不可能同时位于长度为 1 的区间内, 矛盾. 因此, 该数列是发散的. ■

注: 此例同时也表明: 有界数列不一定收敛.

六、收敛数列的保号性

定理3 (收敛数列的保号性) 若 $\lim\limits_{n \to \infty} x_n = a$, 且 $a > 0$ (或 $a < 0$), 则存在正整数 N, 使得当 $n > N$ 时, 恒有 $x_n > 0$ (或 $x_n < 0$).

证明 先证 $a > 0$ 的情形. 按定义, 对于 $\varepsilon = \dfrac{a}{2} > 0$, 存在正整数 N, 当 $n > N$ 时, 有

$$|x_n - a| < \frac{a}{2},$$

即 $x_n > a - \dfrac{a}{2} = \dfrac{a}{2} > 0$.

同理可证 $a < 0$ 的情形. ■

推论2 若数列 $\{x_n\}$ 从某项起有 $x_n \geq 0$ (或 $x_n \leq 0$), 且 $\lim\limits_{n \to \infty} x_n = a$, 则 $a \geq 0$ (或 $a \leq 0$).

证明 证明数列 $\{x_n\}$ 从第 N_1 项起有 $x_n \geq 0$ 的情形. 用反证法.

若 $\lim\limits_{n \to \infty} x_n = a < 0$, 则由定理 3, 存在正整数 $N_2 > 0$, 当 $n > N_2$ 时, 有 $x_n < 0$. 取

$$N = \max\{N_1, N_2\},$$

当 $n > N$ 时, 有 $x_n < 0$, 但按假定有 $x_n \geq 0$, 矛盾. 故必有 $a \geq 0$.

同理可证数列 $\{x_n\}$ 从某项起有 $x_n \leq 0$ 的情形. ■

*数学实验

递归数列是一种用归纳方法定义的数列, 也是常用的数列定义方法之一, 实验 1.8 和实验 1.9 中介绍的数列都是递归数列.

实验1.8 观察斐波那契 (Fibonacci) 数列的变化趋势:

$$F_0 = 1, \quad F_1 = 1, \quad F_n = F_{n-1} + F_{n-2}.$$

斐波那契 (1175—1250) 是意大利数学家，是西方研究斐波那契数列的第一人．斐波那契数列是数学家斐波那契以兔子繁殖为例子而引入的，故又称为"**兔子数列**"．它在现代物理、准晶体结构、化学等领域都有直接的应用，为此，美国数学学会从1963年起出版了以《斐波那契数列季刊》为名的一份数学杂志，专门用于刊载这方面的研究成果．

利用计算软件，易得到斐波那契数列的前 24 项：

1，1，2，3，5，8，13，21，34，55，89，144，
233，377，610，987，1 597，2 584，4 181，
6 765，10 946，17 711，28 657，46 368，…，
其散点图如右图所示．

有趣的是，这样一个完全是自然数的数列，通项公式却是用无理数来表达的，即

$$F_n = \frac{1}{\sqrt{5}}\left[\left(\frac{1+\sqrt{5}}{2}\right)^n - \left(\frac{1-\sqrt{5}}{2}\right)^n\right].$$

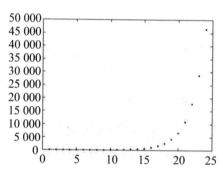

斐波那契数列又称为黄金分割数列，当 n 趋向于无穷大时，该数列的前一项与后一项的比值越来越逼近**黄金分割**比值 0.618 (详见教材配套的网络学习空间).

实验 1.9　观察数列 $x_1 = \sqrt{2}$，$x_n = \sqrt{2 + x_{n-1}}$ 的极限．

利用计算软件，作出其前 10 项的散点图 (见下图)，从图中可以看出，当 n 增大时，该数列越来越接近于 2．

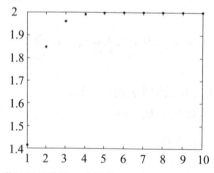

n	x_n	n	x_n
1	1.414 213 562	9	1.999 990 588
2	1.847 759 065	10	1.999 997 647
3	1.961 570 561	11	1.999 999 412
4	1.990 369 453	12	1.999 999 853
5	1.997 590 912	13	1.999 999 963
6	1.999 397 637	14	1.999 999 991
7	1.999 849 404	15	1.999 999 998
8	1.999 962 351	16	1.999 999 999

借助于软件进一步计算，可见当 n 越大时，x_n 越来越接近 2，由此可初步判断，该数列的极限为 2．事实上，在教材 §1.8 的例 4 中，我们证明了 $\lim\limits_{n \to \infty} x_n = 2$．

习题 1-4

1. 观察一般项 x_n 如下的数列 $\{x_n\}$ 的变化趋势，写出它们的极限：

(1) $x_n = \dfrac{1}{3^n}$;　　(2) $x_n = (-1)^n \dfrac{1}{n}$;　　(3) $x_n = 2 + \dfrac{1}{n^3}$;　　(4) $x_n = \dfrac{n-2}{n+2}$;　　(5) $x_n = (-1)^n n$.

2. 利用数列极限的定义证明:

(1) $\lim\limits_{n \to \infty} \dfrac{1}{n^k} = 0$ (k 为正常数);　　(2) $\lim\limits_{n \to \infty} \dfrac{3n+1}{4n-1} = \dfrac{3}{4}$;　　(3) $\lim\limits_{n \to \infty} \dfrac{n+2}{n^2-2} \sin n = 0$.

3. 设数列 $\{x_n\}$ 的一般项为 $x_n = \dfrac{1}{n} \cos \dfrac{n\pi}{2}$. 问 $\lim\limits_{n \to \infty} x_n = ?$ 求出 N, 使当 $n > N$ 时, x_n 与其极限之差的绝对值小于正数 ε. 当 $\varepsilon = 0.001$ 时, 求出数 N.

4. 设 $a_n = \left(1 + \dfrac{1}{n}\right) \sin \dfrac{n\pi}{2}$, 证明数列 $\{a_n\}$ 没有极限.

5. 设数列 $\{x_n\}$ 有界, 又 $\lim\limits_{n \to \infty} y_n = 0$, 证明: $\lim\limits_{n \to \infty} x_n y_n = 0$.

6. 对于数列 $\{x_n\}$, 若 $\lim\limits_{k \to \infty} x_{2k-1} = a$, $\lim\limits_{k \to \infty} x_{2k} = a$, 证明: $\lim\limits_{n \to \infty} x_n = a$.

§1.5　函数的极限

　　数列可看作自变量为正整数 n 的函数: $x_n = f(n)$, 数列 $\{x_n\}$ 的极限为 a, 即当自变量 n 取正整数且无限增大 ($n \to \infty$) 时, 对应的函数值 $f(n)$ 无限接近数 a. 若将数列极限概念中自变量 n 和函数值 $f(n)$ 的特殊性撇开, 可以由此引出函数极限的一般概念: 在自变量 x 的某个变化过程中, 如果对应的函数值 $f(x)$ 无限接近于某个确定的数 A, 则 A 就称为 x 在该变化过程中函数 $f(x)$ 的极限. 显然, 极限 A 是与自变量 x 的变化过程紧密相关的. 自变量的变化过程不同, 函数的极限就有不同的表现形式. 本节分下列两种情况来讨论:

(1) 自变量趋于无穷大时函数的极限;

(2) 自变量趋于有限值时函数的极限.

一、自变量趋向无穷大时函数的极限

　　观察函数 $f(x) = \dfrac{\sin x}{x}$ 当 $x \to \infty$ 时的变化趋势 (见图 1-5-1), 易见, 当 $|x|$ 越来越大时, $f(x)$ 就越来越接近于 0. 事实上, 由

$$|f(x) - 0| = \left| \dfrac{\sin x}{x} \right| \le \left| \dfrac{1}{x} \right|$$

可见, 只要 $|x|$ 足够大, $\left| \dfrac{1}{x} \right| \left(\text{从而} \dfrac{\sin x}{x}\right)$ 就可以小于任意给定的正数, 或者说, 当 $|x|$ 无限增大时, $\dfrac{\sin x}{x}$ 就无限接近于 0.

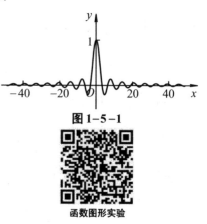

图 1-5-1

函数图形实验

定义 1　设当 $|x|$ 大于某一正数时函数 $f(x)$ 有定义. 如果对于任意给定的正数 ε (不论它多么小), 总存在着正数 X, 使得对于满足不等式 $|x| > X$ 的一切 x, 总有

$$|f(x) - A| < \varepsilon,$$

则称常数 A 为**函数 $f(x)$ 当 $x \to \infty$ 时的极限**, 记作

$$\lim_{x \to \infty} f(x) = A \quad \text{或} \quad f(x) \to A \ (x \to \infty).$$

注: 定义中 ε 刻画了 $f(x)$ 与 A 的接近程度, X 刻画了 $|x|$ 充分大的程度, X 是随 ε 而确定的.

$\lim\limits_{x \to \infty} f(x) = A$ 的几何意义: 作直线 $y = A - \varepsilon$ 和 $y = A + \varepsilon$, 则总存在一个正数 X, 使得当 $|x| > X$ 时, 函数 $y = f(x)$ 的图形位于这两条直线之间 (见图 1-5-2).

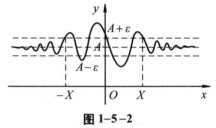

图 1-5-2

如果 $x > 0$ 且无限增大 (记作 $x \to +\infty$), 那么只要把定义 1 中的 $|x| > X$ 改为 $x > X$, 就得到 $\lim\limits_{x \to +\infty} f(x) = A$ 的定义. 同样, $x < 0$ 而 $|x|$ 无限增大 (记作 $x \to -\infty$), 那么只要把定义 1 中的 $|x| > X$ 改为 $x < -X$, 就得到 $\lim\limits_{x \to -\infty} f(x) = A$ 的定义.

极限 $\lim\limits_{x \to +\infty} f(x) = A$ 与 $\lim\limits_{x \to -\infty} f(x) = A$ 称为**单侧极限**.

定理 1　$\lim\limits_{x \to \infty} f(x) = A$ 的充要条件是 $\lim\limits_{x \to +\infty} f(x) = \lim\limits_{x \to -\infty} f(x) = A$.

证明　(请读者自证). ■

例 1　用极限定义证明 $\lim\limits_{x \to \infty} \dfrac{\sin x}{x} = 0$.

证明　因为

$$\left| \frac{\sin x}{x} - 0 \right| = \left| \frac{\sin x}{x} \right| \leq \frac{1}{|x|},$$

于是, 对于任意给定的 $\varepsilon > 0$, 可取 $X = \dfrac{1}{\varepsilon}$, 则当 $|x| > X$ 时, 恒有

$$\left| \frac{\sin x}{x} - 0 \right| < \varepsilon,$$

故　$\lim\limits_{x \to \infty} \dfrac{\sin x}{x} = 0$. ■

例 2　用极限定义证明 $\lim\limits_{x \to +\infty} \left(\dfrac{1}{2} \right)^x = 0$.

证明　对于任意给定的 $\varepsilon > 0$, 要使

$$\left| \left(\frac{1}{2} \right)^x - 0 \right| = \left(\frac{1}{2} \right)^x < \varepsilon,$$

只要 $2^x > \dfrac{1}{\varepsilon}$, 即 $x > \dfrac{\ln\dfrac{1}{\varepsilon}}{\ln 2}$ (不妨设 $\varepsilon < 1$) 即可. 因此, 对于任意给定的 $\varepsilon > 0$, 取 $X = \dfrac{\ln\dfrac{1}{\varepsilon}}{\ln 2}$,

则当 $x > X$ 时,

$$\left| \left(\frac{1}{2} \right)^x - 0 \right| < \varepsilon$$

恒成立. 所以 $\lim\limits_{x \to +\infty} \left(\dfrac{1}{2} \right)^x = 0$. ■

注: 同理可证: 当 $0 < q < 1$ 时, $\lim\limits_{x \to +\infty} q^x = 0$; 当 $q > 1$ 时, $\lim\limits_{x \to -\infty} q^x = 0$.

实验 1.10 试用计算软件完成下列各题:

(1) 观察函数 $f(x) = \dfrac{1}{x^2} \sin x$ 当 $x \to +\infty$ 时的变化趋势.

利用计算软件, 先在一个较小的区间 $[1, 20]$ 作出函数 $f(x)$ 的图形 (见右图), 从图中可以看出, 随着 x 的增大, $f(x)$ 的图形逐渐趋于 0, 逐次取更大的区间作出 $f(x)$ 的图形, 可以更有力地说明这一趋势. 事实上, 可利用极限的定义参照例 1 的方法证明:

$$\lim_{x \to \infty} \frac{1}{x^2} \sin x = 0.$$

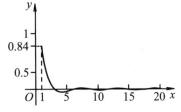

(2) 研究极限 $\lim\limits_{x \to \infty} \arctan x$.

利用计算软件, 在区间 $[-50, 50]$ 上作出 $\arctan x$ 的图形 (见右图), 从图中可以看出, 当沿 x 轴正向增大时, 函数 $\arctan x$ 逐渐趋于 $\dfrac{\pi}{2}$; 当沿 x 轴负向增大时, 函数 $\arctan x$ 逐渐趋于 $-\dfrac{\pi}{2}$. 事实上, 根据反正切函数的性质和函数极限的定义, 可以证明:

$$\lim_{x \to +\infty} \arctan x = \frac{\pi}{2}, \quad \lim_{x \to -\infty} \arctan x = -\frac{\pi}{2}.$$

详见教材配套的网络学习空间.

二、自变量趋向有限值时函数的极限

现在研究自变量 x 趋于有限值 x_0 (即 $x \to x_0$) 时, 函数 $f(x)$ 的变化趋势.

在 $x \to x_0$ 的过程中, 对应的函数值 $f(x)$ 无限接近 A, 可用

$$|f(x) - A| < \varepsilon \text{ (这里 } \varepsilon \text{ 是任意给定的正数)}$$

来表达. 又因为函数值 $f(x)$ 无限接近 A 是在 $x \to x_0$ 的过程中实现的, 所以对于任意给定的 ε, 只要求充分接近 x_0 的 x 的函数值 $f(x)$ 满足不等式 $|f(x) - A| < \varepsilon$, 而充分接近 x_0 的 x 可表达为

$$0 < |x - x_0| < \delta \text{ (这里 } \delta \text{ 为某个正数)}.$$

根据上述分析, 可给出当 $x \to x_0$ 时函数极限的定义.

定义 2　设函数 $f(x)$ 在点 x_0 的某一去心邻域内有定义. 若对于任意给定的正数 ε(不论它多么小), 总存在正数 δ, 使得对于满足不等式 $0 < |x - x_0| < \delta$ 的一切 x, 恒有

$$|f(x) - A| < \varepsilon,$$

则称常数 A 为**函数 $f(x)$ 当 $x \to x_0$ 时的极限**. 记作

$$\lim_{x \to x_0} f(x) = A \text{ 或 } f(x) \to A \ (x \to x_0).$$

注: (1) 函数极限与 $f(x)$ 在点 x_0 上是否有定义无关;

(2) δ 与任意给定的正数 ε 有关.

$\lim_{x \to x_0} f(x) = A$ 的几何解释: 任意给定一正数 ε, 作平行于 x 轴的两条直线 $y = A + \varepsilon$ 和 $y = A - \varepsilon$. 根据定义, 对于给定的 ε, 存在点 x_0 的一个 δ 去心邻域 $0 < |x - x_0| < \delta$, 当 $y = f(x)$ 的图形上的点的横坐标 x 落在该邻域内时, 这些点对应的纵坐标落在带形区域 $A - \varepsilon < f(x) < A + \varepsilon$ 内 (见图 1-5-3).

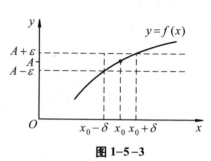

图 1-5-3

例 3　设 $y = 2x - 1$, 问当 $|x - 4| < \delta$ 中的 δ 等于多少时, 有 $|y - 7| < 0.1$?

解　欲使 $|y - 7| < 0.1$, 即

$$|y - 7| = |(2x - 1) - 7| = |2x - 8| = 2|x - 4| < 0.1,$$

从而

$$|x - 4| < \frac{0.1}{2} = 0.05,$$

即当 $|x - 4| < \delta$ 中的 $\delta = 0.05$ 时,

$$|y - 7| < 0.1 \text{ (见图 1-5-4)}. \quad ■$$

类似于数列极限的 $\varepsilon - N$ 论证法, 我们可以给出证明函数极限的 $\varepsilon - \delta$ **论证法**:

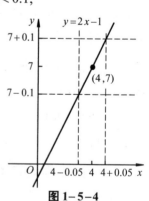

图 1-5-4

(1) 对于任意给定的正数 ε;

(2) 由 $0 < |x - x_0| < \delta$ 开始分析倒推, 推出 $\delta < \varphi(\varepsilon)$;

(3) 取定 $\delta \le \varphi(\varepsilon)$, 再用 $\varepsilon - \delta$ 语言顺述结论.

例 4　利用定义证明 $\lim_{x \to x_0} C = C$ (C 为常数).

证明　对于任意给定的 $\varepsilon > 0$, 不等式

$$|f(x) - C| = |C - C| \equiv 0 < \varepsilon$$

对任意 x 都成立, 故可取 δ 为任意正数, 当 $0 < |x - x_0| < \delta$ 时, 必有

$$|C - C| < \varepsilon,$$

所以 $\lim\limits_{x\to x_0} C = C$. ■

例5 利用定义证明 $\lim\limits_{x\to 1}\dfrac{x^2-1}{x-1}=2$.

证明 函数在点 $x=1$ 处没有定义，又因为

$$|f(x)-A|=\left|\frac{x^2-1}{x-1}-2\right|=|x-1|,$$

所以，对于任意给定的 $\varepsilon>0$，要使 $|f(x)-A|<\varepsilon$，只需取 $\delta=\varepsilon$，则当 $0<|x-1|<\delta$ 时，就有

$$\left|\frac{x^2-1}{x-1}-2\right|<\varepsilon,$$

故 $\lim\limits_{x\to 1}\dfrac{x^2-1}{x-1}=2$. ■

三、左、右极限

当自变量 x 从 x_0 的左侧（或右侧）趋于 x_0 时，函数 $f(x)$ 趋于常数 A，则称 A 为 $f(x)$ 在点 x_0 处的**左极限**（或**右极限**），记为

$$\lim_{x\to x_0^-} f(x)=A \ (\text{或} \lim_{x\to x_0^+} f(x)=A),$$

有时也记为

$$\lim_{x\to x_0-0} f(x)=A \ (\text{或} \lim_{x\to x_0+0} f(x)=A),$$

与 $\qquad f(x_0-0)=A \ (\text{或} f(x_0+0)=A)$.

注：注意到有等式

$$\{x\,|\,0<|x-x_0|<\delta\}=\{x\,|\,0<x-x_0<\delta\}\bigcup\{x\,|\,-\delta<x-x_0<0\},$$

易给出左、右极限的分析定义（留给读者自己给出）.

图 1-5-5 和图 1-5-6 中给出了左极限和右极限的示意图.

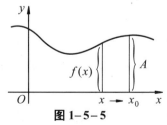

图 1-5-5

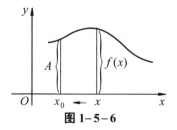

图 1-5-6

直接从定义出发，容易证明下列定理：

定理2 $\lim\limits_{x\to x_0} f(x)=A$ 的充分必要条件为

$$\lim_{x\to x_0^-} f(x)=\lim_{x\to x_0^+} f(x)=A.$$ ■

例 6　设 $f(x)=\begin{cases} x, & x\geq 0 \\ -x+1, & x<0 \end{cases}$，求 $\lim\limits_{x\to 0} f(x)$.

解　因为

$$\lim_{x\to 0^-} f(x)=\lim_{x\to 0^-}(-x+1)=1,$$

$$\lim_{x\to 0^+} f(x)=\lim_{x\to 0^+} x=0.$$

即有

$$\lim_{x\to 0^-} f(x)\neq \lim_{x\to 0^+} f(x),$$

所以 $\lim\limits_{x\to 0} f(x)$ 不存在 (见图 1−5−7). ■

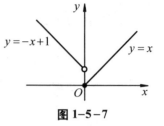

图 1−5−7

例 7　设 $f(x)=\dfrac{1-2^{1/x}}{1+2^{1/x}}$，求 $\lim\limits_{x\to 0^-} f(x)$，$\lim\limits_{x\to 0^+} f(x)$.

解　$f(x)$ 在点 $x=0$ 处没有定义，注意到：

当 $x\to 0^-$ 时，$\dfrac{1}{x}\to -\infty$，即 $2^{1/x}\to 0$，

所以

$$\lim_{x\to 0^-} f(x)=\lim_{x\to 0^-}\frac{1-2^{1/x}}{1+2^{1/x}}=1.$$

当 $x\to 0^+$ 时，$-\dfrac{1}{x}\to -\infty$，即 $2^{-1/x}\to 0$，

所以

$$\lim_{x\to 0^+} f(x)=\lim_{x\to 0^+}\frac{1-2^{1/x}}{1+2^{1/x}}=\lim_{x\to 0^+}\frac{2^{-1/x}-1}{2^{-1/x}+1}=-1.$$

如图 1−5−8 所示. ■

函数图形实验

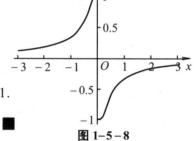

图 1−5−8

四、函数极限的性质

利用函数极限的定义，采用与数列极限相应性质的证明中类似的方法，可得函数极限的一些相应性质. 下面仅以 $x\to x_0$ 的极限形式为代表给出这些性质，至于其他形式的极限的性质，只需作些修改即可得到.

性质 1 (唯一性)　若 $\lim\limits_{x\to x_0} f(x)$ 存在，则其极限是唯一的.

性质 2 (有界性)　若 $\lim\limits_{x\to x_0} f(x)=A$，则存在常数 $M>0$ 和 $\delta>0$，使得当 $0<|x-x_0|<\delta$ 时，有 $|f(x)|\leq M$.

性质 3 (保号性)　若 $\lim\limits_{x\to x_0} f(x)=A$，且 $A>0$ (或 $A<0$)，则存在常数 $\delta>0$，使得当 $0<|x-x_0|<\delta$ 时，有 $f(x)>0$ (或 $f(x)<0$).

推论 1　若 $\lim\limits_{x\to x_0} f(x)=A$，且在 x_0 的某去心邻域内 $f(x)\geq 0$ (或 $f(x)\leq 0$)，则 $A\geq 0$ (或 $A\leq 0$).

*五、子序列的收敛性

定义 3　设在过程 $x \to a$ (a 可以是 x_0, x_0^+ 或 x_0^-) 中有数列 $\{x_n\}$ ($x_n \neq a$), 使得 $n \to \infty$ 时 $x_n \to a$, 则称数列 $\{f(x_n)\}$ 为函数 $f(x)$ 当 $x \to a$ 时的**子序列**.

定理 3　若 $\lim\limits_{x \to x_0} f(x) = A$, 数列 $\{f(x_n)\}$ 是 $f(x)$ 当 $x \to x_0$ 时的一个子序列, 则有

$$\lim_{n \to \infty} f(x_n) = A.$$

证明　因为 $\lim\limits_{x \to x_0} f(x) = A$, 所以对于任意 $\varepsilon > 0$, 存在 $\delta > 0$, 使得当 $0 < |x - x_0| < \delta$ 时, 恒有

$$|f(x) - A| < \varepsilon.$$

又因为 $\lim\limits_{n \to \infty} x_n = x_0$ 且 $x_n \neq x_0$, 所以对于上述 $\delta > 0$, 存在 $N > 0$, 使得当 $n > N$ 时, 恒有 $0 < |x_n - x_0| < \delta$. 从而有

$$|f(x_n) - A| < \varepsilon,$$

故

$$\lim_{n \to \infty} f(x_n) = A.$$ ∎

定理 4　函数极限存在的充要条件是它的任何子序列的极限都存在且相等.

例如, 设 $\lim\limits_{x \to 0} \dfrac{\sin x}{x} = 1$, 则

$$\lim_{n \to \infty} n \sin \frac{1}{n} = \lim_{n \to \infty} \frac{\sin \dfrac{1}{n}}{\dfrac{1}{n}} = 1, \qquad \lim_{n \to \infty} \sqrt{n} \sin \frac{1}{\sqrt{n}} = \lim_{n \to \infty} \frac{\sin \dfrac{1}{\sqrt{n}}}{\dfrac{1}{\sqrt{n}}} = 1,$$

$$\lim_{n \to \infty} \frac{n^2}{n+1} \sin \frac{n+1}{n^2} = \lim_{n \to \infty} \frac{\sin \dfrac{n+1}{n^2}}{\dfrac{n+1}{n^2}} = 1.$$

例 8　证明 $\lim\limits_{x \to 0} \sin \dfrac{1}{x}$ 不存在.

函数图形实验

证明　取 $\{x_n\} = \left\{ \dfrac{1}{n\pi} \right\}$, $\{x_n'\} = \left\{ \dfrac{1}{\dfrac{4n+1}{2}\pi} \right\}$, 则

$$\lim_{n \to \infty} x_n = 0 \text{ 且 } x_n \neq 0, \quad \lim_{n \to \infty} x_n' = 0 \text{ 且 } x_n' \neq 0,$$

而

$$\lim_{n \to \infty} \sin \frac{1}{x_n} = \lim_{n \to \infty} \sin n\pi = 0,$$

$$\lim_{n \to \infty} \sin \frac{1}{x_n'} = \lim_{n \to \infty} \sin \frac{4n+1}{2}\pi = \lim_{n \to \infty} \sin 1 = 1.$$

二者不相等, 故 $\lim\limits_{x \to 0} \sin \dfrac{1}{x}$ 不存在, 如图 1-5-9 所示,

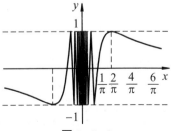

图 1-5-9

函数 $\sin\dfrac{1}{x}$ 在 $x = 0$ 附近是来回振荡的.

习题 1-5

1. 观察如图所示的函数, 求下列极限. 若极限不存在, 说明理由.

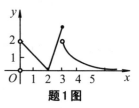

题1图

(1) $\lim\limits_{x\to 2} f(x)$; 　　　　(2) $\lim\limits_{x\to 0^+} f(x)$;

(3) $\lim\limits_{x\to 3^-} f(x)$; 　　　　(4) $\lim\limits_{x\to 3^+} f(x)$.

2. 在某极限过程中, 若 $f(x)$ 有极限, $g(x)$ 无极限, 试判断: $f(x)g(x)$ 是否必无极限. 若是, 请说明理由; 若不是, 请举反例说明之.

3. 当 $x\to 2$ 时, $y = x^2 \to 4$. 问 δ 等于多少可使当 $|x-2| < \delta$ 时, $|y-4| < 0.001$?

4. 设函数 $y = \dfrac{x^2-1}{x-1}$, 问当 $|x-1| < \delta$ 中的 δ 等于多少时, 有 $|y-2| < 0.5$?

5. 用函数极限的定义证明:

(1) $\lim\limits_{x\to\infty}\dfrac{2x+3}{3x} = \dfrac{2}{3}$; 　　(2) $\lim\limits_{x\to +\infty}\dfrac{\sin x}{\sqrt{x}} = 0$; 　　(3) $\lim\limits_{x\to 2}\dfrac{1}{x-1} = 1$; 　　(4) $\lim\limits_{x\to 1}\dfrac{x^2-1}{x^2-x} = 2$.

6. 讨论函数 $f(x) = \dfrac{|x|}{x}$ 当 $x\to 0$ 时的极限.

7. 证明: 如果函数 $f(x)$ 当 $x\to x_0$ 时的极限存在, 则函数 $f(x)$ 在 x_0 的某个去心邻域内有界.

8. 研究极限 $\lim\limits_{x\to\infty}\dfrac{\sqrt{x^2+x+1}}{x-1}$.

§1.6　无穷小与无穷大

> 没有任何问题可以像无穷那样深深地触动人的情感, 很少有别的观念能像无穷那样激励理智产生富有成果的思想, 然而也没有任何其他概念能像无穷那样需要加以阐明.
>
> —— 戴维·希尔伯特[1]

一、无穷小

对无穷小的认识问题, 可以追溯到古希腊, 那时, 阿基米德[2]就曾用无限小量方

---

[1] 希尔伯特 (D. Hilbert, 1862—1943), 德国数学家.
[2] 阿基米德 (Archimedes, 公元前287—公元前212), 古希腊数学家.

法得到许多重要的数学结果,但他认为无限小量方法存在着不合理的地方.直到1821年,柯西在他的《分析教程》中才对无限小(即这里所说的无穷小)这一概念给出了明确的回答.而有关无穷小的理论就是在柯西的理论基础上发展起来的.

定义1 极限为零的变量(函数)称为**无穷小**.

例如,

(1) $\lim\limits_{x \to 0} \sin x = 0$,所以函数 $\sin x$ 是当 $x \to 0$ 时的无穷小;

(2) $\lim\limits_{x \to \infty} \dfrac{1}{x} = 0$,所以函数 $\dfrac{1}{x}$ 是当 $x \to \infty$ 时的无穷小;

(3) $\lim\limits_{n \to \infty} \dfrac{(-1)^n}{n} = 0$,所以函数 $\dfrac{(-1)^n}{n}$ 是当 $n \to \infty$ 时的无穷小.

注:(1) 根据定义,无穷小本质上是这样一个变量(函数):在某过程(如 $x \to x_0$ 或 $x \to \infty$)中,该变量的绝对值能小于任意给定的正数 ε.无穷小不能与很小的数(如千万分之一)混淆.但零是可以作为无穷小的唯一常数.

(2) 无穷小是相对于 x 的某个变化过程而言的.例如,当 $x \to \infty$ 时,$\dfrac{1}{x}$ 是无穷小;当 $x \to 2$ 时,$\dfrac{1}{x}$ 不是无穷小.

定理1 $\lim\limits_{x \to x_0} f(x) = A$ 的充分必要条件是

$$f(x) = A + \alpha,$$

其中 α 是当 $x \to x_0$ 时的无穷小.

证明 必要性 设 $\lim\limits_{x \to x_0} f(x) = A$,则对于任意给定的 $\varepsilon > 0$,存在 $\delta > 0$,使得当 $0 < |x - x_0| < \delta$ 时,恒有

$$|f(x) - A| < \varepsilon,$$

令 $\alpha = f(x) - A$,则 α 是当 $x \to x_0$ 时的无穷小,且

$$f(x) = A + \alpha.$$

充分性 设 $f(x) = A + \alpha$,其中 A 为常数,α 是当 $x \to x_0$ 时的无穷小,于是

$$|f(x) - A| = |\alpha|.$$

因为 α 是当 $x \to x_0$ 时的无穷小,故对于任意给定的 $\varepsilon > 0$,存在 $\delta > 0$,使得当 $0 < |x - x_0| < \delta$ 时,恒有 $|\alpha| < \varepsilon$,即

$$|f(x) - A| < \varepsilon,$$

从而

$$\lim\limits_{x \to x_0} f(x) = A.$$ ∎

注:定理1对于 $x \to \infty$ 等其他情形也成立(读者自证).

定理1的结论在今后的学习中有重要的应用,尤其是在理论推导或证明中.它将函数的极限运算问题转化为常数与无穷小的代数运算问题.

二、无穷小的运算性质

在下面讨论无穷小的性质时，我们仅证明 $x \to x_0$ 时函数为无穷小的情形，至于 $x \to \infty$ 等其他情形，证明完全类似.

定理 2　有限个无穷小的代数和仍是无穷小.

证明　只证两个无穷小的和的情形即可. 设 α 及 β 是当 $x \to x_0$ 时的两个无穷小，则对于任意给定的 $\varepsilon > 0$，一方面，存在 $\delta_1 > 0$，使得当 $0 < |x - x_0| < \delta_1$ 时，恒有
$$|\alpha| < \varepsilon / 2,$$
另一方面，存在 $\delta_2 > 0$，使得当 $0 < |x - x_0| < \delta_2$ 时，恒有
$$|\beta| < \varepsilon / 2,$$
取 $\delta = \min\{\delta_1, \delta_2\}$，则当 $0 < |x - x_0| < \delta$ 时，恒有
$$|\alpha \pm \beta| < |\alpha| + |\beta| < \frac{\varepsilon}{2} + \frac{\varepsilon}{2} = \varepsilon,$$
所以 $\lim\limits_{x \to x_0} (\alpha \pm \beta) = 0$，即 $\alpha \pm \beta$ 是当 $x \to x_0$ 时的无穷小. ■

注：无穷多个无穷小的代数和未必是无穷小.

例如，$n \to \infty$ 时，$\dfrac{1}{n}$ 是无穷小，但
$$\lim_{n \to \infty} \left(\overbrace{\frac{1}{n} + \frac{1}{n} + \cdots + \frac{1}{n}}^{n \, \uparrow} \right) = 1,$$
即当 $n \to \infty$ 时，$\overbrace{\dfrac{1}{n} + \dfrac{1}{n} + \cdots + \dfrac{1}{n}}^{n \, \uparrow}$ 不是无穷小.

定理 3　有界函数与无穷小的乘积是无穷小.

证明　设函数 u 在 $0 < |x - x_0| < \delta_1$ 内有界，则存在 $M > 0$，使得当 $0 < |x - x_0| < \delta_1$ 时，恒有 $|u| \le M$.

再设 α 是当 $x \to x_0$ 时的无穷小，则对于任意给定的 $\varepsilon > 0$，存在 $\delta_2 > 0$，使得当 $0 < |x - x_0| < \delta_2$ 时，恒有 $|\alpha| < \dfrac{\varepsilon}{M}$.

取 $\delta = \min\{\delta_1, \delta_2\}$，则当 $0 < |x - x_0| < \delta$ 时，恒有
$$|u \cdot \alpha| = |u| \cdot |\alpha| < M \cdot \frac{\varepsilon}{M} = \varepsilon,$$
所以当 $x \to x_0$ 时，$u \cdot \alpha$ 为无穷小. ■

推论 1　常数与无穷小的乘积是无穷小.

推论 2　有限个无穷小的乘积也是无穷小.

例 1　求 $\lim\limits_{x \to \infty} \dfrac{\sin x}{x}$.

解　因为

$$\lim_{x\to\infty} \frac{\sin x}{x} = \lim_{x\to\infty} \frac{1}{x} \cdot \sin x,$$

当 $x\to\infty$ 时, $\dfrac{1}{x}$ 是无穷小, $\sin x$ 是有界量 ($|\sin x| \le 1$), 故

$$\lim_{x\to\infty} \frac{\sin x}{x} = 0.$$ ■

三、无穷大

如果当 $x\to x_0$ (或 $x\to\infty$) 时, 函数 $f(x)$ 的绝对值无限增大 (即大于预先给定的任意正数), 则称函数 $f(x)$ 为当 $x\to x_0$ (或 $x\to\infty$) 时的**无穷大**.

定义 2 如果对于任意给定的正数 M(不论它多么大), 总存在正数 δ (或正数 X), 使得满足不等式 $0<|x-x_0|<\delta$ (或 $|x|>X$) 的一切 x 所对应的函数值 $f(x)$ 都满足不等式

$$|f(x)| > M,$$

则称函数 $f(x)$ 当 $x\to x_0$ (或 $x\to\infty$) 时为**无穷大**, 记作

$$\lim_{x\to x_0} f(x) = \infty \quad (\text{或} \lim_{x\to\infty} f(x) = \infty).$$

注: 当 $x\to x_0$ (或 $x\to\infty$) 时为无穷大的函数 $f(x)$, 按通常的意义来说, 极限是不存在的. 但为了叙述函数这一性态的方便, 我们也说 "函数的极限是无穷大".

如果在无穷大的定义中, 把 $|f(x)|>M$ 换为 $f(x)>M$ (或 $f(x)<-M$), 则称函数 $f(x)$ 当 $x\to x_0$ (或 $x\to\infty$) 时为**正无穷大**(或**负无穷大**), 记为

$$\lim_{\substack{x\to x_0 \\ (x\to\infty)}} f(x) = +\infty \quad (\text{或} \lim_{\substack{x\to x_0 \\ (x\to\infty)}} f(x) = -\infty).$$

例 2 证明 $\lim\limits_{x\to 1} \dfrac{1}{x-1} = \infty$.

证明 对于任意给定的 $M>0$, 要使 $\left|\dfrac{1}{x-1}\right|>M$, 只需 $|x-1|<\dfrac{1}{M}$, 所以, 取 $\delta = \dfrac{1}{M}$, 则当 $0<|x-1|<\delta = \dfrac{1}{M}$ 时, 就有 $\left|\dfrac{1}{x-1}\right|>M$. 即 $\lim\limits_{x\to 1} \dfrac{1}{x-1} = \infty$. ■

此外, 易证: 当 $x\to-\infty$ 时, $a^x(0<a<1)$ 是正无穷大; 当 $x\to 0^+$ 时, $\ln x$ 是负无穷大; 当 $x\to(\pi/2)^-$ 时, $\tan x$ 是正无穷大, 等等.

注: 无穷大一定是无界变量. 反之, 无界变量不一定是无穷大.

例 3 当 $x\to 0$ 时, $y=\dfrac{1}{x}\sin\dfrac{1}{x}$ 是一个无界变量, 但不是无穷大.

解 取 $x\to 0$ 的两个子数列:

$$x_k' = \frac{1}{2k\pi + \pi/2}, \quad x_k'' = \frac{1}{2k\pi} \quad (k=1,2,\cdots).$$

则

$$x_k' \to 0 \ (k\to\infty), \quad x_k'' \to 0 \ (k\to\infty),$$

且
$$y(x_k') = 2k\pi + \frac{\pi}{2} \quad (k = 1, 2, \cdots).$$

故对于任意的 $M > 0$, 都存在 $K > 0$, 使 $y(x_K') > M$, 即 y 是无界的; 但
$$y(x_k'') = 2k\pi \sin 2k\pi = 0 \quad (k = 0, 1, 2, \cdots).$$

故 y 不是无穷大. ■

四、无穷小与无穷大的关系

定理 4 在自变量的同一变化过程中, 无穷大的倒数为无穷小; 恒不为零的无穷小的倒数为无穷大.

证明 设 $\lim\limits_{x \to x_0} f(x) = \infty$, 则对于任意给定的 $\varepsilon > 0$, 存在 $\delta > 0$, 使得当 $0 < |x - x_0| < \delta$ 时, 恒有
$$|f(x)| > \frac{1}{\varepsilon}, \quad \text{即} \quad \left| \frac{1}{f(x)} \right| < \varepsilon.$$

所以当 $x \to x_0$ 时, $\dfrac{1}{f(x)}$ 为无穷小.

反之, 设 $\lim\limits_{x \to x_0} f(x) = 0$, 且 $f(x) \neq 0$, 则对于任意给定的 $M > 0$, 存在 $\delta > 0$, 当 $0 < |x - x_0| < \delta$ 时, 恒有
$$|f(x)| < \frac{1}{M}, \quad \text{即} \quad \left| \frac{1}{f(x)} \right| > M.$$

所以当 $x \to x_0$ 时, $\dfrac{1}{f(x)}$ 为无穷大. ■

根据这个定理, 我们可将无穷大的讨论归结为关于无穷小的讨论.

例 4 求 $\lim\limits_{x \to \infty} \dfrac{x^4}{x^3 + 5}$.

解 因为
$$\lim_{x \to \infty} \frac{x^3 + 5}{x^4} = \lim_{x \to \infty} \left(\frac{1}{x} + \frac{5}{x^4} \right) = 0,$$

于是, 根据无穷小与无穷大的关系有
$$\lim_{x \to \infty} \frac{x^4}{x^3 + 5} = \infty.$$
■

习题 1-6

1. 判断题:

(1) 非常小的数是无穷小;   (   )

(2) 零是无穷小;   (   )

(3) 无穷小是一个函数; ( )

(4) 两个无穷小的商是无穷小; ( )

(5) 两个无穷大的和一定是无穷大. ( )

2. 指出下列哪些是无穷小,哪些是无穷大.

(1) $\dfrac{1+(-1)^n}{n}$ $(n\to\infty)$; (2) $\dfrac{\sin x}{1+\cos x}$ $(x\to 0)$; (3) $\dfrac{x+1}{x^2-4}$ $(x\to 2)$.

3. 根据定义证明:$y=x\sin\dfrac{1}{x}$ 为 $x\to 0$ 时的无穷小.

4. 求下列极限并说明理由:

(1) $\lim\limits_{x\to\infty}\dfrac{3x+2}{x}$; (2) $\lim\limits_{x\to 0}\dfrac{x^2-4}{x-2}$; (3) $\lim\limits_{x\to 0}\dfrac{1}{1-\cos x}$.

5. 判断 $\lim\limits_{x\to\infty}e^{1/x}$ 是否存在,若将极限过程改为 $x\to 0$ 呢?

6. 函数 $y=x\cos x$ 在 $(-\infty,+\infty)$ 内是否有界?当 $x\to+\infty$ 时,函数是否为无穷大?为什么?

7. 设 $x\to x_0$ 时,$g(x)$ 是有界量,$f(x)$ 是无穷大,证:$f(x)\pm g(x)$ 是无穷大.

8. 设 $x\to x_0$ 时,$|g(x)|\geq M$ (M是一个正的常数),$f(x)$ 是无穷大.证:$f(x)g(x)$ 是无穷大.

§1.7 极限运算法则

本节要建立极限的四则运算法则和复合函数的极限运算法则.在下面的讨论中,记号"lim"下面没有表明自变量的变化过程,是指对 $x\to x_0$ 和 $x\to\infty$ 以及单侧极限均成立.但在论证时,只证明了 $x\to x_0$ 的情形.

定理1 设 $\lim f(x)=A$,$\lim g(x)=B$,则

(1) $\lim[f(x)\pm g(x)]=A\pm B=\lim f(x)\pm\lim g(x)$;

(2) $\lim[f(x)\cdot g(x)]=A\cdot B=\lim f(x)\cdot\lim g(x)$;

(3) $\lim\dfrac{f(x)}{g(x)}=\dfrac{A}{B}=\dfrac{\lim f(x)}{\lim g(x)}$ $(B\neq 0)$.

证 因为 $\lim f(x)=A$,$\lim g(x)=B$,所以
$$f(x)=A+\alpha,\ g(x)=B+\beta\ (\alpha\to 0,\beta\to 0).$$

(1) 由无穷小的运算性质,得
$$[f(x)\pm g(x)]-(A\pm B)=\alpha\pm\beta\to 0.$$
即 $\lim[f(x)\pm g(x)]=A\pm B$,故(1)成立.

(2) 由无穷小的运算性质,得
$$[f(x)\cdot g(x)]-(A\cdot B)=(A+\alpha)(B+\beta)-AB=(A\beta+B\alpha)+\alpha\beta\to 0.$$
即 $\lim[f(x)\cdot g(x)]=A\cdot B$,故(2)成立.

(3) 由无穷小的运算性质, 得

$$\frac{f(x)}{g(x)} - \frac{A}{B} = \frac{A+\alpha}{B+\beta} - \frac{A}{B} = \frac{B\alpha - A\beta}{B(B+\beta)},$$

注意到 $B\alpha - A\beta \to 0$, 又因 $\beta \to 0$, $B \neq 0$, 于是存在某个时刻, 从该时刻起 $|\beta| < \dfrac{|B|}{2}$,

所以 $|B+\beta| \geq |B| - |\beta| > \dfrac{|B|}{2}$, 故 $\left|\dfrac{1}{B(B+\beta)}\right| < \dfrac{2}{B^2}$ (有界), 从而

$$\frac{f(x)}{g(x)} - \frac{A}{B} = \frac{B\alpha - A\beta}{B(B+\beta)} \to 0,$$

即 $\lim \dfrac{f(x)}{g(x)} = \dfrac{A}{B}$, 故 (3) 成立. ■

注: 法则 (1)、(2) 均可推广到有限个函数的情形, 例如, 若 $\lim f(x)$, $\lim g(x)$, $\lim h(x)$ 都存在, 则有

$$\lim[f(x)+g(x)-h(x)] = \lim f(x) + \lim g(x) - \lim h(x);$$
$$\lim[f(x)g(x)h(x)] = \lim f(x) \cdot \lim g(x) \cdot \lim h(x).$$

推论 1　如果 $\lim f(x)$ 存在, 而 C 为常数, 则

$$\lim[Cf(x)] = C\lim f(x).$$

即常数因子可以移到极限符号外面.

推论 2　如果 $\lim f(x)$ 存在, 而 n 是正整数, 则

$$\lim[f(x)]^n = [\lim f(x)]^n.$$

注: 上述定理给求极限带来了很大方便, 但应注意, 运用该定理的前提是被运算的各个变量的极限必须存在, 并且, 在除法运算中, 还要求分母的极限不为零.

例 1　求 $\lim\limits_{x\to 2}(x^2 - 3x + 5)$.

解　$\lim\limits_{x\to 2}(x^2 - 3x + 5) = \lim\limits_{x\to 2} x^2 - \lim\limits_{x\to 2} 3x + \lim\limits_{x\to 2} 5 = \left(\lim\limits_{x\to 2} x\right)^2 - 3\lim\limits_{x\to 2} x + \lim\limits_{x\to 2} 5$

$$= 2^2 - 3 \cdot 2 + 5 = 3.$$ ■

例 2　求 $\lim\limits_{x\to 3} \dfrac{2x^2 - 9}{5x^2 - 7x - 2}$.

解　因为 $\lim\limits_{x\to 3}(5x^2 - 7x - 2) = 22 \neq 0$, 所以

$$\lim\limits_{x\to 3} \frac{2x^2 - 9}{5x^2 - 7x - 2} = \frac{\lim\limits_{x\to 3}(2x^2 - 9)}{\lim\limits_{x\to 3}(5x^2 - 7x - 2)} = \frac{2 \cdot 3^2 - 9}{5 \cdot 3^2 - 7 \cdot 3 - 2} = \frac{9}{22}.$$ ■

例 3　求 $\lim\limits_{x\to 1} \dfrac{4x-1}{x^2 + 2x - 3}$.

解 因 $\lim\limits_{x \to 1}(x^2 + 2x - 3) = 0$，商的法则不能用. 又 $\lim\limits_{x \to 1}(4x - 1) = 3 \neq 0$，故

$$\lim_{x \to 1} \frac{x^2 + 2x - 3}{4x - 1} = \frac{0}{3} = 0.$$

由无穷小与无穷大的关系，得 $\lim\limits_{x \to 1} \dfrac{4x - 1}{x^2 + 2x - 3} = \infty.$ ■

例 4 求 $\lim\limits_{x \to 1} \dfrac{x^2 - 1}{x^2 + 2x - 3}.$

解 当 $x \to 1$ 时，分子和分母的极限都是零. 此时应先约去不为零的无穷小因子 $(x-1)$ 后再求极限.

$$\lim_{x \to 1} \frac{x^2 - 1}{x^2 + 2x - 3} = \lim_{x \to 1} \frac{(x+1)(x-1)}{(x+3)(x-1)} = \lim_{x \to 1} \frac{x+1}{x+3} = \frac{1}{2}.$$ ■

例 5 求 $\lim\limits_{x \to \infty} \dfrac{2x^3 + 3x^2 + 5}{7x^3 + 4x^2 - 1}.$

解 当 $x \to \infty$ 时，分子和分母的极限都是无穷大，此时可采用所谓的**无穷小因子分出法**，即以分母中自变量的最高次幂去除分子和分母，以分出无穷小，然后再用求极限的方法. 对本例，先用 x^3 去除分子和分母，分出无穷小，再求极限.

$$\lim_{x \to \infty} \frac{2x^3 + 3x^2 + 5}{7x^3 + 4x^2 - 1} = \lim_{x \to \infty} \frac{2 + \dfrac{3}{x} + \dfrac{5}{x^3}}{7 + \dfrac{4}{x} - \dfrac{1}{x^3}} = \frac{2}{7}.$$ ■

注：当 $a_0 \neq 0$, $b_0 \neq 0$, m 和 n 为非负整数时，有

$$\lim_{x \to \infty} \frac{a_0 x^m + a_1 x^{m-1} + \cdots + a_m}{b_0 x^n + b_1 x^{n-1} + \cdots + b_n} = \begin{cases} \dfrac{a_0}{b_0}, & n = m \\ 0, & n > m \\ \infty, & n < m \end{cases}.$$

例 6 计算 $\lim\limits_{x \to \infty} \dfrac{\sqrt[3]{8x^3 + 6x^2 + 5x + 1}}{3x - 2}.$

解 $x \to \infty$ 时，分子和分母均趋于 ∞，可把分子和分母同时除以分母中自变量的最高次幂，即得

$$\lim_{x \to \infty} \frac{\sqrt[3]{8x^3 + 6x^2 + 5x + 1}}{3x - 2} = \lim_{x \to \infty} \frac{\sqrt[3]{8 + \dfrac{6}{x} + \dfrac{5}{x^2} + \dfrac{1}{x^3}}}{3 - \dfrac{2}{x}} = \frac{2}{3}.$$ ■

在许多情况下，常常需要对给定的函数作适当的变形，然后再求极限.

例 7 求 $\lim\limits_{n \to \infty} \left(\dfrac{1}{n^2} + \dfrac{2}{n^2} + \cdots + \dfrac{n}{n^2} \right).$

解 $n \to \infty$ 时，题设极限是无穷小之和. 先变形再求极限.

$$\lim_{n \to \infty}\left(\frac{1}{n^2}+\frac{2}{n^2}+\cdots+\frac{n}{n^2}\right)=\lim_{n \to \infty}\frac{1+2+\cdots+n}{n^2}$$

$$=\lim_{n \to \infty}\frac{\frac{1}{2}n(n+1)}{n^2}=\lim_{n \to \infty}\frac{1}{2}\left(1+\frac{1}{n}\right)=\frac{1}{2}.$$ ∎

例8　求 $\lim\limits_{x \to +\infty}(\sqrt{x+1}-\sqrt{x})$.

解　当 $x \to +\infty$ 时，$\sqrt{x+1}$ 与 $\sqrt{x}$ 的极限均不存在，但不能认为它们差的极限不存在. 事实上，经有理化变形后，可得

$$\lim_{x \to +\infty}(\sqrt{x+1}-\sqrt{x})=\lim_{x \to +\infty}\frac{1}{\sqrt{x+1}+\sqrt{x}}=0.$$ ∎

例9　设 $f(x)=\begin{cases} x-1, & x<0 \\ \dfrac{x^2+3x-1}{x^3+1}, & x \ge 0 \end{cases}$，求 $\lim\limits_{x \to 0}f(x)$，$\lim\limits_{x \to +\infty}f(x)$，$\lim\limits_{x \to -\infty}f(x)$.

解　先求 $\lim\limits_{x \to 0}f(x)$，因为

$$\lim_{x \to 0^-}f(x)=\lim_{x \to 0^-}(x-1)=-1,$$

$$\lim_{x \to 0^+}f(x)=\lim_{x \to 0^+}\frac{x^2+3x-1}{x^3+1}=-1,$$

函数图形实验

所以 $\lim\limits_{x \to 0}f(x)=-1$. 同理，易求得

$$\lim_{x \to +\infty}f(x)=\lim_{x \to +\infty}\frac{x^2+3x-1}{x^3+1}$$

$$=\lim_{x \to +\infty}\frac{\dfrac{1}{x}+\dfrac{3}{x^2}-\dfrac{1}{x^3}}{1+\dfrac{1}{x^3}}=0,$$

$$\lim_{x \to -\infty}f(x)=\lim_{x \to -\infty}(x-1)=-\infty.$$

如图 1-7-1 所示. ∎

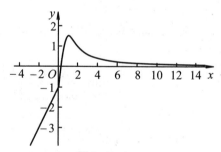
图 1-7-1

定理2（复合函数的极限运算法则）　设函数 $y=f[g(x)]$ 由函数 $y=f(u)$ 与函数 $u=g(x)$ 复合而成，$f[g(x)]$ 在点 x_0 的某去心邻域内有定义，若

$$\lim_{x \to x_0}g(x)=u_0, \quad \lim_{u \to u_0}f(u)=A,$$

且存在 $\delta_0>0$，当 $x \in \overset{\circ}{U}(x_0, \delta_0)$ 时，有 $g(x) \ne u_0$，则

$$\lim_{x \to x_0}f[g(x)]=\lim_{u \to u_0}f(u)=A.$$

证明　略. ∎

注：(1) 对于 u_0 或 x_0 为无穷大的情形，也可得到类似的定理；

(2) 定理 2 表明: 若函数 $f(u)$ 和 $g(x)$ 满足该定理的条件, 则作代换 $u = g(x)$, 可把求 $\lim\limits_{x \to x_0} f[g(x)]$ 化为求 $\lim\limits_{u \to u_0} f(u)$, 其中 $u_0 = \lim\limits_{x \to x_0} g(x)$.

例 10 求极限 $\lim\limits_{x \to 1} \ln \left[\dfrac{x^2 - 1}{2(x-1)} \right]$.

解 方法一 令 $u = \dfrac{x^2 - 1}{2(x-1)}$, 则当 $x \to 1$ 时, 有

$$u = \frac{x^2 - 1}{2(x-1)} = \frac{x+1}{2} \to 1,$$

故 原式 $= \lim\limits_{u \to 1} \ln u = 0$.

方法二 原式 $= \ln \left[\lim\limits_{x \to 1} \dfrac{x^2 - 1}{2(x-1)} \right] = \ln \left[\lim\limits_{x \to 1} \dfrac{x+1}{2} \right] = \ln 1 = 0.$

*数学实验

实验 1.11 试用计算软件求下列极限:

(1) $\lim\limits_{x \to 0} \dfrac{(1+x)^5 - (1+5x)}{x^2 + x^5}$;

(2) $\lim\limits_{x \to 0^+} \dfrac{\ln \cot x}{\ln x}$;

(3) $\lim\limits_{x \to a} \dfrac{(x^n - a^n) - na^{n-1}(x-a)}{(x-a)^2} \ (n \in \mathbf{N})$;

(4) $\lim\limits_{x \to 0^+} x^2 \ln x$;

(5) $\lim\limits_{x \to 0} \dfrac{e^x - e^{-x} - 2x}{x - \sin x}$;

(6) $\lim\limits_{x \to 0} \left(\dfrac{\sin x}{x} \right)^{\frac{1}{1 - \cos x}}$.

计算实验

微信扫描右侧相应的二维码即可进行计算实验 (详见教材配套的网络学习空间).

习题 1-7

1. 计算下列极限:

(1) $\lim\limits_{x \to 1} (3x^2 + 4\sqrt{x} - 2)$;

(2) $\lim\limits_{x \to 2} \dfrac{x^2 + 5}{x - 3}$;

(3) $\lim\limits_{x \to \sqrt{3}} \dfrac{x^2 - 3}{x^2 + 1}$;

(4) $\lim\limits_{x \to 1} \dfrac{x^2 - 2x + 1}{x^2 - 1}$;

(5) $\lim\limits_{x \to \infty} \left(2 - \dfrac{1}{x} + \dfrac{1}{x^2} \right)$;

(6) $\lim\limits_{x \to \infty} \dfrac{x^2 + x}{x^4 - 3x^2 + 1}$;

(7) $\lim\limits_{x \to 4} \dfrac{x^2 - 6x + 8}{x^2 - 5x + 4}$;

(8) $\lim\limits_{x \to 0} \dfrac{4x^3 - 2x^2 + x}{3x^2 + 2x}$;

(9) $\lim\limits_{h \to 0} \dfrac{(x+h)^2 - x^2}{h}$;

(10) $\lim\limits_{x \to \infty} \left(1 + \dfrac{1}{x} \right) \left(2 - \dfrac{1}{x^2} \right)$;

(11) $\lim\limits_{x \to +\infty} \dfrac{\cos x}{e^x + e^{-x}}$;

(12) $\lim\limits_{x \to \infty} \dfrac{4x - 3}{3x^2 - 2x + 5} \sin x$;

(13) $\lim\limits_{x \to -8} \dfrac{\sqrt{1-x} - 3}{2 + \sqrt[3]{x}}$;

(14) $\lim\limits_{x \to 2} \dfrac{x^3 + 2x^2}{(x-2)^2}$;

(15) $\lim\limits_{x \to +\infty} x \left(\sqrt{1 + x^2} - x \right)$;

(16) $\lim\limits_{x \to \infty} \dfrac{\arctan x}{x}$;　　　　　(17) $\lim\limits_{x \to 1}\left(\dfrac{1}{1-x} - \dfrac{3}{1-x^3}\right)$;　　(18) $\lim\limits_{x \to \infty} \dfrac{(2x-1)^{30}(3x-2)^{20}}{(2x+1)^{50}}$;

(19) $\lim\limits_{x \to +\infty}(\sqrt{x^2+x+1} - \sqrt{x^2-x+1})$.

2. 计算下列极限:

(1) $\lim\limits_{n \to \infty} \dfrac{(n+1)(n+2)(n+3)}{5n^3}$;　　　　　(2) $\lim\limits_{n \to \infty} \dfrac{(n-1)^2}{n+1}$;

(3) $\lim\limits_{n \to \infty}\left(1+\dfrac{1}{2}+\dfrac{1}{2^2}+\cdots+\dfrac{1}{2^n}\right)$;　　(4) $\lim\limits_{n \to \infty} \dfrac{1+2+3+\cdots+(n-1)}{n^2}$.

3. 设 $f(x) = \begin{cases} 3x+2, & x \le 0 \\ x^2+1, & 0 < x \le 1, \\ 2/x, & 1 < x \end{cases}$ 分别讨论 $x \to 0$ 及 $x \to 1$ 时 $f(x)$ 的极限是否存在.

4. 求下列极限.

(1) $\lim\limits_{x \to \infty} \log_2\left[\dfrac{x^2-1}{2x^2-x-1}\right]$;　　　　　(2) $\lim\limits_{x \to 1} 2^{\frac{x^3-3x+2}{x^4-4x+3}}$.

5. 已知 $\lim\limits_{x \to c} f(x) = 4$ 及 $\lim\limits_{x \to c} g(x) = 1$, $\lim\limits_{x \to c} h(x) = 0$, 求:

(1) $\lim\limits_{x \to c} \dfrac{g(x)}{f(x)}$;　　　(2) $\lim\limits_{x \to c} \dfrac{h(x)}{f(x)-g(x)}$;　　　(3) $\lim\limits_{x \to c}[f(x) \cdot g(x)]$;

(4) $\lim\limits_{x \to c}[f(x) \cdot h(x)]$;　　　(5) $\lim\limits_{x \to c} \dfrac{g(x)}{h(x)}$.

6. 若 $\lim\limits_{x \to 3} \dfrac{x^2-2x+k}{x-3} = 4$, 求 k 的值.

7. 若 $\lim\limits_{x \to \infty}\left(\dfrac{x^2+1}{x+1} - ax - b\right) = 0$, 求 a, b 的值.

8. 已知 $\lim\limits_{x \to 0} \dfrac{x}{f(2x)} = 3$, 求 $\lim\limits_{x \to 0} \dfrac{f(3x)}{x}$.

§1.8 极限存在准则　两个重要极限

一、夹逼准则

准则 I　如果数列 $\{x_n\}$, $\{y_n\}$ 及 $\{z_n\}$ 满足下列条件:

(1) $y_n \le x_n \le z_n \ (n > n_0, n_0 \in \mathbf{N_+})$,　　(2) $\lim\limits_{n \to \infty} y_n = a$, $\lim\limits_{n \to \infty} z_n = a$,

那么数列 $\{x_n\}$ 的极限存在, 且 $\lim\limits_{n \to \infty} x_n = a$.

证明　因 $y_n \to a$, $z_n \to a$, 故对于任意给定的 $\varepsilon > 0$, 存在正整数 N_1, N_2, 使得当 $n > N_1$ 时恒有 $|y_n - a| < \varepsilon$, 当 $n > N_2$ 时恒有 $|z_n - a| < \varepsilon$. 取 $N = \max\{N_1, N_2\}$, 则当 $n > N$ 时同时有 $|y_n - a| < \varepsilon$, $|z_n - a| < \varepsilon$, 即

$$a - \varepsilon < y_n < a + \varepsilon, \quad a - \varepsilon < z_n < a + \varepsilon.$$

从而,当 $n > N$ 时,恒有

$$a - \varepsilon < y_n \le x_n \le z_n < a + \varepsilon,$$

即
$$|x_n - a| < \varepsilon,$$

所以 $\lim\limits_{n \to \infty} x_n = a$. ■

注:利用夹逼准则求极限,关键是构造出 y_n 与 z_n,并且 y_n 与 z_n 的极限相同且容易求得.

例1 求 $\lim\limits_{n \to \infty} \left(\dfrac{1}{\sqrt{n^2+1}} + \dfrac{1}{\sqrt{n^2+2}} + \cdots + \dfrac{1}{\sqrt{n^2+n}} \right)$.

解 设 $x_n = \dfrac{1}{\sqrt{n^2+1}} + \dfrac{1}{\sqrt{n^2+2}} + \cdots + \dfrac{1}{\sqrt{n^2+n}}$,因

$$\frac{n}{\sqrt{n^2+n}} \le x_n \le \frac{n}{\sqrt{n^2+1}},$$

又 $\lim\limits_{n \to \infty} \dfrac{n}{\sqrt{n^2+n}} = \lim\limits_{n \to \infty} \dfrac{1}{\sqrt{1+\dfrac{1}{n}}} = 1$, $\lim\limits_{n \to \infty} \dfrac{n}{\sqrt{n^2+1}} = \lim\limits_{n \to \infty} \dfrac{1}{\sqrt{1+\dfrac{1}{n^2}}} = 1$,

由夹逼准则得

$$\lim_{n \to \infty} x_n = \lim_{n \to \infty} \left(\frac{1}{\sqrt{n^2+1}} + \frac{1}{\sqrt{n^2+2}} + \cdots + \frac{1}{\sqrt{n^2+n}} \right) = 1.$$ ■

例2 求 $\lim\limits_{n \to \infty} \dfrac{n!}{n^n}$.

解 由

$$\frac{n!}{n^n} = \frac{1 \cdot 2 \cdot 3 \cdots \cdots n}{n \cdot n \cdot n \cdots \cdots n} \le \frac{1 \cdot 2 \cdot n \cdots \cdots n}{n \cdot n \cdot n \cdots \cdots n} = \frac{2}{n^2},$$

易见

$$0 < \frac{n!}{n^n} \le \frac{2}{n^2}.$$

图 1-8-1

又 $\lim\limits_{n \to \infty} \dfrac{2}{n^2} = 0$,所以 $\lim\limits_{n \to \infty} \dfrac{n!}{n^n} = 0$. 见图 1-8-1. ■

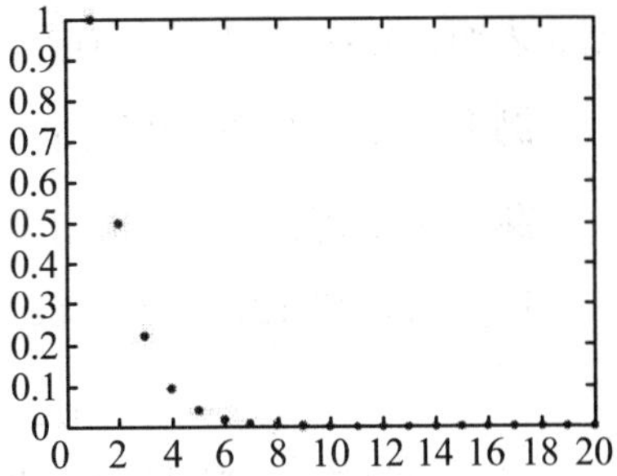

上述关于数列极限的存在准则可以推广到函数极限的情形:

准则 I′ 如果

(1) 当 $0 < |x - x_0| < \delta$(或 $|x| > M$)时,有 $g(x) \le f(x) \le h(x)$,

(2) $\lim\limits_{\substack{x \to x_0 \\ (x \to \infty)}} g(x) = A$, $\lim\limits_{\substack{x \to x_0 \\ (x \to \infty)}} h(x) = A$,

那么,极限 $\lim\limits_{\substack{x \to x_0 \\ (x \to \infty)}} f(x)$ 存在,且等于 A.

例3 求极限 $\lim\limits_{x \to 0} \cos x$.

解　因为 $0 < 1 - \cos x = 2\sin^2\dfrac{x}{2} < 2\cdot\left(\dfrac{x}{2}\right)^2 = \dfrac{x^2}{2}$，故由准则 I′，得

$$\lim_{x\to 0}(1-\cos x)=0, \quad 即 \quad \lim_{x\to 0}\cos x=1.$$ ■

二、单调有界准则

定义1　如果数列 $\{x_n\}$ 满足条件

$$x_1 \le x_2 \le \cdots \le x_n \le x_{n+1} \le \cdots,$$

则称数列 $\{x_n\}$ 是单调增加的；如果数列 $\{x_n\}$ 满足条件

$$x_1 \ge x_2 \ge \cdots \ge x_n \ge x_{n+1} \ge \cdots,$$

则称数列 $\{x_n\}$ 是单调减少的. 单调增加和单调减少的数列统称为**单调数列**.

准则 II　单调有界数列必有极限.

我们不证明准则 II，但图 1-8-2 可以帮助我们理解为什么一个单调增加且有界的数列 $\{x_n\}$ 必有极限，因为数列单调增加又不能大于 M，故某个时刻以后，数列的项必然集中在某数 $a(a\le M)$ 的附近，即对于任意给定的 $\varepsilon>0$，必然存在 N 与数 a，使当 $n>N$ 时，恒有 $|x_n - a|<\varepsilon$，从而数列 $\{x_n\}$ 的极限存在.

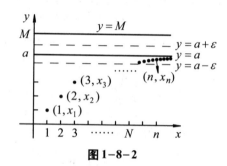

图 1-8-2

根据本章 §1.4 的定理 1，收敛的数列必定有界. 但有界的数列不一定收敛. 准则 II 表明，如果一数列不仅有界，而且单调，则该数列一定收敛.

例4　设有数列 $x_1=\sqrt{2}$, $x_2=\sqrt{2+x_1}$, $x_n=\sqrt{2+x_{n-1}}$, $\cdots$, 求 $\lim\limits_{n\to\infty}x_n$.

解　显然，$x_{n+1}>x_n$，故 $\{x_n\}$ 是单调增加的. 下面用数学归纳法证明数列 $\{x_n\}$ 有界.

因为 $x_1=\sqrt{2}<2$，假定 $x_k<2$，则有

$$x_{k+1}=\sqrt{2+x_k}<\sqrt{2+2}=2.$$

故 $\{x_n\}$ 是有界的. 根据准则 II，$\lim\limits_{n\to\infty}x_n$ 存在.

设 $\lim\limits_{n\to\infty}x_n=A$，因为 $x_{n+1}=\sqrt{2+x_n}$，即 $x_{n+1}^2=2+x_n$，所以

$$\lim_{n\to\infty}x_{n+1}^2=\lim_{n\to\infty}(2+x_n),$$

即

$$A^2=2+A,$$

解得

$$A=2 \ 或 \ A=-1(舍去).$$

所以

$$\lim_{n\to\infty}x_n=2.$$

关于本例的图形实验参见 §1.4 的实验 1.9. ■

***数学实验**

实验1.12 研究下列数列的极限:

(1) $x_0 = 1$, $x_n = \dfrac{1}{2}\left(x_{n-1} + \dfrac{3}{x_{n-1}}\right)$;

(2) $x_1 = 1$, $y_1 = 2$, $x_{n+1} = \sqrt{x_n y_n}$, $y_{n+1} = \dfrac{x_n + y_n}{2}$.

详见教材配套的网络学习空间.

三、两个重要极限

数学中常常会对一些重要且有典型意义的问题进行研究并加以总结,以期通过对该问题的解决带动一类相关问题的解决. 本段介绍的重要极限就体现了这样的一种思路,利用它们并通过函数的恒等变形与极限的运算法则就可以使两类常用极限的计算问题得到解决.

1. $\lim\limits_{x \to 0} \dfrac{\sin x}{x} = 1$

证明 由于 $\dfrac{\sin x}{x}$ 是偶函数, 故只需讨论 $x \to 0^+$ 的情况.

作单位圆 (见图1-8-3), 设 $\angle AOB = x$ $(0 < x < \pi/2)$, 点 A 处的切线与 OB 的延长线相交于 D, 作 $BC \perp OA$, 故

$$\sin x = CB, \quad x = \overset{\frown}{AB}, \quad \tan x = AD,$$

易见,

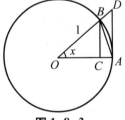

图 1-8-3

三角形 AOB 的面积 < 扇形 AOB 的面积

< 三角形 AOD 的面积,

所以

$$\frac{1}{2}\sin x < \frac{1}{2}x < \frac{1}{2}\tan x,$$

即

$$\sin x < x < \tan x, \tag{8.1}$$

整理得

$$\cos x < \frac{\sin x}{x} < 1, \tag{8.2}$$

由 $\lim\limits_{x \to 0} \cos x = 1$ 及准则 I′, 即得

$$\lim_{x \to 0} \frac{\sin x}{x} = 1. \qquad \blacksquare \tag{8.3}$$

例5 求 $\lim\limits_{x \to 0} \dfrac{\tan x}{x}$.

解 $\lim\limits_{x \to 0} \dfrac{\tan x}{x} = \lim\limits_{x \to 0} \dfrac{\sin x}{x} \cdot \dfrac{1}{\cos x} = \lim\limits_{x \to 0} \dfrac{\sin x}{x} \cdot \lim\limits_{x \to 0} \dfrac{1}{\cos x} = 1.$ $\blacksquare$

例6 求 $\lim\limits_{x \to 0} \dfrac{1 - \cos x}{x^2}$.

解　$\lim_{x \to 0} \dfrac{1-\cos x}{x^2} = \lim_{x \to 0} \dfrac{2\sin^2 \dfrac{x}{2}}{x^2} = \dfrac{1}{2} \lim_{x \to 0} \dfrac{\sin^2 \dfrac{x}{2}}{\left(\dfrac{x}{2}\right)^2} = \dfrac{1}{2} \lim_{x \to 0} \left(\dfrac{\sin \dfrac{x}{2}}{\dfrac{x}{2}}\right)^2 = \dfrac{1}{2} \cdot 1^2 = \dfrac{1}{2}.$ ■

例7　求 $\lim_{x \to 0} \dfrac{x - \sin 2x}{x + \sin 2x}$.

解　$\lim_{x \to 0} \dfrac{x - \sin 2x}{x + \sin 2x} = \lim_{x \to 0} \dfrac{1 - \dfrac{\sin 2x}{x}}{1 + \dfrac{\sin 2x}{x}} = \lim_{x \to 0} \dfrac{1 - 2\dfrac{\sin 2x}{2x}}{1 + 2\dfrac{\sin 2x}{2x}} = \dfrac{1-2}{1+2} = -\dfrac{1}{3}.$ ■

2. $\lim_{x \to \infty} \left(1 + \dfrac{1}{x}\right)^x = \mathbf{e}$

观察　我们可以通过计算 $y = \left(1 + \dfrac{1}{x}\right)^x$ 的函数值(见表1-8-1)来观察其变化趋势.

表 1-8-1

x	10	50	100	1 000	10 000	100 000	1 000 000	……
y	2.593 742	2.691 588	2.704 814	2.716 924	2.718 146	2.718 268	2.718 280	……
x	-10	-50	-100	-1 000	-10 000	-100 000	-1 000 000	……
y	2.867 972	2.745 973	2.731 999	2.719 642	2.718 418	2.718 295	2.718 283	……

从上表可见，$\left(1 + \dfrac{1}{x}\right)^x$ 随着自变量 x 的增大而增大，但增大的速度越来越慢，且逐步接近一个常数.

证明　先考虑 x 取正整数 n 且 $n \to +\infty$ 的情形.

设 $x_n = \left(1 + \dfrac{1}{n}\right)^n$，下面先证明数列 $\{x_n\}$ 单调增加且有界.

函数计算实验

$x_n = \left(1 + \dfrac{1}{n}\right)^n$

$= 1 + \dfrac{n}{1!} \cdot \dfrac{1}{n} + \dfrac{n(n-1)}{2!} \cdot \dfrac{1}{n^2} + \dfrac{n(n-1)(n-2)}{3!} \cdot \dfrac{1}{n^3} + \cdots + \dfrac{n(n-1)\cdots(n-n+1)}{n!} \cdot \dfrac{1}{n^n}$

$= 1 + 1 + \dfrac{1}{2!}\left(1 - \dfrac{1}{n}\right) + \dfrac{1}{3!}\left(1 - \dfrac{1}{n}\right)\left(1 - \dfrac{2}{n}\right) + \cdots + \dfrac{1}{n!}\left(1 - \dfrac{1}{n}\right)\left(1 - \dfrac{2}{n}\right)\cdots\left(1 - \dfrac{n-1}{n}\right).$

又　$x_{n+1} = 1 + 1 + \dfrac{1}{2!}\left(1 - \dfrac{1}{n+1}\right) + \dfrac{1}{3!}\left(1 - \dfrac{1}{n+1}\right)\left(1 - \dfrac{2}{n+1}\right) + \cdots$

$+ \dfrac{1}{n!}\left(1 - \dfrac{1}{n+1}\right)\left(1 - \dfrac{2}{n+1}\right)\cdots\left(1 - \dfrac{n-1}{n+1}\right)$

$+ \dfrac{1}{(n+1)!}\left(1 - \dfrac{1}{n+1}\right)\left(1 - \dfrac{2}{n+1}\right)\cdots\left(1 - \dfrac{n}{n+1}\right),$

比较 x_n，x_{n+1} 的展开式的各项可知，除前两项相等外，从第三项起，x_{n+1} 的各项都大于 x_n 的各对应项，而且 x_{n+1} 多了最后一个正项，因而

$$x_{n+1} > x_n \quad (n = 1, 2, 3, \cdots),$$

即 $\{x_n\}$ 为单调增加数列.

再证 $\{x_n\}$ 有界, 因

$$x_n < 1 + 1 + \frac{1}{2!} + \cdots + \frac{1}{n!} < 1 + 1 + \frac{1}{2} + \cdots + \frac{1}{2^{n-1}} = 1 + \frac{1 - \frac{1}{2^n}}{1 - \frac{1}{2}} = 3 - \frac{1}{2^{n-1}} < 3,$$

故 $\{x_n\}$ 有上界. 根据准则 II, $\lim\limits_{n \to \infty} x_n$ 存在, 常用字母 e 表示该极限值, 即

$$\lim_{n \to \infty} \left(1 + \frac{1}{n}\right)^n = e.$$

可以证明 (详见教材配套的网络学习空间), 对于一般的实数 x, 仍有

$$\lim_{x \to \infty} \left(1 + \frac{1}{x}\right)^x = e. \tag{8.4}$$

注: 无理数 e 是数学中的一个重要常数, 其值为

$$e = 2.718\ 281\ 828\ 459\ 045 \cdots.$$

在 §1.2 中讲到的指数函数 $y = e^x$ 以及自然对数函数 $y = \ln x$ 中的底数 e 就是这个常数.

利用复合函数的极限运算法则, 若令 $y = \dfrac{1}{x}$, 则式 (8.4) 变为

$$\lim_{y \to 0} (1 + y)^{1/y} = e. \tag{8.5}$$

例 8 求 $\lim\limits_{n \to \infty} \left(1 + \dfrac{1}{n}\right)^{n+3}$.

解 $\lim\limits_{n \to \infty} \left(1 + \dfrac{1}{n}\right)^{n+3} = \lim\limits_{n \to \infty} \left[\left(1 + \dfrac{1}{n}\right)^n \cdot \left(1 + \dfrac{1}{n}\right)^3\right] = \lim\limits_{n \to \infty} \left(1 + \dfrac{1}{n}\right)^n \cdot \lim\limits_{n \to \infty} \left(1 + \dfrac{1}{n}\right)^3$

$\qquad = e \cdot 1 = e.$

例 9 求 $\lim\limits_{x \to 0} (1 - 2x)^{\frac{1}{x}}$.

解 $\lim\limits_{x \to 0} (1 - 2x)^{\frac{1}{x}} = \lim\limits_{x \to 0} \left[(1 - 2x)^{-\frac{1}{2x}}\right]^{-2} = e^{-2}.$

例 10 求 $\lim\limits_{x \to \infty} \left(1 + \dfrac{k}{x}\right)^x$.

解 原式 $= \lim\limits_{x \to \infty} \left[\left(1 + \dfrac{k}{x}\right)^{\frac{x}{k}}\right]^k = \left[\lim\limits_{x \to \infty} \left(1 + \dfrac{k}{x}\right)^{\frac{x}{k}}\right]^k = e^k.$

特别地, 当 $k = -1$ 时, 有

$$\lim_{x \to \infty} \left(1 - \frac{1}{x}\right)^x = e^{-1}.$$

例 11　求 $\lim\limits_{x\to\infty}\left(\dfrac{3+x}{2+x}\right)^{2x}$.

解　方法一　原式 $=\lim\limits_{x\to\infty}\left[\left(1+\dfrac{1}{x+2}\right)^{x}\right]^{2}=\lim\limits_{x\to\infty}\left[\left(1+\dfrac{1}{x+2}\right)^{x+2}\right]^{2}\left(1+\dfrac{1}{x+2}\right)^{-4}=\mathrm{e}^{2}$.

方法二　原式 $=\lim\limits_{x\to\infty}\left(\dfrac{1+\dfrac{3}{x}}{1+\dfrac{2}{x}}\right)^{2x}=\dfrac{\left[\lim\limits_{x\to\infty}\left(1+\dfrac{3}{x}\right)^{x}\right]^{2}}{\left[\lim\limits_{x\to\infty}\left(1+\dfrac{2}{x}\right)^{x}\right]^{2}}=\dfrac{\left[\lim\limits_{x\to\infty}\left(1+\dfrac{3}{x}\right)^{\frac{x}{3}}\right]^{6}}{\left[\lim\limits_{x\to\infty}\left(1+\dfrac{2}{x}\right)^{\frac{x}{2}}\right]^{4}}=\dfrac{\mathrm{e}^{6}}{\mathrm{e}^{4}}=\mathrm{e}^{2}$. ■

四、连续复利

设初始本金为 P(元), 年利率为 r, 按复利付息, 若一年分 m 次付息, 则第 t 年末的本利和为

$$S_{t}=P\left(1+\frac{r}{m}\right)^{mt}.$$

利用二项展开式 $(1+x)^{m}=1+mx+\dfrac{m(m-1)}{2}x^{2}+\cdots+x^{m}$, 有

$$\left(1+\frac{r}{m}\right)^{m}>1+r,$$

因而　　　　　　　$$P\left(1+\frac{r}{m}\right)^{mt}>P(1+r)^{t}\quad(t>0).$$

这就是说, 一年计算 m 次复利的本利和比一年计算一次复利的本利和要大, 且复利计算次数越多, 计算所得的本利和数额就越大, 但是也不会无限增大, 因为

$$\lim_{m\to\infty}P\left(1+\frac{r}{m}\right)^{mt}=P\lim_{m\to\infty}\left(1+\frac{r}{m}\right)^{\frac{m}{r}\cdot rt}=P\mathrm{e}^{rt},$$

所以, 本金为 P, 按名义年利率 r 不断计算复利, 则 t 年后的本利和为

$$S=P\mathrm{e}^{rt}. \tag{8.6}$$

上述极限称为**连续复利公式**, 式中的 t 可视为连续变量. 上述公式仅是一个理论公式, 在实际应用中并不使用它, 仅作为存期较长情况下的一种近似估计.

例 12　小孩出生之后, 父母拿出 P 元作为初始投资, 希望到孩子 20 岁生日时增长到 100 000 元, 如果投资按 8% 连续复利计算, 则初始投资应该是多少?

解　利用公式 $S=P\mathrm{e}^{rt}$, 求 P. 现有方程

$$100\,000=P\mathrm{e}^{0.08\times20},$$

由此得到

$$P=100\,000\,\mathrm{e}^{-1.6}\approx20\,189.65.$$

于是, 父母现在必须存储 20 189.65 元, 到孩子 20 岁生日时才能增长到 100 000 元 (见图 1-8-4).

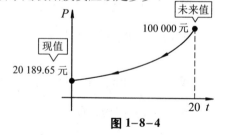

图 1-8-4

经济学家把 20 189.65 元称为按 8% 连续复利计算 20 年后到期的 100 000 元的**现值**. 计算现值的过程称为**贴现**. 这个问题的另一种表达式是"按 8% 连续复利计算，现在必须投资多少元才能在 20 年后结余 100 000 元"，答案是 20 189.65 元，这就是 100 000 元的现值.

计算现值可以理解成从未来值返回到现值的指数衰退.

一般地，t 年后金额 S 的现值 P 可以通过解下列关于 P 的方程得到

$$S = Pe^{kt}, \quad P = \frac{S}{e^{kt}} = Se^{-kt}. \quad \blacksquare$$

习题 1-8

1. 计算下列极限：

(1) $\lim\limits_{x \to 0} \dfrac{\tan 3x}{x}$；

(2) $\lim\limits_{x \to \infty} x \sin \dfrac{1}{x}$；

(3) $\lim\limits_{x \to 0} x \cot x$；

(4) $\lim\limits_{x \to 0} \dfrac{\tan x - \sin x}{x}$；

(5) $\lim\limits_{x \to 0} \dfrac{1 - \cos 2x}{x \sin x}$；

(6) $\lim\limits_{x \to 0^+} \dfrac{x}{\sqrt{1 - \cos x}}$；

(7) $\lim\limits_{x \to \pi} \dfrac{\sin x}{\pi - x}$；

(8) $\lim\limits_{x \to 0} \dfrac{2 \arcsin x}{3x}$；

(9) $\lim\limits_{x \to 0} \dfrac{x - \sin x}{x + \sin x}$.

2. 计算下列极限：

(1) $\lim\limits_{x \to 0} (1 - x)^{1/x}$；

(2) $\lim\limits_{x \to 0} (1 + 2x)^{1/x}$；

(3) $\lim\limits_{x \to \infty} \left(\dfrac{1 + x}{x} \right)^{2x}$；

(4) $\lim\limits_{x \to \infty} \left(1 - \dfrac{1}{x} \right)^{kx}$ $(k \in \mathbf{N})$；

(5) $\lim\limits_{x \to \infty} \left(\dfrac{x}{x + 1} \right)^{x+3}$；

(6) $\lim\limits_{x \to \infty} \left(\dfrac{x + a}{x - a} \right)^{x}$；

(7) $\lim\limits_{x \to 0} (1 + xe^x)^{1/x}$；

(8) $\lim\limits_{x \to 0} \dfrac{1}{x} \ln \sqrt{\dfrac{1 + x}{1 - x}}$；

(9) $\lim\limits_{x \to \infty} \dfrac{5x^2 + 1}{3x - 1} \sin \dfrac{1}{x}$.

3. 设 $f(x-1) = \begin{cases} -\dfrac{\sin x}{x}, & x > 0 \\ 2, & x = 0 \\ x - 1, & x < 0 \end{cases}$，求 $\lim\limits_{x \to -1} f(x)$.

4. 已知 $\lim\limits_{x \to \infty} \left(\dfrac{x + c}{x - c} \right)^{\frac{x}{2}} = 3$，求 c.

5. 利用极限存在准则证明：

(1) $\lim\limits_{n \to \infty} n \left(\dfrac{1}{n^2 + \pi} + \dfrac{1}{n^2 + 2\pi} + \cdots + \dfrac{1}{n^2 + n\pi} \right) = 1$；

(2) $\lim\limits_{x \to 0} \sqrt[n]{1 + x} = 1$.

6. 设有数列 $x_1 = \sqrt{3}$，$x_2 = \sqrt{3 + x_1}$，$\cdots$，$x_n = \sqrt{3 + x_{n-1}}$，$\cdots$，求 $\lim\limits_{n \to \infty} x_n$.

7. 有 2 000 元存入银行，按年利率 6% 进行连续复利计算，问 20 年后的本利和为多少？

8. 有一笔利率为 6.5% 的投资，16 年后得到 1 200 元，问当初的投资额为多少？

9. 小孩出生之后，父母拿出 P 元作为初始投资，希望到孩子 20 岁生日时增长到 50 000 元，如果投资按 6% 连续复利计算，则初始投资应该是多少？

§1.9　无穷小的比较

一、无穷小比较的概念

根据无穷小的运算性质，两个无穷小的和、差、积仍是无穷小．但两个无穷小的商却会出现不同情况，例如，当 $x \to 0$ 时，$x, x^2, \sin x$ 都是无穷小，而

$$\lim_{x \to 0} \frac{x^2}{x} = 0, \quad \lim_{x \to 0} \frac{x}{x^2} = \infty, \quad \lim_{x \to 0} \frac{\sin x}{x} = 1.$$

从中可看出各无穷小趋于 0 的快慢程度：x^2 比 x 快些，x 比 x^2 慢些，$\sin x$ 与 x 大致相同．即无穷小之比的极限不同，反映了无穷小趋于零的**快慢**程度不同．

定义1　设 α, β 是在自变量变化的同一过程中的两个无穷小，且 $\alpha \neq 0$．

(1) 如果 $\lim \dfrac{\beta}{\alpha} = 0$，则称 β 是比 α **高阶**的无穷小，记作 $\beta = o(\alpha)$．

(2) 如果 $\lim \dfrac{\beta}{\alpha} = \infty$，则称 β 是比 α **低阶**的无穷小．

(3) 如果 $\lim \dfrac{\beta}{\alpha} = C\,(C \neq 0)$，则称 β 与 α 是**同阶无穷小**；特别地，如果 $\lim \dfrac{\beta}{\alpha} = 1$，则称 β 与 α 是**等价无穷小**，记作 $\alpha \sim \beta$．

(4) 如果 $\lim \dfrac{\beta}{\alpha^k} = C\,(C \neq 0, k > 0)$，则称 β 是 α 的 **k 阶无穷小**．

例如，就前述三个无穷小 $x, x^2, \sin x\,(x \to 0)$ 而言，根据定义知道，x^2 是比 x 高阶的无穷小，x 是比 x^2 低阶的无穷小，而 $\sin x$ 与 x 是等价无穷小．

例1　证明：当 $x \to 0$ 时，$4x\tan^3 x$ 为 x 的四阶无穷小．

解　因为

$$\lim_{x \to 0} \frac{4x\tan^3 x}{x^4} = 4\lim_{x \to 0}\left(\frac{\tan x}{x}\right)^3 = 4.$$

故当 $x \to 0$ 时，$4x\tan^3 x$ 为 x 的四阶无穷小．如图 1-9-1 所示．■

函数图形实验

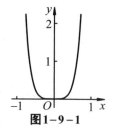
图 1-9-1

例2　当 $x \to 0$ 时，求 $\tan x - \sin x$ 关于 x 的阶数．

解　因为

$$\lim_{x \to 0} \frac{\tan x - \sin x}{x^3} = \lim_{x \to 0}\left(\frac{\tan x}{x} \cdot \frac{1 - \cos x}{x^2}\right)$$
$$= \frac{1}{2}.$$

函数图形实验

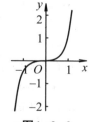
图 1-9-2

故当 $x \to 0$ 时，$\tan x - \sin x$ 为 x 的三阶无穷小．见图 1-9-2．■

二、等价无穷小

根据等价无穷小的定义，可以证明，当 $x \to 0$ 时，有下列常用的等价无穷小关系：

$$\sin x \sim x \qquad\qquad \tan x \sim x$$

$$\arcsin x \sim x \qquad \arctan x \sim x \qquad\qquad 1 - \cos x \sim \frac{1}{2}x^2$$

$$\ln(1+x) \sim x \qquad\quad \mathrm{e}^x - 1 \sim x \qquad\qquad a^x - 1 \sim x \ln a \ (a > 0)$$

$$(1+x)^\alpha - 1 \sim \alpha x \ (\alpha \neq 0 \text{ 且为常数})$$

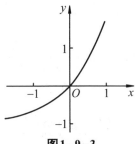

图1-9-3

函数图形实验

例3 证明： $\mathrm{e}^x - 1 \sim x \ (x \to 0)$.

证明 令 $y = \mathrm{e}^x - 1$，则 $x = \ln(1+y)$，且 $x \to 0$ 时，$y \to 0$，因此

$$\lim_{x \to 0} \frac{\mathrm{e}^x - 1}{x} = \lim_{y \to 0} \frac{y}{\ln(1+y)}$$

$$= \lim_{y \to 0} \frac{1}{\ln(1+y)^{1/y}} = \frac{1}{\ln \mathrm{e}} = 1.$$

即有等价关系 $\mathrm{e}^x - 1 \sim x \ (x \to 0)$. 如图1-9-3所示. ■

上述证明同时也给出了等价关系：$\ln(1+x) \sim x \ (x \to 0)$.

注：当 $x \to 0$ 时，x 为无穷小. 在常用等价无穷小中，用任意一个无穷小 $\beta(x)$ 代替 x 后，上述等价关系依然成立.

例如，$x \to 1$ 时，有 $(x-1)^2 \to 0$，从而

$$\sin(x-1)^2 \sim (x-1)^2 \quad (x \to 1).$$

定理1 设 $\alpha, \alpha', \beta, \beta'$ 是同一过程中的无穷小，且 $\alpha \sim \alpha'$，$\beta \sim \beta'$，$\lim \dfrac{\beta'}{\alpha'}$ 存在，则

$$\lim \frac{\beta}{\alpha} = \lim \frac{\beta'}{\alpha'}.$$

证明 $\lim \dfrac{\beta}{\alpha} = \lim\left(\dfrac{\beta}{\beta'} \cdot \dfrac{\beta'}{\alpha'} \cdot \dfrac{\alpha'}{\alpha}\right) = \lim \dfrac{\beta}{\beta'} \cdot \lim \dfrac{\beta'}{\alpha'} \cdot \lim \dfrac{\alpha'}{\alpha} = \lim \dfrac{\beta'}{\alpha'}$. ■

定理1表明，在求两个无穷小之比的极限时，分子及分母都可以用等价无穷小替换. 因此，如果无穷小的替换运用得当，则可化简极限的计算.

例4 求 $\lim\limits_{x \to 0} \dfrac{\tan 2x}{\sin 5x}$.

解 当 $x \to 0$ 时，

$$\tan 2x \sim 2x, \ \sin 5x \sim 5x.$$

故

$$\lim_{x \to 0} \frac{\tan 2x}{\sin 5x} = \lim_{x \to 0} \frac{2x}{5x} = \frac{2}{5}.$$

如图1-9-4所示. ■

函数图形实验

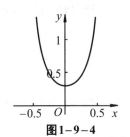

图1-9-4

例 5　求 $\lim\limits_{x \to 0} \dfrac{\tan x - \sin x}{\sin^3 2x}$.

错解　当 $x \to 0$ 时，$\tan x \sim x$，$\sin x \sim x$，所以

$$原式 = \lim\limits_{x \to 0} \frac{x - x}{(2x)^3} = 0.$$

解　当 $x \to 0$ 时，$\sin 2x \sim 2x$，

$$\tan x - \sin x = \tan x\,(1 - \cos x) \sim \frac{1}{2}x^3,$$

故　　$\lim\limits_{x \to 0} \dfrac{\tan x - \sin x}{\sin^3 2x} = \lim\limits_{x \to 0} \dfrac{\dfrac{1}{2}x^3}{(2x)^3} = \dfrac{1}{16}.$

如图 1-9-5 所示.

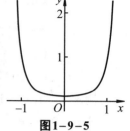
函数图形实验

图 1-9-5

例 6　求 $\lim\limits_{x \to 0} \dfrac{\sqrt{1 + \tan x} - \sqrt{1 - \tan x}}{\sqrt{1 + 2x} - 1}$.

解　由于 $x \to 0$ 时，$\sqrt{1 + 2x} - 1 \sim \dfrac{1}{2}(2x)$，$\tan x \sim x$，故

$$\lim\limits_{x \to 0} \frac{\sqrt{1 + \tan x} - \sqrt{1 - \tan x}}{\sqrt{1 + 2x} - 1} = \lim\limits_{x \to 0} \frac{2\tan x}{x(\sqrt{1 + \tan x} + \sqrt{1 - \tan x})}$$

$$= \lim\limits_{x \to 0} \frac{\tan x}{x} \cdot \lim\limits_{x \to 0} \frac{2}{\sqrt{1 + \tan x} + \sqrt{1 - \tan x}}$$

$$= \lim\limits_{x \to 0} \frac{2}{\sqrt{1 + \tan x} + \sqrt{1 - \tan x}} = 1.$$

如图 1-9-6 所示.

函数图形实验

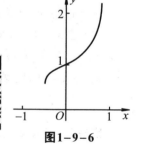
图 1-9-6

定理 2　β 与 α 是等价无穷小的充分必要条件是

$$\beta = \alpha + o(\alpha).$$

证明　必要性　设 $\alpha \sim \beta$，则

$$\lim \frac{\beta - \alpha}{\alpha} = \lim\left(\frac{\beta}{\alpha} - 1\right) = \lim \frac{\beta}{\alpha} - 1 = 0,$$

因此，$\beta - \alpha = o(\alpha)$，即 $\beta = \alpha + o(\alpha)$.

充分性　设 $\beta = \alpha + o(\alpha)$，则

$$\lim \frac{\beta}{\alpha} = \lim \frac{\alpha + o(\alpha)}{\alpha} = \lim\left(1 + \frac{o(\alpha)}{\alpha}\right) = 1,$$

因此，$\alpha \sim \beta$.

例如，当 $x \to 0$ 时，无穷小等价关系 $\sin x \sim x$，$1 - \cos x \sim \dfrac{1}{2}x^2$ 可表述为

$$\sin x = x + o(x), \quad \cos x = 1 - \frac{x^2}{2} + o(x^2).$$

例7 求 $\lim\limits_{x \to 0} \dfrac{\tan 5x - \cos x + 1}{\sin 3x}$.

解 因为

$$\tan 5x = 5x + o(x), \qquad \sin 3x = 3x + o(x),$$

$$1 - \cos x = \frac{x^2}{2} + o(x^2),$$

所以

$$原式 = \lim_{x \to 0} \frac{5x + o(x) + \dfrac{x^2}{2} + o(x^2)}{3x + o(x)}$$

$$= \lim_{x \to 0} \frac{5 + \dfrac{o(x)}{x} + \dfrac{x}{2} + \dfrac{o(x^2)}{x}}{3 + \dfrac{o(x)}{x}} = \frac{5}{3}.$$

如图 1-9-7 所示.

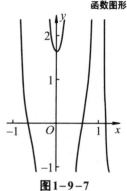

函数图形实验

图 1-9-7

习题 1-9

1. 当 $x \to 0$ 时, $x - x^2$ 与 $x^2 - x^3$ 相比, 哪一个是高阶无穷小?

2. 当 $x \to 1$ 时, 无穷小 $1 - x$ 与 $\dfrac{1}{2}(1 - x^2)$ 是否同阶? 是否等价?

3. 当 $x \to 0$ 时, $\sqrt{a + x^3} - \sqrt{a}$ $(a > 0)$ 与 x 相比是几阶无穷小?

4. 当 $x \to 0$ 时, $\left(\sin x + x^2 \cos \dfrac{1}{x}\right)$ 与 $(1 + \cos x)\ln(1 + x)$ 是否为同阶无穷小?

5. 利用等价无穷小性质求下列极限:

(1) $\lim\limits_{x \to 0} \dfrac{\arctan 3x}{5x}$;

(2) $\lim\limits_{x \to 0} \dfrac{\ln(1 + 3x \sin x)}{\tan x^2}$;

(3) $\lim\limits_{x \to 0} \dfrac{(\sin x^3) \tan x}{1 - \cos x^2}$;

(4) $\lim\limits_{x \to 0} \dfrac{e^{5x} - 1}{x}$;

(5) $\lim\limits_{x \to 0} \dfrac{\sqrt{1 + x \sin x} - 1}{x \arctan x}$;

(6) $\lim\limits_{x \to 0} \dfrac{5x + \sin^2 x - 2x^3}{\tan x + 4x^2}$.

§1.10 函数的连续与间断

一、函数的连续性

客观世界的许多现象和事物不仅是运动变化的, 而且其运动变化的过程往往是连续不断的, 比如日月行空、岁月流逝、植物生长、物种变化等. 这些连续不断发展变化的事物在量的方面的反映就是函数的连续性. 本节将要引入的连续函数就是刻画变量连续变化的数学模型.

16—17 世纪微积分的酝酿和产生直接肇始于对物体的连续运动的研究. 例如,伽利略所研究的自由落体运动等都是连续变化的量.

但19 世纪以前, 数学家们对连续变量的研究仍停留在几何直观的层面上, 即把能一笔画成的曲线所对应的函数称为连续函数. 19 世纪中叶, 柯西等数学家建立起严格的极限理论之后, 才对连续函数作出了严格的数学表述.

依赖直觉来理解函数的连续性是不够的. 早在20 世纪20 年代, 物理学家就已发现, 我们直觉上认为是连续运动的光, 实际上是由离散的光粒子组成且受热的原子是以离散的频率发射光线的(见图1-10-1), 因此, 光既有波动性又具有粒子性(光的"波粒二象性"), 但它是不连续的. 20 世纪以来由于诸如此类的发现以及在计算机科学、统计学和数学建模中间断函数的大量应用, 连续性的问题就成为在实践中和理论上均有重大意义的问题之一.

图 1-10-1

连续函数不仅是微积分的研究对象, 而且微积分中的主要概念、定理、公式与法则等, 往往都要求函数具有连续性.

本节和下一节将以极限为基础, 介绍连续函数的概念、连续函数的运算及连续函数的一些性质.

为描述函数的连续性, 我们先引入函数增量的概念.

设变量 u 从它的一个初值 u_1 变到终值 u_2, 则称终值 u_2 与初值 u_1 的差 $u_2 - u_1$ 为变量 u 的**增量(改变量)**, 记作 Δu, 即 $\Delta u = u_2 - u_1$.

增量 Δu 可以是正的, 也可以是负的. 当 Δu 为正时, 变量 u 的终值 $u_2 = u_1 + \Delta u$ 大于初值 u_1; 当 Δu 为负时, u_2 小于初值 u_1.

注: 记号 Δu 不是 Δ 与 u 的积, 而是一个不可分割的记号.

定义1 设函数 $y = f(x)$ 在点 x_0 的某一邻域内有定义. 当自变量 x 在 x_0 处取得增量 Δx (即 x 在这个邻域内从 x_0 变到 $x_0 + \Delta x$)时, 相应地, 函数 $y = f(x)$ 从 $f(x_0)$ 变到 $f(x_0 + \Delta x)$, 则称

$$\Delta y = f(x_0 + \Delta x) - f(x_0)$$

为函数 $y = f(x)$ 的对应**增量**(见图1-10-2).

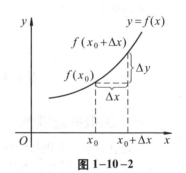

图 1-10-2

例如, 函数 $y = x^2$, 当 x 由 x_0 变到 $x_0 + \Delta x$ 时, 函数 y 的增量为

$$\Delta y = f(x_0 + \Delta x) - f(x_0) = (x_0 + \Delta x)^2 - x_0^2 = 2x_0 \Delta x + (\Delta x)^2.$$

借助于函数增量的概念，我们再引入函数连续的概念.

设函数 $y = f(x)$ 在点 x_0 的某一邻域内有定义. 从几何直观上理解，x 在 x_0 处取得微小增量 Δx 时，函数 y 的相应增量 Δy 也很微小，且 Δx 趋于 0 时，Δy 也趋于 0，即

$$\lim_{\Delta x \to 0} \Delta y = 0.$$

则函数 $y = f(x)$ 在点 x_0 处是连续的. 相反，若 Δx 趋于 0 时，Δy 不趋于 0，则函数 $y = f(x)$ 在点 x_0 处是不连续的（见图 $1-10-3$）.

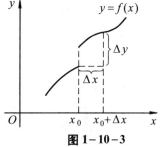

定义2 设函数 $y = f(x)$ 在点 x_0 的某一邻域内有定义. 如果当自变量在点 x_0 的增量 Δx 趋于零时，函数 $y = f(x)$ 对应的增量 Δy 也趋于零，即

$$\lim_{\Delta x \to 0} \Delta y = 0 \quad \text{或} \quad \lim_{\Delta x \to 0} [f(x_0 + \Delta x) - f(x_0)] = 0,$$

则称函数 $f(x)$ 在点 x_0 处**连续**，x_0 称为 $f(x)$ 的**连续点**.

图 $1-10-3$

注：该定义表明，函数在一点连续的本质特征是：自变量变化很小时，对应的函数值的变化也很小.

例如，函数 $y = x^2$ 在点 $x_0 = 2$ 处是连续的，因为

$$\begin{aligned}
\lim_{\Delta x \to 0} \Delta y &= \lim_{\Delta x \to 0} [f(2 + \Delta x) - f(2)] \\
&= \lim_{\Delta x \to 0} [(2 + \Delta x)^2 - 2^2] \\
&= \lim_{\Delta x \to 0} [4\Delta x + (\Delta x)^2] = 0.
\end{aligned}$$

在定义 2 中，若令 $x = x_0 + \Delta x$，即 $\Delta x = x - x_0$，则当 $\Delta x \to 0$ 时，也就是当 $x \to x_0$ 时，有

$$\Delta y = f(x_0 + \Delta x) - f(x_0) = f(x) - f(x_0).$$

因而，函数在点 x_0 处连续的定义又可叙述如下：

定义3 设函数 $y = f(x)$ 在点 x_0 的某一邻域内有定义. 如果函数 $f(x)$ 当 $x \to x_0$ 时的极限存在，且等于它在点 x_0 处的函数值 $f(x_0)$，即

$$\lim_{x \to x_0} f(x) = f(x_0),$$

则称函数 $f(x)$ 在点 x_0 处**连续**.

例1 试证函数

$$f(x) = \begin{cases} x \sin \dfrac{1}{x}, & x \neq 0 \\ 0, & x = 0 \end{cases}$$

在 $x = 0$ 处连续.

证明 因为

$$\lim_{x \to 0} x \sin \frac{1}{x} = 0,$$

且 $f(0) = 0$, 故有

$$\lim_{x \to 0} f(x) = f(0),$$

由定义 3 知, 函数 $f(x)$ 在 $x = 0$ 处连续.
如图 1–10–4 所示. ■

函数图形实验

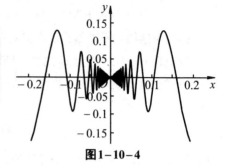

图 1–10–4

二、左连续与右连续

若函数 $f(x)$ 在 $(a, x_0]$ 内有定义, 且

$$f(x_0 - 0) = \lim_{x \to x_0^-} f(x) = f(x_0),$$

则称 $f(x)$ 在点 x_0 处**左连续**;

若函数 $f(x)$ 在 $[x_0, b)$ 内有定义, 且

$$f(x_0 + 0) = \lim_{x \to x_0^+} f(x) = f(x_0),$$

则称 $f(x)$ 在点 x_0 处**右连续**.

定理 1 函数 $f(x)$ 在点 x_0 处连续的充分必要条件是函数 $f(x)$ 在点 x_0 处既左连续又右连续.

例 2 已知函数 $f(x) = \begin{cases} x^2 + 1, & x < 0 \\ 2x - b, & x \geq 0 \end{cases}$ 在点 $x = 0$ 处连续, 求 b 的值.

解 $\lim\limits_{x \to 0^-} f(x) = \lim\limits_{x \to 0^-} (x^2 + 1) = 1$, $\lim\limits_{x \to 0^+} f(x) = \lim\limits_{x \to 0^+} (2x - b) = -b$,

因为 $f(x)$ 在点 $x = 0$ 处连续, 故

$$\lim_{x \to 0^-} f(x) = \lim_{x \to 0^+} f(x), \quad \text{即} \quad b = -1.$$ ■

三、连续函数与连续区间

在区间内每一点都连续的函数, 称为该区间内的连续函数, 或者说函数在该**区间内连续**.

如果函数在开区间 (a, b) 内连续, 并且在左端点 $x = a$ 处右连续, 在右端点 $x = b$ 处左连续, 则称函数 $f(x)$ **在闭区间 $[a, b]$ 上连续**.

连续函数的图形是一条连续而不间断的曲线.

例 3 证明函数 $y = \sin x$ 在区间 $(-\infty, +\infty)$ 内连续.

证明 任取 $x \in (-\infty, +\infty)$, 则

$$\Delta y = \sin(x + \Delta x) - \sin x = 2 \sin \frac{\Delta x}{2} \cdot \cos \left(x + \frac{\Delta x}{2} \right),$$

由 $\left| \cos\left(x + \dfrac{\Delta x}{2} \right) \right| \leq 1$, 得

$$|\Delta y| \leq 2 \left| \sin \frac{\Delta x}{2} \right| < |\Delta x|,$$

所以, 当 $\Delta x \to 0$ 时, $\Delta y \to 0$, 即函数 $y = \sin x$ 对于任意 $x \in (-\infty, +\infty)$ 都是连续的. ■

类似地, 可以证明基本初等函数在其定义域内是连续的.

四、函数的间断点

定义4 如果函数 $f(x)$ 在 x_0 的某一个去心邻域内有定义, 且 $f(x)$ 在点 x_0 处不连续, 则称 $f(x)$ 在点 x_0 处**间断**, 称点 x_0 为 $f(x)$ 的**间断点**.

由函数在某点连续的定义可知, 如果 $f(x)$ 在点 x_0 处满足下列三个条件之一, 则点 x_0 为 $f(x)$ 的间断点:

(1) $f(x)$ 在点 x_0 处没有定义;   (2) $\lim\limits_{x \to x_0} f(x)$ 不存在;

(3) 在点 x_0 处 $f(x)$ 有定义, 且 $\lim\limits_{x \to x_0} f(x)$ 存在, 但是

$$\lim\limits_{x \to x_0} f(x) \neq f(x_0).$$

函数的间断点常分为下面两类:

第一类间断点 设点 x_0 为 $f(x)$ 的间断点, 但左极限 $f(x_0 - 0)$ 及右极限 $f(x_0 + 0)$ 都存在, 则称 x_0 为 $f(x)$ 的第一类间断点.

当 $f(x_0 - 0) \neq f(x_0 + 0)$ 时, x_0 称为 $f(x)$ 的**跳跃间断点**.

若 $\lim\limits_{x \to x_0} f(x) = A \neq f(x_0)$ 或 $f(x)$ 在点 x_0 处无定义, 则称点 x_0 为 $f(x)$ 的**可去间断点**.

第二类间断点 如果 $f(x)$ 在点 x_0 处的左、右极限至少有一个不存在, 则称点 x_0 为函数 $f(x)$ 的第二类间断点.

常见的第二类间断点有**无穷间断点**(如 $\lim\limits_{x \to x_0} f(x) = \infty$) 和**振荡间断点**(在 $x \to x_0$ 的过程中, $f(x)$ 无限振荡, 极限不存在).

例4 讨论 $f(x) = \begin{cases} x + 2, & x \geq 0 \\ x - 2, & x < 0 \end{cases}$ 在 $x = 0$ 处的连续性.

解 $\lim\limits_{x \to 0^+} f(x) = \lim\limits_{x \to 0^+} (x + 2) = 2 = f(0)$,

$\lim\limits_{x \to 0^-} f(x) = \lim\limits_{x \to 0^-} (x - 2) = -2 \neq f(0)$,

$f(x)$ 在点 $x = 0$ 处右连续但不左连续, 故函数 $f(x)$ 在点 $x = 0$ 处不连续, 且 $x = 0$ 是 $f(x)$ 的跳跃间断点 (见图1–10–5).

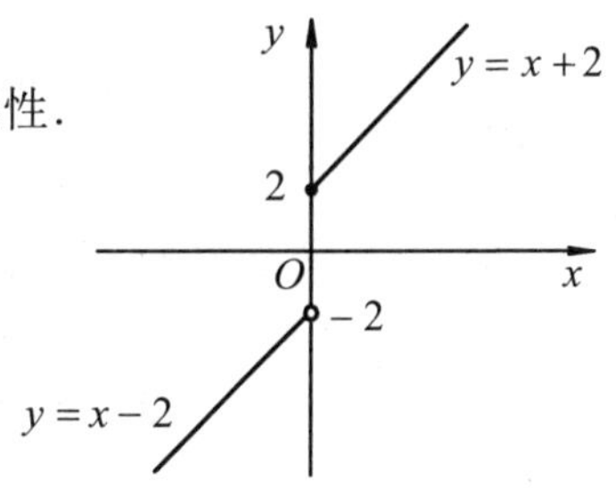

图 1–10–5

例 5　讨论函数 $f(x) = \begin{cases} 2\sqrt{x}, & 0 \le x < 1 \\ 1, & x = 1 \\ 1+x, & x > 1 \end{cases}$　在

$x=1$ 处的连续性.

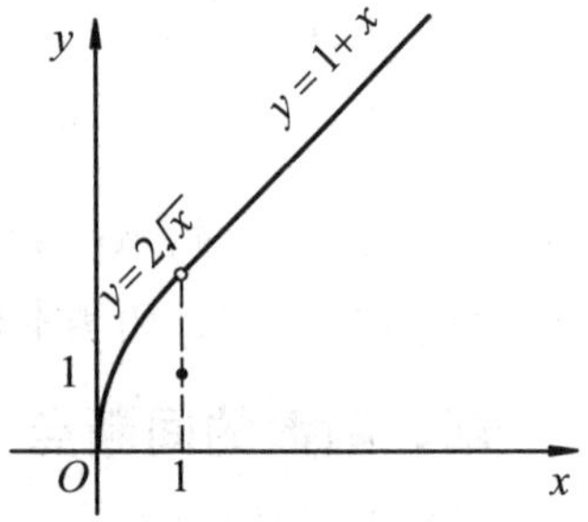

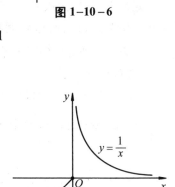

图 1-10-6

　　解　因为 $f(1)=1$, $f(1-0)=2$, $f(1+0)=2$, 从而
$$\lim_{x \to 1} f(x) = 2 \ne f(1),$$
故 $x=1$ 为函数 $f(x)$ 的可去间断点(见图 1-10-6). ■

　　注：若修改定义为 $f(1)=2$, 则
$$f(x) = \begin{cases} 2\sqrt{x}, & 0 \le x < 1 \\ 1+x, & x \ge 1 \end{cases}$$

在 $x=1$ 处连续.

　　例 6　讨论函数
$$f(x) = \begin{cases} 1/x, & x > 0 \\ x, & x \le 0 \end{cases}$$

在 $x=0$ 处的连续性.

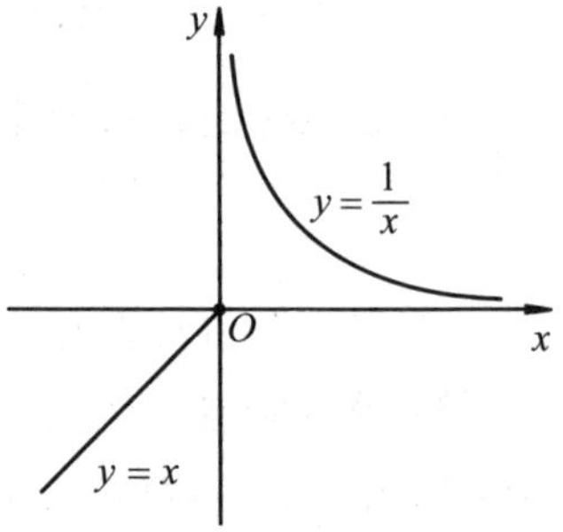

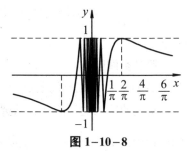

图 1-10-7

　　解　因为
$$f(0-0)=0, \ f(0+0)=+\infty,$$
所以 $x=0$ 为函数的第二类间断点, 且为无穷间断点(见图 1-10-7). ■

　　例 7　讨论函数 $f(x) = \sin\dfrac{1}{x}$ 在 $x=0$ 处的连续性.

　　解　因为在 $x=0$ 处没有定义, 且 $\lim\limits_{x \to 0} \sin\dfrac{1}{x}$ 不存在. 所以 $x=0$ 为函数 $f(x)$ 的第二类间断点, 且为振荡间断点(见图 1-10-8). ■

函数图形实验

图 1-10-8

　　例 8　讨论 $f(x) = \begin{cases} x^{\alpha} \sin\dfrac{1}{x}, & x > 0 \\ \mathrm{e}^x + \beta, & x \le 0 \end{cases}$　在 $x=0$ 处的连续性.

　　解　当且仅当 $f(0+0) = f(0-0) = f(0)$ 时, $f(x)$ 在 $x=0$ 处连续. 因为
$$f(0) = \mathrm{e}^0 + \beta = 1 + \beta,$$
$$f(0-0) = \lim_{x \to 0^-} f(x) = \lim_{x \to 0^-} (\mathrm{e}^x + \beta) = 1 + \beta,$$
$$f(0+0) = \lim_{x \to 0^+} f(x) = \lim_{x \to 0^+} x^{\alpha} \sin\frac{1}{x} = \begin{cases} 0, & \alpha > 0 \\ \text{不存在}, & \alpha \le 0 \end{cases},$$

所以，当 $\alpha > 0$ 且 $1+\beta=0$，即 $\beta=-1$ 时，$f(x)$ 在 $x=0$ 处连续，当 $\alpha \le 0$ 或 $\beta \ne -1$ 时，$f(x)$ 在 $x=0$ 处间断. ■

习题 1-10

1. 研究下列函数的连续性，并画出函数的图形.

(1) $f(x)=\begin{cases} x^2, & 0 \le x \le 1 \\ 2-x, & 1 < x \le 2 \end{cases}$；

(2) $f(x)=\begin{cases} x, & -1 \le x \le 1 \\ 1, & x < -1 \text{ 或 } x > 1 \end{cases}$.

2. 下列函数 $f(x)$ 在 $x=0$ 处是否连续？为什么？

(1) $f(x)=\begin{cases} x^2 \sin\dfrac{1}{x}, & x \ne 0 \\ 0, & x=0 \end{cases}$；

(2) $f(x)=\begin{cases} e^x, & x \le 0 \\ \dfrac{\sin x}{x}, & x > 0 \end{cases}$.

3. 函数

$$f(x)=\begin{cases} 2x, & 0 \le x < 1 \\ 3-x, & 1 \le x \le 2 \end{cases}$$

在闭区间 $[0, 2]$ 上是否连续？试作出 $f(x)$ 的图形.

4. 判断下列函数的指定点所属的间断点类型. 如果是可去间断点，则请补充或改变函数的定义使它连续.

(1) $y=\dfrac{1}{(x+2)^2}$，$x=-2$；

(2) $y=\dfrac{x^2-1}{x^2-3x+2}$，$x=1$, $x=2$；

(3) $y=\dfrac{1}{x}\ln(1-x)$，$x=0$；

(4) $y=\cos^2\dfrac{1}{x}$，$x=0$.

5. 设 $f(x)=\begin{cases} e^x, & x < 0 \\ a+x, & x \ge 0 \end{cases}$. 应当如何选择数 a，才能使 $f(x)$ 为 $(-\infty, +\infty)$ 内的连续函数？

6. 设

$$f(x)=\begin{cases} a+x^2, & x < 0 \\ 1, & x=0 \\ \ln(b+x+x^2), & x > 0 \end{cases}$$

已知 $f(x)$ 在 $x=0$ 处连续，试确定 a 和 b 的值.

7. 研究 $f(x)=\begin{cases} \dfrac{1}{1+e^{1/x}}, & x \ne 0 \\ 0, & x=0 \end{cases}$ 在 $x=0$ 处的左、右连续性.

8. 设函数 $g(x)$ 在 $x=0$ 处连续，且 $g(0)=0$，已知 $|f(x)| \le |g(x)|$，试证函数 $f(x)$ 在 $x=0$ 处也连续.

§1.11　连续函数的运算与性质

一、连续函数的四则运算

定理 1　若函数 $f(x)$, $g(x)$ 在点 x_0 处连续, 则

$$Cf(x)\,(C\text{ 为常数}),\ f(x)\pm g(x),\ f(x)\cdot g(x),\ \frac{f(x)}{g(x)}\,(g(x_0)\neq 0)$$

在点 x_0 处也连续.

证明　只证 $f(x)\pm g(x)$ 在点 x_0 处连续, 其他情形可类似地证明.

因为 $f(x)$ 与 $g(x)$ 在 x_0 处也连续, 所以

$$\lim_{x\to x_0} f(x)=f(x_0),\quad \lim_{x\to x_0} g(x)=g(x_0),$$

故有

$$\lim_{x\to x_0}[f(x)\pm g(x)]=\lim_{x\to x_0} f(x)\pm\lim_{x\to x_0} g(x)$$
$$=f(x_0)\pm g(x_0),$$

所以 $f(x)\pm g(x)$ 在点 x_0 处连续. ■

例如, $\sin x$, $\cos x$ 在 $(-\infty,+\infty)$ 内连续, 故

$$\tan x=\frac{\sin x}{\cos x},\ \cot x=\frac{\cos x}{\sin x},\ \sec x=\frac{1}{\cos x},\ \csc x=\frac{1}{\sin x}$$

在其定义域内连续.

二、复合函数的连续性

定理 2　若 $\lim\limits_{x\to x_0}\varphi(x)=a$, $u=\varphi(x)$, 函数 $f(u)$ 在点 a 处连续, 则有

$$\lim_{x\to x_0} f[\varphi(x)]=f(a)=f[\lim_{x\to x_0}\varphi(x)]. \tag{11.1}$$

证明　因 $f(u)$ 在点 $u=a$ 处连续, 故对于任意给定的 $\varepsilon>0$, 存在 $\eta>0$, 使得当 $|u-a|<\eta$ 时, 恒有

$$|f(u)-f(a)|<\varepsilon.$$

又因 $\lim\limits_{x\to x_0}\varphi(x)=a$, 对于上述 η, 存在 $\delta>0$, 使得当 $0<|x-x_0|<\delta$ 时, 恒有

$$|\varphi(x)-a|=|u-a|<\eta.$$

结合上述两步得, 对于任意的 $\varepsilon>0$, 存在 $\delta>0$, 使得当 $0<|x-x_0|<\delta$ 时, 恒有

$$|f(u)-f(a)|=|f[\varphi(x)]-f(a)|<\varepsilon,$$

所以

$$\lim_{x\to x_0} f[\varphi(x)]=f(a)=f[\lim_{x\to x_0}\varphi(x)]. ■$$

注: 式 (11.1) 可写成

$$\lim_{x \to x_0} f[\varphi(x)] = f[\lim_{x \to x_0} \varphi(x)], \tag{11.2}$$

$$\lim_{x \to x_0} f[\varphi(x)] = \lim_{u \to a} f(u). \tag{11.3}$$

式 (11.2) 表明: 在定理 2 的条件下, 求复合函数 $f[\varphi(x)]$ 的极限时, 极限符号与函数符号 f 可以交换次序.

式 (11.3) 表明: 在定理 2 的条件下, 若作代换 $u = \varphi(x)$, 则求 $\lim\limits_{x \to x_0} f[\varphi(x)]$ 就转化为求 $\lim\limits_{u \to a} f(u)$, 这里 $\lim\limits_{x \to x_0} \varphi(x) = a$.

若在定理 2 的条件下, 假定 $\varphi(x)$ 在点 x_0 处连续, 即

$$\lim_{x \to x_0} \varphi(x) = \varphi(x_0),$$

则可得到下列结论:

定理 3 设函数 $u = \varphi(x)$ 在点 x_0 处连续, 且 $\varphi(x_0) = u_0$, 而函数 $y = f(u)$ 在点 $u = u_0$ 处连续, 则复合函数 $f[\varphi(x)]$ 在点 x_0 处也连续.

例如, 函数 $u = 1/x$ 在 $(-\infty, 0) \bigcup (0, +\infty)$ 内连续. 函数 $y = \sin u$ 在 $(-\infty, +\infty)$ 内连续, 所以 $y = \sin\dfrac{1}{x}$ 在 $(-\infty, 0) \bigcup (0, +\infty)$ 内连续.

例 1 求 $\lim\limits_{x \to 0} \dfrac{\ln(1+x)}{x}$.

解 $\lim\limits_{x \to 0} \dfrac{\ln(1+x)}{x} = \lim\limits_{x \to 0} \ln(1+x)^{\frac{1}{x}} = \ln\left[\lim\limits_{x \to 0}(1+x)^{\frac{1}{x}}\right] = \ln e = 1.$ ∎

例 2 求 $\lim\limits_{x \to \infty} \cos(\sqrt{x+1} - \sqrt{x})$.

解 $\lim\limits_{x \to \infty} \cos(\sqrt{x+1} - \sqrt{x}) = \lim\limits_{x \to \infty} \cos\left[\dfrac{(\sqrt{x+1} - \sqrt{x})(\sqrt{x+1} + \sqrt{x})}{\sqrt{x+1} + \sqrt{x}}\right]$

$$= \lim_{x \to \infty} \cos\left[\dfrac{1}{\sqrt{x+1} + \sqrt{x}}\right] = \cos\left[\lim_{x \to \infty} \dfrac{1}{\sqrt{x+1} + \sqrt{x}}\right]$$

$$= \cos 0 = 1. \qquad ∎$$

三、初等函数的连续性

定理 4 基本初等函数在其定义域内是连续的.

因初等函数是由基本初等函数经过有限次四则运算和复合运算构成的, 故有:

定理 5 一切初等函数在其定义区间内都是连续的.

注: 这里, **定义区间** 是指包含在定义域内的区间. 初等函数仅在其定义区间内连续, 在其定义域内不一定连续.

例如, 函数 $y = \sqrt{x^2(x-1)^3}$ 的定义域为 $\{0\} \bigcup [1, +\infty)$, 函数在点 $x = 0$ 的邻域内没

有定义,因而函数 y 在点 $x=0$ 不连续,但函数 y 在定义区间 $[1,+\infty)$ 上连续 (见图1-11-1).

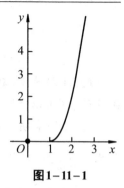

图1-11-1

定理 5 的结论非常重要,因为微积分的研究对象主要是连续或分段连续的函数.而一般应用中所遇到的函数基本上是初等函数,其连续性的条件总是满足的,从而使微积分具有强大的生命力和广阔的应用前景.此外,根据定理 5,求初等函数在其定义区间内某点的极限,只需求初等函数在该点的函数值,即

$$\lim_{x \to x_0} f(x) = f(x_0)\ (x_0 \in 定义区间).$$

例3　求 $\lim\limits_{x \to 2} \dfrac{e^x}{2x+1}$.

解　因为 $f(x) = \dfrac{e^x}{2x+1}$ 是初等函数,且 $x_0=2$ 是其定义区间内的点,所以 $f(x) = \dfrac{e^x}{2x+1}$ 在点 $x_0=2$ 处连续,于是

$$\lim_{x \to 2} \frac{e^x}{2x+1} = \frac{e^2}{2 \times 2 + 1} = \frac{e^2}{5}. \qquad \blacksquare$$

注:函数 $f(x) = u(x)^{v(x)}\ (u(x)>0)$ 既不是幂函数,也不是指数函数,称其为**幂指函数**.因为

$$u(x)^{v(x)} = e^{\ln u(x)^{v(x)}} = e^{v(x)\ln u(x)},$$

故幂指函数可化为复合函数,在计算幂指函数的极限时,若

$$\lim_{x \to x_0} u(x) = a > 0, \quad \lim_{x \to x_0} v(x) = b,$$

则有

$$\lim_{x \to x_0} u(x)^{v(x)} = [\lim_{x \to x_0} u(x)]^{\lim\limits_{x \to x_0} v(x)} = a^b. \tag{11.4}$$

例4　求 $\lim\limits_{x \to 0}(x+2e^x)^{\frac{1}{x-1}}$.

解　$\lim\limits_{x \to 0}(x+2e^x)^{\frac{1}{x-1}} = [\lim\limits_{x \to 0}(x+2e^x)]^{\lim\limits_{x \to 0}\frac{1}{x-1}} = 2^{-1} = \dfrac{1}{2}. \qquad \blacksquare$

四、闭区间上连续函数的性质

下面介绍闭区间上连续函数的几个基本性质,由于它们的证明涉及严密的实数理论,故略去其严格证明,但我们可以借助于几何直观地来理解.

先说明最大值和最小值的概念.对于在区间 I 上有定义的函数 $f(x)$,如果存在 $x_0 \in I$,使得对于任一 $x \in I$ 都有

$$f(x) \le f(x_0) \quad (f(x) \ge f(x_0)),$$

则称 $f(x_0)$ 是函数 $f(x)$ 在区间 I 上的**最大值 (最小值)**.

例如, 函数 $y = 1 + \sin x$ 在区间 $[0, 2\pi]$ 上有最大值 2 和最小值 0. 函数 $y = \text{sgn} x$ 在 $(-\infty, +\infty)$ 内有最大值 1 和最小值 -1.

定理 6 (最大最小值定理) 在闭区间上连续的函数一定有最大值和最小值.

定理 6 表明: 若函数 $f(x)$ 在闭区间 $[a, b]$ 上连续, 则至少存在一点 $\xi_1 \in [a, b]$, 使 $f(\xi_1)$ 是 $f(x)$ 在闭区间 $[a, b]$ 上的最小值; 又至少存在一点 $\xi_2 \in [a, b]$, 使 $f(\xi_2)$ 是 $f(x)$ 在闭区间 $[a, b]$ 上的最大值 (见图 $1-11-2$).

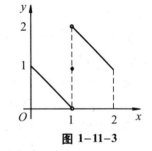

图 $1-11-2$

注: 当定理中的 "闭区间上连续" 的条件不满足时, 定理的结论可能不成立.

例如, 函数 $f(x) = 1/x$ 在开区间 $(0, 1)$ 内没有最大值, 因为它在闭区间 $[0, 1]$ 上不连续.

又如, 函数

$$f(x) = \begin{cases} -x + 1, & 0 \leq x < 1 \\ 1, & x = 1 \\ -x + 3, & 1 < x \leq 2 \end{cases}$$

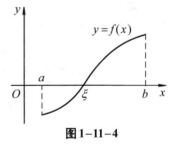

图 $1-11-3$

在闭区间 $[0, 2]$ 上有间断点 $x = 1$. 该函数在闭区间 $[0, 2]$ 上既无最大值又无最小值 (见图 $1-11-3$).

由定理 6 易得到下面的结论:

定理 7 (有界性定理) 在闭区间上连续的函数一定在该区间上有界.

如果 $f(x_0) = 0$, 则称 x_0 为函数 $f(x)$ 的**零点**.

定理 8 (零点定理) 设函数 $f(x)$ 在闭区间 $[a, b]$ 上连续, 且 $f(a)$ 与 $f(b)$ 异号 (即 $f(a) \cdot f(b) < 0$), 则在开区间 (a, b) 内至少有函数 $f(x)$ 的一个零点, 即至少存在一点 $\xi (a < \xi < b)$, 使 $f(\xi) = 0$.

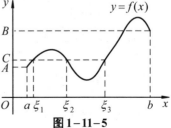

图 $1-11-4$

注: 如图 $1-11-4$ 所示, 在闭区间 $[a, b]$ 上连续的曲线 $y = f(x)$ 满足 $f(a) < 0$, $f(b) > 0$, 且与 x 轴相交于 ξ 处, 即有 $f(\xi) = 0$.

定理 9 (介值定理) 设函数 $f(x)$ 在闭区间 $[a, b]$ 上连续, 且在该区间的端点有不同的函数值 $f(a) = A$ 及 $f(b) = B$, 那么, 对于 A 与 B 之间的任意一个数 C, 在开区间 (a, b) 内至少有一点 ξ, 使得

$$f(\xi) = C \quad (a < \xi < b).$$

注: 如图 $1-11-5$ 所示, 在闭区间 $[a, b]$ 上连续的曲线 $y = f(x)$ 与直线 $y = C$ 有三个交点 ξ_1, ξ_2, ξ_3, 即

$$f(\xi_1) = f(\xi_2) = f(\xi_3) = C \quad (a < \xi_1,\ \xi_2,\ \xi_3 < b).$$

推论 1　在闭区间上连续的函数必取得介于最大值 M 与最小值 m 之间的任何值.

例 5　证明方程 $x^3 - 4x^2 + 1 = 0$ 在区间 $(0, 1)$ 内至少有一个实根.

证明　令 $f(x) = x^3 - 4x^2 + 1$, 则 $f(x)$ 在 $[0, 1]$ 上连续. 又

$$f(0) = 1 > 0,\quad f(1) = -2 < 0,$$

由零点定理, $\exists \xi \in (0, 1)$, 使

$$f(\xi) = 0,$$

即

$$\xi^3 - 4\xi^2 + 1 = 0,$$

所以方程 $x^3 - 4x^2 + 1 = 0$ 在 $(0, 1)$ 内至少有一个实根 ξ (见图 1-11-6). ■

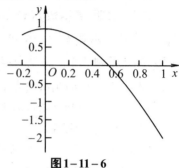

函数图形实验

图 1-11-6

例 6　设函数 $f(x)$ 在区间 $[a, b]$ 上连续, 且 $f(a) < a$, $f(b) > b$, 证明: 存在 $\xi \in (a, b)$, 使得 $f(\xi) = \xi$.

证明　构造辅助函数 $F(x) = f(x) - x$, 易见 $F(x)$ 在 $[a, b]$ 上连续. 且

$$F(a) = f(a) - a < 0,\quad F(b) = f(b) - b > 0,$$

由零点定理知, 存在 $\xi \in (a, b)$, 使

$$F(\xi) = f(\xi) - \xi = 0,\quad 即\ f(\xi) = \xi. \qquad ■$$

*数学实验

实验 1.13　试用计算软件完成下列各题:

(1) 已知方程 $x^5 - 4x^2 + 1 = 0$ 在区间 $[0,1]$ 内有一实根, 求其近似值(精确到 10^{-2}).

(2) 已知方程 $3^{-x} + x\sin(2x) = 0$ 在区间 $[2,4]$ 内有一实根, 求其近似值(精确到 10^{-2}).

详见教材配套的网络学习空间.

习题 1-11

1. 求函数 $f(x) = \dfrac{x^3 + 3x^2 - x - 3}{x^2 + x - 6}$ 的连续区间, 并求极限 $\lim\limits_{x \to 0} f(x)$, $\lim\limits_{x \to -3} f(x)$, $\lim\limits_{x \to 2} f(x)$.

2. 求下列极限:

(1) $\lim\limits_{x \to 0} \sqrt{x^2 - 2x + 5}$;

(2) $\lim\limits_{\alpha \to \frac{\pi}{4}} (\sin 2\alpha)^3$;

(3) $\lim\limits_{x \to \frac{\pi}{6}} \ln(2\cos 2x)$;

(4) $\lim\limits_{x \to 0} \dfrac{\sqrt{x+1} - 1}{x}$;

(5) $\lim\limits_{x \to 0} \ln \dfrac{\sin x}{x}$;

(6) $\lim\limits_{x \to 0} \dfrac{\ln(1+x^2)}{\sin(1+x^2)}$.

3. 证明方程 $x^5 - 3x = 1$ 至少有一个根介于 1 和 2 之间.

4. 证明方程 $\sin x + x + 1 = 0$ 在 $\left(-\dfrac{\pi}{2}, \dfrac{\pi}{2}\right)$ 内至少有一个实根.

5. 证明曲线 $y = x^4 - 3x^2 + 7x - 10$ 在 $x = 1$ 与 $x = 2$ 之间至少与 x 轴有一个交点.

6. 设 $f(x) = e^x - 2$, 求证在区间 $(0, 2)$ 内至少一点 x_0, 使 $e^{x_0} - 2 = x_0$.

7. 证明：若 $f(x)$ 在 $[a, b]$ 上连续, $a < x_1 < x_2 < \cdots < x_n < b$, 则在 $[x_1, x_n]$ 上必有 ξ, 使

$$f(\xi) = \frac{f(x_1) + f(x_2) + \cdots + f(x_n)}{n}.$$

8. 设 $f(x)$ 在 $[0, 2a]$ 上连续, 且 $f(0) = f(2a)$, 证明：在 $[0, a]$ 上至少存在一点 ξ, 使

$$f(\xi) = f(\xi + a).$$

9. 证明：若 $f(x)$ 在 $(-\infty, +\infty)$ 内连续, 且 $\lim\limits_{x \to \infty} f(x) = A$, 则 $f(x)$ 在 $(-\infty, +\infty)$ 内有界.

总 习 题 一

1. 求函数 $y = \sqrt{3-x} + \arcsin \dfrac{3-2x}{5}$ 的定义域.

2. 设函数 $f(x)$ 的定义域是 $[0, 1)$, 求 $f\left(\dfrac{x}{x+1}\right)$ 的定义域.

3. 设 $y = x^2$, 要使当 $x \in U(0, \delta)$ 时, $y \in U(0, 2)$, 应如何选择邻域 $U(0, \delta)$ 的半径 δ?

4. 证明 $f(x) = \dfrac{\sqrt{1+x^2} + x - 1}{\sqrt{1+x^2} + x + 1}$ 是奇函数 $(x \in \mathbf{R})$.

5. 设函数 $y = f(x)$, $x \in (-\infty, +\infty)$ 的图形关于 $x = a$, $x = b$ 均对称 $(a \neq b)$, 试证：$y = f(x)$ 是周期函数, 并求其周期.

6. 设 $f(x)$ 在 $(0, +\infty)$ 上有意义, $x_1 > 0$, $x_2 > 0$. 求证：

(1) 若 $\dfrac{f(x)}{x}$ 单调减少, 则 $f(x_1 + x_2) < f(x_1) + f(x_2)$;

(2) 若 $\dfrac{f(x)}{x}$ 单调增加, 则 $f(x_1 + x_2) > f(x_1) + f(x_2)$.

7. 求下列函数的反函数：

(1) $y = \dfrac{1 - \sqrt{1+4x}}{1 + \sqrt{1+4x}}$;

(2) $y = \begin{cases} x, & -\infty < x < 1 \\ x^2, & 1 \leq x \leq 2 \\ 3^x, & 2 < x < +\infty \end{cases}$.

8. 求函数 $f(x)$ $(0 < x < 1)$ 的表达式, 其中 $f(\sin^2 x) = \cos 2x + \tan^2 x$.

9. 设 $f(x)$ 满足方程：$af(x) + bf\left(-\dfrac{1}{x}\right) = \sin x$ $(|a| \neq |b|)$, 求 $f(x)$.

10. 设 $f\left(\dfrac{1}{x}\right) = x + \sqrt{1+x^2}$ $(x \neq 0)$, 求 $f(x)$.

11. 设 $\varphi(x+1) = \begin{cases} x^2, & 0 \leq x \leq 1 \\ 2x, & 1 < x \leq 2 \end{cases}$, 求 $\varphi(x)$.

12. 设 $f(x) = e^{x^2}$, $f[\varphi(x)] = 1 - x$, 且 $\varphi(x) \geq 0$, 求 $\varphi(x)$ 及其定义域.

13. 设 $f(x) = \begin{cases} 1, & |x| < 1 \\ 0, & |x| = 1 \\ -1, & |x| > 1 \end{cases}$，$g(x) = e^x$，求 $f[g(x)]$，$g[f(x)]$，并作出它们的图形.

14. 设 $f(x) = \begin{cases} 0, & x \le 0 \\ x, & x > 0 \end{cases}$，$g(x) = \begin{cases} 0, & x \le 0 \\ -x^2, & x > 0 \end{cases}$，求 $f[f(x)]$，$g[g(x)]$，$f[g(x)]$，$g[f(x)]$.

15. 某水泥厂生产水泥 1 000 吨，定价为 80 元/吨.总销售在 800 吨以内时按定价出售，超过 800 吨时，超过部分打 9 折出售，试将销售收入作为销售量的函数列出函数关系式.

16. 设某产品每次售 10 000 件时，每件售价为 50 元，若每次多售 2 000 件，则每件相应地降价 2 元. 如果生产这种产品的固定成本为 60 000 元，变动成本为每件 20 元，最低产量为 10 000 件，求：(1) 成本函数；(2) 收益函数；(3) 利润函数.

17. 某企业的一种商品，若以 1.75 元的单价出售，此时生产的产品可全部卖掉. 企业的生产能力为每天 5 000 单位，每天的总固定费用是 2 000 元，每单位的可变成本是 0.50 元，试建立利润函数，并求达到盈亏平衡时，该企业每天的生产量.

18. 某厂按年度计划需消耗某种零件 48 000 件，若每个零件每月库存费 0.02 元，采购费每次 160 元，为节省库存费，分批采购. 试将全年总的采购费和库存费这两部分的和 $f(x)$ 表示为批量 x 的函数.

19. 已知 $x_n = \dfrac{1}{3} + \dfrac{1}{15} + \cdots + \dfrac{1}{4n^2 - 1}$，求 $\lim\limits_{n \to \infty} x_n$.

20. 求极限 $\lim\limits_{x \to 0} \left(\dfrac{2 + e^{1/x}}{1 + e^{2/x}} + \dfrac{x}{|x|} \right)$.

21. 证明函数 $f(x) = |x|$ 当 $x \to 0$ 时极限为 0.

22. 证明：若 $x \to +\infty$ 及 $x \to -\infty$ 时，函数 $f(x)$ 的极限都存在且都等于 A，则 $\lim\limits_{x \to \infty} f(x) = A$.

23. 利用极限定义证明：函数 $f(x)$ 当 $x \to x_0$ 时极限存在的充分必要条件是左极限、右极限各自存在并且相等.

24. 根据定义证明：$y = \dfrac{x^2 - 9}{x + 3}$ 为当 $x \to 3$ 时的无穷小.

25. 已知 $f(x) = \dfrac{px^2 - 2}{x^2 + 1} + 3qx + 5$，当 $x \to \infty$ 时，p，q 取何值时 $f(x)$ 为无穷小？p，q 取何值时 $f(x)$ 为无穷大？

26. 计算下列极限：

(1) $\lim\limits_{x \to 1} \dfrac{x^n - 1}{x - 1}$（$n$ 为正整数）;

(2) $\lim\limits_{x \to 4} \dfrac{\sqrt{2x + 1} - 3}{\sqrt{x - 2} - \sqrt{2}}$;

(3) $\lim\limits_{x \to +\infty} \left(\sqrt{(x + p)(x + q)} - x \right)$;

(4) $\lim\limits_{x \to \infty} \dfrac{x^2 + 1}{x^3 + x}(3 + \cos x)$;

(5) $\lim\limits_{x \to +\infty} \dfrac{2x \sin x}{\sqrt{1 + x^2}} \arctan \dfrac{1}{x}$;

(6) $\lim\limits_{x \to 1} \dfrac{\sqrt[3]{x^2} - 2\sqrt[3]{x} + 1}{(x - 1)^2}$.

27. 设 $f(x) = \begin{cases} 1/x^2, & x < 0 \\ 0, & x = 0 \\ x^2 - 2x, & 0 < x \le 2 \\ 3x - 6, & 2 < x \end{cases}$，讨论 $x \to 0$ 及 $x \to 2$ 时，$f(x)$ 的极限是否存在，并且求

$$\lim_{x \to -\infty} f(x) \ \text{及} \ \lim_{x \to +\infty} f(x).$$

28. 计算下列极限:

(1) $\lim_{n \to \infty} 2^n \sin \dfrac{x}{2^n} (x \neq 0)$;　　(2) $\lim_{x \to \infty} \dfrac{3x^2+5}{5x+3} \sin \dfrac{2}{x}$;　　(3) $\lim_{x \to 0} \dfrac{\sqrt{1+\tan x} - \sqrt{1+\sin x}}{x(1-\cos x)}$.

29. 计算下列极限:

(1) $\lim_{x \to 0} (x + e^x)^{\frac{1}{x}}$;　　(2) $\lim_{x \to \frac{\pi}{2}} (1 + \cos x)^{2 \sec x}$;　　(3) $\lim_{x \to 0} \left(\dfrac{1+\tan x}{1+\sin x} \right)^{\frac{1}{x^3}}$.

30. 设 $x_1 = 1$, $x_{n+1} = 1 + \dfrac{x_n}{1+x_n}$ $(n = 1, 2, \cdots)$, 求 $\lim_{n \to \infty} x_n$.

31. 证明:当 $x \to 0$ 时, 有: (1) $\arctan x \sim x$; (2) $\sec x - 1 \sim x^2/2$.

32. 利用等价无穷小性质求下列极限:

(1) $\lim_{x \to 0} \dfrac{\sin(x^n)}{(\sin x)^m} (n, m \in \mathbf{N})$;　　(2) $\lim_{x \to 0} \dfrac{\sin^2 3x}{\ln^2(1+2x)}$;

(3) $\lim_{x \to 0} \dfrac{(1+ax)^{1/n} - 1}{x} (n \in \mathbf{N})$;　　(4) $\lim_{x \to 0} \dfrac{\sin x - \tan x}{(\sqrt[3]{1+x^2}-1)(\sqrt{1+\sin x}-1)}$;

(5) $\lim_{x \to 0} \dfrac{\sqrt{1+x \sin x} - \cos x}{\sin^2 \dfrac{x}{2}}$.

33. 试判断: 当 $x \to 0$ 时, $\dfrac{x^6}{1 - \sqrt{\cos x^2}}$ 是 x 的多少阶无穷小?

34. 设 $p(x)$ 是多项式, 且 $\lim_{x \to \infty} \dfrac{p(x) - x^3}{x^2} = 2$, $\lim_{x \to 0} \dfrac{p(x)}{x} = 1$, 求 $p(x)$.

35. 已知 $\lim_{x \to 1} \dfrac{x^2 + ax + b}{x-1} = 3$, 试求 a, b 的值.

36. 设 $\lim_{n \to \infty} \dfrac{n^\alpha}{n^\beta - (n-1)^\beta} = 1\,992$, 试求 α, β 的值.

37. 下列函数 $f(x)$ 在 $x = 0$ 处是否连续? 为什么?

(1) $f(x) = \begin{cases} e^{-\frac{1}{x^2}}, & x \neq 0 \\ 0, & x = 0 \end{cases}$;　　(2) $f(x) = \begin{cases} \dfrac{\sin x}{|x|}, & x \neq 0 \\ 1, & x = 0 \end{cases}$.

38. 判断下列函数的指定点所属的间断点类型,如果是可去间断点,则请补充或改变函数的定义使它连续.

(1) $y = \dfrac{x}{\tan x}$, $x = k\pi$, $x = k\pi + \dfrac{\pi}{2} (k \in \mathbf{Z})$;　　(2) $y = \dfrac{1}{1 - e^{\frac{x}{x-1}}}$, $x = 0$, $x = 1$.

39. 试确定 a 的值,使函数 $f(x) = \begin{cases} x^2 + a, & x \leq 0 \\ x \sin \dfrac{1}{x}, & x > 0 \end{cases}$ 在 $(-\infty, +\infty)$ 上连续.

40. 讨论函数 $f(x) = \lim_{n \to \infty} \dfrac{1 - x^{2n}}{1 + x^{2n}} x$ 的连续性,若有间断点,判断其类型.

41. 求函数 $y = \dfrac{1}{1 - \ln x^2}$ 的连续区间.

42. 设函数 $f(x)$ 与 $g(x)$ 在点 x_0 处连续, 证明函数

$$\varphi(x) = \max\{f(x), g(x)\}, \quad \psi(x) = \min\{f(x), g(x)\}$$

在点 x_0 处也连续.

43. 设 $f(x)$ 在 $[a, b]$ 上连续, 且 $a < c < d < b$, 证明: 在 $[a, b]$ 上必存在点 ξ 使

$$mf(c) + nf(d) = (m + n) f(\xi), \quad \text{其中 } m > 0, \ n > 0.$$

44. 设 $f(x)$ 在 (a, b) 内连续, 且 $\lim\limits_{x \to a^+} f(x) = \lim\limits_{x \to b^-} f(x) = A$ (有限值), 又存在 $x_1 \in (a, b)$, 使得 $f(x_1) \geq A$, 证明 $f(x)$ 在 (a, b) 内达到最大值.

数学家简介 [1]

阿基米德
—— 数学之神

阿基米德(Archimedes, 公元前 287 — 前 212)生于西西里岛(Sicilia, 今属意大利)的叙拉古. 阿基米德从小热爱学习, 善于思考, 喜欢辩论. 当他刚满 11 岁时, 借助于与王室的关系, 漂洋过海到埃及的亚历山大求学. 他向当时著名的科学家欧几里得的学生柯农学习哲学、数学、天文学、物理学等知识, 最后博古通今, 掌握了丰富的希腊文化遗产. 回到叙拉古后, 他坚持和亚历山大的学者们保持联系, 交流科学研究成果. 他继承了欧几里得证明定理时的严谨性, 但他的才智和成就却远远高于欧几里得. 他把数学研究和力学、机械学紧密结合起来, 用数学研究力学和其他实际问题.

阿基米德的主要成就是在纯几何方面, 他善于继承和创造. 他运用穷竭法解决了几何图形的面积、体积、曲线弧长等大量计算问题, 这些方法是微积分的先导, 其结果也与微积分的结果一致. 阿基米德在数学上的成就在当时达到了登峰造极的地步, 对后世影响的深远程度也是其他任何一位数学家所无法企及的. 阿基米德被后世的数学家尊称为"数学之神". 任何一张列出人类有史以来三位最伟大的数学家的名单中必定会包含阿基米德.

阿基米德

最引人入胜, 也使阿基米德最为人称道的是他从智破金冠案中发现了一个科学基本原理. 国王让金匠做一顶新的纯金王冠, 金匠如期完成了任务, 理应得到奖赏, 但这时有人告密说金匠从金冠中偷去了一部分金子, 以等重的银子掺入. 可是, 做好的王冠无论从重量、外形上都看不出问题. 国王把这个难题交给了阿基米德.

阿基米德日思夜想. 一天, 他去澡堂洗澡, 当他慢慢坐进澡盆时, 水从盆边溢了出来, 他望着溢出来的水, 突然大叫一声: "我知道了!" 接着, 阿基米得竟然一丝不挂地跑回家中. 原来他想出办法了. 阿基米德把金王冠放进一个装满水的缸中, 一些水溢出来了. 他取了王冠,

把水装满，再将一块同王冠一样重的金子放进水里，又有一些水溢出来．他把两次的水加以比较，发现第一次溢出来的水多于第二次，于是，他断定金冠中掺了银子．经过一番试验，他算出了银子的重量．当他宣布他的发现时，金匠目瞪口呆．

这次试验的意义远远大过查出金匠欺骗国王．阿基米德从中发现了一条原理，即物体在液体中减轻的重量等于它所排出的液体的重量．后人把这条原理以阿基米德的名字命名．一直到现代，人们还在利用这个原理测定船舶载重量等．

公元前 215 年，罗马将领马塞拉斯率领大军，乘坐战舰来到了历史名城叙拉古城下，马塞拉斯以为小小的叙拉古城会不攻自破，听到罗马大军的显赫名声，城里的人还不开城投降？然而，回答罗马军队的是一阵阵密集可怕的镖箭和石头．罗马人的小盾牌抵挡不住数不清的大大小小的石头，他们被打得丧魂落魄，争相逃命．突然，从城墙上伸出了无数巨大的起重机式的机械巨手，它们分别抓住罗马人的战船，把船吊在半空中摇来晃去，最后甩在海边的岩石上，或是把船重重地摔进海里，船毁人亡．马塞拉斯侥幸没有受伤，但惊恐万分，完全失去了刚来时的骄傲和狂妄，变得不知所措．最后只好下令撤退，把船开到了安全地带．罗马军队死伤无数，被叙拉古人打得晕头转向．可是，敌人在哪里呢？他们连影子也找不到．马塞拉斯最后感慨万千地对身边的士兵说："怎么样？在这位几何学'百手巨人'面前，我们只得放弃作战．他拿我们的战船当玩具扔着玩，在刹那间，他向我们投射了这么多镖、箭和石块，他难道不比神话里的'百手巨人'还厉害吗？"

传说，阿基米德还曾利用抛物镜面的聚光作用，把集中的阳光照射到入侵叙拉古的罗马船只上，让它们自己燃烧起来．罗马的许多船只都被烧毁了，但罗马人却找不到失火的原因．900 多年后，有位科学家据史书介绍的阿基米德的方法制造了一面凹面镜，成功地点着了距离镜子 45 米远的木头，而且烧化了距离镜子 42 米远的铝．所以，许多科技史家通常都把阿基米德看成是人类利用太阳能的始祖．

马塞拉斯进攻叙拉古时屡受袭击，在万般无奈下，他带着舰队，远远离开了叙拉古附近的海面．他们采取了围而不攻的办法，断绝城内和外界的联系．3 年以后，终因粮绝和内讧，叙拉古城陷落了．马塞拉斯十分敬佩阿基米德的聪明才智，下令不许伤害他，还派一名士兵去请他．此时阿基米德不知城门已破，还在凝视着木板上的几何图形沉思呢．当士兵的利剑指向他时，他却用身子护住木板，大叫："不要动我的图形！"他要求把原理证明完再走，但这激怒了那个鲁莽无知的士兵，他竟将利剑刺入阿基米德的胸膛．就这样，一位彪炳千秋的科学巨人惨死在野蛮的罗马士兵手下．阿基米德之死标志着古希腊灿烂文化毁灭的开始．

第2章 导数与微分

数学中研究导数、微分及其应用的部分称为**微分学**，研究不定积分、定积分及其应用的部分称为**积分学**. 微分学与积分学统称为**微积分学**.

微积分学是高等数学最基本、最重要的组成部分，是现代数学许多分支的基础，是人类认识客观世界、探索宇宙奥秘乃至人类自身的典型数学模型之一.

恩格斯[①]曾指出："在一切理论成就中，未必再有什么像17世纪下半叶微积分的发明那样被看作人类精神的最高胜利了." 微积分的发展历史曲折跌宕，撼人心灵，是培养人们正确的世界观、科学的方法论，以及对人们进行文化熏陶的极好素材(本部分内容详见教材配套的网络学习空间).

积分的雏形可追溯到古希腊和我国魏晋时期，但微分概念直至16世纪才应运而生. 本章及下一章将介绍一元函数微分学及其应用的有关内容.

§2.1 导 数 概 念

从15世纪初文艺复兴时期起，欧洲的工业、农业、航海事业与商贾贸易得到了大规模的发展，形成了一个新的经济时代. 而16世纪的欧洲正处在资本主义萌芽时期，生产力得到了很大的发展. 生产实践的发展对自然科学提出了新的课题，迫切要求力学、天文学等基础学科向前发展，而这些学科都是深刻依赖于数学的，因而其发展也推动了数学的发展. 在各类学科对数学提出的种种要求中，下列三类问题导致了微分学的产生：

(1) 求变速运动的瞬时速度；

(2) 求曲线上某一点处的切线；

(3) 求最大值和最小值.

这三类实际问题的现实原型在数学上都可归结为函数相对于自变量变化而变化的快慢程度，即所谓的**函数的变化率**问题. 牛顿[②]从第一个问题出发，莱布尼茨[③]从第二个问题出发，分别给出了导数的概念.

一、引例

引例 1 变速直线运动的瞬时速度.

---

① 恩格斯 (F. Engels, 1820—1895)，德国哲学家，马克思主义创始人之一.

② 牛顿 (I. Newton, 1642—1727)，英国数学家.

③ 莱布尼茨 (G. W. Leibniz, 1646—1716)，德国数学家.

假设一物体作变速直线运动，在 $[0, t]$ 这段时间内所经过的路程为 s，则 s 是时间 t 的函数 $s = s(t)$. 求该物体在时刻 $t_0 \in [0, t]$ 的瞬时速度 $v(t_0)$.

首先考虑物体在时刻 t_0 附近很短一段时间内的运动. 设物体从 t_0 到 $t_0 + \Delta t$ 这段时间间隔内路程从 $s(t_0)$ 变到 $s(t_0 + \Delta t)$，其改变量为

$$\Delta s = s(t_0 + \Delta t) - s(t_0),$$

在这段时间间隔内的平均速度为

$$\bar{v} = \frac{\Delta s}{\Delta t} = \frac{s(t_0 + \Delta t) - s(t_0)}{\Delta t}.$$

当时间间隔很小时，可以认为物体在时间 $[t_0, t_0 + \Delta t]$ 内近似地做匀速运动. 因此，可以用 $\bar{v}$ 作为 $v(t_0)$ 的近似值，且 Δt 越小，其近似程度越高. 当时间间隔 $\Delta t \to 0$ 时，我们把平均速度 $\bar{v}$ 的极限称为时刻 t_0 的瞬时速度，即

$$v(t_0) = \lim_{\Delta t \to 0} \frac{\Delta s}{\Delta t} = \lim_{\Delta t \to 0} \frac{s(t_0 + \Delta t) - s(t_0)}{\Delta t}. \quad \blacksquare$$

引例 2 平面曲线的切线

设曲线 C 是函数 $y = f(x)$ 的图形，求曲线 C 在点 $M(x_0, y_0)$ 处的切线的斜率.

如图 2-1-1 所示，设点

$$N(x_0 + \Delta x, y_0 + \Delta y) (\Delta x \neq 0)$$

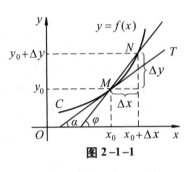

图 2-1-1

为曲线 C 上的另一点，连接点 M 和点 N 的直线 MN 称为曲线 C 的割线. 设割线 MN 的倾角为 φ，其斜率为

$$\tan \varphi = \frac{\Delta y}{\Delta x} = \frac{f(x_0 + \Delta x) - f(x_0)}{\Delta x},$$

所以当点 N 沿曲线 C 趋近于点 M 时，割线 MN 的倾角 φ 趋近于切线 MT 的倾角 α，故割线 MN 的斜率 $\tan \varphi$ 趋近于切线 MT 的斜率 $\tan \alpha$. 因此，曲线 C 在点 $M(x_0, y_0)$ 处的切线斜率为

$$\tan \alpha = \lim_{\Delta x \to 0} \tan \varphi = \lim_{\Delta x \to 0} \frac{\Delta y}{\Delta x} = \lim_{\Delta x \to 0} \frac{f(x_0 + \Delta x) - f(x_0)}{\Delta x}. \quad \blacksquare$$

引例 3 产品总成本的变化率

设某产品的总成本 C 是产量 x 的函数，即 $C = f(x)$. 当产量由 x_0 变到 $x_0 + \Delta x$ 时，总成本相应的改变量为

$$\Delta C = f(x_0 + \Delta x) - f(x_0),$$

当产量由 x_0 变到 $x_0 + \Delta x$ 时，总成本的平均变化率为

$$\frac{\Delta C}{\Delta x} = \frac{f(x_0 + \Delta x) - f(x_0)}{\Delta x},$$

当 $\Delta x \to 0$ 时，如果极限

$$\lim_{\Delta x \to 0} \frac{\Delta C}{\Delta x} = \lim_{\Delta x \to 0} \frac{f(x_0 + \Delta x) - f(x_0)}{\Delta x}$$

存在,则称此极限是产量为 x_0 时的总成本的变化率.

上面三例的实际意义完全不同,但从抽象的数量关系来看,其实质都是函数的改变量与自变量的改变量之比当自变量改变量趋于零时的极限. 我们把这种特定的极限称为函数的导数.

二、导数的定义

定义 1　设函数 $y = f(x)$ 在点 x_0 的某个邻域内有定义,当自变量 x 在 x_0 处取得增量 Δx(点 $x_0 + \Delta x$ 仍在该邻域内)时,相应地,函数 y 取得增量

$$\Delta y = f(x_0 + \Delta x) - f(x_0),$$

如果当 $\Delta x \to 0$ 时,极限

$$\lim_{\Delta x \to 0} \frac{\Delta y}{\Delta x} = \lim_{\Delta x \to 0} \frac{f(x_0 + \Delta x) - f(x_0)}{\Delta x} \tag{1.1}$$

存在,则称此极限值为函数 $y = f(x)$ 在点 x_0 处的**导数**,并称函数 $y = f(x)$ 在点 x_0 处**可导**,记为

$$f'(x_0), \quad y'|_{x=x_0}, \quad \frac{\mathrm{d}y}{\mathrm{d}x}\bigg|_{x=x_0} \quad \text{或} \quad \frac{\mathrm{d}f(x)}{\mathrm{d}x}\bigg|_{x=x_0}.$$

函数 $f(x)$ 在点 x_0 处可导有时也称为函数 $f(x)$ 在点 x_0 处**具有导数**或**导数存在**. 导数的定义也可采取不同的表达形式.

例如,在式(1.1)中,令 $h = \Delta x$,则

$$f'(x_0) = \lim_{h \to 0} \frac{f(x_0 + h) - f(x_0)}{h}. \tag{1.2}$$

令 $x = x_0 + \Delta x$,则

$$f'(x_0) = \lim_{x \to x_0} \frac{f(x) - f(x_0)}{x - x_0}. \tag{1.3}$$

如果极限式(1.1)不存在,则称函数 $y = f(x)$ 在点 x_0 处**不可导**,称 x_0 为 $y = f(x)$ 的**不可导点**. 如果不可导的原因是式(1.1)的极限为 ∞,为方便起见,有时也称函数 $y = f(x)$ 在点 x_0 处的**导数为无穷大**.

注:导数概念是函数变化率这一概念的精确描述,它撇开了自变量和因变量所代表的几何或物理等方面的特殊意义,纯粹从数量方面来刻画函数变化率的本质:函数增量与自变量增量的比值 $\dfrac{\Delta y}{\Delta x}$ 是函数 y 在以 x_0 和 $x_0 + \Delta x$ 为端点的区间上的平均变化率,而导数 $y'|_{x=x_0}$ 则是函数 y 在点 x_0 处的变化率,它反映了函数随自变量变化而变化的快慢程度.

如果函数 $y = f(x)$ 在开区间 I 内的每点处都可导,则称函数 $f(x)$ 在**开区间 I 内可导**.

设函数 $y = f(x)$ 在开区间 I 内可导,则对于 I 内每点 x,都有一个导数值 $f'(x)$ 与

之对应, 因此, $f'(x)$ 也是 x 的函数, 称其为 $f(x)$ 的**导函数**, 记作

$$y', \ f'(x), \ \frac{\mathrm{d}y}{\mathrm{d}x} \ 或 \ \frac{\mathrm{d}f(x)}{\mathrm{d}x}.$$

根据导数的定义求导, 一般包含以下三个步骤:

(1) 求函数的增量: $\Delta y = f(x + \Delta x) - f(x)$;

(2) 求两增量的比值: $\dfrac{\Delta y}{\Delta x} = \dfrac{f(x + \Delta x) - f(x)}{\Delta x}$;

(3) 求极限 $y' = \lim\limits_{\Delta x \to 0} \dfrac{\Delta y}{\Delta x}$.

例 1 求函数 $f(x) = x^3$ 在 $x = 1$ 处的导数 $f'(1)$.

解 当 x 由 1 变到 $1 + \Delta x$ 时, 函数相应的增量为

$$\Delta y = (1 + \Delta x)^3 - 1^3 = 3 \cdot \Delta x + 3 \cdot (\Delta x)^2 + (\Delta x)^3.$$

$$\frac{\Delta y}{\Delta x} = 3 + 3\Delta x + (\Delta x)^2.$$

所以 $\qquad f'(1) = \lim\limits_{\Delta x \to 0} \dfrac{\Delta y}{\Delta x} = \lim\limits_{\Delta x \to 0} (3 + 3\Delta x + (\Delta x)^2) = 3.$ ∎

注: 函数 $f(x)$ 在点 x_0 处的导数 $f'(x_0)$ 就是其导函数 $f'(x)$ 在点 x_0 处的函数值, 即 $\qquad f'(x_0) = f'(x)|_{x = x_0}.$

例 2 试按导数定义求下列各极限 (假设各极限均存在).

(1) $\lim\limits_{x \to a} \dfrac{f(2x) - f(2a)}{x - a}$; \qquad (2) $\lim\limits_{x \to 0} \dfrac{f(x)}{x}$, 其中 $f(0) = 0$.

解 (1) 由导数定义式 (1.3) 和极限的运算法则, 有

$$\lim\limits_{x \to a} \frac{f(2x) - f(2a)}{x - a} = \lim\limits_{2x \to 2a} \frac{f(2x) - f(2a)}{\frac{1}{2} \cdot (2x - 2a)} = 2 \cdot \lim\limits_{2x \to 2a} \frac{f(2x) - f(2a)}{2x - 2a} = 2 \cdot f'(2a).$$

(2) 因为 $f(0) = 0$, 于是

$$\lim\limits_{x \to 0} \frac{f(x)}{x} = \lim\limits_{x \to 0} \frac{f(x) - f(0)}{x - 0} = f'(0).$$ ∎

三、左、右导数

求函数 $y = f(x)$ 在点 x_0 处的导数时, $x \to x_0$ 的方式是任意的. 如果 x 仅从 x_0 的左侧趋于 x_0 (记为 $\Delta x \to 0^-$ 或 $x \to x_0^-$) 时, 极限

$$\lim\limits_{\Delta x \to 0^-} \frac{\Delta y}{\Delta x} = \lim\limits_{\Delta x \to 0^-} \frac{f(x_0 + \Delta x) - f(x_0)}{\Delta x}$$

存在, 则称该极限值为函数 $y = f(x)$ 在点 x_0 处的**左导数**, 记为 $f'_-(x_0)$. 即

$$f'_-(x_0) = \lim\limits_{\Delta x \to 0^-} \frac{\Delta y}{\Delta x} = \lim\limits_{\Delta x \to 0^-} \frac{f(x_0 + \Delta x) - f(x_0)}{\Delta x} = \lim\limits_{x \to x_0^-} \frac{f(x) - f(x_0)}{x - x_0}.$$

类似地, 可定义函数 $y = f(x)$ 在点 x_0 处的**右导数**:

$$f'_+(x_0) = \lim_{\Delta x \to 0^+} \frac{\Delta y}{\Delta x} = \lim_{\Delta x \to 0^+} \frac{f(x_0 + \Delta x) - f(x_0)}{\Delta x} = \lim_{x \to x_0^+} \frac{f(x) - f(x_0)}{x - x_0}.$$

函数在一点处的左导数、右导数与函数在该点处的导数间有如下关系：

定理 1　函数 $y = f(x)$ 在点 x_0 处可导的充分必要条件是：函数 $y = f(x)$ 在点 x_0 处的左、右导数均存在且相等.

注：本定理常被用于判定分段函数在分段点处是否可导.

例 3　求函数 $f(x) = \begin{cases} \sin x, & x < 0 \\ x, & x \geq 0 \end{cases}$ 在 $x = 0$ 处的导数.

解　当 $\Delta x < 0$ 时，
$$\Delta y = f(0 + \Delta x) - f(0) = \sin \Delta x - 0 = \sin \Delta x,$$

故
$$f'_-(0) = \lim_{\Delta x \to 0^-} \frac{\Delta y}{\Delta x} = \lim_{\Delta x \to 0^-} \frac{\sin \Delta x}{\Delta x} = 1.$$

当 $\Delta x > 0$ 时，
$$\Delta y = f(0 + \Delta x) - f(0) = \Delta x - 0 = \Delta x,$$

故
$$f'_+(0) = \lim_{\Delta x \to 0^+} \frac{\Delta y}{\Delta x} = \lim_{\Delta x \to 0^+} \frac{\Delta x}{\Delta x} = 1.$$

由 $f'_-(0) = f'_+(0) = 1$，得
$$f'(0) = \lim_{\Delta x \to 0} \frac{\Delta y}{\Delta x} = 1. \quad ■$$

注：如果 $f(x)$ 在开区间 (a, b) 内可导，且 $f'_+(a)$ 及 $f'_-(b)$ 都存在，则称 $f(x)$ 在**闭区间 $[a, b]$ 上可导**.

四、用定义计算导数

下面我们根据导数的定义来求部分初等函数的导数.

例 4　求函数 $f(x) = C$（C 为常数）的导数.

解　$f'(x) = \lim_{h \to 0} \frac{f(x + h) - f(x)}{h} = \lim_{h \to 0} \frac{C - C}{h} = 0.$

即
$$(C)' = 0. \quad ■$$

例 5　设函数 $f(x) = \sin x$，求 $(\sin x)'$ 及 $(\sin x)' |_{x = \pi/4}$.

解　$(\sin x)' = \lim_{h \to 0} \frac{\sin(x + h) - \sin x}{h} = \lim_{h \to 0} \cos\left(x + \frac{h}{2}\right) \cdot \frac{\sin \frac{h}{2}}{\frac{h}{2}} = \cos x.$

即
$$(\sin x)' = \cos x, \quad (\sin x)'|_{x = \pi/4} = \cos x|_{x = \pi/4} = \frac{\sqrt{2}}{2}. \quad ■$$

注：同理可得 $(\cos x)' = -\sin x$.

例 6　求函数 $y = x^n$（n 为正整数）的导数.

解 $(x^n)' = \lim\limits_{h \to 0} \dfrac{(x+h)^n - x^n}{h} = \lim\limits_{h \to 0} \left[nx^{n-1} + \dfrac{n(n-1)}{2!}x^{n-2}h + \cdots + h^{n-1} \right] = nx^{n-1}$,

即 $$(x^n)' = nx^{n-1}.$$

更一般地 $$(x^\mu)' = \mu x^{\mu-1} \ (\mu \in \mathbf{R}).$$

例如 $$\left(\sqrt{x}\right)' = \dfrac{1}{2}x^{\frac{1}{2}-1} = \dfrac{1}{2\sqrt{x}}, \quad \left(\dfrac{1}{x}\right)' = (x^{-1})' = (-1)x^{-1-1} = -\dfrac{1}{x^2}.$$

例7 求函数 $f(x) = a^x \ (a>0,\ a \neq 1)$ 的导数.

解 当 $a>0$, $a \neq 1$ 时, 有

$$(a^x)' = \lim_{h \to 0} \frac{a^{x+h} - a^x}{h} = a^x \lim_{h \to 0} \frac{a^h - 1}{h} = a^x \ln a.$$

即 $$(a^x)' = a^x \ln a.$$

特别地, 当 $a = \mathrm{e}$ 时, 有

$$(\mathrm{e}^x)' = \mathrm{e}^x.$$

五、导数的几何意义

根据引例 2 的讨论可知, 如果函数 $y = f(x)$ 在点 x_0 处可导, 则 $f'(x_0)$ 就是曲线 $y = f(x)$ 在点 $M(x_0, y_0)$ 处的切线的斜率, 即

$$k = \tan\alpha = f'(x_0),$$

其中 α 是曲线 $y = f(x)$ 在点 M 处的切线的倾角(见图 2−1−2).

于是, 由直线的点斜式方程, 曲线 $y = f(x)$ 在点 $M(x_0, y_0)$ 处的切线方程为

$$y - y_0 = f'(x_0)(x - x_0). \tag{1.4}$$

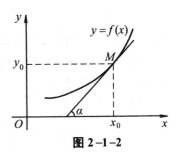

图 2−1−2

法线方程为

$$y - y_0 = -\frac{1}{f'(x_0)}(x - x_0). \tag{1.5}$$

如果 $f'(x_0) = 0$, 则切线方程为 $y = y_0$, 即切线平行于 x 轴.

如果 $f'(x_0)$ 为无穷大, 则切线方程为 $x = x_0$, 即切线垂直于 x 轴.

例8 求曲线 $y = \sqrt{x}$ 在点 $(1,1)$ 的切线方程和法线方程.

解 因为

$$y' = \left(\sqrt{x}\right)' = \frac{1}{2\sqrt{x}}, \quad y'\Big|_{x=1} = \frac{1}{2\sqrt{1}} = \frac{1}{2},$$

故所求切线方程为

$$y - 1 = \frac{1}{2}(x - 1),$$

即

$$x - 2y + 1 = 0.$$

所求法线方程为

$$y - 1 = -2(x - 1),$$

即

$$2x + y - 3 = 0.$$

如图 2-1-3 所示.　　　　■

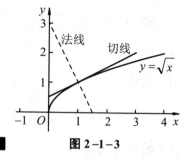

图 2-1-3

六、函数的可导性与连续性的关系

我们知道,初等函数在其有定义的区间上都是连续的,那么函数的连续性与可导性之间有什么联系呢? 下面的定理从一方面回答了这个问题.

定理 2　如果函数 $y = f(x)$ 在点 x_0 处可导,则它在点 x_0 处连续.

证明　因为函数 $y = f(x)$ 在点 x_0 处可导,故有

$$\lim_{\Delta x \to 0} \frac{\Delta y}{\Delta x} = f'(x_0),$$

$$\frac{\Delta y}{\Delta x} = f'(x_0) + \alpha, \text{ 其中 } \alpha \to 0 \text{ (当 } \Delta x \to 0 \text{ 时)},$$

$$\Delta y = f'(x_0)\Delta x + \alpha \Delta x,$$

$$\lim_{\Delta x \to 0} \Delta y = \lim_{\Delta x \to 0} [f'(x_0)\Delta x + \alpha \Delta x] = 0,$$

所以,函数 $f(x)$ 在点 x_0 处连续.　　　　■

注: 该定理的逆命题不成立,即函数在某点连续,但在该点不一定可导.

例 9　讨论函数

$$f(x) = |x| = \begin{cases} x, & x \geq 0 \\ -x, & x < 0 \end{cases}$$

在 $x = 0$ 处的连续性与可导性 (见图 2-1-4).

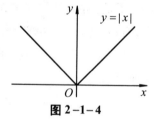

图 2-1-4

解　易见函数 $f(x) = |x|$ 在 $x = 0$ 处是连续的, 事实上,

$$\lim_{x \to 0^+} f(x) = \lim_{x \to 0^+} |x| = \lim_{x \to 0^+} x = 0, \quad \lim_{x \to 0^-} f(x) = \lim_{x \to 0^-} |x| = \lim_{x \to 0^-} (-x) = 0,$$

因为

$$\lim_{x \to 0^+} f(x) = \lim_{x \to 0^-} f(x) = 0 = f(0),$$

所以函数 $f(x) = |x|$ 在 $x = 0$ 处是连续的.

给 $x = 0$ 一个增量 Δx, 则函数增量与自变量增量的比值为

$$\frac{\Delta y}{\Delta x} = \frac{f(0 + \Delta x) - f(0)}{\Delta x} = \frac{|\Delta x|}{\Delta x},$$

于是

$$f'_+(0) = \lim_{\Delta x \to 0^+} \frac{\Delta y}{\Delta x} = \lim_{\Delta x \to 0^+} \frac{|\Delta x|}{\Delta x} = \lim_{\Delta x \to 0^+} \frac{\Delta x}{\Delta x} = 1,$$

$$f'_-(0) = \lim_{\Delta x \to 0^-} \frac{\Delta y}{\Delta x} = \lim_{\Delta x \to 0^-} \frac{|\Delta x|}{\Delta x} = \lim_{\Delta x \to 0^-} \frac{-\Delta x}{\Delta x} = -1,$$

因为 $f'_+(0) \neq f'_-(0)$, 所以函数 $f(x) = |x|$ 在 $x = 0$ 处不可导.

一般地, 如果曲线 $y = f(x)$ 的图形在点 x_0 处出现"尖点"(见图 2-1-5), 则它在该点不可导. 因此, 如果函数在一个区间内可导, 则其图形不会出现"尖点", 或者说其图形是一条连续的光滑曲线.

例10 讨论 $f(x) = \begin{cases} x\sin\dfrac{1}{x}, & x \neq 0 \\ 0, & x = 0 \end{cases}$ 在 $x = 0$ 处的

连续性与可导性.

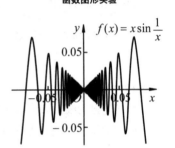

函数图形实验

解 注意到 $\sin\dfrac{1}{x}$ 是有界函数, 则有

$$\lim_{x \to 0} x\sin\frac{1}{x} = 0,$$

由 $\lim_{x \to 0} f(x) = 0 = f(0)$ 知, 函数 $f(x)$ 在 $x = 0$ 处连续.

但在 $x = 0$ 处有

$$\frac{\Delta y}{\Delta x} = \frac{(0 + \Delta x)\sin\dfrac{1}{0 + \Delta x} - 0}{\Delta x} = \sin\frac{1}{\Delta x}.$$

图 2-1-6

因为极限 $\lim\limits_{\Delta x \to 0} \dfrac{\Delta y}{\Delta x}$ 不存在, 所以 $f(x)$ 在 $x = 0$ 处不可导 (见图 2-1-6).

注: 上述两个例子说明, 函数在某点处连续是函数在该点处可导的必要条件, 但不是充分条件. 由定理 2 还知道, 若函数在某点处不连续, 则它在该点处一定不可导.

在微积分理论尚不完善的时候, 人们普遍认为连续函数除个别点外都是可导的. 1872 年德国数学家魏尔斯特拉斯构造出一个处处连续但处处不可导的例子, 这与人们基于直观的普遍认识大相径庭, 从而震惊了数学界和思想界. 这就促使人们在微积分研究中从依赖于直观转向依赖于理性思维, 从而大大促进了微积分逻辑基础的创建工作.

*数学实验

实验2.1 试用计算软件完成下列各题:

(1) 用导数的定义求函数 $f(x) = x^3 - 3x^2 + x + 1$ 的导函数, 并在同一坐标系内作出该函数及其导函数的图形.

函数图形实验

(2) 用导数的定义求函数 $f(x) = 2x^3 + 3x^2 - 12x + 7$ 在 $x = -1$ 处的导数, 并求出该点处的切线方程.

详见教材配套的网络学习空间.

习题 2-1

1. 用定义求函数 $y = \dfrac{1}{2}x^2$ 在 $x = 3$ 处的导数.

2. 已知物体的运动规律 $s = t^2\,(\mathrm{m})$, 求该物体在 $t = 2\,(\mathrm{s})$ 时的速度.

3. 设 $f'(x_0)$ 存在, 试利用导数的定义求下列极限:

(1) $\lim\limits_{\Delta x \to 0} \dfrac{f(x_0 - \Delta x) - f(x_0)}{\Delta x}$;

(2) $\lim\limits_{h \to 0} \dfrac{f(x_0 + h) - f(x_0 - h)}{h}$;

(3) $\lim\limits_{\Delta x \to 0} \dfrac{f(x_0 + \Delta x) - f(x_0 - 2\Delta x)}{2\Delta x}$.

4. 设 $f(x)$ 在 $x = 2$ 处连续, 且

$$\lim\limits_{x \to 2} \frac{f(x)}{x - 2} = 2,$$

求 $f'(2).$

5. 给定抛物线 $y = x^2 - x + 2$, 求过点 $(1, 2)$ 的切线方程与法线方程.

6. 求曲线 $y = \mathrm{e}^x$ 在点 $(0, 1)$ 处的切线方程和法线方程.

7. 函数 $f(x) = \begin{cases} x^2 + 1, & 0 \le x < 1 \\ 3x - 1, & 1 \le x \end{cases}$ 在点 $x = 1$ 处是否可导? 为什么?

8. 用导数定义求 $f(x) = \begin{cases} x, & x < 0 \\ \ln(1 + x), & x \ge 0 \end{cases}$ 在点 $x = 0$ 处的导数.

9. 设 $f(x) = \begin{cases} \sin x, & x < 0 \\ x, & x \ge 0 \end{cases}$, 求 $f'(x).$

10. 试讨论函数 $y = \begin{cases} x^2 \sin \dfrac{1}{x}, & x \ne 0 \\ 0, & x = 0 \end{cases}$ 在 $x = 0$ 处的连续性与可导性.

11. 设 $\varphi(x)$ 在 $x = a$ 处连续, $f(x) = (x^2 - a^2)\varphi(x)$, 求 $f'(a).$

12. 设不恒为零的奇函数 $f(x)$ 在 $x = 0$ 处可导, 试说明 $x = 0$ 为函数 $\dfrac{f(x)}{x}$ 的何种间断点.

13. 设某工厂生产 x 单位产品所花费的成本是 $f(x)$ 元, 该函数称为成本函数, 成本函数 $f(x)$ 的导数 $f'(x)$ 在经济学中称为边际成本, 试说明边际成本 $f'(x)$ 的实际意义.

14. 设函数 $f(x)$ 在其定义域上可导, 若 $f(x)$ 是偶函数, 证明 $f'(x)$ 是奇函数; 若 $f(x)$ 是奇函数, 证明 $f'(x)$ 是偶函数 (即求导改变奇偶性).

§2.2 函数的求导法则

> 要发明, 就要挑选恰当的符号, 要做到这一点, 就要
> 用含义简明的少量符号来表达和比较忠实地描绘事物的
> 内在本质, 从而最大限度地减少人的思维活动.
>
> —— **G.W. 莱布尼茨**

求函数的变化率——导数, 是理论研究和实践应用中经常遇到的一个问题. 但根据定义求导往往非常烦琐, 有时甚至是不可行的. 能否找到求导的一般法则或常用函数的求导公式, 使求导的运算变得更为简单易行呢? 从微积分诞生之日起, 数学家们就在探求这一途径. 牛顿和莱布尼茨都做了大量的工作. 特别是博学多才的数学符号大师莱布尼茨对此作出了不朽的贡献.今天我们所学的微积分学中的法则、公式, 特别是所采用的符号大体上是由莱布尼茨完成的.

一、导数的四则运算法则

定理 1 若函数 $u(x), v(x)$ 在点 x 处可导, 则它们的和、差、积、商 (分母不为零) 在点 x 处也可导, 且

(1) $[u(x) \pm v(x)]' = u'(x) \pm v'(x)$;

(2) $[u(x) \cdot v(x)]' = u'(x)v(x) + u(x)v'(x)$;

(3) $\left[\dfrac{u(x)}{v(x)} \right]' = \dfrac{u'(x)v(x) - u(x)v'(x)}{v^2(x)}$ $(v(x) \neq 0)$.

证明 在此只证明 (3), (1)、(2) 请读者自己证明.

设 $f(x) = \dfrac{u(x)}{v(x)}$ $(v(x) \neq 0)$, 则

$$
\begin{aligned}
f'(x) &= \lim_{h \to 0} \frac{f(x+h) - f(x)}{h} = \lim_{h \to 0} \frac{\dfrac{u(x+h)}{v(x+h)} - \dfrac{u(x)}{v(x)}}{h} \\
&= \lim_{h \to 0} \frac{u(x+h)v(x) - u(x)v(x+h)}{v(x+h)v(x)h} \\
&= \lim_{h \to 0} \frac{[u(x+h) - u(x)]v(x) - u(x)[v(x+h) - v(x)]}{v(x+h)v(x)h} \\
&= \frac{u'(x)v(x) - u(x)v'(x)}{[v(x)]^2},
\end{aligned}
$$

从而所证结论成立.

注: 法则 (1)、(2) 均可推广到有限个函数运算的情形. 例如, 设 $u = u(x)$、$v =$

$v(x)$、$w = w(x)$ 均可导, 则有

$$(u - v + w)' = u' - v' + w'.$$

$$(uvw)' = [(uv)w]' = (uv)'w + (uv)w' = (u'v + uv')w + uvw',$$

即　　　　　$$(uvw)' = u'vw + uv'w + uvw'.$$

若在法则 (2) 中, 令 $v(x) = C\,(C$ 为常数), 则有

$$[Cu(x)]' = Cu'(x).$$

若在法则 (3) 中, 令 $u(x) = C\,(C$ 为常数), 则有

$$\left[\frac{C}{v(x)}\right]' = -C\frac{v'(x)}{v^2(x)}.$$

例 1　求 $y = x^3 - 2x^2 + \sin x$ 的导数.

解　$y' = (x^3)' - (2x^2)' + (\sin x)' = 3x^2 - 4x + \cos x.$

例 2　求 $y = 2\sqrt{x}\sin x$ 的导数.

解　$y' = (2\sqrt{x}\sin x)' = 2(\sqrt{x}\sin x)' = 2[(\sqrt{x})'\sin x + \sqrt{x}(\sin x)']$

$$= 2\left(\frac{1}{2\sqrt{x}}\sin x + \sqrt{x}\cos x\right) = \frac{1}{\sqrt{x}}\sin x + 2\sqrt{x}\cos x.$$

例 3　求 $y = \tan x$ 的导数.

解　$y' = \left(\dfrac{\sin x}{\cos x}\right)' = \dfrac{(\sin x)'\cos x - \sin x(\cos x)'}{\cos^2 x}$

$$= \frac{\cos x\cos x - \sin x(-\sin x)}{\cos^2 x} = \frac{\cos^2 x + \sin^2 x}{\cos^2 x}$$

$$= \frac{1}{\cos^2 x} = \sec^2 x,$$

即

$$(\tan x)' = \sec^2 x.$$

同理可得

$$(\cot x)' = -\csc^2 x, \qquad (\sec x)' = \sec x\tan x, \qquad (\csc x)' = -\csc x\cot x.$$

例 4　人体对一定剂量药物的反应有时可用方程 $R = M^2\left(\dfrac{C}{2} - \dfrac{M}{3}\right)$ 来刻画, 其中, C 为一正常数, M 表示血液中吸收的药物量. 反应 R 可以有不同的衡量方式: 若用血压的变化衡量, 单位是毫米水银柱; 若用温度的变化衡量, 则单位是摄氏度. 求反应 R 关于血液中吸收的药物量 M 的导数 $\dfrac{\mathrm{d}R}{\mathrm{d}M}$, 这个导数称为人体对药物的**敏感性**.

解　$\dfrac{\mathrm{d}R}{\mathrm{d}M} = 2M\left(\dfrac{C}{2} - \dfrac{M}{3}\right) + M^2\left(-\dfrac{1}{3}\right) = MC - M^2.$

二、反函数的导数

定理 2 设函数 $x = \varphi(y)$ 在某区间 I_y 内单调、可导且 $\varphi'(y) \neq 0$，则其反函数 $y = f(x)$ 在对应区间 I_x 内也可导，且

$$f'(x) = \frac{1}{\varphi'(y)} \quad \text{或} \quad \frac{\mathrm{d}y}{\mathrm{d}x} = \frac{1}{\frac{\mathrm{d}x}{\mathrm{d}y}}.$$

即**反函数的导数等于直接函数导数的倒数**.

例 5 求函数 $y = \arcsin x$ 的导数.

解 因为 $y = \arcsin x$ 的反函数 $x = \sin y$ 在 $I_y = \left(-\frac{\pi}{2}, \frac{\pi}{2}\right)$ 内单调、可导，且

$$(\sin y)' = \cos y > 0,$$

所以在对应区间 $I_x = (-1, 1)$ 内，有

$$(\arcsin x)' = \frac{1}{(\sin y)'} = \frac{1}{\cos y} = \frac{1}{\sqrt{1 - \sin^2 y}} = \frac{1}{\sqrt{1 - x^2}}.$$

即

$$(\arcsin x)' = \frac{1}{\sqrt{1 - x^2}}.$$

同理可得 $(\arccos x)' = -\dfrac{1}{\sqrt{1 - x^2}}$, $(\arctan x)' = \dfrac{1}{1 + x^2}$, $(\operatorname{arccot} x)' = -\dfrac{1}{1 + x^2}$. ■

例 6 求函数 $y = \log_a x\,(a > 0, \text{且} a \neq 1)$ 的导数.

解 因为 $y = \log_a x$ 的反函数 $x = a^y$ 在 $I_y = (-\infty, +\infty)$ 内单调、可导，且

$$(a^y)' = a^y \ln a \neq 0,$$

所以在对应区间 $I_x = (0, +\infty)$ 内，有

$$(\log_a x)' = \frac{1}{(a^y)'} = \frac{1}{a^y \ln a} = \frac{1}{x \ln a}, \quad \text{即} \quad (\log_a x)' = \frac{1}{x \ln a}.$$

特别地，当 $a = \mathrm{e}$ 时，

$$(\ln x)' = \frac{1}{x}. \quad ■$$

三、复合函数的求导法则

定理 3 若函数 $u = g(x)$ 在点 x 处可导，而 $y = f(u)$ 在点 $u = g(x)$ 处可导，则复合函数 $y = f[g(x)]$ 在点 x 处可导，且其导数为

$$\frac{\mathrm{d}y}{\mathrm{d}x} = f'(u) \cdot g'(x) \quad \text{或} \quad \frac{\mathrm{d}y}{\mathrm{d}x} = \frac{\mathrm{d}y}{\mathrm{d}u} \cdot \frac{\mathrm{d}u}{\mathrm{d}x}.$$

证明 因为 $y = f(u)$ 在点 u 处可导，所以

$$\lim_{\Delta u \to 0} \frac{\Delta y}{\Delta u} = f'(u),$$

根据极限与无穷小的关系，有

$$\frac{\Delta y}{\Delta u} = f'(u) + \alpha,$$

其中 α 是 $\Delta u \to 0$ 时的无穷小. 上式中若 $\Delta u \neq 0$, 则有

$$\Delta y = f'(u)\Delta u + \alpha \Delta u. \tag{2.1}$$

当 $\Delta u = 0$ 时, 规定 $\alpha = 0$, 此时 $\Delta y = f(u + \Delta u) - f(u) = 0$, 而式 (2.1) 的右端亦为零, 故式 (2.1) 对 $\Delta u = 0$ 也成立. 从而

$$\lim_{\Delta x \to 0} \frac{\Delta y}{\Delta x} = \lim_{\Delta x \to 0}\left[f'(u)\frac{\Delta u}{\Delta x} + \alpha\frac{\Delta u}{\Delta x}\right] = f'(u)\lim_{\Delta x \to 0}\frac{\Delta u}{\Delta x} + \lim_{\Delta x \to 0}\alpha \lim_{\Delta x \to 0}\frac{\Delta u}{\Delta x}$$
$$= f'(u)g'(x),$$

即

$$\frac{dy}{dx} = f'(u) \cdot g'(x). \qquad\blacksquare$$

注: 复合函数的求导法则可叙述为: **复合函数的导数等于函数对中间变量的导数乘以中间变量对自变量的导数**. 这一法则又称为**链式法则**.

复合函数求导法则可推广到多个中间变量的情形. 例如, 设

$$y = f(u),\ u = \varphi(v),\ v = \psi(x),$$

则复合函数 $y = f\{\varphi[\psi(x)]\}$ 的导数为

$$\frac{dy}{dx} = \frac{dy}{du} \cdot \frac{du}{dv} \cdot \frac{dv}{dx}.$$

例 7　求函数 $y = \ln \sin x$ 的导数.

解　设 $y = \ln u,\ u = \sin x$, 则

$$\frac{dy}{dx} = \frac{dy}{du} \cdot \frac{du}{dx} = \frac{1}{u} \cdot \cos x = \frac{\cos x}{\sin x} = \cot x. \qquad\blacksquare$$

例 8　求函数 $y = (x^2 + 1)^{10}$ 的导数.

解　设 $y = u^{10},\ u = x^2 + 1$, 则

$$\frac{dy}{dx} = \frac{dy}{du} \cdot \frac{du}{dx} = 10u^9 \cdot 2x = 10(x^2 + 1)^9 \cdot 2x = 20x(x^2 + 1)^9. \qquad\blacksquare$$

注: 复合函数求导既是重点又是难点. 在求复合函数的导数时, 首先要分清函数的复合层次, 然后从外向里, 逐层推进求导, 不要遗漏, 也不要重复. 在求导的过程中, 始终要明确所求的导数是哪个函数对哪个变量 (不管是自变量还是中间变量) 的导数. 在开始时可以先设中间变量, 一步一步去做. 熟练之后, 中间变量可以省略不写, 只把中间变量看在眼里、记在心上, 直接把表示中间变量的部分写出来, 整个过程一气呵成.

比如, 例 7 可以这样做:

$$y' = (\ln \sin x)' = \frac{1}{\sin x} \cdot (\sin x)' = \frac{\cos x}{\sin x} = \cot x.$$

例 8 可以这样做:
$$y'=[(x^2+1)^{10}]'=10(x^2+1)^9\cdot(x^2+1)'=20x(x^2+1)^9.$$

例 9 求函数 $y=\ln\dfrac{\sqrt{x^2+1}}{\sqrt[3]{x-2}}$ $(x>2)$ 的导数.

解 因为 $y=\dfrac{1}{2}\ln(x^2+1)-\dfrac{1}{3}\ln(x-2)$, 所以

$$y'=\frac{1}{2}\cdot\frac{1}{x^2+1}\cdot(x^2+1)'-\frac{1}{3}\cdot\frac{1}{x-2}\cdot(x-2)'=\frac{1}{2}\cdot\frac{1}{x^2+1}\cdot2x-\frac{1}{3(x-2)}$$

$$=\frac{x}{x^2+1}-\frac{1}{3(x-2)}.$$ ■

例 10 求函数 $y=(x+\sin^2x)^3$ 的导数.

解 $\quad y'=[(x+\sin^2x)^3]'=3(x+\sin^2x)^2(x+\sin^2x)'$

$$=3(x+\sin^2x)^2[1+2\sin x\cdot(\sin x)']$$

$$=3(x+\sin^2x)^2(1+\sin 2x).$$ ■

例 11 求函数 $y=x^{a^a}+a^{x^a}+a^{a^x}$ $(a>0)$ 的导数.

解 $\quad y'=a^ax^{a^a-1}+a^{x^a}\ln a\cdot(x^a)'+a^{a^x}\ln a\cdot(a^x)'$

$$=a^ax^{a^a-1}+ax^{a-1}a^{x^a}\ln a+a^xa^{a^x}\ln^2a.$$ ■

例 12 求函数 $f(x)=\begin{cases}2x, & 0<x\le1\\x^2+1, & 1<x<2\end{cases}$ 的导数.

解 求分段函数的导数时, 在每段内的导数可按一般求导法则求之, 但在分段点处的导数要用左、右导数的定义求之.

当 $0<x<1$ 时, $f'(x)=(2x)'=2$;

当 $1<x<2$ 时, $f'(x)=(x^2+1)'=2x$;

当 $x=1$ 时,

$$f_-'(1)=\lim_{x\to1^-}\frac{f(x)-f(1)}{x-1}=\lim_{x\to1^-}\frac{2x-2}{x-1}=2,$$

$$f_+'(1)=\lim_{x\to1^+}\frac{f(x)-f(1)}{x-1}=\lim_{x\to1^+}\frac{x^2+1-2}{x-1}=\lim_{x\to1^+}\frac{x^2-1}{x-1}=\lim_{x\to1^+}(x+1)=2.$$

由 $f_+'(1)=f_-'(1)=2$ 知, $f'(1)=2$. 所以

$$f'(x)=\begin{cases}2, & 0<x\le1\\2x, & 1<x<2\end{cases}.$$ ■

例 13 已知 $f(u)$ 可导, 求函数 $y=f(\sec x)$ 的导数.

解 $\quad y'=[f(\sec x)]'=f'(\sec x)\cdot(\sec x)'=f'(\sec x)\cdot\sec x\cdot\tan x.$ ■

注: 求此类抽象函数的导数时, 应特别注意记号表示的真实含义, 在这个例子中, $f'(\sec x)$ 表示对 $\sec x$ 求导, 而 $[f(\sec x)]'$ 表示对 x 求导.

四、初等函数的求导法则

为方便查阅，我们把导数基本公式和导数运算法则汇集如下：

1. 基本求导公式

(1) $(C)' = 0$；

(2) $(x^\mu)' = \mu x^{\mu-1}$；

(3) $(\sin x)' = \cos x$；

(4) $(\cos x)' = -\sin x$；

(5) $(\tan x)' = \sec^2 x$；

(6) $(\cot x)' = -\csc^2 x$；

(7) $(\sec x)' = \sec x \tan x$；

(8) $(\csc x)' = -\csc x \cot x$；

(9) $(a^x)' = a^x \ln a$；

(10) $(\mathrm{e}^x)' = \mathrm{e}^x$；

(11) $(\log_a x)' = \dfrac{1}{x \ln a}$；

(12) $(\ln x)' = \dfrac{1}{x}$；

(13) $(\arcsin x)' = \dfrac{1}{\sqrt{1-x^2}}$；

(14) $(\arccos x)' = -\dfrac{1}{\sqrt{1-x^2}}$；

(15) $(\arctan x)' = \dfrac{1}{1+x^2}$；

(16) $(\operatorname{arccot} x)' = -\dfrac{1}{1+x^2}$．

2. 函数的和、差、积、商的求导法则

设 $u = u(x)$，$v = v(x)$ 可导，则

(1) $(u \pm v)' = u' \pm v'$；

(2) $(Cu)' = Cu'$（C 是常数）；

(3) $(uv)' = u'v + uv'$；

(4) $\left(\dfrac{u}{v}\right)' = \dfrac{u'v - uv'}{v^2}$（$v \neq 0$）．

3. 反函数的求导法则

若函数 $x = \varphi(y)$ 在某区间 I_y 内单调、可导且 $\varphi'(y) \neq 0$，则它的反函数 $y = f(x)$ 在对应区间 I_x 内也可导，且 $f'(x) = \dfrac{1}{\varphi'(y)}$　或　$\dfrac{\mathrm{d}y}{\mathrm{d}x} = \dfrac{1}{\dfrac{\mathrm{d}x}{\mathrm{d}y}}$．

4. 复合函数的求导法则

设 $y = f(u)$，而 $u = g(x)$，则 $y = f[g(x)]$ 的导数为

$$\frac{\mathrm{d}y}{\mathrm{d}x} = \frac{\mathrm{d}y}{\mathrm{d}u} \cdot \frac{\mathrm{d}u}{\mathrm{d}x} \quad 或 \quad y'(x) = f'(u) \cdot g'(x).$$

*数学实验

实验2.2 试用计算软件完成下列各题：

(1) 求函数 $y = x^3 - 2x + 1$ 的单调区间；

(2) 作函数 $f(x) = 2x^3 + 3x^2 - 12x + 7$ 的图形和在点 $x = -1$ 处的切线；

(3) 求函数 $y = \ln\left[\tan\left(\dfrac{x}{2} + \dfrac{\pi}{4}\right)\right]$ 的导数；

(4) 求函数 $y = x \arcsin \sqrt{\dfrac{x}{1+x}} + \arctan\sqrt{x} - \sqrt{x}$ 的导数；

(5) 求函数 $y = \dfrac{1}{6}\ln\dfrac{(x+1)^2}{x^2-x+1} + \dfrac{1}{\sqrt{3}}\arctan\dfrac{2x-1}{\sqrt{3}}$ 的导数;

(6) 求函数 $y = \sin ax \cos bx$ 的导数, 并求 $f'\left(\dfrac{1}{a+b}\right)$.

详见教材配套的网络学习空间.

计算实验

习题 2-2

1. 求下列函数的导数:

(1) $y = 3x + 5\sqrt{x}$;　　　　(2) $y = 5x^3 - 2^x + 3\mathrm{e}^x$;　　　　(3) $y = 2\tan x + \sec x - 1$;

(4) $y = \sin x \cdot \cos x$;　　　　(5) $y = x^3\ln x$;　　　　(6) $y = \mathrm{e}^x\cos x$;

(7) $y = \dfrac{\ln x}{x}$;　　　　(8) $y = (x-1)(x-2)(x-3)$;　　　　(9) $s = \dfrac{1+\sin t}{1+\cos t}$;

(10) $y = \sqrt[3]{x}\sin x + a^x\mathrm{e}^x$;　　　　(11) $y = x\log_2 x + \ln 2$;　　　　(12) $y = \dfrac{5x^2-3x+4}{x^2-1}$.

2. 计算下列函数在指定点处的导数:

(1) $y = \dfrac{3}{3-x} + \dfrac{x^3}{3}$, 求 $y'(0)$;　　　　(2) $y = \mathrm{e}^x(x^2-3x+1)$, 求 $y'(0)$.

3. 写出曲线 $y = x - \dfrac{1}{x}$ 与 x 轴交点处的切线方程.

4. 求下列函数的导数:

(1) $y = \cos(4-3x)$;　　　　(2) $y = \mathrm{e}^{-3x^2}$;　　　　(3) $y = \sqrt{a^2-x^2}$;

(4) $y = \tan(x^2)$;　　　　(5) $y = \arctan(\mathrm{e}^x)$;　　　　(6) $y = \arcsin(1-2x)$;

(7) $y = \arccos\dfrac{1}{x}$;　　　　(8) $y = \ln(\sec x + \tan x)$;　　　　(9) $y = \ln(\csc x - \cot x)$.

5. 求下列函数的导数:

(1) $y = \mathrm{e}^{-\frac{x}{2}}\cos 3x$;　　　　(2) $y = \ln\dfrac{1+\sqrt{x}}{1-\sqrt{x}}$;　　　　(3) $y = \ln\tan\dfrac{x}{2}$;

(4) $y = \ln\ln x$;　　　　(5) $y = x\sqrt{1-x^2} + \arcsin x$;　　　　(6) $y = \left(\arcsin\dfrac{x}{2}\right)^2$;

(7) $y = \sqrt{1+\ln^2 x}$;　　　　(8) $y = \mathrm{e}^{\arctan\sqrt{x}}$;　　　　(9) $y = \sin^n x\cos nx$;

(10) $y = 10^{x\tan 2x}$;　　　　(11) $y = \arcsin\sqrt{\dfrac{1-x}{1+x}}$;　　　　(12) $y = \ln\sqrt{\dfrac{\mathrm{e}^{4x}}{\mathrm{e}^{4x}+1}}$.

6. 设 $f(x)$ 为可导函数, 求 $\dfrac{\mathrm{d}y}{\mathrm{d}x}$:

(1) $y = f(x^3)$;　　　　(2) $y = f(\sin^2 x) + f(\cos^2 x)$;　　　　(3) $y = f\left(\arcsin\dfrac{1}{x}\right)$.

7. 设 $f(1-x) = x\mathrm{e}^{-x}$, 且 $f(x)$ 可导, 求 $f'(x)$.

8. 设 $f(u)$ 为可导函数, 且 $f(x+3) = x^5$, 求 $f'(x+3)$, $f'(x)$.

9. 已知 $f\left(\dfrac{1}{x}\right)=\dfrac{x}{1+x}$，求 $f'(x)$.

10. 已知 $\psi(x)=a^{f^2(x)}$，且 $f'(x)=\dfrac{1}{f(x)\ln a}$，证明 $\psi'(x)=2\psi(x)$.

11. 设 $f(x)$ 在 $(-\infty,+\infty)$ 内可导，且 $F(x)=f(x^2-1)+f(1-x^2)$，证明：$F'(1)=F'(-1)$.

12. 设函数 $f(x)=\begin{cases}2\tan x+1, & x<0\\ \mathrm{e}^x, & x\ge 0\end{cases}$，求 $f'(x)$.

§2.3　导数的应用

本节我们通过应用实例来看看作为变化率的导数在几何、物理，尤其是在经济学中的应用.

一、瞬时变化率

例1　圆面积 A 和其直径 D 的关系为 $A=\dfrac{\pi}{4}D^2$，当 $D=10$ 米时，面积关于直径的变化率是多大？

解　圆面积关于直径的变化率为

$$\frac{\mathrm{d}A}{\mathrm{d}D}=\frac{\pi}{4}\times 2D=\frac{\pi D}{2},$$

当 $D=10$ 米时，圆面积的变化率为

$$\frac{\pi}{2}\times 10=5\pi\,(米^2/米),$$

即当直径 D 由 10 米增加 1 米变为 11 米后圆面积约增加了 5π 平方米. ∎

二、质点的垂直运动模型

例2　一质点以每秒 50 米的发射速度垂直射向空中，t 秒后达到的高度为 $s=50t-5t^2$（米）（见图 2-3-1），假设在此运动过程中重力为唯一的作用力，试求：

(1) 该质点能达到的最大高度是多少？

(2) 该质点离地面 120 米时的速度是多少？

(3) 该质点何时重新落回地面？

解　依题设及引例 1 的讨论，易知时刻 t 的速度为

$$v=\frac{\mathrm{d}}{\mathrm{d}t}(50t-5t^2)=-10(t-5)\,(米/秒).$$

(1) 当 $t=5$ 秒时，v 变为 0，此时质点达到最大高度

$$s=50\times 5-5\times 5^2=125\,(米).$$

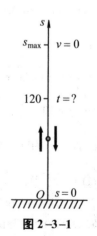

图 2-3-1

(2) 令 $s = 50t - 5t^2 = 120$, 解得 $t = 4$ 或 6, 故

$$v = 10 \text{ (米/秒)} \quad \text{或} \quad v = -10 \text{ (米/秒)}.$$

(3) 令 $s = 50t - 5t^2 = 0$, 解得 $t = 10$ (秒), 即该质点 10 秒后重新落回地面. ■

三、经济学中的导数

1. 边际分析

在经济学中, 习惯上用平均和边际这两个概念来描述一个经济变量 y 对于另一个经济变量 x 的变化. 平均概念表示 x 在某一范围内取值 y 的变化. 边际概念表示当 x 的改变量 Δx 趋于 0 时 y 的相应改变量 Δy 与 Δx 的比值的变化, 即当 x 在某一给定值附近有微小变化时 y 的瞬时变化.

设函数 $y = f(x)$ 可导, 函数值的增量与自变量增量的比值

$$\frac{\Delta y}{\Delta x} = \frac{f(x_0 + \Delta x) - f(x_0)}{\Delta x}$$

表示 $f(x)$ 在 $(x_0, x_0 + \Delta x)$ 或 $(x_0 + \Delta x, x_0)$ 内的**平均变化率**(**速度**).

根据导数的定义, 导数 $f'(x_0)$ 表示 $f(x)$ 在点 $x = x_0$ 处的**变化率**, 在经济学中, 称其为 $f(x)$ 在点 $x = x_0$ 处的**边际函数值**.

当函数的自变量 x 在 x_0 处改变一个单位 (即 $\Delta x = 1$) 时, 函数的增量为 $f(x_0 + 1) - f(x_0)$, 但当 x 改变的 "单位" 很小时, 或 x 的 "一个单位" 与 x_0 值相比很小时, 则有近似式

$$\Delta f = f(x_0 + 1) - f(x_0) \approx f'(x_0).$$

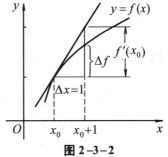

图 2-3-2

它表明: 当自变量在 x_0 处产生一个单位的改变时, 函数 $f(x)$ 的改变量可近似地用 $f'(x_0)$ 来表示. 在经济学中, 解释边际函数值的具体意义时, 通常略去 "近似" 二字, 显然, 如果 $f(x)$ 的图形(见图 2-3-2)的斜率 $f'(x_0)$ 在 x_0 附近变化不是很快, 这种近似就是可以接受的.

例如, 设函数 $y = x^2$, 则 $y' = 2x$, $y = x^2$ 在点 $x = 10$ 处的边际函数值为 $y'(10) = 20$, 它表示当 $x = 10$ 时, x 改变一个单位, y (近似) 改变 20 个单位.

若将边际的概念具体于不同的经济函数, 则成本函数 $C(x)$、收入函数 $R(x)$ 与利润函数 $L(x)$ 关于生产水平 x 的导数分别称为**边际成本**、**边际收入**与**边际利润**, 它们分别表示在一定的生产水平下再多生产一件产品而产生的成本、多售出一件产品而产生的收入与利润.

例 3 某产品在生产 8 到 20 件的情况下, 生产 x 件的成本与销售 x 件的收入分别为

$$C(x) = x^3 - 2x^2 + 12x \text{ (元)} \quad \text{与} \quad R(x) = x^3 - 3x^2 + 10x \text{ (元)},$$

某工厂目前每天生产 10 件, 试问每天多生产一件产品的成本为多少? 每天多销售一件产品而增加的收入为多少?

解　在每天生产 10 件的基础上再多生产一件的成本大约为 $C'(10)$:

$$C'(x) = \frac{\mathrm{d}}{\mathrm{d}x}(x^3 - 2x^2 + 12x) = 3x^2 - 4x + 12, \quad C'(10) = 272 \,(\text{元}),$$

即多生产一件的附加成本为 272 元. 边际收入为

$$R'(x) = \frac{\mathrm{d}}{\mathrm{d}x}(x^3 - 3x^2 + 10x) = 3x^2 - 6x + 10, \quad R'(10) = 250 \,(\text{元}),$$

即多销售一件产品而增加的收入为 250 元.　■

例 4　设某种产品的需求函数为 $x = 1\,000 - 100P$, 求需求量 $x = 300$ 时的总收入、平均收入和边际收入.

解　销售 x 件价格为 P 的产品收入为 $R(x) = P \cdot x$, 将需求函数 $x = 1\,000 - 100P$, 即 $P = 10 - 0.01x$ 代入, 得总收入函数

$$R(x) = (10 - 0.01x) \cdot x = 10x - 0.01x^2.$$

平均收入函数为 　　　　　　　$\overline{R}(x) = \dfrac{R(x)}{x} = 10 - 0.01x.$

边际收入函数为 　　　$R'(x) = (10x - 0.01x^2)' = 10 - 0.02x.$

$x = 300$ 时的总收入为

$$R(300) = 10 \times 300 - 0.01 \times 300^2 = 2\,100,$$

平均收入为 　　　　　　　$\overline{R}(300) = 10 - 0.01 \times 300 = 7,$

边际收入为 　　　　　　　$R'(300) = 10 - 0.02 \times 300 = 4.$　■

例 5　设某产品的需求函数为 $P = 80 - 0.1x$ (P 是价格, x 是需求量), 成本函数为

$$C = 5\,000 + 20x \,(\text{元}).$$

试求边际利润函数 $L'(x)$, 并分别求 $x = 150$ 和 $x = 400$ 时的边际利润.

解　已知 $P(x) = 80 - 0.1x$, $C(x) = 5\,000 + 20x$, 则有

$$R(x) = P \cdot x = (80 - 0.1x)x = 80x - 0.1x^2,$$

$$L(x) = R(x) - C(x) = (80x - 0.1x^2) - (5\,000 + 20x)$$

$$= -0.1x^2 + 60x - 5\,000,$$

边际利润函数为 　　$L'(x) = (-0.1x^2 + 60x - 5\,000)' = -0.2x + 60.$

当 $x = 150$ 时, 边际利润 $L'(150) = -0.2 \times 150 + 60 = 30.$

当 $x = 400$ 时, 边际利润为 $L'(400) = -0.2 \times 400 + 60 = -20.$

可见, 销售第 151 个产品, 利润将增加 30 元, 而销售第 401 个产品, 利润将减少 20 元. ■

2. 弹性分析

在边际分析中所研究的是函数的绝对改变量与绝对变化率, 经济学中常需研究一个变量对另一个变量的相对变化情况, 为此引入下面的定义.

定义1 设函数 $y = f(x)$ 可导，函数的相对改变量

$$\frac{\Delta y}{y} = \frac{f(x + \Delta x) - f(x)}{f(x)}$$

与自变量的相对改变量 $\frac{\Delta x}{x}$ 之比 $\frac{\Delta y/y}{\Delta x/x}$，称为函数 $f(x)$ 在 x 与 $x + \Delta x$ **两点间的弹性**(或

相对变化率). 而极限 $\lim\limits_{\Delta x \to 0} \frac{\Delta y/y}{\Delta x/x}$ 称为函数 $f(x)$ 在点 x 处的**弹性**(或相对变化率), 记为

$$\frac{E}{Ex} f(x) = \frac{Ey}{Ex} = \lim_{\Delta x \to 0} \frac{\Delta y/y}{\Delta x/x} = \lim_{\Delta x \to 0} \frac{\Delta y}{\Delta x} \cdot \frac{x}{y} = y' \frac{x}{y}.$$

注: 函数 $f(x)$ 在点 x 处的弹性 $\frac{Ey}{Ex}$ 反映随 x 的变化 $f(x)$ 变化幅度的大小, 即 $f(x)$

对 x 变化反应的强烈程度或**灵敏度**. 数值上, $\frac{E}{Ex} f(x)$ 表示 $f(x)$ 在点 x 处, 当 x 发

生 1% 的改变时, 函数 $f(x)$ 近似地改变 $\frac{E}{Ex} f(x)\%$. 在应用问题中解释弹性的具体意

义时, 通常略去"近似"二字.

例如, 求函数 $y = 3 + 2x$ 在 $x = 3$ 处的弹性. 由 $y' = 2$, 得

$$\frac{Ey}{Ex} = y' \frac{x}{y} = \frac{2x}{3 + 2x}, \quad \frac{Ey}{Ex} \bigg|_{x=3} = \frac{2 \times 3}{3 + 2 \times 3} = \frac{6}{9} = \frac{2}{3} \approx 0.67.$$

设需求函数 $Q = f(P)$, 这里 P 表示产品的价格. 于是, 可具体定义该产品在价

格为 P 时的**需求弹性**如下:

$$\eta = \eta(P) = \lim_{\Delta P \to 0} \frac{\Delta Q/Q}{\Delta P/P} = \lim_{\Delta P \to 0} \frac{\Delta Q}{\Delta P} \cdot \frac{P}{Q} = P \cdot \frac{f'(P)}{f(P)}.$$

当 ΔP 很小时, 有

$$\eta = P \cdot \frac{f'(P)}{f(P)} \approx \frac{P}{f(P)} \cdot \frac{\Delta Q}{\Delta P},$$

故需求弹性 η 近似地表示价格为 P 时, 价格变动 1%, 需求量将变化 $\eta\%$.

注: 一般地, 需求函数是单调减少函数, 需求量随价格的上涨而减少 (当 $\Delta P > 0$

时, $\Delta Q < 0$), 故需求弹性一般是负值, 它反映产品需求量对价格变动反应的强烈程

度 (**灵敏度**).

例6 设某种商品的需求量 Q 与价格 P 的关系为

$$Q(P) = 1\,600 \left(\frac{1}{4}\right)^P.$$

(1) 求需求弹性 $\eta(P)$;

(2) 当商品的价格 $P = 10$(元) 时, 再上涨 1%, 求该商品需求量的变化情况.

解 (1) 需求弹性为

$$\eta(P) = P \cdot \frac{Q'(P)}{Q(P)} = P \frac{\left[1\,600\left(\frac{1}{4}\right)^P\right]'}{1\,600\left(\frac{1}{4}\right)^P} = P \cdot \frac{1\,600\left(\frac{1}{4}\right)^P \ln\frac{1}{4}}{1\,600\left(\frac{1}{4}\right)^P}$$

$$= P \cdot \ln\frac{1}{4} = (-2\ln 2)P \approx -1.39P.$$

需求弹性为负, 说明商品价格 P 上涨 1% 时, 商品需求量 Q 将减少 $1.39P$%.

(2) 当商品价格 $P=10(\text{元})$ 时,

$$\eta(10) \approx -1.39 \times 10 = -13.9,$$

这表示当价格 $P=10(\text{元})$ 时, 价格上涨 1%, 商品的需求量将减少 13.9%. 若价格降低 1%, 商品的需求量将增加 13.9%. ■

习题 2-3

1. 现给一气球充气, 在充气膨胀的过程中, 我们均近似认为它为球形:

(1) 当气球半径为 10 cm 时, 其体积膨胀的变化率是多少?

(2) 试估算当气球半径由 10 cm 膨胀到 11 cm 时气球增长的体积数.

2. 某物体的运动轨迹可以用其位移和时间关系式 $s = s(t)$ 来刻画, 其中 s 以米计, t 以秒计, 下面是其两个不同的运动轨迹:

$$s_1 = t^2 - 3t + 2, \ 0 \leqslant t \leqslant 2, \qquad s_2 = -t^3 + 3t^2 - 3t, \ 0 \leqslant t \leqslant 3.$$

试分别计算:

(1) 物体在给定的时间区间内的平均速率;

(2) 求物体在区间端点的速度;

(3) 物体在给定的时间区间内运动方向是否发生了变化. 若是, 在何时发生改变?

3. 现给一水箱放水, 阀门打开 t 小时后水箱的深度 h 可近似认为由公式 $h = 5\left(1 - \frac{t}{10}\right)^2$ 给出.

(1) 求在时间 t 时水深下降的快慢程度 $\dfrac{\mathrm{d}h}{\mathrm{d}t}$;

(2) 何时水位下降最快? 何时最慢? 并求出此时对应的水深下降率 $\dfrac{\mathrm{d}h}{\mathrm{d}t}$;

(3) 作出 $h(t)$ 和 $\dfrac{\mathrm{d}h}{\mathrm{d}t}(t)$ 的图形, 并试讨论 h 的大小与 $\dfrac{\mathrm{d}h}{\mathrm{d}t}$ 的符号和大小的关系.

4. 某型号电视机的生产成本 (元) 与生产量 (台) 的关系函数为

$$C(x) = 6\,000 + 900x - 0.8x^2.$$

(1) 求生产前 100 台电视机的平均成本.

(2) 求当第 100 台电视机生产出来时的边际成本.

(3) 证明(2) 中求得的边际成本的合理性.

5. 某型号电视机的月销售收入(元)与月售出台数(台)的函数为 $Y(x) = 100\,000\left(1 - \dfrac{1}{2x}\right)$.

(1) 求销售出第100 台电视机时的边际收入.

(2) 从边际收入函数中能得出什么有意义的结论？并解释当 $x \to \infty$ 时, $Y'(x)$ 的极限值表示什么含义.

6. 某煤炭公司每天生产煤 x 吨的总成本函数为 $C(x) = 2\,000 + 450\,x + 0.02\,x^2$. 如果每吨煤的销售价为490 元, 求

(1) 边际成本函数 $C'(x)$;

(2) 利润函数 $L(x)$ 及边际利润函数 $L'(x)$;

(3) 边际利润为0 时的产量.

7. 设总产品的总成本函数为 $C(x) = 400 + 3x + 0.5\,x^2$, 而需求函数为 $P = 100/\sqrt{x}$, 其中 x 为产量(假设等于需求量), P 为价格, 试求边际成本、边际收入和边际利润.

8. 设某商品的需求函数为 $Q = 400 - 100\,P$, 求 $P = 1,2,3$ 时的需求弹性.

9. 某地对服装的需求函数可以表示为 $Q = aP^{-0.66}$, 试求需求量对价格的弹性, 并说明其经济意义.

10. 某产品滞销, 现准备以降价扩大销路. 如果该产品的需求弹性在1.5~2 之间, 试问当降价10% 时, 销售量可增加多少？

§2.4　高 阶 导 数

根据本章§2.1 的引例1 知道, 物体作变速直线运动时的瞬时速度 $v(t)$ 就是路程函数 $s = s(t)$ 对时间 t 的导数, 即

$$v(t) = s'(t).$$

根据物理学知识, 速度函数 $v(t)$ 对于时间 t 的变化率就是加速度 $a(t)$, 即 $a(t)$ 是 $v(t)$ 对时间 t 的导数,

$$a(t) = v'(t) = [s'(t)]'.$$

于是, 加速度 $a(t)$ 就是路程函数 $s(t)$ 对时间 t 的导数的导数, 称为 $s(t)$ 对 t 的**二阶导数**, 记为 $s''(t)$. 因此, 变速直线运动的加速度就是路程函数 $s(t)$ 对 t 的二阶导数, 即

$$a(t) = s''(t).$$

定义1　如果函数 $f(x)$ 的导数 $f'(x)$ 在点 x 处可导, 即

$$[f'(x)]' = \lim_{\Delta x \to 0} \frac{f'(x + \Delta x) - f'(x)}{\Delta x}$$

存在, 则称 $[f'(x)]'$ 为函数 $f(x)$ 在点 x 处的**二阶导数**, 记为

$$f''(x),\ y'',\ \frac{\mathrm{d}^2 y}{\mathrm{d}x^2}\ \text{或}\ \frac{\mathrm{d}^2 f(x)}{\mathrm{d}x^2}.$$

类似地，二阶导数的导数称为**三阶导数**，记为

$$f'''(x),\ y''',\ \frac{\mathrm{d}^3 y}{\mathrm{d}x^3}\ \text{或}\ \frac{\mathrm{d}^3 f(x)}{\mathrm{d}x^3}.$$

一般地，$f(x)$ 的 $n-1$ 阶导数的导数称为 $f(x)$ 的 **n 阶导数**，记为

$$f^{(n)}(x),\ y^{(n)},\ \frac{\mathrm{d}^n y}{\mathrm{d}x^n}\ \text{或}\ \frac{\mathrm{d}^n f(x)}{\mathrm{d}x^n}.$$

注: 二阶和二阶以上的导数统称为**高阶导数**. 相应地，$f(x)$ 称为**零阶导数**; $f'(x)$ 称为**一阶导数**.

由此可见，求函数的高阶导数，就是利用基本求导公式及导数的运算法则，对函数逐阶求导.

例 1　设 $y = ax + b$，求 y''.

解　$y' = a,\ y'' = 0.$ ■

例 2　设 $y = f(x) = \arctan x$，求 $f'''(0)$.

解　$y' = \dfrac{1}{1+x^2},\quad y'' = \left(\dfrac{1}{1+x^2}\right)' = \dfrac{-2x}{(1+x^2)^2},\quad y''' = \left(\dfrac{-2x}{(1+x^2)^2}\right)' = \dfrac{2(3x^2-1)}{(1+x^2)^3},$

所以

$$f'''(0) = \left.\frac{2(3x^2-1)}{(1+x^2)^3}\right|_{x=0} = -2.$$ ■

例 3　求指数函数 $y = \mathrm{e}^x$ 的 n 阶导数.

解　$y' = \mathrm{e}^x,\ y'' = \mathrm{e}^x,\ y''' = \mathrm{e}^x,\ y^{(4)} = \mathrm{e}^x.$

一般地，可得 $y^{(n)} = \mathrm{e}^x$，即有

$$(\mathrm{e}^x)^{(n)} = \mathrm{e}^x. \quad ■ \tag{4.1}$$

例 4　求幂函数 $y = x^\alpha (\alpha \in \mathbf{R})$ 的 n 阶求导公式.

解　$y' = \alpha x^{\alpha-1},\quad y'' = (\alpha x^{\alpha-1})' = \alpha(\alpha-1)x^{\alpha-2},$

$$y''' = (\alpha(\alpha-1)x^{\alpha-2})' = \alpha(\alpha-1)(\alpha-2)x^{\alpha-3},$$

一般地，可得

$$y^{(n)} = \alpha(\alpha-1)\cdots(\alpha-n+1)x^{\alpha-n},$$

即

$$(x^\alpha)^{(n)} = \alpha(\alpha-1)\cdots(\alpha-n+1)x^{\alpha-n}. \tag{4.2}$$

特别地，若 $\alpha = -1$，则有

$$\left(\frac{1}{x}\right)^{(n)} = (-1)^n \frac{n!}{x^{n+1}}.$$

若 α 为自然数 n，则有

$$(x^n)^{(n)} = n(n-1)(n-2)\cdots\cdot 3\cdot 2\cdot 1 = n!,\quad (x^n)^{(n+1)} = (n!)' = 0. \quad ■$$

例 5 求对数函数 $y = \ln(1+x)$ 的 n 阶导数.

解 $\quad y' = \dfrac{1}{1+x}, \quad y'' = -\dfrac{1}{(1+x)^2}, \quad y''' = \dfrac{2!}{(1+x)^3}, \quad y^{(4)} = -\dfrac{3!}{(1+x)^4}.$

一般地，可得 $\qquad y^{(n)} = (-1)^{n-1} \dfrac{(n-1)!}{(1+x)^n} \quad (n \geq 1, \ 0! = 1).$ ■ (4.3)

例 6 求 $y = \sin kx$ 的 n 阶导数.

解 $\qquad y' = k\cos kx = k\sin\left(kx + \dfrac{\pi}{2}\right),$

$$y'' = k^2\cos\left(kx + \dfrac{\pi}{2}\right) = k^2\sin\left(kx + \dfrac{\pi}{2} + \dfrac{\pi}{2}\right) = k^2\sin\left(kx + 2 \cdot \dfrac{\pi}{2}\right),$$

$$y''' = k^3\cos\left(kx + 2 \cdot \dfrac{\pi}{2}\right) = k^3\sin\left(kx + 3 \cdot \dfrac{\pi}{2}\right).$$

一般地，可得

$$y^{(n)} = k^n\sin\left(kx + n \cdot \dfrac{\pi}{2}\right),$$

即 $\qquad (\sin kx)^{(n)} = k^n\sin\left(kx + n \cdot \dfrac{\pi}{2}\right).$ ■ (4.4)

同理可得 $\qquad (\cos kx)^{(n)} = k^n\cos\left(kx + n \cdot \dfrac{\pi}{2}\right).$ (4.5)

如果函数 $u = u(x)$ 及 $v = v(x)$ 都在点 x 处具有 n 阶导数，则显然有

$$[u(x) \pm v(x)]^{(n)} = u^{(n)}(x) \pm v^{(n)}(x). \tag{4.6}$$

利用复合求导法则，还可证得下列常用结论：

$$[Cu(x)]^{(n)} = Cu^{(n)}(x); \tag{4.7}$$

$$[u(ax+b)]^{(n)} = a^n u^{(n)}(ax+b) \quad (a \neq 0). \tag{4.8}$$

例如，由幂函数的 n 阶导数公式，可得

$$\left(\dfrac{1}{ax+b}\right)^{(n)} = (-1)^n \dfrac{n! a^n}{(ax+b)^{n+1}}.$$

关于乘积 $u(x) \cdot v(x)$ 的 n 阶导数却比较复杂，这里不再引入，有兴趣的读者可参见教材配套的网络学习空间中的相应内容.

求函数的高阶导数时，除直接按定义逐阶求出指定的高阶导数 (直接法) 外，还常常利用已知的高阶导数公式，通过导数的四则运算、变量代换等方法，间接求出指定的高阶导数 (间接法).

例 7 设函数 $y = \dfrac{1}{x^2 - 1}$，求 $y^{(100)}$.

解 因为 $y = \dfrac{1}{x^2 - 1} = \dfrac{1}{2}\left(\dfrac{1}{x-1} - \dfrac{1}{x+1}\right)$，所以

$$y^{(100)} = \frac{1}{2}\left[\frac{100!}{(x-1)^{101}} - \frac{100!}{(x+1)^{101}}\right].$$

例 8　设 $y = \ln(1+2x-3x^2)$, 求 $y^{(n)}$.

解　因为　　$y = \ln(1+2x-3x^2) = \ln(1-x) + \ln(1+3x)$.

所以

$$y^{(n)} = [\ln(1-x)]^{(n)} + [\ln(1+3x)]^{(n)}.$$

利用式 (4.3) 和式 (4.8) 得

$$y^{(n)} = (-1)^{n-1}\cdot(-1)^n\cdot\frac{(n-1)!}{(1-x)^n} + (-1)^{n-1}\cdot 3^n\cdot\frac{(n-1)!}{(1+3x)^n}$$

$$= (n-1)!\cdot\left[\frac{(-1)^{n-1}\cdot 3^n}{(1+3x)^n} - \frac{1}{(1-x)^n}\right].$$

*数学实验

实验 2.3　试用计算软件求下列函数的高阶导数：

(1) $y = \sin^2 x \ln x$, 求 $y^{(6)}$;

(2) $y = \dfrac{1-nx}{\sqrt{1+x}}$, 求 $y^{(20)}$;

(3) $y = x^3 \operatorname{sh}(ax+b)$, 求 $y^{(2017)}$;

(4) $y = \sin ax \cos bx$, 求 $y^{(5)}$, $f^{(5)}\left(\dfrac{ab}{a+b}\right)$.

详见教材配套的网络学习空间.

计算实验

习题 2-4

1. 求下列函数的二阶导数：

(1) $y = x^5 + 4x^3 + 2x$;　　　　(2) $y = e^{3x-2}$;　　　　(3) $y = x\sin x$;

(4) $y = e^{-t}\sin t$;　　　　(5) $y = \sqrt{1-x^2}$;　　　　(6) $y = \ln(1-x^2)$;

(7) $y = \tan x$;　　　　(8) $y = \dfrac{1}{x^2+1}$;　　　　(9) $y = x e^{x^2}$.

2. 设 $f(x) = (3x+1)^{10}$, 求 $f'''(0)$.

3. 验证函数 $y = C_1 e^{\lambda x} + C_2 e^{-\lambda x}$ (λ, C_1, C_2 是常数) 满足关系式：

$$y'' - \lambda^2 y = 0.$$

4. 设 $g'(x)$ 连续, 且 $f(x) = (x-a)^2 g(x)$, 求 $f''(a)$.

5. 若 $f''(x)$ 存在, 求下列函数的二阶导数 $\dfrac{d^2 y}{dx^2}$:

(1) $y = f(x^3)$;　　　　(2) $y = \ln[f(x)]$.

6. 求下列函数指定阶的导数:

(1) $y = e^x \cos x$, 求 $y^{(4)}$;

(2) $y = x \ln x$, 求 $y^{(n)}$;

(3) $y = \dfrac{x}{x^2 - 3x + 2}$, 求 $y^{(n)}$.

§2.5 隐函数的导数

一、隐函数的导数

本章前面几节所讨论的求导法则适用于因变量 y 与自变量 x 之间的函数关系是显函数 $y = y(x)$ 形式的情况. 但是, 有时变量 y 与 x 之间的函数关系以隐函数 $F(x, y) = 0$ 的形式出现, 并且在此类情况下, 往往从方程 $F(x, y) = 0$ 中是不易或无法解出 y 的, 即隐函数不易或无法显化. 例如, $y - x - \varepsilon \sin y = 0$ (ε 为常数, 且 $0 < \varepsilon < 1$), $e^x - e^y - xy = 0$ 等, 都无法从中解出 y 来.

假设由方程 $F(x, y) = 0$ 确定的函数为 $y = f(x)$, 则把它代回方程 $F(x, y) = 0$ 中, 得到恒等式

$$F(x, y(x)) \equiv 0.$$

利用复合函数求导法则, 在上式两边同时对自变量 x 求导, 再解出所求导数 $\dfrac{dy}{dx}$, 这就是**隐函数求导法**.

例1 求由下列方程确定的函数的导数.
$$y \sin x - \cos(x - y) = 0.$$

解 在题设方程两边同时对自变量 x 求导, 得

$$y \cos x + \sin x \cdot \frac{dy}{dx} + \sin(x - y) \cdot \left(1 - \frac{dy}{dx}\right) = 0,$$

整理得
$$[\sin(x - y) - \sin x] \frac{dy}{dx} = \sin(x - y) + y \cos x,$$

解得
$$\frac{dy}{dx} = \frac{\sin(x - y) + y \cos x}{\sin(x - y) - \sin x}. \qquad \blacksquare$$

注: 从本例可见, 求隐函数的导数时, 只需将确定隐函数的方程两边对自变量 x 求导, 凡遇到含有因变量 y 的项时, 把 y 当作中间变量看待, 即 y 是 x 的函数, 再按复合函数求导法则求之, 然后从所得等式中解出 $\dfrac{dy}{dx}$.

例2 求由方程 $xy + \ln y = 1$ 确定的函数 $y = f(x)$ 在点 $M(1, 1)$ 处的切线方程.

解 在题设方程两边同时对自变量 x 求导, 得

$$y + xy' + \frac{1}{y} y' = 0,$$

解得

$$y' = -\frac{y^2}{xy + 1}.$$

在点 $M(1, 1)$ 处

$$y' \Big|_{\substack{x=1 \\ y=1}} = -\frac{1^2}{1 \times 1 + 1} = -\frac{1}{2}.$$

于是, 在点 $M(1, 1)$ 处的切线方程为

$$y - 1 = -\frac{1}{2}(x - 1), \text{ 即 } x + 2y - 3 = 0. \quad ∎$$

例 3 求由下列方程确定的函数的二阶导数:

$$y - 2x = (x - y) \ln(x - y).$$

解 在题设方程两边同时对自变量 x 求导, 得

$$y' - 2 = (1 - y') \ln(x - y) + (x - y) \frac{1 - y'}{x - y}, \tag{5.1}$$

解得

$$y' = 1 + \frac{1}{2 + \ln(x - y)}. \tag{5.2}$$

而

$$y'' = (y')' = \left(\frac{1}{2 + \ln(x - y)} \right)' = -\frac{[2 + \ln(x - y)]'}{[2 + \ln(x - y)]^2}$$

$$= -\frac{1 - y'}{(x - y)[2 + \ln(x - y)]^2} \tag{5.3}$$

$$\underline{\underline{代入 y'}} \frac{1}{(x - y)[2 + \ln(x - y)]^3}. \quad ∎$$

注: 求隐函数的二阶导数时, 在得到一阶导数的表达式后, 再进一步求二阶导数的表达式, 此时, 要注意将一阶导数的表达式代入其中, 如本例的式(5.3).

*数学实验

实验 2.4 试用计算软件完成下列各题:

(1) $\arctan \dfrac{y}{x} = \ln \sqrt{x^2 + y^2}$, 求 $\dfrac{dy}{dx}$.

(2) $\ln(ax) + b\mathrm{e}^{\frac{cy}{x}} = \mathrm{e}$, 求 $\dfrac{dy}{dx}$;

计算实验

(3) 求由方程 $2x^2 - 2xy + y^2 + x + 2y + 1 = 0$ 确定的隐函数的一阶和二阶导数.

详见教材配套的网络学习空间.

二、对数求导法

对于幂指函数 $y = u(x)^{v(x)}$, 直接使用前面介绍的求导法则不能求出其导数. 对于这类函数, 可以先在函数两边取对数, 然后在等式两边同时对自变量 x 求导, 最后

解出所求导数. 我们把这种方法称为**对数求导法**.

例 4 设 $y = x^{\sin x}\, (x > 0)$, 求 y'.

解 在题设等式两边取对数, 得

$$\ln y = \sin x \cdot \ln x,$$

等式两边对 x 求导, 得 $\qquad \dfrac{1}{y} y' = \cos x \cdot \ln x + \sin x \cdot \dfrac{1}{x},$

所以 $\qquad y' = y\left(\cos x \cdot \ln x + \sin x \cdot \dfrac{1}{x}\right) = x^{\sin x}\left(\cos x \cdot \ln x + \dfrac{\sin x}{x}\right).$

一般地, 设 $y = u(x)^{v(x)}\, (u(x) > 0)$, 在等式两边取对数, 得

$$\ln y = v(x) \cdot \ln u(x), \tag{5.4}$$

在等式两边同时对自变量 x 求导, 得

$$\frac{y'}{y} = v'(x) \cdot \ln u(x) + \frac{v(x) u'(x)}{u(x)},$$

从而 $\qquad y' = u(x)^{v(x)}\left[v'(x) \cdot \ln u(x) + \dfrac{v(x) u'(x)}{u(x)}\right]. \quad \blacksquare \tag{5.5}$

例 5 设 $(\cos y)^x = (\sin x)^y$, 求 y'.

解 在题设等式两边取对数, 得

$$x \ln \cos y = y \ln \sin x,$$

等式两边对 x 求导, 得

$$\ln \cos y - x \frac{\sin y}{\cos y} \cdot y' = y' \ln \sin x + y \cdot \frac{\cos x}{\sin x}.$$

所以 $\qquad y' = \dfrac{\ln \cos y - y \cot x}{x \tan y + \ln \sin x}. \quad \blacksquare$

此外, 对数求导法还常用于求多个函数乘积的导数.

例 6 设 $y = \dfrac{(x+1)\sqrt[3]{x-1}}{(x+4)^2 \mathrm{e}^x}\, (x > 1)$, 求 y'.

解 在题设等式两边取对数, 得

$$\ln y = \ln(x+1) + \frac{1}{3}\ln(x-1) - 2\ln(x+4) - x,$$

上式两边对 x 求导, 得 $\qquad \dfrac{y'}{y} = \dfrac{1}{x+1} + \dfrac{1}{3(x-1)} - \dfrac{2}{x+4} - 1.$

所以

$$y' = \frac{(x+1)\sqrt[3]{x-1}}{(x+4)^2 \mathrm{e}^x}\left[\frac{1}{x+1} + \frac{1}{3(x-1)} - \frac{2}{x+4} - 1\right]. \quad \blacksquare$$

有时, 也可直接利用指数对数恒等式 $x = \mathrm{e}^{\ln x}$ 化简求导.

例 7 求函数 $y = x + x^x + x^{x^x}$ 的导数.

解
$$y' = (x)' + (x^x)' + (x^{x^x})' = 1 + (e^{x\ln x})' + (e^{x^x \ln x})'$$
$$= 1 + e^{x\ln x}(x\ln x)' + e^{x^x \ln x}(x^x \ln x)'$$
$$= 1 + e^{x\ln x}(\ln x + 1) + e^{x^x \ln x}[(x^x)'\ln x + x^x(\ln x)']$$
$$= 1 + x^x(\ln x + 1) + x^{x^x}[x^x(\ln x + 1)\ln x + x^{x-1}].$$

■

*数学实验

实验2.5 试用计算软件求下列函数的导数：

(1) 设 $y = (ax^n + b)^{\sin cx}$，求 y' 和 y''；

(2) 设 $y = \left(\sqrt{x} + \dfrac{\pi}{x}\right)^{2 + \ln x}$，求 $y^{(5)}(2017)$；

(3) 设 $y = x + x^x + x^{x^x}$，求 y'.

详见教材配套的网络学习空间.

计算实验

三、参数方程表示的函数的导数

若由参数方程

$$x = \varphi(t), \ y = \psi(t) \tag{5.6}$$

确定 y 与 x 之间的函数关系，则称此函数关系所表示的函数为**参数方程表示的函数**.

在实际问题中，有时需要计算由参数方程 (5.6) 表示的函数的导数. 但要从方程 (5.6) 中消去参数 t 有时会有困难. 因此，希望有一种能直接由参数方程出发计算出它所表示的函数的导数的方法. 下面我们具体讨论之.

一般地，设 $x = \varphi(t)$ 具有单调连续的反函数 $t = \varphi^{-1}(x)$，则变量 y 与 x 构成复合函数关系

$$y = \psi[\varphi^{-1}(x)].$$

现在，要计算这个复合函数的导数. 为此，假定函数 $x = \varphi(t)$，$y = \psi(t)$ 都可导，且 $\varphi'(t) \neq 0$，则由复合函数与反函数的求导法则，有

$$\frac{dy}{dx} = \frac{dy}{dt}\frac{dt}{dx} = \frac{dy}{dt}\frac{1}{\dfrac{dx}{dt}} = \frac{\psi'(t)}{\varphi'(t)},$$

即

$$\frac{dy}{dx} = \frac{\psi'(t)}{\varphi'(t)} \quad \text{或} \quad \frac{dy}{dx} = \frac{\dfrac{dy}{dt}}{\dfrac{dx}{dt}}. \tag{5.7}$$

如果函数 $x = \varphi(t)$，$y = \psi(t)$ 二阶可导，则可进一步求出函数的二阶导数：

$$\frac{d^2 y}{dx^2} = \frac{d}{dx}\left(\frac{dy}{dx}\right) = \frac{d}{dx}\left[\frac{\psi'(t)}{\varphi'(t)}\right] = \frac{d}{dt}\left[\frac{\psi'(t)}{\varphi'(t)}\right]\frac{dt}{dx}$$

$$= \frac{\psi''(t)\varphi'(t) - \psi'(t)\varphi''(t)}{\varphi'^2(t)} \cdot \frac{1}{\varphi'(t)},$$

即

$$\frac{\mathrm{d}^2 y}{\mathrm{d} x^2} = \frac{\psi''(t)\varphi'(t) - \psi'(t)\varphi''(t)}{\varphi'^3(t)}.$$ (5.8)

例 8 求由参数方程 $\begin{cases} x = \arctan t \\ y = \ln(1 + t^2) \end{cases}$ 表示的函数 $y = y(x)$ 的导数.

解 $\quad \dfrac{\mathrm{d}y}{\mathrm{d}x} = \dfrac{\dfrac{\mathrm{d}y}{\mathrm{d}t}}{\dfrac{\mathrm{d}x}{\mathrm{d}t}} = \dfrac{\dfrac{2t}{1 + t^2}}{\dfrac{1}{1 + t^2}} = 2t.$ ∎

例 9 求由参数方程 $\begin{cases} x = t - t^2 \\ y = t - t^3 \end{cases}$ 表示的函数 $y = y(x)$ 的二阶导数.

解 $\quad \dfrac{\mathrm{d}y}{\mathrm{d}x} = \dfrac{\dfrac{\mathrm{d}y}{\mathrm{d}t}}{\dfrac{\mathrm{d}x}{\mathrm{d}t}} = \dfrac{3t^2 - 1}{2t - 1},$

$$\frac{\mathrm{d}^2 y}{\mathrm{d} x^2} = \frac{\mathrm{d}}{\mathrm{d}x}\left(\frac{\mathrm{d}y}{\mathrm{d}x}\right) = \frac{\mathrm{d}}{\mathrm{d}x}\left(\frac{3t^2 - 1}{2t - 1}\right) = \frac{\mathrm{d}}{\mathrm{d}t}\left(\frac{3t^2 - 1}{2t - 1}\right)\frac{1}{\dfrac{\mathrm{d}x}{\mathrm{d}t}}$$

$$= \frac{6t^2 - 6t + 2}{(2t - 1)^2}\frac{1}{1 - 2t} = -\frac{6t^2 - 6t + 2}{(2t - 1)^3}.$$ ∎

*数学实验

实验2.6 试用计算软件完成下列各题:

(1) 求由参数方程 $\begin{cases} x = \dfrac{6t}{1 + t^3} \\ y = \dfrac{6t^2}{1 + t^3} \end{cases}$ 表示的函数的导数;

计算实验

(2) 求由参数方程 $\begin{cases} x = \mathrm{e}^{2t}\cos^5(t) \\ y = \mathrm{e}^{2t}\sin^5(t) \end{cases}$ 表示的函数的导数;

(3) 已知 $\begin{cases} x = a(t - \sin t) \\ y = b(1 - \cos t) \end{cases}$, 求 $y_x''', y_x'''\left(\dfrac{\pi}{2}\right)$.

详见教材配套的网络学习空间.

习题 2-5

1. 求下列方程所确定的隐函数 y 的导数 $\dfrac{\mathrm{d}y}{\mathrm{d}x}$:

(1) $xy = e^{x+y}$;　　　　　　　(2) $xy - \sin(\pi y^2) = 0$;　　　　　　(3) $e^{xy} + y^3 - 5x = 0$;

(4) $y = 1 + xe^y$;　　　　　　(5) $\arctan \dfrac{y}{x} = \ln \sqrt{x^2 + y^2}$.

2. 求下列方程所确定的隐函数 y 的导数 $\dfrac{d^2 y}{dx^2}$:

(1) $b^2 x^2 + a^2 y^2 = a^2 b^2$;　　　　　(2) $\sin y = \ln(x + y)$;　　　　　(3) $y = \tan(x - y)$.

3. 用对数求导法则求下列函数的导数 :

(1) $y = (1 + x^2)^{\tan x}$;　　　　(2) $y = \dfrac{\sqrt[5]{x-3}\sqrt[3]{3x-2}}{\sqrt{x+2}}$;　　　　(3) $y = \dfrac{\sqrt{x+2}(3-x)^4}{(x+1)^5}$.

4. 设函数 $y = y(x)$ 由方程 $y - xe^y = 1$ 确定, 求 $y'(0)$, 并求曲线上横坐标点 $x = 0$ 处的切线方程与法线方程.

5. 设函数 $y = y(x)$ 由方程 $e^y + xy - e^x = 0$ 确定, 求 $y''(0)$.

6. 求曲线 $\begin{cases} x = \ln(1 + t^2) \\ y = \arctan t \end{cases}$ 在 $t = 1$ 的对应点处的切线方程和法线方程.

7. 求下列参数方程所确定的函数的导数 $\dfrac{dy}{dx}$:

(1) $\begin{cases} x = at^2 \\ y = bt^3 \end{cases}$;　　　　(2) $\begin{cases} x = e^t \sin t \\ y = e^t \cos t \end{cases}$;　　　　(3) $\begin{cases} x = \cos^2 t \\ y = \sin^2 t \end{cases}$.

8. 求下列参数方程所确定的函数的二阶导数 $\dfrac{d^2 y}{dx^2}$:

(1) $\begin{cases} x = 3e^{-t} \\ y = 2e^t \end{cases}$;　　　　(2) $\begin{cases} x = 1 - t^2 \\ y = t - t^3 \end{cases}$;　　　　(3) $\begin{cases} x = \ln(1 + t^2) \\ y = t - \arctan t \end{cases}$.

§2.6　函数的微分

在理论研究和实际应用中, 常常会遇到这样的问题: 当自变量 x 有微小变化时, 求函数 $y = f(x)$ 的微小改变量

$$\Delta y = f(x + \Delta x) - f(x).$$

这个问题初看起来似乎只要做减法运算就可以了, 然而, 对于较复杂的函数 $f(x)$, 差值 $f(x + \Delta x) - f(x)$ 却是一个更复杂的表达式, 不易求出其值. 一个想法是: 我们设法将 Δy 表示成 Δx 的线性函数, 即**线性化**, 从而把复杂问题化为简单问题. 微分就是实现这种线性化的一种数学模型.

一、微分的定义

先分析一个具体问题. 设有一块边长为 x_0 的正方形金属薄片, 由于受到温度变化的影响边长从 x_0 变到 $x_0 + \Delta x$, 问此薄片的面积改变了多少?

如图 $2-6-1$ 所示, 此薄片原面积 $A = x_0^2$. 薄片受到温度变化的影响后, 面积变为 $(x_0 + \Delta x)^2$, 故面积 A 的改变量为

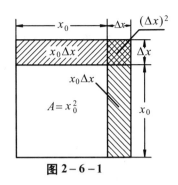

$$\Delta A = (x_0 + \Delta x)^2 - x_0^2 = 2x_0 \Delta x + (\Delta x)^2.$$

图 $2-6-1$

上式包含两部分, 第一部分 $2x_0 \Delta x$ 是 Δx 的线性函数, 即图 $2-6-1$ 中带有斜线的两个矩形面积之和; 第二部分 $(\Delta x)^2$ 是图中带有交叉斜线的小正方形的面积. 当 $\Delta x \to 0$ 时, $(\Delta x)^2$ 是比 Δx 高阶的无穷小, 即

$$(\Delta x)^2 = o(\Delta x)\,(\Delta x \to 0).$$

由此可见, 当边长有微小改变时 (即 $|\Delta x|$ 很小时), 我们可以将第二部分 $(\Delta x)^2$ 这个高阶无穷小忽略, 而用第一部分 $2x_0 \Delta x$ 近似地表示 ΔA, 即 $\Delta A \approx 2x_0 \Delta x$. 我们把 $2x_0 \Delta x$ 称为 $A = x^2$ 在点 x_0 处的微分.

是否所有函数的改变量都能在一定的条件下表示为一个线性函数 (改变量的主要部分) 与一个高阶无穷小的和呢? 这个线性部分是什么? 如何求? 本节我们将具体来讨论这些问题.

定义 1 设函数 $y = f(x)$ 在某区间内有定义, x_0 及 $x_0 + \Delta x$ 在该区间内, 如果函数的改变量(增量) $\Delta y = f(x_0 + \Delta x) - f(x_0)$ 可表示为

$$\Delta y = A \cdot \Delta x + o(\Delta x), \tag{6.1}$$

其中 A 是与 Δx 无关的常数, 则称函数 $y = f(x)$ 在点 x_0 处**可微**, 并且称 $A \cdot \Delta x$ 为函数 $y = f(x)$ 在点 x_0 处对应于自变量的改变量 Δx 的**微分**, 记作 $\mathrm{d}y$, 即

$$\mathrm{d}y = A \cdot \Delta x. \tag{6.2}$$

注: 由定义可见: 如果函数 $y = f(x)$ 在点 x_0 处可微, 则

(1) 函数 $y = f(x)$ 在点 x_0 处的微分 $\mathrm{d}y$ 是自变量的改变量 Δx 的线性函数;

(2) 由式 (6.1), 得

$$\Delta y - \mathrm{d}y = o(\Delta x), \tag{6.3}$$

即 $\Delta y - \mathrm{d}y$ 是比自变量的改变量 Δx 更高阶的无穷小;

(3) 当 $A \neq 0$ 时, $\mathrm{d}y$ 与 Δy 是等价无穷小, 事实上

$$\frac{\Delta y}{\mathrm{d}y} = \frac{\mathrm{d}y + o(\Delta x)}{\mathrm{d}y} = 1 + \frac{o(\Delta x)}{A \cdot \Delta x} \to 1 \,(\Delta x \to 0),$$

由此得到

$$\Delta y = \mathrm{d}y + o(\Delta x), \tag{6.4}$$

我们称 $\mathrm{d}y$ 是 Δy 的**线性主部**. 式 (6.4) 还表明, 以微分 $\mathrm{d}y$ 近似代替函数增量 Δy 时, 其误差为 $o(\Delta x)$, 因此, 当 $|\Delta x|$ 很小时, 有近似等式

$$\Delta y \approx \mathrm{d}y. \tag{6.5}$$

根据定义仅知道微分 $\mathrm{d}y = A \cdot \Delta x$ 中的 A 与 Δx 无关, 那么 A 是怎样的量? 什么函

数才可微呢？下面我们将回答这些问题.

二、函数可微的条件

设 $y = f(x)$ 在点 x_0 处可微，即有

$$\Delta y = A \cdot \Delta x + o(\Delta x),$$

两边除以 Δx，得

$$\frac{\Delta y}{\Delta x} = A + \frac{o(\Delta x)}{\Delta x},$$

于是，当 $\Delta x \to 0$ 时，由上式就得到

$$A = \lim_{\Delta x \to 0} \frac{\Delta y}{\Delta x} = f'(x_0),$$

即函数 $y = f(x)$ 在点 x_0 处可导，且 $A = f'(x_0)$.

反之，若函数 $y = f(x)$ 在点 x_0 处可导，即有

$$\lim_{\Delta x \to 0} \frac{\Delta y}{\Delta x} = f'(x_0),$$

根据极限与无穷小的关系，得

$$\frac{\Delta y}{\Delta x} = f'(x_0) + \alpha,$$

其中 $\alpha \to 0$（当 $\Delta x \to 0$），由此得到　$\Delta y = f'(x_0) \cdot \Delta x + \alpha \Delta x$.

因 $\alpha \Delta x = o(\Delta x)$，且 $f'(x_0)$ 不依赖于 Δx，由微分的定义知，函数 $y = f(x)$ 在点 x_0 处可微.

综合上述讨论，我们得到：

定理 1　函数 $y = f(x)$ 在点 x_0 处可微的充分必要条件是函数 $y = f(x)$ 在点 x_0 处可导，并且函数的微分等于函数的导数与自变量的改变量的乘积，即

$$dy = f'(x_0)\Delta x.$$

函数 $y = f(x)$ 在任意点 x 上的微分，称为**函数的微分**，记为 dy 或 $df(x)$，即有

$$dy = f'(x)\Delta x. \tag{6.6}$$

通常把自变量 x 的改变量 Δx 称为自变量 x 的微分 dx，即 $dx = \Delta x$，所以

$$dy = f'(x)dx, \tag{6.7}$$

从而有

$$\frac{dy}{dx} = f'(x), \tag{6.8}$$

即函数的导数等于函数的微分与自变量的微分的商. 因此，导数又称为"**微商**".

由于求微分的问题归结为求导数的问题，因此，求导数与求微分的方法统称为**微分法**.

例 1　求函数 $y = x^2$ 当 x 由 1 改变到 1.01 时的微分.

解　因为 $dy = f'(x)dx = 2xdx$，由题设条件知

$$x = 1, \quad dx = \Delta x = 1.01 - 1 = 0.01,$$

所以　　　　　$dy = 2 \times 1 \times 0.01 = 0.02.$ ■

例2　求函数 $y = x^3$ 在 $x = 2$ 处的微分.

解　函数 $y = x^3$ 在 $x = 2$ 处的微分为

$$dy = (x^3)'\big|_{x=2} dx = (3x^2)\big|_{x=2} dx = 12 dx.$$ ■

三、基本初等函数的微分公式与微分运算法则

根据函数微分的表达式

$$dy = f'(x)dx,$$

函数的微分等于函数的导数乘以自变量的微分 (改变量). 由此可以得到基本初等函数的微分公式和微分运算法则.

1. 基本初等函数的微分公式

(1) $d(C) = 0$ (C 为常数);　　　　　(2) $d(x^\mu) = \mu x^{\mu-1} dx$;

(3) $d(\sin x) = \cos x dx$;　　　　　(4) $d(\cos x) = -\sin x dx$;

(5) $d(\tan x) = \sec^2 x dx$;　　　　　(6) $d(\cot x) = -\csc^2 x dx$;

(7) $d(\sec x) = \sec x \tan x dx$;　　　　　(8) $d(\csc x) = -\csc x \cot x dx$;

(9) $d(a^x) = a^x \ln a dx$;　　　　　(10) $d(e^x) = e^x dx$;

(11) $d(\log_a x) = \dfrac{1}{x \ln a} dx$;　　　　　(12) $d(\ln x) = \dfrac{1}{x} dx$;

(13) $d(\arcsin x) = \dfrac{1}{\sqrt{1-x^2}} dx$;　　　　　(14) $d(\arccos x) = -\dfrac{1}{\sqrt{1-x^2}} dx$;

(15) $d(\arctan x) = \dfrac{1}{1+x^2} dx$;　　　　　(16) $d(\text{arc}\cot x) = -\dfrac{1}{1+x^2} dx.$

2. 微分的四则运算法则

(1) $d(Cu) = C du$;　　　　　(2) $d(u \pm v) = du \pm dv$;

(3) $d(uv) = v du + u dv$;　　　　　(4) $d\left(\dfrac{u}{v}\right) = \dfrac{v du - u dv}{v^2}.$

我们以乘积的微分运算法则为例加以证明:

$$d(uv) = (uv)' dx = (u'v + uv') dx = u'v dx + uv' dx$$
$$= v(u' dx) + u(v' dx) = v du + u dv.$$

即有　　　　　$d(uv) = v du + u dv.$

其他运算法则可以类似地证明.

例3　求函数 $y = x^3 e^{2x}$ 的微分.

解　因为　　$y' = 3x^2 e^{2x} + 2x^3 e^{2x} = x^2 e^{2x}(3 + 2x),$

所以　　　　　$dy = y' dx = x^2 e^{2x}(3 + 2x) dx,$

或　　　　　$dy = e^{2x} d(x^3) + x^3 d(e^{2x}) = e^{2x} \cdot 3x^2 dx + x^3 \cdot 2e^{2x} dx = x^2 e^{2x}(3 + 2x) dx.$ ■

例 4　求函数 $y = \dfrac{\sin x}{x}$ 的微分.

解　因为　　　　$y' = \left(\dfrac{\sin x}{x} \right)' = \dfrac{x \cos x - \sin x}{x^2}$,

所以　　　　　　　　$\mathrm{d}y = y' \mathrm{d}x = \dfrac{x \cos x - \sin x}{x^2} \mathrm{d}x$.

3. 微分形式不变性

设 $y = f(u)$, $u = \varphi(x)$, 现在我们进一步来推导复合函数
$$y = f[\varphi(x)]$$
的微分法则.

如果 $y = f(u)$ 及 $u = \varphi(x)$ 都可导, 则 $y = f[\varphi(x)]$ 的微分为
$$\mathrm{d}y = y'_x \mathrm{d}x = f'(u) \varphi'(x) \mathrm{d}x.$$
由于 $\varphi'(x) \mathrm{d}x = \mathrm{d}u$, 故 $y = f[\varphi(x)]$ 的微分公式也可写成
$$\mathrm{d}y = f'(u) \mathrm{d}u \ \text{ 或 } \ \mathrm{d}y = y'_u \mathrm{d}u.$$

由此可见, 无论 u 是自变量还是复合函数的中间变量, 函数 $y = f(u)$ 的微分形式都可以按公式 (6.7) 的形式来写, 即有 $\mathrm{d}y = f'(u) \mathrm{d}u$.

这一性质称为**微分形式的不变性**. 利用这一特性, 可以简化微分的有关运算.

例 5　设 $y = \sin(2x + 3)$, 求 $\mathrm{d}y$.

解　设 $y = \sin u$, $u = 2x + 3$, 则
$$\begin{aligned}
\mathrm{d}y &= \mathrm{d}(\sin u) = \cos u \, \mathrm{d}u = \cos(2x + 3) \mathrm{d}(2x + 3) \\
&= \cos(2x + 3) \cdot 2 \mathrm{d}x = 2 \cos(2x + 3) \mathrm{d}x.
\end{aligned}$$

注: 与复合函数求导类似, 求复合函数的微分也可不写出中间变量, 这样更加直接和方便.

例 6　设 $y = \mathrm{e}^{\sin^2 x}$, 求 $\mathrm{d}y$.

解　应用微分形式不变性有
$$\begin{aligned}
\mathrm{d}y &= \mathrm{e}^{\sin^2 x} \mathrm{d}(\sin^2 x) = \mathrm{e}^{\sin^2 x} \cdot 2 \sin x \mathrm{d}(\sin x) \\
&= \mathrm{e}^{\sin^2 x} \cdot 2 \sin x \cos x \mathrm{d}x = \sin 2x \, \mathrm{e}^{\sin^2 x} \mathrm{d}x.
\end{aligned}$$

例 7　已知 $y = \dfrac{\mathrm{e}^{2x}}{x^2}$, 求 $\mathrm{d}y$.

解　$\mathrm{d}y = \mathrm{d}\left(\dfrac{\mathrm{e}^{2x}}{x^2} \right) = \dfrac{x^2 \mathrm{d}(\mathrm{e}^{2x}) - \mathrm{e}^{2x} \mathrm{d}(x^2)}{(x^2)^2}$

$\qquad\ = \dfrac{x^2 \mathrm{e}^{2x} \cdot 2 \mathrm{d}x - \mathrm{e}^{2x} \cdot 2x \mathrm{d}x}{x^4} = \dfrac{2 \mathrm{e}^{2x}(x - 1)}{x^3} \mathrm{d}x$.

例 8　在下列等式的括号中填入适当的函数, 使等式成立.

(1) $\mathrm{d}(\quad) = \cos \omega t \mathrm{d}t$;　　　　　(2) $\mathrm{d}(\sin x^2) = (\quad) \mathrm{d}(\sqrt{x})$.

解　(1) 因为 $\mathrm{d}(\sin \omega t) = \omega \cos \omega t \mathrm{d}t$, 所以

$$\cos \omega t dt = \frac{1}{\omega} \mathrm{d}(\sin \omega t) = \mathrm{d}\left(\frac{1}{\omega}\sin \omega t\right),$$

一般地,有

$$\mathrm{d}\left(\frac{1}{\omega}\sin \omega t + C\right) = \cos \omega t dt.$$

(2) 因为 $\dfrac{\mathrm{d}(\sin x^2)}{\mathrm{d}(\sqrt{x})} = \dfrac{2x\cos x^2 \mathrm{d}x}{\dfrac{1}{2\sqrt{x}}\mathrm{d}x} = 4x\sqrt{x}\cos x^2$, 所以

$$\mathrm{d}(\sin x^2) = (4x\sqrt{x}\cos x^2)\mathrm{d}(\sqrt{x}).$$

例 9 求由方程 $\mathrm{e}^{xy} = 2x + y^3$ 确定的隐函数 $y = f(x)$ 的微分 $\mathrm{d}y$.

解 对方程两边求微分, 得 $\mathrm{d}(\mathrm{e}^{xy}) = \mathrm{d}(2x + y^3)$,

$$\mathrm{e}^{xy}\mathrm{d}(xy) = \mathrm{d}(2x) + \mathrm{d}(y^3), \quad \mathrm{e}^{xy}(y\mathrm{d}x + x\mathrm{d}y) = 2\mathrm{d}x + 3y^2\mathrm{d}y,$$

于是

$$\mathrm{d}y = \frac{2 - y\mathrm{e}^{xy}}{x\mathrm{e}^{xy} - 3y^2}\mathrm{d}x.$$

*数学实验

实验2.7 试用计算软件求下列函数的微分:

(1) $y = \ln(x + \sqrt{x^2 + a^2})$;

(2) $y = 2^{-\frac{1}{\cos x}}$;

(3) $y = \dfrac{\sin x}{2\cos^2 x} + \dfrac{1}{2}\ln\left|\tan\left(\dfrac{x}{2} + \dfrac{\pi}{4}\right)\right|$;

(4) $x^3 + y^3 = \mathrm{e}^x + xy$;

(5) $y = \mathrm{e}^{ax}\left(bx - \dfrac{c}{\ln x}\right)$.

计算实验

详见教材配套的网络学习空间.

四、微分的几何意义

函数的微分有明显的几何意义. 在直角坐标系中, 函数 $y = f(x)$ 的图形是一条曲线. 设 $M(x_0, y_0)$ 是该曲线上的一个定点, 当自变量 x 在点 x_0 处取改变量 Δx 时, 就得到曲线上另一个点 $N(x_0 + \Delta x, y_0 + \Delta y)$. 由图 2-6-2 可见:

$$MQ = \Delta x, \quad QN = \Delta y.$$

过点 M 作曲线的切线 MT, 它的倾角为 α, 则 $QP = MQ \cdot \tan \alpha = \Delta x \cdot f'(x_0)$, 即

$$\mathrm{d}y = QP = f'(x_0)\mathrm{d}x.$$

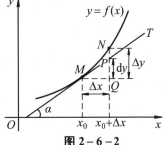

图 2-6-2

由此可知, 当 Δy 是曲线 $y = f(x)$ 上点的纵坐标的增量时, $\mathrm{d}y$ 就是曲线的切线上

点的纵坐标的增量.

五、函数的线性化

从前面的讨论已知,当函数 $y = f(x)$ 在点 x_0 处的导数 $f'(x_0) \neq 0$ 且 $|\Delta x|$ 很小时(在下面的讨论中我们假定这两个条件均得到满足),有

$$\Delta y \approx \mathrm{d}y, \qquad (6.9)$$

即　　$f(x_0 + \Delta x) - f(x_0) \approx f'(x_0)\Delta x$,

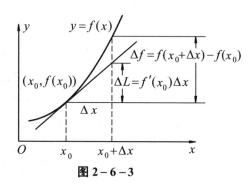

令 $x = x_0 + \Delta x$, 则 $\Delta x = x - x_0$, 从而

$$f(x) - f(x_0) \approx f'(x_0)(x - x_0),$$

即　$f(x) \approx f(x_0) + f'(x_0)(x - x_0).$　(6.10)

若记上式右端的线性函数为

$$L(x) = f(x_0) + f'(x_0)(x - x_0),$$

它的图形就是曲线 $y = f(x)$ 过点 $(x_0,$ $f(x_0))$ 的切线, 如图 2-6-3 所示.

图 2-6-3

式 (6.10) 表明: 当 $|\Delta x|$ 很小时, 线性函数 $L(x)$ 给出了函数 $f(x)$ 的很好的近似.

定义 2　如果 $f(x)$ 在点 x_0 处可微, 那么线性函数

$$L(x) = f(x_0) + f'(x_0)(x - x_0)$$

就称为 $f(x)$ 在点 x_0 处的**线性化**. 近似式 $f(x) \approx L(x)$ 称为 $f(x)$ 在点 x_0 处的**标准线性近似**, 点 x_0 称为该近似的**中心**.

例 10　求 $f(x) = \sqrt{1+x}$ 在 $x = 0$ 与 $x = 3$ 处的线性化.

解　首先不难求得 $f'(x) = \dfrac{1}{2\sqrt{1+x}}$, 则

$$f(0) = 1, \quad f(3) = 2, \quad f'(0) = \frac{1}{2}, \quad f'(3) = \frac{1}{4},$$

于是, 根据上面的线性化定义知 $f(x)$ 在 $x = 0$ 处的线性化为

$$L(x) = f(0) + f'(0)(x - 0) = \frac{1}{2}x + 1,$$

在 $x = 3$ 处的线性化为

$$L(x) = f(3) + f'(3)(x - 3) = \frac{1}{4}x + \frac{5}{4},$$

如图 2-6-4 所示, 故

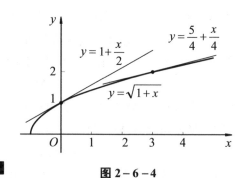

$$\sqrt{1+x} \approx 1 + \frac{1}{2}x \ (\text{在 } x = 0 \text{ 处}),$$

$$\sqrt{1+x} \approx \frac{1}{4}x + \frac{5}{4} \ (\text{在 } x = 3 \text{ 处}).$$

图 2-6-4

例11 求 $f(x) = \ln(1+x)$ 在 $x = 0$ 处的线性化.

解 首先求得 $f'(x) = \dfrac{1}{1+x}$, 得 $f'(0) = 1$, 又 $f(0) = 0$, 于是 $f(x)$ 在 $x = 0$ 处的线性化为

$$L(x) = f(0) + f'(0)(x-0) = x.$$

注: 下面列举了一些常用函数在 $x = 0$ 处的标准线性近似公式:

(1) $\sqrt[n]{1+x} \approx 1 + \dfrac{1}{n}x$;   (6.11)

(2) $\sin x \approx x$ (x 为弧度);   (6.12)

(3) $\tan x \approx x$ (x 为弧度);   (6.13)

(4) $e^x \approx 1 + x$;   (6.14)

(5) $\ln(1+x) \approx x.$ (6.15)

例12 半径 10cm 的金属圆片加热后, 半径伸长了 0.05cm, 问面积增大了多少?

解 圆面积 $A = \pi r^2$ (r 为半径), 令 $r = 10$, $\Delta r = 0.05$. 因为 Δr 相对于 r 较小, 所以可用微分 dA 近似代替 ΔA . 由

$$\Delta A \approx dA = (\pi r^2)' \cdot dr = 2\pi r \cdot dr,$$

当 $dr = \Delta r = 0.05$ 时, 得

$$\Delta A \approx 2\pi \times 10 \times 0.05 = \pi \,(cm^2).$$

例13 计算 $\cos 60°30'$ 的近似值.

解 先把 $60°30'$ 化为弧度, 得

$$60°30' = \frac{\pi}{3} + \frac{\pi}{360}.$$

由于所求的是余弦函数的值, 故设 $f(x) = \cos x$, 此时

$$f'(x) = -\sin x,$$

取 $x_0 = \dfrac{\pi}{3}$, $\Delta x = \dfrac{\pi}{360}$, 则

$$f\left(\frac{\pi}{3}\right) = \frac{1}{2}, \quad f'\left(\frac{\pi}{3}\right) = -\frac{\sqrt{3}}{2}.$$

所以

$$\cos 60°30' = \cos\left(\frac{\pi}{3} + \frac{\pi}{360}\right) \approx \cos\frac{\pi}{3} - \sin\frac{\pi}{3} \cdot \frac{\pi}{360}$$

$$= \frac{1}{2} - \frac{\sqrt{3}}{2} \cdot \frac{\pi}{360} \approx 0.492\,4.$$

例14 计算 $\sqrt[3]{998.5}$ 的近似值.

解 $\sqrt[3]{998.5} = 10\sqrt[3]{1 - 0.001\,5}$, 利用公式 (6.11) 进行计算, 这里, 取 $x = -0.001\,5$, 其值相对很小, 故有

$$\sqrt[3]{998.5} = 10\sqrt[3]{1-0.0015} \approx 10\left(1-\frac{1}{3}\times0.0015\right) = 9.995 .$$ ■

例15 最后我们来看一个线性近似在质能转换关系中的应用. 我们知道, 牛顿的第二运动定律 $F = ma$ (a 为加速度) 中的质量 m 被假定为常数, 但严格说来这是不对的, 因为物体的质量随其速度的增长而增长. 在爱因斯坦修正后的公式中, 质量为 $m = \dfrac{m_0}{\sqrt{1-v^2/c^2}}$, 当 v 和 c 相比很小时, v^2/c^2 接近于零, 从而有

$$m = \frac{m_0}{\sqrt{1-v^2/c^2}} \approx m_0\left[1+\frac{1}{2}\left(\frac{v^2}{c^2}\right)\right] = m_0 + \frac{1}{2}m_0 v^2\left(\frac{1}{c^2}\right),$$

即

$$m \approx m_0 + \frac{1}{2}m_0 v^2\left(\frac{1}{c^2}\right),$$

注意到上式中 $\frac{1}{2}m_0 v^2 = K$ 是物体的动能, 整理得

$$(m-m_0)c^2 \approx \frac{1}{2}m_0 v^2 = \frac{1}{2}m_0 v^2 - \frac{1}{2}m_0 0^2 = \Delta(K) ,$$

或

$$(\Delta m)c^2 \approx \Delta(K) . \tag{6.16}$$

换言之, 物体从速度 0 到速度 v 的动能的变化 $\Delta(K)$ 近似等于 $(\Delta m)c^2$.

因为 $c = 3\times10^8$ 米/秒, 代入式 (6.16), 得

$$\Delta(K) \approx 90\,000\,000\,000\,000\,000\,\Delta m (焦耳).$$

由此可知, 小的质量变化可以创造出大的能量变化. 例如, 1 克质量转换成的能量就相当于爆炸一颗 2 万吨级的原子弹释放的能量. ■

六、误差计算

在生产实践中, 经常要测量各种数据. 由于测量仪器的精度、测量的条件和测量的方法等各种因素的影响, 测得的数据往往有误差, 而根据有误差的数据计算所得的结果也会有误差, 我们把它称为**间接测量误差**. 下面我们讨论如何利用微分来估计这种间接测量误差.

首先要介绍绝对误差与相对误差的概念.

如果某个量的精确值为 A, 它的近似值为 a, 那么 $|A-a|$ 称为 a 的**绝对误差**. 而绝对误差与 $|a|$ 的比值 $\dfrac{|A-a|}{|a|}$ 称为 a 的**相对误差**.

在实际工作中, 往往无法知道某个量的精确值. 于是, 绝对误差与相对误差也就无法精确地求得. 但是根据测量仪器的精度等因素, 有时能够将误差限制在某个范围内.

如果某个量的精确值是 A, 测得它的近似值是 a, 又知道它的误差不超过 δ_A, 即

$$|A-a|\le\delta_A,$$

那么 δ_A 称为测量 A 的 **绝对误差限**，$\dfrac{\delta_A}{|a|}$ 称为测量 A 的 **相对误差限**.

通常把绝对误差限与相对误差限简称为 **绝对误差** 与 **相对误差**.

对于函数 $y=f(x)$，当自变量 x 因测量误差 $\mathrm{d}x$ 从值 x_0 偏移到 $x_0+\mathrm{d}x$ 时，我们可以用以下三种方式来估计函数在点 x_0 发生的误差：

	精确误差	估计误差
绝对误差	$\Delta f=f(x_0+\mathrm{d}x)-f(x_0)$	$\mathrm{d}f=f'(x_0)\mathrm{d}x$
相对误差	$\dfrac{\Delta f}{f(x_0)}$	$\dfrac{\mathrm{d}f}{f(x_0)}$
百分比误差	$\dfrac{\Delta f}{f(x_0)}\times100\%$	$\dfrac{\mathrm{d}f}{f(x_0)}\times100\%$

例16 正方形边长为 $2.41\pm0.005\,\mathrm{m}$，求它的面积，并估计绝对误差与相对误差.

解 设正方形边长为 x，面积为 y，则 $y=x^2$. 当 $x=2.41$ 时，
$$y=(2.41)^2=5.808\,1(\mathrm{m}^2),\qquad y'|_{x=2.41}=2x|_{x=2.41}=4.82.$$
因为边长的绝对误差为 $\delta_x=0.005$，所以估计的面积的绝对误差为
$$\delta_y=4.82\times0.005=0.024\,1(\mathrm{m}^2).$$
而估计的面积的相对误差为
$$\frac{\delta_y}{|y|}=\frac{0.024\,1}{5.808\,1}\approx0.004.\quad\blacksquare$$

习题 2-6

1. 已知 $y=x^3-1$，在点 $x=2$ 处计算当 Δx 分别为 $1,0.1,0.01$ 时的 Δy 及 $\mathrm{d}y$ 之值.

2. 在下列括号内填入适当的函数，使等式成立：

(1) $\mathrm{d}(\quad)=5x\mathrm{d}x$；　　(2) $\mathrm{d}(\quad)=\sin\omega x\mathrm{d}x$；　　(3) $\mathrm{d}(\quad)=\dfrac{1}{2+x}\mathrm{d}x$；

(4) $\mathrm{d}(\quad)=\mathrm{e}^{-2x}\mathrm{d}x$；　　(5) $\mathrm{d}(\quad)=\dfrac{1}{\sqrt{x}}\mathrm{d}x$；　　(6) $\mathrm{d}(\quad)=\sec^2 2x\mathrm{d}x$.

3. 求下列函数的微分：

(1) $y=\ln x+2\sqrt{x}$；　　(2) $y=x\sin2x$；　　(3) $y=x^2\mathrm{e}^{2x}$；

(4) $y=\ln\sqrt{1-x^3}$；　　(5) $y=(\mathrm{e}^x+\mathrm{e}^{-x})^2$；　　(6) $y=\sqrt{x-\sqrt{x}}$；

(7) $y=\arctan\dfrac{1-x^2}{1+x^2}$；　　(8) $y=\ln(x+\sqrt{x^2\pm a^2})$.

4. 求方程 $2y - x = (x - y)\ln(x - y)$ 所确定的函数 $y = y(x)$ 的微分 dy.

5. 求由方程 $\cos(xy) = x^2 y^2$ 确定的函数 y 的微分.

6. 当 $|x|$ 较小时, 证明下列近似公式:

(1) $\sin x \approx x$;　　　　　　(2) $e^x \approx 1 + x$;　　　　　　(3) $\sqrt[n]{1 + x} \approx 1 + \dfrac{x}{n}$.

7. 选择合适的中心对下面的函数给出其线性化, 然后估算在给定点处的函数值.

(1) $f(x) = \sqrt[3]{1 + x}$, $x_0 = 6.5$;　　　　　　(2) $f(x) = \dfrac{x}{1 + x}$, $x_0 = 1.1$.

8. 求 $f(x) = \sqrt{1 + x} + \sin x$ 在 $x = 0$ 处的线性化. 它和 $\sqrt{1 + x}$ 以及 $\sin x$ 在 $x = 0$ 处的线性化有何关系?

9. 计算下列各式的近似值:

(1) $\sqrt[100]{1.002}$;　　　　　　(2) $\cos 29°$;　　　　　　(3) $\arcsin 0.500\,2$.

10. 为了计算出球的体积 (精确到 1%), 问度量球的直径 D 所允许的最大相对误差是多少?

11. 扩音器插头为圆柱形, 截面半径 r 为 $0.15\,\text{cm}$, 长度 l 为 $4\,\text{cm}$, 为了提高它的导电性能, 要在该圆柱的侧面镀上一层厚为 $0.001\,\text{cm}$ 的纯铜. 问每个插头约需多少克纯铜?

12. 某厂生产一扇形板, 半径 $R = 200\,\text{mm}$, 要求中心角 α 为 $55°$, 产品检验时, 一般用测量弦长 L 的方法来间接测量中心角 α. 如果测量弦长 L 时的误差 $\delta_L = 0.1\,\text{mm}$, 问由此引起的中心角测量误差 δ_α 是多少?

13. 当立方体的边长 a 变化一个长度 Δx 时, 试问: 表面积和体积的变化快慢是否与初始长度 a 有关?

14. 某铸币厂铸造硬币的标准规定: 硬币的重量误差必须控制在理想重量的 $1/1\,000$ 以内, 试问: 此硬币半径容许的相对误差为多少 (假设铸造的硬币质地均匀, 且厚度符合标准)?

总 习 题 二

1. 设 $f'(x)$ 存在, 求 $\lim\limits_{h \to 0} \dfrac{f(x + 2h) - f(x - 3h)}{h}$.

2. 设 $f(x) = x(x - 1)(x - 2) \cdots (x - 1\,000)$, 求 $f'(0)$.

3. 设 $f(x)$ 对任何 x 满足 $f(x + 1) = 2f(x)$, 且 $f(0) = 1$, $f'(0) = C$ (常数), 求 $f'(1)$.

4. 设函数 $f(x)$ 对任意实数 x_1, x_2 有 $f(x_1 + x_2) = f(x_1) + f(x_2)$ 且 $f'(0) = 1$, 证明: 函数 $f(x)$ 可导, 且 $f'(x) = 1$.

5. 求解下列问题:

(1) 求 $y = \ln x + e^x$ 的反函数 $x = x(y)$ 的导数;

(2) 设 $y = f(x)$ 是 $x = \varphi(y)$ 的反函数, 且 $f(2) = 4$, $f'(2) = 3$, $f'(4) = 1$, 求 $\varphi'(4)$.

6. 在抛物线 $y = x^2$ 上取横坐标为 $x_1 = 1$ 及 $x_2 = 3$ 的两点, 作过这两点的割线, 问抛物线上哪一点的切线平行于这条割线?

7. 求与直线 $x + 9y - 1 = 0$ 垂直的曲线 $y = x^3 - 3x^2 + 5$ 的切线方程.

8. 讨论函数 $y = x|x|$ 在点 $x = 0$ 处的可导性.

9. 设函数 $f(x) = \begin{cases} x^2, & x \leq 1 \\ ax + b, & x > 1 \end{cases}$,为了使函数 $f(x)$ 在 $x = 1$ 处连续且可导,a, b 应取什么值?

10. 试确定 a, b,使 $f(x) = \begin{cases} b(1+\sin x) + a + 2, & x > 0 \\ \mathrm{e}^{ax} - 1, & x \leq 0 \end{cases}$ 在 $x = 0$ 处可导.

11. 设 $\begin{cases} x = 2t + |t| \\ y = 5t^2 + 4t|t| \end{cases}$,求 $\dfrac{\mathrm{d}y}{\mathrm{d}x}\Big|_{t=0}$.

12. 求下列函数的导数:

(1) $y = (3x+5)^3(5x+4)^5$; (2) $y = \arctan\dfrac{x+1}{x-1}$; (3) $y = \dfrac{\sqrt{1+x} - \sqrt{1-x}}{\sqrt{1+x} + \sqrt{1-x}}$;

(4) $y = \dfrac{\ln x}{x^n}$; (5) $y = \dfrac{\mathrm{e}^t - \mathrm{e}^{-t}}{\mathrm{e}^t + \mathrm{e}^{-t}}$; (6) $y = x^a + a^x + a^a$;

(7) $y = \mathrm{e}^{\tan\frac{1}{x}}$; (8) $y = \sqrt{x + \sqrt{x}}$; (9) $y = x\arcsin\dfrac{x}{2} + \sqrt{4 - x^2}$.

13. 设 $y = \dfrac{1}{2}\arctan\sqrt{1+x^2} + \dfrac{1}{4}\ln\dfrac{\sqrt{1+x^2}+1}{\sqrt{1+x^2}-1}$,求 y'.

14. 设 $f(x)$ 为可导函数,求 $\dfrac{\mathrm{d}y}{\mathrm{d}x}$:

(1) $y = f(\mathrm{e}^x + x^{\mathrm{e}})$; (2) $y = f(\mathrm{e}^x)\mathrm{e}^{f(x)}$.

15. 设 $x > 0$ 时,可导函数 $f(x)$ 满足:$f(x) + 2f\left(\dfrac{1}{x}\right) = \dfrac{3}{x}$,求 $f'(x)$ $(x > 0)$.

16. 已知 $y = f\left(\dfrac{3x-2}{3x+2}\right)$,$f'(x) = \arctan(x^2)$,求 $\dfrac{\mathrm{d}y}{\mathrm{d}x}\Big|_{x=0}$.

17. 求下列函数的二阶导数:

(1) $y = (1+x^2)\arctan x$; (2) $y = \ln(x + \sqrt{1+x^2})$.

18. 作变量代换 $x = \ln t$ 简化方程 $\dfrac{\mathrm{d}^2 y}{\mathrm{d}x^2} - \dfrac{\mathrm{d}y}{\mathrm{d}x} + y\mathrm{e}^{2x} = 0$.

19. 试从 $\dfrac{\mathrm{d}x}{\mathrm{d}y} = \dfrac{1}{y'}$ 导出:

(1) $\dfrac{\mathrm{d}^2 x}{\mathrm{d}y^2} = -\dfrac{y''}{(y')^3}$; (2) $\dfrac{\mathrm{d}^3 x}{\mathrm{d}y^3} = \dfrac{3(y'')^2 - y'y'''}{(y')^5}$.

20. 已知函数 $f(x)$ 具有任意阶导数,且 $f'(x) = [f(x)]^2$,则当 n 为大于 2 的正整数时,$f(x)$ 的 n 阶导数 $f^{(n)}(x)$ 是( ).

(A) $n![f(x)]^{n+1}$; (B) $n[f(x)]^{n+1}$; (C) $[f(x)]^{2n}$; (D) $n![f(x)]^{2n}$.

21. 求下列函数指定阶的导数:

(1) $y = \sin^2 x$,求 $y^{(n)}$; (2) $y = \dfrac{1}{x^2 - 5x + 6}$,求 $y^{(n)}$.

22. 求曲线 $x^{\frac{2}{3}} + y^{\frac{2}{3}} = a^{\frac{2}{3}}$ 在点 $\left(\dfrac{\sqrt{2}}{4}a, \dfrac{\sqrt{2}}{4}a\right)$ 处的切线方程和法线方程.

23. 设方程 $\sin(xy) + \ln(y-x) = x$ 确定 y 为 x 的函数，求 $\dfrac{\mathrm{d}y}{\mathrm{d}x}\Big|_{x=0}$.

24. 用对数求导法则求下列函数的导数：

(1) $y = \sqrt{x \sin x \sqrt{1 - \mathrm{e}^x}}$;　　　　　　　　　　(2) $y = (\tan x)^{\sin x} + x^x$.

25. 设函数 $y = y(x)$ 由方程 $\mathrm{e}^y + xy = \mathrm{e}$ 确定，求 $y''(0)$.

26. 求下列方程所确定的隐函数 y 的二阶导数 $\dfrac{\mathrm{d}^2 y}{\mathrm{d}x^2}$:

(1) $\arctan \dfrac{y}{x} = \ln \sqrt{x^2 + y^2}$;　　　　　　　(2) $x - y + \dfrac{1}{2}\sin y = 0$.

27. 设方程组 $\begin{cases} x = 2t - 1 \\ t\mathrm{e}^y + y + 1 = 0 \end{cases}$ 确定了 y 是 x 的函数，则 $\dfrac{\mathrm{d}^2 y}{\mathrm{d}x^2}\Big|_{t=0} = (\quad)$.

(A) $1/\mathrm{e}^2$;　　　　　(B) $1/2\mathrm{e}^2$;　　　　　(C) $-1/\mathrm{e}$;　　　　　(D) $-1/2\mathrm{e}$.

28. 设函数 $y = f(x)$ 由方程 $\sqrt[x]{y} = \sqrt[y]{x}$ $(x > 0, y > 0)$ 确定，求 $\dfrac{\mathrm{d}^2 y}{\mathrm{d}x^2}$.

29. 求下列函数的微分：

(1) $y = \mathrm{e}^{-x}\cos(3 - x)$;　　　　(2) $y = \arcsin \sqrt{1 - x^2}$;　　　　(3) $y = \tan^2(1 + 2x^2)$.

30. 设 $y = f(\ln x)\mathrm{e}^{f(x)}$，其中 f 可微，求 $\mathrm{d}y$.

31. 已知 $y = \cos x^2$，求 $\dfrac{\mathrm{d}y}{\mathrm{d}x}, \dfrac{\mathrm{d}y}{\mathrm{d}x^2}, \dfrac{\mathrm{d}y}{\mathrm{d}x^3}, \dfrac{\mathrm{d}^2 y}{\mathrm{d}x^2}$.

32. 假设飞机在起飞前沿跑道滑行的距离由公式 $s = \dfrac{10}{9}t^2$ 给出，其中 s 是从起点算起的以米计的距离，而 t 是从刹闸放开算起以秒计的时间. 已知当飞机速度达到 200 公里 / 小时时，飞机就离地升空. 试问要使飞机处于起飞状态需要多长时间？计算这个过程中飞机滑行的距离.

33. 一匹赛马正在跑一个 10 浪的比赛 (1 浪 = 200 米). 当马跑过每浪的标记 (F) 时，裁判员就记下自比赛开始起所用的时间 (t)，F(浪)—t(秒) 的关系见下表：

F	0	1	2	3	4	5	6	7	8	9	10
t	0	20	33	46	59	73	86	100	112	124	135

(1) 这匹赛马跑前 5 浪时的平均速度是多少 (以米 / 秒计)？

(2) 通过第 3 个浪标记的近似速度是多少 (以米 / 秒计)？

(3) 在哪段时间内赛马跑得最快？

(4) 在哪段时间内赛马加速最快？

34. 一辆大型客车能容纳 60 人. 租用该车旅游时，若乘客人数为 x(人)，每位乘客支付的票价 $p(x)$(元) 满足关系式：$p(x) = 8\left(\dfrac{x}{40} - 3\right)^2$. 求租用该客车的公共汽车公司在这次旅行中所获得的收入 $r(x)$. 使其边际收入为 0 的旅行乘客量是多少？此时每位乘客支付的相应的票价是多少？(这个票价是使收入最大的票价，如果公共汽车公司可以选择乘客数量，则该公司可以设法将乘客保持在一个数量，在获得最大效益的同时还能使车内乘车环境更宽松.)

35. 若假定某重点工业部门的年总产出 y 仅跟该年的劳动力总数 u 和单个劳动力的平均

生产效率 v 有关, 若劳动力总数 $u = u(t)$ 以年 4%($\dfrac{\mathrm{d}u}{\mathrm{d}t} = 0.04\,u$) 的增长率增长, 而 $v = v(t)$ 以年 5%($\dfrac{\mathrm{d}v}{\mathrm{d}t} = 0.05\,v$) 的增长率增长, 求总产出 $y(t)$ 的年增长率; 当 u 以年 2% 的速率减少, 而 v 以年 3% 的增长率增长时, $y(t)$ 的增长率又是多少呢?

36. 设计者制作了一直径为 10 米的热气球, 现他想在其底部 2 米处悬挂一个如右图所示的吊篮, 连接气球和吊篮的缆绳把吊篮的顶点和切点 $(-4, -3)$ 和 $(4, -3)$ 连接起来, 试问吊篮的宽度为多少时才合适?

37. 沿坐标直线运动的质点在时刻 $t \geq 0$ 的位置为:

$$s = 10\cos\left(t + \frac{\pi}{4}\right).$$

(1) 质点的起始 $(t = 0)$ 位置在何处?

(2) 质点的最大位移是多少?

(3) 质点在达到最大位移时的速度和加速度是多少?

(4) 何时质点第一次达到原点及此刻对应的速度和加速度是多少?

38. $y = f(x)$ 在 $x = a$ 处可导, $g(x) = m(x-a) + c$, m 和 c 均为常数. 若误差函数

$$E(x) = f(x) - g(x)$$

在 $x = a$ 处附近足够小, 则我们可能会用 g 而不一定是其线性化 $L(x) = f(a) + f'(a)(x-a)$ 来做近似计算. 但是若我们对 g 加入限制条件:

(1) $E(a) = 0$, 　　　　　　　　　(2) $\lim\limits_{x \to a} \dfrac{E(x)}{x-a} = 0$,

则可断言此时求得的 g 即为 f 的线性化 $L(x)$, 试证明之.

39. 求 $f(x) = \sqrt{1+x} + \sin x - 0.5$ 在 $x = 0$ 处的线性化.

40. 求 $f(x) = \sqrt{1+x} + \dfrac{2}{1-x} - 3.1$ 在 $x = 0$ 处的线性化.

41. 若要确保立方体表面积的相对误差不超过 2%, 在测量立方体边长时应保持怎样的精度? 并计算此时立方体体积的相对误差的范围.

42. 现想估算一下路灯柱的高度, 在离路灯 5 米处竖起一 2 米高的木杆并测量得到木杆的影子长度 a 为 2.5 米 (如右图所示), 试求灯柱的高度并估算所得结果的可能误差.

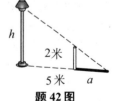

题 42 图

数学家简介 [2]

柯　西
—— 业绩永存的数学大师

柯西(Cauchy, 1789 —1857), 法国数学家、物理学家. 19 世纪初期, 微积分已发展成一

个庞大的分支,内容丰富,应用非常广泛,与此同时,它的薄弱之处也越来越暴露出来,微积分的理论基础并不严格.为解决新问题并厘清微积分概念,数学家们展开了数学分析严谨化的工作,在分析基础的奠基工作中,作出卓越贡献的要首推伟大的数学家柯西.

柯西 1789 年 8 月 21 日出生于巴黎.父亲是一位精通古典文学的律师,与当时法国的大数学家拉格朗日和拉普拉斯交往密切.柯西少年时代的数学才华颇受这两位数学家的赞赏,并预言柯西日后必成大器.拉格朗日向其父建议"赶快给柯西一种坚实的文学教育",以便他的爱好不致把他引入歧途.父亲因此加强了对柯西的文学教养,使他在诗歌方面也表现出很高的才华.

柯　西

1807 — 1810 年,柯西在工学院学习.他曾当过交通道路工程师,由于身体欠佳,他接受了拉格朗日和拉普拉斯的劝告,放弃工程师而致力于纯数学的研究.柯西在数学上的最大贡献是在微积分中引进了极限概念,并以极限为基础建立了逻辑清晰的分析体系.这是微积分发展史上的精华,也是柯西对人类科学发展所作的巨大贡献.

1821 年,柯西提出极限定义的 ε 方法,用不等式来刻画极限过程,后经魏尔斯特拉斯改进,成为现在所说的柯西极限定义或叫 $\varepsilon - \delta$ 定义.当今所有微积分的教科书都还(至少是在本质上)沿用着柯西等人关于极限、连续、导数、收敛等概念的定义.他对微积分的解释被后人普遍采用.柯西对定积分作了最系统的开创性工作,他把定积分定义为和的"极限".在定积分运算之前,强调必须确立积分的存在性.他利用中值定理首先严格证明了微积分基本定理.通过柯西以及后来魏尔斯特拉斯的艰苦工作,数学分析的基本概念得到了严格的论述.从而结束了微积分二百年来思想上的混乱局面,把微积分及其推广从对几何概念、运动和直观了解的完全依赖中解放出来,并使微积分发展成现代数学最基础、最庞大的数学学科.

数学分析严谨化的工作一开始就产生了很大的影响.在一次学术会议上,柯西提出了级数收敛性理论.会后,拉普拉斯急忙赶回家中,根据柯西的严谨判别法,逐一检查其巨著《天体力学》中所用到的级数是否都收敛.

柯西在其他方面的研究成果也很丰富.复变函数的微积分理论就是由他创立的.他在代数、理论物理、光学、弹性理论等方面也有突出贡献.柯西的数学成就不仅辉煌,而且数量惊人.《柯西全集》有 27 卷,其论著有 800 多篇,柯西在数学史上是仅次于欧拉的多产数学家.他的光辉名字与许多定理、准则一起记录在当今许多教材中,得以铭记.

作为一位学者,他思路敏捷,功绩卓著.由柯西卷帙浩大的论著和成果,人们不难想象他一生是怎样孜孜不倦地勤奋工作的.但柯西却是个具有复杂性格的人.他是忠诚的保王党人、热心的天主教徒、落落寡合的学者.尤其作为久负盛名的科学泰斗,他常常忽视青年学者的创造.例如,柯西"失落"了才华出众的年轻数学家阿贝尔与伽罗华的开创性的论文手稿,造成群论晚问世约半个世纪.

1857 年 5 月 23 日,柯西在巴黎病逝.他临终前的一句名言"人总是要死的,但是,他们的业绩永存"长久地叩击着一代又一代学子的心扉.

第3章 中值定理与导数的应用

> 只有将数学应用于社会科学的研究之后，才能使得
> 文明社会的发展成为可控制的现实．
>
> ——**怀海德**①

从§2.1中我们已经知道，导致微分学产生的第三类问题是"求最大值和最小值"．此类问题在当时的生产实践中具有深刻的应用背景，例如，求炮弹从炮管里射出后运行的水平距离(即射程)，其依赖于炮筒对地面的倾斜角(即发射角).又如，在天文学中，求行星离开太阳的最远和最近距离等.一直以来，导数作为函数的变化率，在研究函数变化的性态中有着十分重要的意义，因而在自然科学、工程技术以及社会科学等领域中得到了广泛的应用.

在第2章中，我们介绍了微分学的两个基本概念——导数与微分及其计算方法.本章以微分学基本定理——微分中值定理为基础，进一步介绍如何利用导数研究函数的性态，例如，判断函数的单调性和凹凸性，求函数的极限、极值、最大(小)值以及函数作图的方法.

§3.1 中 值 定 理

中值定理揭示了函数在某区间上的整体性质与函数在该区间内某一点的导数之间的关系，中值定理既是用微分学知识解决应用问题的理论基础，又是解决微分学自身发展的一种理论性模型，因而称为微分中值定理.

一、罗尔②定理

观察图 3-1-1，设函数 $y = f(x)$ 在区间 $[a, b]$ 上的图形是一条连续光滑的曲线弧，这条曲线在区间 (a, b) 内每一点都存在不垂直于 x 轴的切线，且区间 $[a, b]$ 的两个端点的函数值相等，即 $f(a) = f(b)$，则可以发现在曲线弧上的最高点或最低点处，曲线有水平切线，即有 $f'(\xi) = 0$. 如果用数学分析的语言把

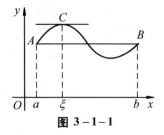

图 3-1-1

---

① 怀海德 (Whitehead，1861—1947)，英国数学家.
② 罗尔 (M. Rolle，1652—1719)，法国数学家.

这种几何现象描述出来, 就可得到下面的罗尔定理.

定理 1 (罗尔定理)　如果函数 $y = f(x)$ 满足: (1) 在闭区间 $[a, b]$ 上连续; (2) 在开区间 (a, b) 内可导; (3) 在区间端点的函数值相等, 即 $f(a) = f(b)$, 则在 (a, b) 内至少存在一点 $\xi (a < \xi < b)$, 使得 $f'(\xi) = 0$.

证明　由于 $f(x)$ 在闭区间 $[a, b]$ 上连续, 根据闭区间上连续函数的最大最小值定理, $f(x)$ 在 $[a, b]$ 上必有最大值 M 和最小值 m. 现分两种可能来讨论.

若 $M = m$, 则对于任一 $x \in (a, b)$ 都有 $f(x) = m (= M)$, 这时对于任意的 $\xi \in (a, b)$ 都有 $f'(\xi) = 0$.

若 $M > m$, 由条件 (3) 知, M 和 m 中至少有一个不等于 $f(a) (= f(b))$, 不妨设 $M \neq f(a)$, 则在开区间 (a, b) 内至少有一点 ξ 使得 $f(\xi) = M$. 下面来证明
$$f'(\xi) = 0.$$

由条件 (2) 知, $f'(\xi)$ 存在. 由于 $f(\xi)$ 为最大值, 所以不论 Δx 为正或为负, 只要 $\xi + \Delta x \in [a, b]$, 总有
$$f(\xi + \Delta x) - f(\xi) \leq 0,$$
当 $\Delta x > 0$ 时, 有
$$\frac{f(\xi + \Delta x) - f(\xi)}{\Delta x} \leq 0,$$
根据函数极限的保号性知
$$f'_+(\xi) = \lim_{\Delta x \to 0^+} \frac{f(\xi + \Delta x) - f(\xi)}{\Delta x} \leq 0,$$
同样, 当 $\Delta x < 0$ 时, 有
$$\frac{f(\xi + \Delta x) - f(\xi)}{\Delta x} \geq 0,$$
所以
$$f'_-(\xi) = \lim_{\Delta x \to 0^-} \frac{f(\xi + \Delta x) - f(\xi)}{\Delta x} \geq 0.$$
因为 $f'(\xi) = f'_+(\xi) = f'_-(\xi)$, 故
$$f'(\xi) = 0.$$

罗尔定理的假设并不要求 $f(x)$ 在 a 和 b 处可导, 只要满足在 a 和 b 处的连续性就可以了.

例如, 函数 $f(x) = \sqrt{1 - x^2}$ 在 $[-1, 1]$ 上满足罗尔定理的假设 (和结论), 即使 f 在 $x = -1$ 和 $x = 1$ 处不可导. 若取 $\xi = 0 \in (-1, 1)$, 则有 $f'(\xi) = 0$ (见图 3-1-2).

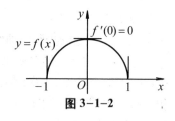

图 3-1-2

但要注意, 在一般情形下, 罗尔定理只给出了结论中导函数的零点的存在性, 通常这样的零点是不易具体求出的.

例1 不求导数, 判断函数 $f(x) = (x-1)(x-2)(x-3)$ 的导数有几个零点及这些零点所在的范围.

解 因为 $f(1) = f(2) = f(3) = 0$, 所以 $f(x)$ 在闭区间$[1, 2]$、$[2, 3]$ 上满足罗尔定理的三个条件, 所以, 在$(1, 2)$ 内至少存在一点 ξ_1, 使 $f'(\xi_1) = 0$, 即 ξ_1 是 $f'(x)$ 的一个零点; 又在$(2, 3)$内至少存在一点 ξ_2, 使 $f'(\xi_2) = 0$, 即 ξ_2 也是 $f'(x)$ 的一个零点.

又因为 $f'(x)$ 为二次多项式, 最多只能有两个零点, 故 $f'(x)$ 恰好有两个零点, 分别在区间$(1, 2)$ 和 $(2, 3)$ 内 (见图3–1–3).

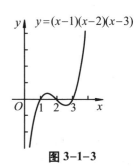

图 3–1–3

例2 证明方程 $x^5 - 5x + 1 = 0$ 有且仅有一个小于 1 的正实根.

证明 设 $f(x) = x^5 - 5x + 1$, 则 $f(x)$ 在 $[0, 1]$ 上连续, 且 $f(0) = 1$, $f(1) = -3$. 由零点定理知, 存在点 $x_0 \in (0, 1)$, 使 $f(x_0) = 0$, 即 x_0 是题设方程的小于 1 的正实根.

再来证明 x_0 是题设方程的小于 1 的唯一正实根. 用反证法, 设另有 $x_1 \in (0, 1)$, $x_1 \neq x_0$, 使 $f(x_1) = 0$. 易见函数 $f(x)$ 在以 x_0, x_1 为端点的区间上满足罗尔定理的条件, 故至少存在一点 ξ(介于 x_0, x_1 之间), 使得 $f'(\xi) = 0$. 但

$$f'(x) = 5(x^4 - 1) < 0, \quad x \in (0, 1),$$

矛盾, 所以 x_0 即为题设方程的小于 1 的唯一正实根 (见图3–1–4).

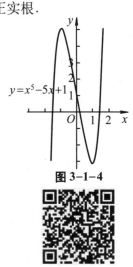

图 3–1–4

函数图形实验

二、拉格朗日[①]中值定理

在罗尔定理中, $f(a) = f(b)$ 这个条件是相当特殊的, 它使罗尔定理的应用受到了限制. 拉格朗日在罗尔定理的基础上作了进一步研究, 取消了罗尔定理中这个条件的限制, 但仍保留了其余两个条件, 得到了在微分学中具有重要地位的拉格朗日中值定理.

定理2 (拉格朗日中值定理) 如果函数 $y = f(x)$ 满足:

(1) 在闭区间 $[a, b]$ 上连续;

(2) 在开区间 (a, b) 内可导, 则在 (a, b) 内至少存在一点 ξ($a < \xi < b$), 使得

$$f(b) - f(a) = f'(\xi)(b-a). \tag{1.1}$$

在证明之前, 先看一下定理的几何意义. 式(1.1)可改写为

$$\frac{f(b) - f(a)}{b - a} = f'(\xi), \tag{1.2}$$

---

① 拉格朗日 (J. L. Lagrange, 1736—1813), 法国数学家.

由图 3－1－5 可见，$\dfrac{f(b)-f(a)}{b-a}$ 为弦 AB 的斜率，

而 $f'(\xi)$ 为曲线在点 C 处的切线的斜率．拉格朗日中值定理表明，在满足定理条件的情况下，曲线 $y=f(x)$ 上至少有一点 C，使曲线在点 C 处的切线平行于弦 AB．

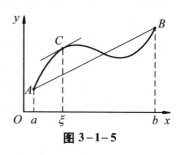

图 3－1－5

　　由图 3－1－5 亦可看出，罗尔定理是拉格朗日中值定理在 $f(a)=f(b)$ 时的特殊情形．通过这种特殊关系还可进一步联想到利用罗尔定理来证明拉格朗日中值定理．事实上，因为弦 AB 的方程为

$$y=f(a)+\frac{f(b)-f(a)}{b-a}(x-a),$$

而曲线 $y=f(x)$ 与弦 AB 在区间端点 a,b 处相交，故若用曲线方程 $y=f(x)$ 与弦 AB 的方程的差构造一个新函数，则这个新函数在端点 a,b 处的函数值相等．由此即可证明拉格朗日中值定理．

　　证明　构造辅助函数

$$F(x)=f(x)-\left[f(a)+\frac{f(b)-f(a)}{b-a}(x-a)\right].$$

容易验证 $F(x)$ 满足罗尔定理的条件，从而在 (a,b) 内至少存在一点 ξ，使得 $F'(\xi)=0$，即

$$f'(\xi)-\frac{f(b)-f(a)}{b-a}=0 \quad 或 \quad f(b)-f(a)=f'(\xi)(b-a). \qquad ■$$

　　注：式 (1.1) 和式 (1.2) 均称为**拉格朗日中值公式**．式 (1.2) 的左端 $\dfrac{f(b)-f(a)}{b-a}$ 表示函数在闭区间 $[a,b]$ 上整体变化的平均变化率，右端 $f'(\xi)$ 表示开区间 (a,b) 内某点 ξ 处函数的局部变化率．于是，拉格朗日中值公式反映了可导函数在 $[a,b]$ 上的整体平均变化率与在 (a,b) 内某点 ξ 处函数的局部变化率的关系．若从力学角度看，式 (1.2) 表示整体上的平均速度等于某一内点处的瞬时速度．因此，拉格朗日中值定理是联结局部与整体的纽带．

　　设 $x,x+\Delta x\in(a,b)$，在以 $x,x+\Delta x$ 为端点的区间上应用式 (1.1)，则有

$$f(x+\Delta x)-f(x)=f'(x+\theta\Delta x)\cdot\Delta x \quad (0<\theta<1).$$

即

$$\Delta y=f'(x_0+\theta\Delta x)\cdot\Delta x \quad (0<\theta<1). \qquad (1.3)$$

　　式 (1.3) 精确地表达了函数在一个区间上的增量与函数在该区间内某点处的导数之间的关系，这个公式又称为**有限增量公式**．

　　拉格朗日中值定理在微分学中占有重要地位，有时也称这个定理为微分中值定

理. 在某些问题中, 当自变量 x 取得有限增量 Δx 而需要函数增量的准确表达式时, 拉格朗日中值定理就凸显出其重要价值.

例如, 函数 $f(x) = x^2$ 在 $[0, 2]$ 上连续且在 $(0, 2)$ 内可导, 如图 3-1-6 所示. 因为 $f(0) = 0$ 和 $f(2) = 4$, 拉格朗日中值定理中的导函数 $f'(x) = 2x$ 在区间中的某点 ξ 一定取值 $\dfrac{4-0}{2-0} = 2$. 在这个(例外的)情形中, 我们可以通过解方程 $2\xi = 2$ 得到 $\xi = 1$, 从而具体确定了 ξ.

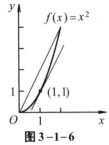

图 3-1-6

拉格朗日中值定理的物理解释: 把数 $\dfrac{f(b) - f(a)}{b - a}$ 设想为 f 在 $[a, b]$ 上的平均变化率而 $f'(\xi)$ 是 $x = \xi$ 的瞬时变化率. 拉格朗日中值定理是说, 在整个区间上的平均变化率一定等于在某个内点处的瞬时变化率.

我们知道, 常数的导数等于零; 但反过来, 导数为零的函数是否为常数呢? 回答是肯定的, 现在就用拉格朗日中值定理来证明其正确性.

推论 1 如果函数 $f(x)$ 在区间 I 上的导数恒为零, 那么 $f(x)$ 在区间 I 上是一个常数.

证明 在区间 I 上任取两点 $x_1, x_2 \ (x_1 < x_2)$, 在区间 $[x_1, x_2]$ 上应用拉格朗日中值定理, 由式 (1.1) 得

$$f(x_1) - f(x_2) = f'(\xi)(x_1 - x_2) \quad (x_1 < \xi < x_2).$$

由假设 $f'(\xi) = 0$, 于是

$$f(x_1) = f(x_2),$$

再由 x_1, x_2 的任意性知, $f(x)$ 在区间 I 上任意点处的函数值都相等, 即 $f(x)$ 在区间 I 上是一个常数. ∎

注: 推论 1 表明: 导数为零的函数就是常数函数. 这一结论在以后的积分学中将会用到. 由推论 1 立即可得下面的推论 2.

推论 2 如果函数 $f(x)$ 与 $g(x)$ 在区间 I 上恒有 $f'(x) = g'(x)$, 则在区间 I 上

$$f(x) = g(x) + C \quad (C \text{ 为常数}).$$

例 3 证明 $\arcsin x + \arccos x = \dfrac{\pi}{2} \ (-1 \le x \le 1)$.

证明 设 $f(x) = \arcsin x + \arccos x, \ x \in [-1, 1]$, 则

$$f'(x) = \frac{1}{\sqrt{1-x^2}} + \left(-\frac{1}{\sqrt{1-x^2}}\right) = 0, \ x \in (-1, 1),$$

从而 $f(x) = C, \ x \in (-1, 1)$. 又因为

$$f(0) = \arcsin 0 + \arccos 0 = 0 + \frac{\pi}{2} = \frac{\pi}{2}, \ x \in (-1, 1),$$

而　　$f(-1) = \arcsin(-1) + \arccos(-1) = \dfrac{\pi}{2}$，$f(1) = \arcsin 1 + \arccos 1 = \dfrac{\pi}{2}$，

故　　　　　　　　$f(x) = \arcsin x + \arccos x = \dfrac{\pi}{2}$，$x \in [-1, 1]$. ■

例 4　证明：当 $x > 0$ 时，$\dfrac{x}{1+x} < \ln(1+x) < x$.

证明　设 $f(x) = \ln(1+x)$，显然，$f(x)$ 在 $[0, x]$ 上满足拉格朗日中值定理的条件，由式 (1.1)，有

$$f(x) - f(0) = f'(\xi)(x - 0) \quad (0 < \xi < x).$$

因为 $f(0) = 0$，$f'(x) = \dfrac{1}{1+x}$，故上式即为

$$\ln(1+x) = \dfrac{x}{1+\xi} \quad (0 < \xi < x).$$

由于 $0 < \xi < x$，所以

$$\dfrac{x}{1+x} < \dfrac{x}{1+\xi} < x, \quad \text{即}\ \dfrac{x}{1+x} < \ln(1+x) < x. $$ ■

三、柯西中值定理

拉格朗日中值定理表明：如果连续曲线弧 $\overset{\frown}{AB}$ 上除端点外处处具有不垂直于横轴的切线，则这段弧上至少有一点 C，使曲线在点 C 处的切线平行于弦 AB. 设弧 $\overset{\frown}{AB}$ 的参数方程为 $\begin{cases} X = g(t) \\ Y = f(t) \end{cases} (a \leq t \leq b)$（见图

3–1–7），其中 t 是参数.

那么曲线上点 (X, Y) 处的斜率为

$$\dfrac{\mathrm{d}Y}{\mathrm{d}X} = \dfrac{f'(t)}{g'(t)},$$

弦 AB 的斜率为 $\dfrac{f(b) - f(a)}{g(b) - g(a)}$.

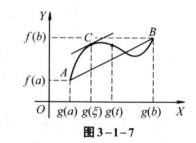

图 3–1–7

假设点 C 对应于参数 $t = \xi$，那么曲线上点 C 处的切线平行于弦 AB，即

$$\dfrac{f(b) - f(a)}{g(b) - g(a)} = \dfrac{f'(\xi)}{g'(\xi)}.$$

与这一事实相对应的是下述定理 3.

定理 3（柯西中值定理）　如果函数 $f(x)$ 及 $g(x)$ 满足：(1) 在闭区间 $[a, b]$ 上连续；(2) 在开区间 (a, b) 内可导；(3) 在 (a, b) 内每一点处 $g'(x) \neq 0$，则在 (a, b) 内至少存在一点 $\xi\, (a < \xi < b)$，使得

$$\dfrac{f(b) - f(a)}{g(b) - g(a)} = \dfrac{f'(\xi)}{g'(\xi)}.$$

证明　构造辅助函数

$$\varphi(x) = f(x) - f(a) - \frac{f(b) - f(a)}{g(b) - g(a)} [g(x) - g(a)].$$

易知 $\varphi(x)$ 满足罗尔定理的条件, 故在 (a, b) 内至少存在一点 ξ, 使得 $\varphi'(\xi) = 0$, 即

$$f'(\xi) - \frac{f(b) - f(a)}{g(b) - g(a)} \cdot g'(\xi) = 0,$$

从而
$$\frac{f(b) - f(a)}{g(b) - g(a)} = \frac{f'(\xi)}{g'(\xi)}. \qquad ■$$

　　注: 在拉格朗日中值定理和柯西中值定理的证明中, 我们都采用了构造辅助函数的方法. 这种方法是高等数学中证明数学命题的一种常用方法, 它是根据命题的特征与需要, 经过推敲与不断修正而构造出来的, 并且不是唯一的.

　　显然, 若取 $g(x) = x$, 则 $g(b) - g(a) = b - a$, $g'(x) = 1$, 因而, 柯西中值定理就变成拉格朗日中值定理(微分中值定理)了. 所以柯西中值定理又称为**广义中值定理**.

　　例 5　设函数 $f(x)$ 在 $[0,1]$ 上连续, 在 $(0,1)$ 内可导. 试证明至少存在一点 $\xi \in (0,1)$, 使

$$f'(\xi) = 2\xi [f(1) - f(0)].$$

　　证明　题设结论可变形为

$$\frac{f(1) - f(0)}{1 - 0} = \frac{f'(\xi)}{2\xi} = \frac{f'(x)}{(x^2)'} \bigg|_{x = \xi}.$$

因此, 可设 $g(x) = x^2$, 则 $f(x), g(x)$ 在 $[0, 1]$ 上满足柯西中值定理的条件, 所以在 $(0, 1)$ 内至少存在一点 ξ, 使

$$\frac{f(1) - f(0)}{1 - 0} = \frac{f'(\xi)}{2\xi}, \quad \text{即} \quad f'(\xi) = 2\xi [f(1) - f(0)]. \qquad ■$$

习题　3-1

　　1. 下列函数在给定区间上是否满足罗尔定理的所有条件? 若满足, 请求出满足定理的数值 ξ.

　　(1) $f(x) = 2x^2 - x - 3$, $[-1, 1.5]$;　　　　　　(2) $f(x) = x\sqrt{3 - x}$, $[0, 3]$.

　　2. 验证拉格朗日中值定理对函数 $y = 4x^3 - 5x^2 + x - 2$ 在区间 $[0, 1]$ 上的正确性.

　　3. 已知函数 $f(x) = x^4$ 在区间 $[1, 2]$ 上满足拉格朗日中值定理的条件, 试求满足定理的 ξ.

　　4. 一位货车司机在收费亭处收到一张罚单, 说他在限速为 65 公里／小时的收费道路上在 2 小时内行驶了 159 公里. 罚款单列出的违章理由为该司机超速行驶. 为什么?

　　5. 15 世纪郑和下西洋时最大的宝船能在 12 小时内一次航行 110 海里. 试解释为什么在航

行过程中的某一时刻宝船的速度一定超过 9 海里/小时.

6. 一位马拉松运动员用 2.2 小时跑完了马拉松比赛 42.195 公里的全程. 试说明该马拉松运动员至少有两个时刻正好以 19 公里/小时的速度跑.

7. 函数 $f(x)=x^3$ 与 $g(x)=x^2+1$ 在区间 $[1,2]$ 上是否满足柯西中值定理的所有条件？若满足, 请求出满足定理的数值 ξ.

8. 设 $f(x)$ 在 $[0,1]$ 上连续, 在 $(0,1)$ 内可导, 且 $f(1)=0$. 求证: 存在 $\xi \in (0,1)$, 使

$$f'(\xi) = -\frac{f(\xi)}{\xi}.$$

9. 若函数 $f(x)$ 在 (a,b) 内具有二阶导函数, 且 $f(x_1)=f(x_2)=f(x_3)$ $(a<x_1<x_2<x_3<b)$, 证明: 在 (x_1,x_3) 内至少有一点 ξ, 使得 $f''(\xi)=0$.

10. 若 4 次方程 $a_0 x^4 + a_1 x^3 + a_2 x^2 + a_3 x + a_4 = 0$ 有 4 个不同的实根, 证明:

$$4a_0 x^3 + 3a_1 x^2 + 2a_2 x + a_3 = 0$$

的所有根皆为实根.

11. 证明: 方程 $x^5 + x - 1 = 0$ 只有一个正根.

12. 试证明: 对函数 $y = px^2 + qx + r$ 应用拉格朗日中值定理时所求得的点 ξ 总是位于区间的正中间.

13. 证明下列不等式:

(1) $|\arctan a - \arctan b| \leq |a-b|$;　　　　(2) 当 $x>1$ 时, $\mathrm{e}^x > \mathrm{e} \cdot x$;

(3) 当 $x>0$ 时, $\ln\left(1+\dfrac{1}{x}\right) > \dfrac{1}{1+x}$.

14. 证明等式: $2\arctan x + \arcsin \dfrac{2x}{1+x^2} = \pi$ $(x \geq 1)$.

15. 证明: 若函数 $f(x)$ 在 $(-\infty, +\infty)$ 内满足关系式 $f'(x)=f(x)$, 且 $f(0)=1$, 则 $f(x) = \mathrm{e}^x$.

16. 设函数 $f(x)$ 在 $[a,b]$ 上连续, 在 (a,b) 内有二阶导数, 且有

$$f(a) = f(b) = 0, \ f(c) > 0 \ (a < c < b),$$

试证明在 (a,b) 内至少存在一点 ξ, 使 $f''(\xi) < 0$.

§3.2　洛必达[①]法则

如果当 $x \to a$ (或 $x \to \infty$) 时, 两个函数 $f(x)$ 与 $g(x)$ 都趋于零或都趋于无穷大, 则极限 $\lim\limits_{x \to a} \dfrac{f(x)}{g(x)}$ $\left(\text{或} \lim\limits_{x \to \infty} \dfrac{f(x)}{g(x)}\right)$ 可能存在, 也可能不存在, 通常把这种极限称为**未定式**, 并分别记为 $\dfrac{0}{0}$ 或 $\dfrac{\infty}{\infty}$.

例如, $\lim\limits_{x \to 0} \dfrac{\sin x}{x}$, $\lim\limits_{x \to 0} \dfrac{1-\cos x}{x^2}$, $\lim\limits_{x \to +\infty} \dfrac{x^3}{\mathrm{e}^x}$ 等就是未定式.

---

① 洛必达 (L′Hôpital, 1661—1704), 法国数学家.

在第 1 章中，我们曾计算过两个无穷小之比及两个无穷大之比的未定式的极限. 其中，计算未定式的极限往往需要经过适当的变形，转化成可利用极限运算法则或重要极限进行计算的形式. 这种变形没有一般方法，需视具体问题而定，属于特定的方法. 本节将以导数为工具，给出计算未定式极限的一般方法，即**洛必达法则**.

一、$\dfrac{0}{0}$ 型与 $\dfrac{\infty}{\infty}$ 型未定式

下面，我们以 $x \to a$ 时的未定式 $\dfrac{0}{0}$ 的情形为例进行讨论.

定理 1 设

(1) 当 $x \to a$ 时，函数 $f(x)$ 及 $g(x)$ 都趋于零，

(2) 在点 a 的某去心邻域内，$f'(x)$ 及 $g'(x)$ 都存在且 $g'(x) \neq 0$，

(3) $\lim\limits_{x \to a} \dfrac{f'(x)}{g'(x)}$ 存在 (或为无穷大)，

则

$$\lim_{x \to a} \frac{f(x)}{g(x)} = \lim_{x \to a} \frac{f'(x)}{g'(x)}.$$

证明 因为极限 $\lim\limits_{x \to a} \dfrac{f(x)}{g(x)}$ 是否存在与 $f(a)$ 和 $g(a)$ 取何值无关，故可补充定义

$$f(a) = g(a) = 0.$$

于是，由 (1),(2) 可知，函数 $f(x)$ 及 $g(x)$ 在点 a 的某一邻域内是连续的. 设 x 是该邻域内任意一点 $(x \neq a)$，则 $f(x)$ 及 $g(x)$ 在以 x 及 a 为端点的区间上满足柯西中值定理的条件，从而存在 ξ (ξ 介于 x 与 a 之间)，使得

$$\frac{f(x)}{g(x)} = \frac{f(x) - f(a)}{g(x) - g(a)} = \frac{f'(\xi)}{g'(\xi)}.$$

当 $x \to a$ 时，有 $\xi \to a$，所以

$$\lim_{x \to a} \frac{f(x)}{g(x)} = \lim_{\xi \to a} \frac{f'(\xi)}{g'(\xi)} = A \quad (\text{或} \infty). \qquad \blacksquare$$

上述定理给出的这种在一定条件下通过对分子、分母分别先求导、再求极限来确定未定式的值的方法称为**洛必达法则**.

例 1 求 $\lim\limits_{x \to 0} \dfrac{\sin kx}{x}$ $(k \neq 0)$.

解 这是 $\dfrac{0}{0}$ 型未定式，由洛必达法则，可得

$$\lim_{x \to 0} \frac{\sin kx}{x} = \lim_{x \to 0} \frac{(\sin kx)'}{(x)'} = \lim_{x \to 0} \frac{k \cos kx}{1} = k. \qquad \blacksquare$$

例2　求 $\lim\limits_{x\to 1}\dfrac{x^3-3x+2}{x^3-x^2-x+1}$.

解　这是 $\dfrac{0}{0}$ 型未定式，连续应用洛必达法则两次，可得

$$\lim_{x\to 1}\frac{x^3-3x+2}{x^3-x^2-x+1}=\lim_{x\to 1}\frac{3x^2-3}{3x^2-2x-1}=\lim_{x\to 1}\frac{6x}{6x-2}=\frac{3}{2}.　\blacksquare$$

注:上式中的 $\lim\limits_{x\to 1}\dfrac{6x}{6x-2}$ 已经不是未定式，不能再对它应用洛必达法则. 否则会导致错误.

例3　求 $\lim\limits_{x\to 0}\dfrac{e^x-e^{-x}-2x}{x-\sin x}$.

解　$\lim\limits_{x\to 0}\dfrac{e^x-e^{-x}-2x}{x-\sin x}=\lim\limits_{x\to 0}\dfrac{e^x+e^{-x}-2}{1-\cos x}=\lim\limits_{x\to 0}\dfrac{e^x-e^{-x}}{\sin x}=\lim\limits_{x\to 0}\dfrac{e^x+e^{-x}}{\cos x}=2.　\blacksquare$

注:我们指出，对于 $x\to\infty$ 时的未定式 $\dfrac{0}{0}$，以及 $x\to a$ 或 $x\to\infty$ 时的未定式 $\dfrac{\infty}{\infty}$，也有相应的洛必达法则. 例如，对于 $x\to\infty$ 时的未定式 $\dfrac{0}{0}$，有:

定理2　设

(1) 当 $x\to\infty$ 时，函数 $f(x)$ 及 $g(x)$ 都趋于零，

(2) 对于充分大的 $|x|$，$f'(x)$ 及 $g'(x)$ 都存在且 $g'(x)\neq 0$，

(3) $\lim\limits_{x\to\infty}\dfrac{f'(x)}{g'(x)}$ 存在(或为无穷大)，

则

$$\lim_{x\to\infty}\frac{f(x)}{g(x)}=\lim_{x\to\infty}\frac{f'(x)}{g'(x)}.$$

例4　求 $\lim\limits_{x\to+\infty}\dfrac{\dfrac{\pi}{2}-\arctan x}{\dfrac{1}{x}}$.

解　$\lim\limits_{x\to+\infty}\dfrac{\dfrac{\pi}{2}-\arctan x}{\dfrac{1}{x}}=\lim\limits_{x\to+\infty}\dfrac{-\dfrac{1}{1+x^2}}{-\dfrac{1}{x^2}}=\lim\limits_{x\to+\infty}\dfrac{x^2}{1+x^2}=1.　\blacksquare$

例5　求 $\lim\limits_{x\to 0^+}\dfrac{\ln\cot x}{\ln x}$.

解　$\lim\limits_{x\to 0^+}\dfrac{\ln\cot x}{\ln x}=\lim\limits_{x\to 0^+}\dfrac{(\ln\cot x)'}{(\ln x)'}=\lim\limits_{x\to 0^+}\dfrac{\dfrac{1}{\cot x}\left(-\dfrac{1}{\sin^2 x}\right)}{\dfrac{1}{x}}=-\lim\limits_{x\to 0^+}\dfrac{x}{\sin x\cos x}$

$$= -\lim_{x \to 0^+} \frac{x}{\sin x} \lim_{x \to 0^+} \frac{1}{\cos x} = -1.$$ ■

例 6 求 $\lim\limits_{x \to +\infty} \dfrac{\ln x}{x^n}$ $(n > 0)$.

解 $\lim\limits_{x \to +\infty} \dfrac{\ln x}{x^n} = \lim\limits_{x \to +\infty} \dfrac{\dfrac{1}{x}}{nx^{n-1}} = \lim\limits_{x \to +\infty} \dfrac{1}{nx^n} = 0.$ ■

例 7 求 $\lim\limits_{x \to +\infty} \dfrac{x^n}{e^{\lambda x}}$ (n 为正整数, $\lambda > 0$).

解 反复应用洛必达法则 n 次, 得

$$\lim_{x \to +\infty} \frac{x^n}{e^{\lambda x}} = \lim_{x \to +\infty} \frac{nx^{n-1}}{\lambda e^{\lambda x}} = \lim_{x \to +\infty} \frac{n(n-1)x^{n-2}}{\lambda^2 e^{\lambda x}} = \cdots = \lim_{x \to +\infty} \frac{n!}{\lambda^n e^{\lambda x}} = 0.$$ ■

注: 对数函数 $\ln x$、幂函数 x^n、指数函数 $e^{\lambda x}(\lambda > 0)$ 均为 $x \to +\infty$ 时的无穷大, 但它们增大的速度很不一样, 幂函数增大的速度远比对数函数快, 而指数函数增大的速度又远比幂函数快.

洛必达法则虽然是求未定式的一种有效方法, 但若能与其他求极限的方法结合使用, 效果会更好. 例如, 能化简时应尽可能先化简, 可以应用等价无穷小替换或重要极限时应尽量应用, 以使运算尽可能简捷.

例 8 求 $\lim\limits_{x \to 0} \dfrac{3x - \sin 3x}{(1 - \cos x)\ln(1 + 2x)}$.

解 当 $x \to 0$ 时, $1 - \cos x \sim \dfrac{1}{2}x^2$, $\ln(1 + 2x) \sim 2x$.

$$\lim_{x \to 0} \frac{3x - \sin 3x}{(1 - \cos x)\ln(1 + 2x)} = \lim_{x \to 0} \frac{3x - \sin 3x}{x^3} = \lim_{x \to 0} \frac{3 - 3\cos 3x}{3x^2} = \lim_{x \to 0} \frac{3\sin 3x}{2x} = \frac{9}{2}.$$ ■

注: 应用洛必达法则求极限 $\lim \dfrac{f(x)}{g(x)}$ 时, 如果 $\lim \dfrac{f'(x)}{g'(x)}$ 不存在且不等于 ∞, 只表明洛必达法则失效, 并不意味着 $\lim \dfrac{f(x)}{g(x)}$ 不存在, 此时应改用其他方法求之.

例 9 求 $\lim\limits_{x \to 0} \dfrac{x^2 \sin \dfrac{1}{x}}{\sin x}$.

解 此极限属于 $\dfrac{0}{0}$ 型的未定式. 但对分子和分母分别求导数后, 将变为

$$\lim_{x \to 0} \frac{2x \sin \dfrac{1}{x} - \cos \dfrac{1}{x}}{\cos x},$$

此极限式的极限不存在(振荡), 故洛必达法则失效. 但原极限是存在的, 可用如下方法求得:

$$\lim_{x \to 0} \frac{x^2 \sin \dfrac{1}{x}}{\sin x} = \lim_{x \to 0} \left(\frac{x}{\sin x} \cdot x \sin \frac{1}{x} \right) = \frac{\lim\limits_{x \to 0} x \sin \dfrac{1}{x}}{\lim\limits_{x \to 0} \dfrac{\sin x}{x}} = \frac{0}{1} = 0. \quad ■$$

二、其他类型的未定式 ($0 \cdot \infty$, $\infty - \infty$, 0^0, 1^∞, ∞^0)

(1) 对于 $0 \cdot \infty$ 型，可将乘积化为除的形式，即化为 $\dfrac{0}{0}$ 或 $\dfrac{\infty}{\infty}$ 型的未定式来计算.

例 10　求 $\lim\limits_{x \to +\infty} x^{-2} \mathrm{e}^x$.

解　$\lim\limits_{x \to +\infty} x^{-2} \mathrm{e}^x = \lim\limits_{x \to +\infty} \dfrac{\mathrm{e}^x}{x^2} = \lim\limits_{x \to +\infty} \dfrac{\mathrm{e}^x}{2x} = \lim\limits_{x \to +\infty} \dfrac{\mathrm{e}^x}{2} = +\infty.$ 　■

(2) 对于 $\infty - \infty$ 型，可利用通分化为 $\dfrac{0}{0}$ 型的未定式来计算.

例 11　求 $\lim\limits_{x \to \pi/2} (\sec x - \tan x)$.

解　$\lim\limits_{x \to \pi/2} (\sec x - \tan x) = \lim\limits_{x \to \pi/2} \left(\dfrac{1}{\cos x} - \dfrac{\sin x}{\cos x} \right)$

$$= \lim_{x \to \pi/2} \frac{1 - \sin x}{\cos x} = \lim_{x \to \pi/2} \frac{-\cos x}{-\sin x} = \frac{0}{1} = 0. \quad ■$$

(3) 对于 $0^0, 1^\infty, \infty^0$ 型，可以先化为以 e 为底的指数函数的极限，再利用指数函数的连续性，化为直接求指数的极限，一般地，我们有

$$\lim_{x \to a} \ln f(x) = A \Rightarrow \lim_{x \to a} f(x) = \lim_{x \to a} \mathrm{e}^{\ln f(x)} = \mathrm{e}^{\lim\limits_{x \to a} \ln f(x)} = \mathrm{e}^A,$$

其中 a 是有限数或无穷.

下面我们用洛必达法则来重新求 §1.8 中的第二个重要极限.

例 12　求 $\lim\limits_{x \to \infty} \left(1 + \dfrac{1}{x} \right)^x$.

解　这是 1^∞ 型未定式，将它变形为

$$\ln \left(1 + \frac{1}{x} \right)^x = \frac{\ln \left(1 + \dfrac{1}{x} \right)}{\dfrac{1}{x}},$$

由于

$$\lim_{x \to \infty} \ln \left(1 + \frac{1}{x} \right)^x = \lim_{x \to \infty} \frac{\ln \left(1 + \dfrac{1}{x} \right)}{\dfrac{1}{x}} = \lim_{x \to \infty} \frac{\left(1 + \dfrac{1}{x} \right)^{-1} \left(-\dfrac{1}{x^2} \right)}{-\dfrac{1}{x^2}} = \lim_{x \to \infty} \left(1 + \frac{1}{x} \right)^{-1} = 1,$$

故

$$\lim_{x \to \infty} \left(1 + \frac{1}{x} \right)^x = \mathrm{e}. \quad ■$$

例13 求 $\lim\limits_{x \to 0^+} x^{\tan x}$.

解 这是 0^0 型未定式, 将它变形为

$$\lim_{x \to 0^+} x^{\tan x} = e^{\lim\limits_{x \to 0^+} \tan x \ln x}.$$

由于

$$\lim_{x \to 0^+} \tan x \ln x = \lim_{x \to 0^+} \frac{\ln x}{\cot x} = \lim_{x \to 0^+} \frac{\frac{1}{x}}{-\csc^2 x}$$

$$= \lim_{x \to 0^+} \frac{-\sin^2 x}{x} = \lim_{x \to 0^+} \frac{-2\sin x \cos x}{1} = 0,$$

故

$$\lim_{x \to 0^+} x^{\tan x} = e^0 = 1.$$ ■

例14 求 $\lim\limits_{x \to 0^+} (\cot x)^{\frac{1}{\ln x}}$.

解 这是 ∞^0 型未定式, 类似于例12, 有

$$\lim_{x \to 0^+} (\cot x)^{\frac{1}{\ln x}} = \lim_{x \to 0^+} e^{\frac{\ln \cot x}{\ln x}} = e^{\lim\limits_{x \to 0^+} \frac{\ln \cot x}{\ln x}}$$

$$= e^{\lim\limits_{x \to 0^+} \frac{-\tan x \cdot \csc^2 x}{1/x}} = e^{\lim\limits_{x \to 0^+} \left(-\frac{1}{\cos x} \cdot \frac{x}{\sin x}\right)} = e^{-1}.$$ ■

习题 3-2

1. 用洛必达法则求下列极限:

(1) $\lim\limits_{x \to 0} \dfrac{e^x - e^{-x}}{\sin x}$;

(2) $\lim\limits_{x \to a} \dfrac{\sin x - \sin a}{x - a}$;

(3) $\lim\limits_{x \to \frac{\pi}{2}} \dfrac{\ln \sin x}{(\pi - 2x)^2}$;

(4) $\lim\limits_{x \to +\infty} \dfrac{\ln\left(1 + \dfrac{1}{x}\right)}{\operatorname{arccot} x}$;

(5) $\lim\limits_{x \to 0^+} \dfrac{\ln \tan 7x}{\ln \tan 2x}$;

(6) $\lim\limits_{x \to 1} \dfrac{x^3 - 1 + \ln x}{e^x - e}$;

(7) $\lim\limits_{x \to 0} \dfrac{\tan x - x}{x - \sin x}$;

(8) $\lim\limits_{x \to 0} x \cot 2x$;

(9) $\lim\limits_{x \to 0} x^2 e^{1/x^2}$;

(10) $\lim\limits_{x \to \infty} x \left(e^{\frac{1}{x}} - 1\right)$;

(11) $\lim\limits_{x \to 0} \left(\dfrac{1}{x} - \dfrac{1}{e^x - 1}\right)$;

(12) $\lim\limits_{x \to 1} \left(\dfrac{x}{x - 1} - \dfrac{1}{\ln x}\right)$;

(13) $\lim\limits_{x \to \infty} \left(1 + \dfrac{a}{x}\right)^x$;

(14) $\lim\limits_{x \to 0^+} x^{\sin x}$;

(15) $\lim\limits_{x \to 0^+} \left(\dfrac{1}{x}\right)^{\tan x}$;

(16) $\lim\limits_{x \to 0} \dfrac{e^x + \ln(1 - x) - 1}{x - \arctan x}$;

(17) $\lim\limits_{x \to 0} (1 + \sin x)^{\frac{1}{x}}$;

(18) $\lim\limits_{x \to 0^+} \left(\ln \dfrac{1}{x}\right)^x$;

(19) $\lim\limits_{x \to +\infty} (x + \sqrt{1 + x^2})^{\frac{1}{x}}$;

(20) $\lim\limits_{n \to \infty} \left(n \tan \dfrac{1}{n}\right)^{n^2}$.

2. 验证极限 $\lim\limits_{x \to \infty} \dfrac{x + \sin x}{x}$ 存在, 但不能用洛必达法则求出.

3. 若 $f(x)$ 有二阶导数, 证明 $f''(x) = \lim\limits_{h \to 0} \dfrac{f(x+h) - 2f(x) + f(x-h)}{h^2}$.

4. 讨论函数 $f(x) = \begin{cases} \left[\dfrac{(1+x)^{1/x}}{e} \right]^{1/x}, & x > 0 \\ e^{-1/2}, & x \leq 0 \end{cases}$ 在点 $x = 0$ 处的连续性.

5. 设 $g(x)$ 在 $x = 0$ 处二阶可导, 且 $g(0) = 0$. 试确定 a 的值使 $f(x)$ 在 $x = 0$ 处可导, 并求 $f'(0)$, 其中 $f(x) = \begin{cases} \dfrac{g(x)}{x}, & x \neq 0 \\ a, & x = 0 \end{cases}$.

§3.3　泰 勒 公 式

对于一些比较复杂的函数, 为了便于研究, 往往希望用一些简单的函数来近似表达. 多项式函数是最为简单的一类函数, 它只需对自变量进行有限次的加、减、乘三种算术运算, 就能求出其函数值, 因此, 多项式经常被用来近似地表达函数, 这种近似表达在数学上常称为**逼近**. 泰勒[①] 在这方面作出了不朽的贡献. 其研究结果表明: 具有直到 $n+1$ 阶导数的函数在一个点的邻域内的值可以用函数在该点的函数值及各阶导数值组成的 n 次多项式近似表达. 本节我们将介绍泰勒公式及其简单应用.

在微分的应用中我们已经知道, 当 $|x|$ 很小时, 有下列近似等式

$$e^x \approx 1 + x, \quad \ln(1+x) \approx x.$$

这些都是用一次多项式来近似表达函数的例子. 但是这种近似表达式存在明显的不足. 首先是精度不高, 所产生的误差仅是关于 x 的高阶无穷小; 其次是用它来做近似计算时, 不能具体估算出误差的大小. 因此, 当精确度要求较高且需要估计误差的时候, 就必须用高次的多项式来近似表达函数, 同时给出误差估计式.

这里, 我们要考虑的问题是:

设函数 $f(x)$ 在含有 x_0 的开区间 (a, b) 内具有直到 $n+1$ 阶的导数, 问是否存在一个 n 次多项式函数

$$p_n(x) = a_0 + a_1(x - x_0) + a_2(x - x_0)^2 + \cdots + a_n(x - x_0)^n, \tag{3.1}$$

使得

$$f(x) \approx p_n(x), \tag{3.2}$$

且误差 $R_n(x) = f(x) - p_n(x)$ 是比 $(x - x_0)^n$ 高阶的无穷小, 并给出误差估计的具体表达式.

这个问题的答案是肯定的.

下面我们先来考虑这样一种情形: 设 $p_n(x)$ 在点 x_0 处的函数值及它的直到 n 阶

---

① 泰勒 (Brook Taylor, 1685—1731), 英国数学家.

的导数在点 x_0 处的值依次与 $f(x_0)$, $f'(x_0)$, $f''(x_0)$, $\cdots$, $f^{(n)}(x_0)$ 相等, 即有

$$p_n(x_0) = f(x_0), \quad p_n^{(k)}(x_0) = f^{(k)}(x_0) \ (k = 1, 2, \cdots, n). \tag{3.3}$$

要按这些等式来确定多项式 (3.1) 的系数 a_0, a_1, a_2, $\cdots$, a_n. 为此, 对式 (3.1) 求各阶导数, 并分别代入等式 (3.3) 中, 得

$$a_0 = f(x_0), \quad 1 \cdot a_1 = f'(x_0), \quad 2! \cdot a_2 = f''(x_0), \quad \cdots, \quad n! \cdot a_n = f^{(n)}(x_0),$$

即
$$a_0 = f(x_0), \quad a_k = \frac{1}{k!} f^{(k)}(x_0) \ (k = 1, 2, \cdots, n). \tag{3.4}$$

将所求系数 a_0, a_1, a_2, $\cdots$, a_n 代入式 (3.1), 有

$$p_n(x) = f(x_0) + f'(x_0)(x-x_0) + \frac{f''(x_0)}{2!}(x-x_0)^2 + \cdots + \frac{f^{(n)}(x_0)}{n!}(x-x_0)^n. \tag{3.5}$$

下面的定理表明, 多项式 (3.5) 就是我们要寻找的 n 次多项式.

泰勒中值定理 如果函数 $f(x)$ 在含有 x_0 的某个开区间 (a, b) 内具有直到 $n+1$ 阶的导数, 则对于任一 $x \in (a, b)$, 有

$$f(x) = f(x_0) + f'(x_0)(x-x_0) + \frac{f''(x_0)}{2!}(x-x_0)^2 + \cdots + \frac{f^{(n)}(x_0)}{n!}(x-x_0)^n + R_n(x), \tag{3.6}$$

其中
$$R_n(x) = \frac{f^{(n+1)}(\xi)}{(n+1)!}(x-x_0)^{n+1}. \tag{3.7}$$

这里 ξ 是介于 x_0 与 x 之间的某个值.

证明 略.

多项式 (3.5) 称为函数 $f(x)$ 按 $(x-x_0)$ 的幂展开的 **n 阶泰勒多项式**, 公式 (3.6) 称为 $f(x)$ 按 $(x-x_0)$ 的幂展开的 **n 阶泰勒公式**, $R_n(x)$ 的表达式 (3.7) 称为 **拉格朗日型余项**.

当 $n = 0$ 时, 泰勒公式变成拉格朗日中值公式:

$$f(x) = f(x_0) + f'(\xi)(x-x_0) \quad (\xi \text{ 在 } x_0 \text{ 与 } x \text{ 之间}),$$

因此, 泰勒中值定理是拉格朗日中值定理的推广.

如果对于固定的 n, 当 $x \in (a, b)$ 时, $|f^{(n+1)}(x)| \leq M$, 则有

$$|R_n(x)| = \left| \frac{f^{(n+1)}(\xi)}{(n+1)!}(x-x_0)^{n+1} \right| \leq \frac{M}{(n+1)!} |x-x_0|^{n+1}, \tag{3.8}$$

从而
$$\lim_{x \to x_0} \frac{R_n(x)}{(x-x_0)^n} = 0.$$

故当 $x \to x_0$ 时, 误差 $R_n(x)$ 是比 $(x-x_0)^n$ 高阶的无穷小, 即

$$R_n(x) = o[(x-x_0)^n]. \tag{3.9}$$

$R_n(x)$ 的表达式 (3.9) 称为 **皮亚诺型余项**.

至此，我们提出的问题全部得到解决.

在不需要余项的精确表达式时，n 阶泰勒公式也可写成

$$f(x) = f(x_0) + f'(x_0)(x-x_0) + \frac{f''(x_0)}{2!}(x-x_0)^2 + \cdots + \frac{f^{(n)}(x_0)}{n!}(x-x_0)^n + o[(x-x_0)^n].$$

$$(3.10)$$

公式 (3.10) 称为 $f(x)$ 按 $(x-x_0)$ 的幂展开的带有皮亚诺型余项的 **n 阶泰勒公式**.

在泰勒公式 (3.6) 中，取 $x_0 = 0$，则 ξ 在 0 与 x 之间，因此，可令 $\xi = \theta x \, (0 < \theta < 1)$，由式 (3.6)、式 (3.7)，得

$$f(x) = f(0) + f'(0)x + \frac{f''(0)}{2!}x^2 + \cdots + \frac{f^{(n)}(0)}{n!}x^n + \frac{f^{(n+1)}(\theta x)}{(n+1)!}x^{n+1} \quad (0 < \theta < 1).$$

$$(3.11)$$

式 (3.11) 称为带有拉格朗日型余项的**麦克劳林公式**.

在泰勒公式 (3.10) 中，取 $x_0 = 0$，则得到带有皮亚诺型余项的麦克劳林公式

$$f(x) = f(0) + f'(0)x + \frac{f''(0)}{2!}x^2 + \cdots + \frac{f^{(n)}(0)}{n!}x^n + o(x^n). \tag{3.12}$$

从式 (3.11) 或式 (3.12) 可得近似公式

$$f(x) \approx f(0) + f'(0)x + \frac{f''(0)}{2!}x^2 + \cdots + \frac{f^{(n)}(0)}{n!}x^n. \tag{3.13}$$

误差估计式 (3.8) 相应变成

$$|R_n(x)| \le \frac{M}{(n+1)!}|x|^{n+1}. \tag{3.14}$$

例 1 写出函数 $f(x) = x^3 \ln x$ 在 $x_0 = 1$ 处的四阶泰勒公式.

解 由

$$f(x) = x^3 \ln x, \qquad f'(x) = 3x^2 \ln x + x^2,$$
$$f''(x) = 6x \ln x + 5x, \qquad f'''(x) = 6 \ln x + 11,$$
$$f^{(4)}(x) = \frac{6}{x}, \qquad f^{(5)}(x) = -\frac{6}{x^2},$$

计算实验

得
$$f(1) = 0, \qquad f'(1) = 1,$$
$$f''(1) = 5, \qquad f'''(1) = 11,$$
$$f^{(4)}(1) = 6, \qquad f^{(5)}(\xi) = -\frac{6}{\xi^2},$$

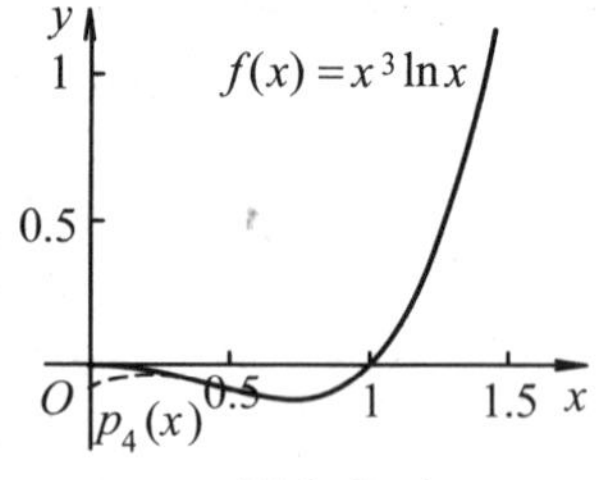

所以

$$x^3 \ln x = p_4(x) + R_4(x)$$

$$= (x-1) + \frac{5}{2!}(x-1)^2 + \frac{11}{3!}(x-1)^3 + \frac{6}{4!}(x-1)^4 - \frac{6}{5!\xi^2}(x-1)^5,$$

图 3-3-1

其中 ξ 介于 1 与 x 之间 (见图 3-1-1). 从图 3-1-1 可见，函数 $f(x) = x^3 \ln x$ 与其四阶

泰勒多项式 $p_4(x)$ 的曲线在 $x_0 = 1$ 附近几乎是重合的.

例 2　求 $f(x) = \mathrm{e}^x$ 的 n 阶麦克劳林公式.

解　因为 $f'(x) = f''(x) = \cdots = f^{(n)}(x) = \mathrm{e}^x$，所以

$$f(0) = f'(0) = f''(0) = \cdots = f^{(n)}(0) = 1,$$

注意到 $f^{(n+1)}(\theta x) = \mathrm{e}^{\theta x}$，代入式 (3.11) 即得所求的麦克劳林公式为

$$\mathrm{e}^x = 1 + x + \frac{x^2}{2!} + \cdots + \frac{x^n}{n!} + \frac{\mathrm{e}^{\theta x}}{(n+1)!} x^{n+1} \quad (0 < \theta < 1).$$

由此可知，函数 e^x 的 n 阶泰勒多项式为

$$p_n(x) = 1 + x + \frac{x^2}{2!} + \cdots + \frac{x^n}{n!},$$

用 $p_n(x)$ 近似 e^x 所产生的误差为

$$|R_n(x)| = \left| \frac{\mathrm{e}^{\theta x}}{(n+1)!} x^{n+1} \right| < \frac{\mathrm{e}^{|x|}}{(n+1)!} |x|^{n+1} \quad (0 < \theta < 1).$$

若取 $x = 1$，则得到无理数 e 的近似表达式为

$$\mathrm{e} \approx 1 + 1 + \frac{1}{2!} + \cdots + \frac{1}{n!},$$

其误差

$$|R_n| < \frac{\mathrm{e}}{(n+1)!} < \frac{3}{(n+1)!}.$$

当 $n = 10$ 时，可计算出 $\mathrm{e} \approx 2.718\,282$，其误差不超过 10^{-6}.

函数 e^x 与 $p_1(x) = 1 + x$，$p_2(x) = 1 + x + \dfrac{x^2}{2!}$，$p_3(x) = 1 + x + \dfrac{x^2}{2!} + \dfrac{x^3}{3!}$ 的比较见图 3-3-2.

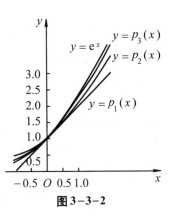

图 3-3-2

例 3　求 $f(x) = \sin x$ 的 n 阶麦克劳林公式.

解　因为

$$f'(x) = \cos x, \quad f''(x) = -\sin x, \quad f'''(x) = -\cos x,$$
$$f^{(4)}(x) = \sin x, \quad \cdots, \quad f^{(n)}(x) = \sin\left(x + \frac{n\pi}{2}\right),$$

所以 $f'(0) = 1$，$f''(0) = 0$，$f'''(0) = -1$，$f^{(4)}(0) = 0$，等等，$\sin x$ 的各阶导数在 0 点的值依次循环地取四个数 0, 1, 0, -1, 即

$$f^{(n)}(x)\Big|_{x=0} = \sin\frac{n\pi}{2} = \begin{cases} 0, & n = 4k \\ 1, & n = 4k+1 \\ 0, & n = 4k+2 \\ -1, & n = 4k+3 \end{cases} = \begin{cases} 0, & n = 2m \\ (-1)^{m-1}, & n = 2m-1 \end{cases},$$

于是(令 $n = 2m$)

$$\sin x = x - \frac{x^3}{3!} + \frac{x^5}{5!} - \cdots + (-1)^{m-1} \frac{x^{2m-1}}{(2m-1)!} + R_{2m}(x),$$

其中

$$R_{2m}(x) = \frac{\sin\left(\theta x + (2m+1)\dfrac{\pi}{2}\right)}{(2m+1)!} x^{2m+1} \quad (0 < \theta < 1).$$

若取 $m = 1$，则得到近似公式 $\sin x \approx x$，其误差为

$$|R_2| = \left| \frac{\sin\left(\theta x + \dfrac{3}{2}\pi\right)}{3!} x^3 \right| \le \frac{|x^3|}{6} \quad (0 < \theta < 1).$$

若取 m 分别为 2 和 3，则可分别得到 $\sin x$ 的三阶和五阶泰勒多项式

$$p_3(x) = x - \frac{1}{3!}x^3 \quad \text{和} \quad p_5(x) = x - \frac{1}{3!}x^3 + \frac{1}{5!}x^5,$$

其误差的绝对值分别不超过

$$\frac{1}{5!}|x|^5 \quad \text{和} \quad \frac{1}{7!}|x|^7.$$

正弦函数 $\sin x$ 和以上三个泰勒多项式的图形如图 3-3-3 所示.

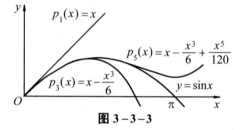

图 3-3-3

按前述几例的方法，可得到常用初等函数的麦克劳林公式：

$$e^x = 1 + x + \frac{x^2}{2!} + \cdots + \frac{x^n}{n!} + o(x^n);$$

$$\sin x = x - \frac{x^3}{3!} + \frac{x^5}{5!} - \cdots + (-1)^n \frac{x^{2n+1}}{(2n+1)!} + o(x^{2n+1});$$

$$\cos x = 1 - \frac{x^2}{2!} + \frac{x^4}{4!} - \frac{x^6}{6!} + \cdots + (-1)^n \frac{x^{2n}}{(2n)!} + o(x^{2n});$$

$$\ln(1+x) = x - \frac{x^2}{2} + \frac{x^3}{3} - \cdots + (-1)^{n-1}\frac{x^n}{n} + o(x^n);$$

$$\frac{1}{1-x} = 1 + x + x^2 + \cdots + x^n + o(x^n);$$

$$(1+x)^m = 1 + mx + \frac{m(m-1)}{2!}x^2 + \cdots + \frac{m(m-1)\cdots(m-n+1)}{n!}x^n + o(x^n).$$

在实际应用中，上述已知初等函数的麦克劳林公式常用于间接地展开一些更复杂的函数的麦克劳林公式，以及求某些函数的极限等.

例 4　求函数 $f(x) = xe^{-x}$ 的带有皮亚诺型余项的 n 阶麦克劳林公式.

解　因为

$$\mathrm{e}^{-x} = 1 + (-x) + \frac{(-x)^2}{2!} + \cdots + \frac{(-x)^{n-1}}{(n-1)!} + o(x^{n-1}),$$

所以

$$x\mathrm{e}^{-x} = x - x^2 + \frac{x^3}{2!} - \cdots + \frac{(-1)^{n-1}x^n}{(n-1)!} + o(x^n).$$

例5 求 $y = \dfrac{1}{3-x}$ 在 $x = 1$ 处的泰勒展开式.

解 $y = \dfrac{1}{3-x} = \dfrac{1}{2-(x-1)} = \dfrac{1}{2} \cdot \dfrac{1}{1 - \dfrac{x-1}{2}}$

$$= \frac{1}{2} \cdot \left[1 + \frac{x-1}{2} + \left(\frac{x-1}{2} \right)^2 + \cdots + \left(\frac{x-1}{2} \right)^n + o\left(\frac{x-1}{2} \right)^n \right]$$

$$= \frac{1}{2} + \frac{x-1}{2^2} + \frac{(x-1)^2}{2^3} + \cdots + \frac{(x-1)^n}{2^{n+1}} + o[(x-1)^n].$$

例6 计算 $\displaystyle\lim_{x \to 0} \dfrac{\mathrm{e}^{x^2} + 2\cos x - 3}{x^4}$.

解 由于分式的分母为 x^4,只需将分子中的各函数分别用带有皮亚诺型余项的四阶麦克劳林公式表示,即

$$\mathrm{e}^{x^2} = 1 + x^2 + \frac{1}{2!}x^4 + o(x^4), \quad \cos x = 1 - \frac{x^2}{2!} + \frac{x^4}{4!} + o(x^4),$$

而

$$\mathrm{e}^{x^2} + 2\cos x - 3 = \left(\frac{1}{2!} + 2 \cdot \frac{1}{4!} \right)x^4 + o(x^4) = \frac{7}{12}x^4 + o(x^4),$$

所以

$$\lim_{x \to 0} \frac{\mathrm{e}^{x^2} + 2\cos x - 3}{x^4} = \lim_{x \to 0} \frac{\frac{7}{12}x^4 + o(x^4)}{x^4} = \frac{7}{12}.$$

*数学实验

实验3.1 试用计算软件求下列函数的泰勒展开式或麦克劳林展开式:

(1) 分析利用泰勒展开式近似计算 $\sin 7$ 时,展开点 x_0 和阶数 n 对计算结果的影响;

(2) $\dfrac{(1+x)^{100}}{(1-2x)^{40}(1+2x)^{60}}$,在 $x = 0$ 展开到含 x^3 的项;

(3) $\mathrm{e}^{-\frac{1}{2}x^2} \sin(2x)$,在 $x = 0$ 展开到含 x^9 的项;

(4) $\sqrt{1-2x+x^3} - \sqrt[3]{1-3x+x^2}$,在 $x = 1$ 展开到含 x^3 的项;

(5) $\left(x^3 - x^2 + \dfrac{x}{2} \right)\mathrm{e}^{\frac{1}{x}} - \sqrt{x^6+1}$,在 $x = 0$ 展开到含 $\dfrac{1}{x^6}$ 的项.

计算实验

详见教材配套的网络学习空间.

习题　3-3

1. 按 $(x-1)$ 的幂展开多项式 $f(x) = x^4 + 3x^2 + 4$.

2. 求函数 $f(x) = \sqrt{x}$ 按 $(x-4)$ 的幂展开的带有拉格朗日型余项的三阶泰勒公式.

3. 把 $f(x) = \dfrac{1+x+x^2}{1-x+x^2}$ 在 $x = 0$ 点展开到含 x^4 项, 并求 $f^{(3)}(0)$.

4. 求函数 $f(x) = \dfrac{1}{x}$ 按 $(x+1)$ 的幂展开的带有拉格朗日型余项的 n 阶泰勒公式.

5. 求函数 $y = xe^x$ 的带有皮亚诺型余项的 n 阶麦克劳林展开式.

6. 验证当 $0 < x \le \dfrac{1}{2}$ 时, 按公式 $e^x \approx 1 + x + \dfrac{x^2}{2} + \dfrac{x^3}{6}$ 计算 e^x 的近似值时所产生的误差小于 0.01, 并求 $\sqrt{e}$ 的近似值, 使误差小于 0.01.

7. 利用函数的泰勒展开式求下列极限:

(1) $\displaystyle \lim_{x \to +\infty} (\sqrt[3]{x^3 + 3x} - \sqrt{x^2 - x})$;　　(2) $\displaystyle \lim_{x \to 0} \dfrac{1 + \dfrac{1}{2}x^2 - \sqrt{1+x^2}}{(\cos x - e^{x^2}) \sin x^2}$.

§3.4　函数的单调性、凹凸性与极值

我们已经会用初等数学的方法研究一些函数的单调性和某些简单函数的性质, 但这些方法使用范围狭小, 并且有些需要借助于某些特殊的技巧, 因而不具有一般性. 本节将以导数为工具, 介绍判断函数单调性和凹凸性的简便且具有一般性的方法.

一、函数的单调性

如何利用导数研究函数的单调性呢? 我们先考察图3-4-1, 函数 $y = f(x)$ 的图形在区间 (a, b) 内沿 x 轴的正向上升, 除点 $(\xi, f(\xi))$ 的切线平行于 x 轴外, 曲线上其余点处的切线与 x 轴的夹角均为锐角, 即曲线 $y = f(x)$ 在区间 (a, b) 内除个别点外切线的斜率为正; 反之亦然. 再考察图3-4-2, 函数 $y = f(x)$ 的图形在区间 (a, b) 内沿 x 轴的正向下降, 除个别点外, 曲线上其余点处的切线

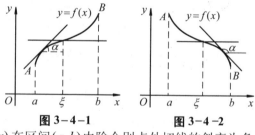

图 3-4-1　　　　图 3-4-2

与 x 轴的夹角均为钝角, 即曲线 $y = f(x)$ 在区间 (a, b) 内除个别点外切线的斜率为负. 反之亦然.

一般地, 根据拉格朗日中值定理, 有如下定理.

定理1　设函数 $y=f(x)$ 在 $[a,b]$ 上连续，在 (a,b) 内可导.

(1) 若在 (a,b) 内 $f'(x)>0$，则函数 $y=f(x)$ 在 $[a,b]$ 上单调增加；

(2) 若在 (a,b) 内 $f'(x)<0$，则函数 $y=f(x)$ 在 $[a,b]$ 上单调减少.

证明　任取两点 $x_1,x_2\in(a,b)$，设 $x_1<x_2$，由拉格朗日中值定理知，存在 $\xi(x_1<\xi<x_2)$，使得

$$f(x_2)-f(x_1)=f'(\xi)(x_2-x_1).$$

(1) 若在 (a,b) 内，$f'(x)>0$，则 $f'(\xi)>0$，所以 $f(x_2)>f(x_1)$，即 $y=f(x)$ 在 $[a,b]$ 上单调增加；

(2) 若在 (a,b) 内，$f'(x)<0$，则 $f'(\xi)<0$，所以 $f(x_2)<f(x_1)$，即 $y=f(x)$ 在 $[a,b]$ 上单调减少. ■

注：将此定理中的闭区间换成其他各种区间(包括无穷区间)，结论仍成立.

函数的单调性是一个区间上的性质，要用导数在这一区间上的符号来判定，而不能用导数在一点处的符号来判别函数在一个区间上的单调性，区间内个别点处导数为零并不影响函数在该区间上的单调性.

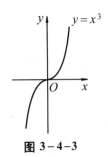

例如，函数 $y=x^3$ 在其定义域 $(-\infty,+\infty)$ 内是单调增加的(见图3-4-3)，但其导数 $y'=3x^2$ 在 $x=0$ 处为零.

如果函数在其定义域的某个区间内是单调的，则称该区间为函数的**单调区间**.

图 3-4-3

例1　讨论函数 $y=\mathrm{e}^x-x$ 的单调性.

解　题设函数的定义域为 $(-\infty,+\infty)$，又

$$y'=\mathrm{e}^x-1.$$

因为在 $(-\infty,0)$ 内，$y'<0$，所以题设函数在 $(-\infty,0]$ 内单调减少；而在 $(0,+\infty)$ 内，$y'>0$，所以题设函数在 $[0,+\infty)$ 内单调增加. ■

例2　讨论函数 $y=\sqrt[3]{x^2}$ 的单调区间.

解　题设函数的定义域为 $(-\infty,+\infty)$，又

$$y'=\frac{2}{3\sqrt[3]{x}}\quad(x\neq0),$$

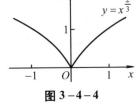

图 3-4-4

显然，当 $x=0$ 时，题设函数的导数不存在.

因为在 $(-\infty,0)$ 内，$y'<0$，所以题设函数在 $(-\infty,0]$ 内单调减少；而在 $(0,+\infty)$ 内，$y'>0$，所以题设函数在 $[0,+\infty)$ 内单调增加(见图3-4-4). ■

注：从上述两例可见，对函数 $y=f(x)$ 单调性的讨论，应先求出使导数等于零的点或使导数不存在的点，并用这些点将函数的定义域划分为若干个子区间，然后逐个判断函数的导数 $f'(x)$ 在各子区间的符号，从而确定出函数 $y=f(x)$ 在各子区间上的单调性，每个使得 $f'(x)$ 的符号保持不变的子区间都是函数 $y=f(x)$ 的单调区间.

例3　确定函数 $f(x) = \dfrac{x^3}{3} + \dfrac{x^2}{2} - 2x - 1$ 的单调区间.

函数图形实验

解　题设函数的定义域为 $(-\infty, +\infty)$，又

$$f'(x) = x^2 + x - 2 = (x-1)(x+2),$$

解方程 $f'(x) = 0$，得 $x_1 = -2, x_2 = 1$.

当 $-\infty < x < -2$ 时，$f'(x) > 0$，所以 $f(x)$ 在 $(-\infty, -2]$ 上单调增加；

当 $-2 < x < 1$ 时，$f'(x) < 0$，所以 $f(x)$ 在 $[-2, 1]$ 上单调减少；

当 $1 < x < +\infty$ 时，$f'(x) > 0$，所以 $f(x)$ 在 $[1, +\infty)$ 上单调增加.

于是，$f(x)$ 的单调区间为 $(-\infty, -2]$，$[-2, 1]$，$[1, +\infty)$（见图 3-4-5）. ■

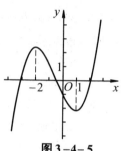

图 3-4-5

例4　试证明：当 $x > 0$ 时，$\ln(1+x) > x - \dfrac{1}{2}x^2$.

证明　作辅助函数

$$f(x) = \ln(1+x) - x + \frac{1}{2}x^2,$$

因为 $f(x)$ 在 $[0, +\infty)$ 上连续，在 $(0, +\infty)$ 内可导，且

$$f'(x) = \frac{1}{1+x} - 1 + x = \frac{x^2}{1+x},$$

当 $x > 0$ 时，$f'(x) > 0$，又 $f(0) = 0$. 故当 $x > 0$ 时，$f(x) > f(0) = 0$，所以

$$\ln(1+x) > x - \frac{1}{2}x^2. \qquad ■$$

例5　证明方程 $x^5 + x + 1 = 0$ 在区间 $(-1, 0)$ 内有且只有一个实根.

证明　令 $f(x) = x^5 + x + 1$，因为 $f(x)$ 在闭区间 $[-1, 0]$ 上连续，且 $f(-1) = -1 < 0$，$f(0) = 1 > 0$. 根据零点定理，$f(x)$ 在 $(-1, 0)$ 内至少有一个零点. 另一方面，对于任意实数 x，有

$$f'(x) = 5x^4 + 1 > 0,$$

所以 $f(x)$ 在 $(-\infty, +\infty)$ 内单调增加，因此，曲线 $y = f(x)$ 与 x 轴至多只有一个交点.

综上所述可知，方程 $x^5 + x + 1 = 0$ 在区间 $(-1, 0)$ 内有且只有一个实根. ■

二、曲线的凹凸性

函数的单调性反映在图形上就是曲线的上升或下降，但如何上升，如何下降？如图 3-4-6 所示的两条曲线弧，

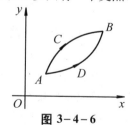

图 3-4-6

虽然都是单调上升的,图形却有明显的不同. ACB 是向上凸的, ADB 则是向上凹的,即它们的凹凸性是不同的.下面我们就来研究曲线的凹凸性及其判定方法.

关于曲线凹凸性的定义,我们先从几何直观来分析.在图 3-4-7 中,如果任取两点 x_1, x_2,则联结这两点的弦总位于这两点间的弧段的上方;而在图 3-4-8 中,则正好相反.因此,曲线的凹凸性可以用联结曲线弧上任意两点的弦的中点与曲线上相应点的位置关系来描述.

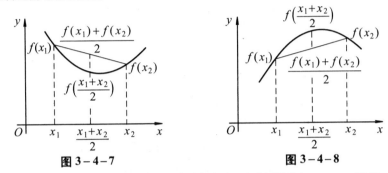

图 3-4-7　　　　　　　　　　　图 3-4-8

定义 1　设 $f(x)$ 在区间 I 上连续,如果对于 I 上任意两点 x_1, x_2,恒有

$$f\left(\frac{x_1+x_2}{2}\right) < \frac{f(x_1)+f(x_2)}{2},$$

则称 $f(x)$ 在 I 上的图形是(**向上**)**凹的**(或**凹弧**);如果恒有

$$f\left(\frac{x_1+x_2}{2}\right) > \frac{f(x_1)+f(x_2)}{2},$$

则称 $f(x)$ 在 I 上的图形是(**向上**)**凸的**(或**凸弧**).

曲线的凹凸性具有明显的几何意义,对于凹曲线,当 x 逐渐增加时,其上每点处切线的斜率是逐渐增大的,即导函数 $f'(x)$ 是单调增加函数(见图 3-4-9);而对于凸曲线,其上每点处切线的斜率是逐渐减小的,即导函数 $f'(x)$ 是单调减少函数(见图 3-4-10).于是有下述判断曲线凹凸性的定理.

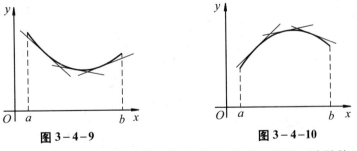

图 3-4-9　　　　　　　　　　　图 3-4-10

定理 2　设 $f(x)$ 在 $[a, b]$ 上连续,在 (a, b) 内具有一阶和二阶导数,则

(1) 若在 (a, b) 内, $f''(x) > 0$,则 $f(x)$ 在 $[a, b]$ 上的图形是凹的;

(2) 若在 (a, b) 内, $f''(x) < 0$,则 $f(x)$ 在 $[a, b]$ 上的图形是凸的.

证明　我们就情形 (1) 给出证明.

设 x_1 和 x_2 为 (a, b) 内任意两点，且 $x_1 < x_2$，记 $\dfrac{x_1 + x_2}{2} = x_0$，并记

$$x_2 - x_0 = x_0 - x_1 = h,$$

则由拉格朗日中值定理，得

$$f(x_2) - f(x_0) = f'(\xi_2)h, \quad \xi_2 \in (x_0, x_2),$$
$$f(x_0) - f(x_1) = f'(\xi_1)h, \quad \xi_1 \in (x_1, x_0).$$

两式相减，得

$$f(x_2) + f(x_1) - 2f(x_0) = [f'(\xi_2) - f'(\xi_1)]h. \tag{4.1}$$

在 (ξ_1, ξ_2) 上对 $f'(x)$ 再次应用拉格朗日中值定理，得

$$f'(\xi_2) - f'(\xi_1) = f''(\xi)(\xi_2 - \xi_1).$$

将上式代入式 (4.1)，得

$$f(x_2) + f(x_1) - 2f(x_0) = f''(\xi)(\xi_2 - \xi_1)h.$$

由题设条件知 $f''(\xi) > 0$，并注意到 $\xi_2 - \xi_1 > 0$，则有

$$f(x_2) + f(x_1) - 2f(x_0) > 0,$$

亦即

$$\frac{f(x_1) + f(x_2)}{2} > f\left(\frac{x_1 + x_2}{2}\right),$$

所以 $f(x)$ 在 (a, b) 上的图形是凹的.

类似地，可证明情形 (2).

例 6　判定 $y = x - \ln(1 + x)$ 的凹凸性.

解　因为 $y' = 1 - \dfrac{1}{1+x}$，$y'' = \dfrac{1}{(1+x)^2} > 0$，所以，题设函

数在其定义域 $(-1, +\infty)$ 内是凹的.

例 7　判断曲线 $y = x^3$ 的凹凸性.

解　因为 $y' = 3x^2$，$y'' = 6x$.

当 $x < 0$ 时，$y'' < 0$，所以曲线在 $(-\infty, 0]$ 内为凸的；

当 $x > 0$ 时，$y'' > 0$，所以曲线在 $[0, +\infty)$ 内为凹的

(见图 $3 - 4 - 11$).

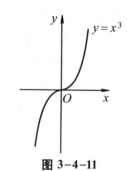

图 3-4-11

注：在例 7 中，我们注意到点 $(0, 0)$ 是使曲线由凸变凹的分界点. 此类分界点称为曲线的**拐点**. 一般地，我们有：

定义 2　连续曲线上凹弧与凸弧的分界点称为曲线的**拐点**.

图 $3 - 4 - 12$ 是一条假设的上海证券交易所股票价

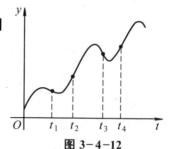

图 3-4-12

格综合指数(简称上证指数)曲线. 上证指数是一种能反映具有局部下跌和上涨的股票市场总体增长的股票指数. 投资股票市场的目标无疑是低买(在局部最低处买进)高卖(在局部最高处卖出). 但是, 这种对股票时机的把握是难以捉摸的, 因为我们不可能准确预测股市的趋势. 当投资人刚意识到股市确实在上涨(或下跌)时, 局部最低点(或局部最高点)早已过去了.

拐点为投资者提供了在逆转趋势发生之前预测它的方法, 因为拐点标志着函数增长率的根本改变. 以拐点(或接近拐点)处的价格购进股票能使投资者待在较长期的上扬趋势中(拐点预警了趋势的改变), 降低了因股市的浮动给投资者带来的风险, 这种方法使投资者能在长时间的过程中抓住股指上扬的趋势.

如何寻找曲线 $y = f(x)$ 的拐点呢?

根据定理 2, 二阶导数 $f''(x)$ 的符号是判断曲线凹凸性的依据. 因此, 若 $f''(x)$ 在点 x_0 的左、右两侧邻近处异号, 则点 $(x_0, f(x_0))$ 就是曲线的一个拐点, 所以, 要寻找拐点, 只要找出使 $f''(x)$ 符号发生变化的分界点即可. 如果函数 $f(x)$ 在区间 (a, b) 内具有二阶连续导数, 则在这样的分界点处必有 $f''(x) = 0$; 此外, 使 $f(x)$ 的二阶导数不存在的点, 也可能是使 $f''(x)$ 的符号发生变化的分界点.

综上所述, 判定曲线的凹凸性与求曲线的拐点的一般步骤为:

(1) 求函数的二阶导数 $f''(x)$;

(2) 令 $f''(x) = 0$, 解出全部实根, 并求出所有使二阶导数不存在的点;

(3) 对步骤(2)中求出的每个点, 检查其邻近左、右两侧 $f''(x)$ 的符号, 确定曲线的凹凸区间和拐点.

例8　求曲线 $y = x^4 - 2x^3 + x + 3$ 的拐点及凸凹区间.

解　曲线函数的定义域为 $(-\infty, +\infty)$, 由

$$y' = 4x^3 - 6x^2 + 1, \quad y'' = 12x^2 - 12x = 12x(x-1),$$

令 $y'' = 0$, 解得 $x_1 = 0$, $x_2 = 1$. 列表讨论如下:

x	$(-\infty, 0)$	0	$(0,1)$	1	$(1, +\infty)$
$f''(x)$	$+$	0	$-$	0	$+$
$f(x)$	凹的	拐点$(0,3)$	凸的	拐点$(1,3)$	凹的

所以, 曲线的凹区间为 $(-\infty, 0]$, $[1, +\infty)$, 凸区间为 $[0, 1]$, 拐点为 $(0, 3)$ 和 $(1, 3)$ (见图3-4-13).

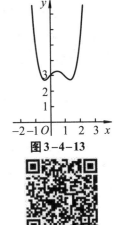

图 3-4-13

函数图形实验

例9　求曲线 $y = a^2 - \sqrt[3]{x - b}$ 的凹凸区间及拐点.

解　因为

$$y' = -\frac{1}{3} \cdot \frac{1}{\sqrt[3]{(x-b)^2}}, \quad y'' = \frac{2}{9\sqrt[3]{(x-b)^5}},$$

易见函数 y 在 $x=b$ 处不可导.

当 $x<b$ 时, $y''<0$, 曲线是凸的; 当 $x>b$ 时, $y''>0$, 曲线是凹的. 点 (b,a^2) 为曲线 $y=a^2-\sqrt[3]{x-b}$ 的拐点.

所以, 曲线的凹区间为 $(b,+\infty)$, 凸区间为 $(-\infty,b)$, 拐点为 (b,a^2). ■

三、函数的极值

在讨论函数的单调性时, 曾遇到这样的情形, 函数先是单调增加(或减少), 到达某一点后又变为单调减少(或增加), 这一类点实际上就是使函数单调性发生变化的分界点. 如在本节例 3 的图 3-4-5 中, 点 $x=-2$ 和点 $x=1$ 就是具有这种性质的点, 易见, 对于 $x=-2$ 的某个邻域内的任一点 $x\,(x\neq-2)$, 恒有 $f(x)<f(-2)$, 即曲线在点 $(-2,f(-2))$ 处达到“峰顶”; 同样, 对于 $x=1$ 的某个邻域内的任一点 $x\,(x\neq1)$, 恒有 $f(x)>f(1)$, 即曲线在点 $(1,f(1))$ 处达到“谷底”. 具有这种性质的点在实际应用中有着重要的意义. 由此我们引入函数极值的概念.

定义 3　设函数 $f(x)$ 在点 x_0 的某邻域内有定义, 若对于该邻域内任意一点 $x\,(x\neq x_0)$, 恒有

$$f(x)<f(x_0)\ (或\ f(x)>f(x_0)),$$

则称 $f(x)$ 在点 x_0 处取得**极大值**(或**极小值**), 而 x_0 称为函数 $f(x)$ 的**极大值点**(或**极小值点**).

极大值与极小值统称为函数的**极值**, 极大值点与极小值点统称为函数的**极值点**.

例如, 余弦函数 $y=\cos x$ 在点 $x=0$ 处取得极大值 1, 在 $x=\pi$ 处取得极小值 -1.

函数的极值的概念是局部性的. 如果 $f(x_0)$ 是函数 $f(x)$ 的一个极大值(或极小值), 只是就 x_0 邻近的一个局部范围内, $f(x_0)$ 是最大的(或最小的), 对函数 $f(x)$ 的整个定义域来说就不一定是最大的(或最小的)了.

在图 3-4-14 中, 函数 $f(x)$ 有两个极大值 $f(x_2)$、$f(x_5)$, 三个极小值 $f(x_1)$、$f(x_4)$、$f(x_6)$, 其中极大值 $f(x_2)$ 比极小值 $f(x_6)$ 还小. 就整个区间 $[a,b]$ 而言, 只有一个极小值 $f(x_1)$ 同时也是最小值, 而没有一个极大值是最大值.

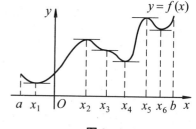

图 3-4-14

从图 3-4-14 中还可看到, 在函数取得极值处, 曲线的切线是水平的, 即函数在极值点处的导数等于零. 但曲线上有水平切线的地方(如 $x=x_3$ 处), 函数却不一定取得极值.

定理 3(必要条件)　如果 $f(x)$ 在点 x_0 处可导, 且在 x_0 处取得极值, 则 $f'(x_0)=0$.

证明　不妨设 x_0 是 $f(x)$ 的极小值点, 由定义可知, $f(x)$ 在点 x_0 的某个邻域内有

定义,且当 $|\Delta x|$ 很小时,恒有

$$\Delta y = f(x_0 + \Delta x) - f(x_0) \geq 0,$$

于是

$$f_-'(x_0) = \lim_{\Delta x \to 0^-} \frac{\Delta y}{\Delta x} \leq 0,$$

$$f_+'(x_0) = \lim_{\Delta x \to 0^+} \frac{\Delta y}{\Delta x} \geq 0.$$

因为 $f(x)$ 在点 x_0 处可导,所以

$$f'(x_0) = f_-'(x_0) = f_+'(x_0),$$

从而 $f'(x_0) = 0$.

使 $f'(x) = 0$ 的点,称为函数 $f(x)$ 的**驻点**. 根据定理1,可导函数 $f(x)$ 的极值点必定是它的驻点,但函数的驻点却不一定是极值点. 例如,$y = x^3$ 在点 $x = 0$ 处的导数等于零,但显然 $x = 0$ 不是 $y = x^3$ 的极值点.

此外,函数在它的导数不存在的点处也可能取得极值. 例如,函数 $f(x) = |x|$ 在点 $x = 0$ 处不可导,但函数在该点取得极小值.

当我们求出函数的驻点或不可导点后,还要从这些点中判断哪些是极值点,并进一步判断极值点是极大值点还是极小值点. 由函数极值的定义和函数单调性的判定法易知,函数在其极值点的邻近两侧单调性改变(即函数一阶导数的符号改变),由此可导出关于函数极值点判定的一个充分条件.

定理4(第一充分条件) 设函数 $f(x)$ 在点 x_0 的某个邻域内连续并且可导(导数 $f'(x_0)$ 也可以不存在),并且在其去心邻域内可导.

(1) 如果在点 x_0 的左邻域内,$f'(x) > 0$;在点 x_0 的右邻域内,$f'(x) < 0$,则 $f(x)$ 在 x_0 处取得极大值 $f(x_0)$.

(2) 如果在点 x_0 的左邻域内,$f'(x) < 0$;在点 x_0 的右邻域内,$f'(x) > 0$,则 $f(x)$ 在 x_0 处取得极小值 $f(x_0)$.

(3) 如果在点 x_0 的去心邻域内,$f'(x)$ 不变号,则 $f(x)$ 在 x_0 处没有极值.

证明 (1) 由题设条件,函数 $f(x)$ 在点 x_0 的左邻域内单调增加,在点 x_0 的右邻域内单调减少,且 $f(x)$ 在点 x_0 处连续,故由定义可知,$f(x)$ 在 x_0 处取得极大值 $f(x_0)$ (见图3-4-15(a)).

(2) (见图3-4-15(b)),(3) (见图3-4-15(c)、(d))同理可证.

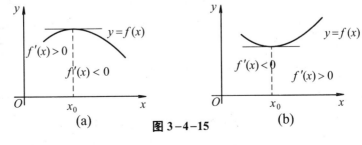

图3-4-15

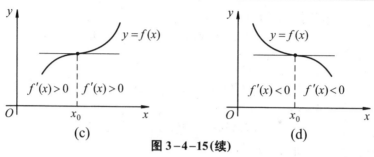

(c)　　　　　　　　　　　(d)

图 3-4-15(续)

根据定理 3 和定理 4，如果函数 $f(x)$ 在所讨论的区间内连续，除个别点外处处可导，则可按下列步骤来求函数的极值点和极值.

(i) 确定函数 $f(x)$ 的定义域，并求其导数 $f'(x)$；

(ii) 解方程 $f'(x)=0$，求出 $f(x)$ 的全部驻点与不可导点；

(iii) 讨论 $f'(x)$ 在驻点和不可导点左、右两侧邻近范围内符号变化的情况，确定函数的极值点；

(iv) 求出各极值点的函数值，就得到函数 $f(x)$ 的全部极值.

例 10　求出函数 $f(x)=x^3-3x^2-9x+5$ 的极值.

解　(1) 函数 $f(x)$ 在 $(-\infty,+\infty)$ 内连续，且
$$f'(x)=3x^2-6x-9=3(x+1)(x-3).$$

(2) 令 $f'(x)=0$，得驻点 $x_1=-1$，$x_2=3$.

(3) 列表讨论如下：

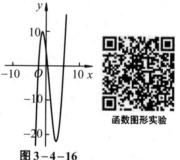

图 3-4-16

x	$(-\infty,-1)$	-1	$(-1,3)$	3	$(3,+\infty)$
$f'(x)$	$+$	0	$-$	0	$+$
$f(x)$	↗	极大值	↘	极小值	↗

(4) 极大值为 $f(-1)=10$，极小值为 $f(3)=-22$. 如图 3-4-16 所示. ■

例 11　求函数 $f(x)=(x-4)\sqrt[3]{(x+1)^2}$ 的极值.

解　(1) 函数 $f(x)$ 在 $(-\infty,+\infty)$ 内连续，除 $x=-1$ 外处处可导，且
$$f'(x)=\frac{5(x-1)}{3\sqrt[3]{x+1}};$$

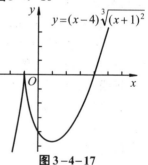

$y=(x-4)\sqrt[3]{(x+1)^2}$

图 3-4-17

(2) 令 $f'(x)=0$，得驻点 $x=1$，而 $x=-1$ 为 $f(x)$ 的不可导点；

(3) 列表讨论如下：

x	$(-\infty,-1)$	-1	$(-1,1)$	1	$(1,+\infty)$
$f'(x)$	$+$	不存在	$-$	0	$+$
$f(x)$	↗	极大值	↘	极小值	↗

函数图形实验

(4) 极大值为 $f(-1)=0$，极小值为 $f(1)=-3\sqrt[3]{4}$. 见图 3-4-17. ■

当函数 $f(x)$ 在驻点处的二阶导数存在且不为零时, 也可以利用下述定理来判定 $f(x)$ 在驻点处是取得极大值还是极小值.

定理 5 (第二充分条件) 设 $f(x)$ 在 x_0 处具有二阶导数, 且
$$f'(x_0) = 0, \ f''(x_0) \neq 0,$$
则 (1) 当 $f''(x_0) < 0$ 时, 函数 $f(x)$ 在 x_0 处取得极大值;

(2) 当 $f''(x_0) > 0$ 时, 函数 $f(x)$ 在 x_0 处取得极小值.

证明 对于情形 (1), 由于 $f''(x_0) < 0$, 按二阶导数的定义
$$f''(x_0) = \lim_{\Delta x \to 0} \frac{f'(x_0 + \Delta x) - f'(x_0)}{\Delta x} < 0,$$
根据函数极限的局部保号性, 当 x 在 x_0 的足够小的去心邻域内时, 有
$$\frac{f'(x_0 + \Delta x) - f'(x_0)}{\Delta x} < 0,$$
即 $f'(x_0 + \Delta x) - f'(x_0)$ 与 Δx 异号, 故当 $\Delta x < 0$ 时, 有
$$f'(x_0 + \Delta x) > f'(x_0) = 0,$$
当 $\Delta x > 0$ 时, 有
$$f'(x_0 + \Delta x) < f'(x_0) = 0.$$
所以, 函数 $f(x)$ 在 x_0 处取得极大值.

同理可证 (2).

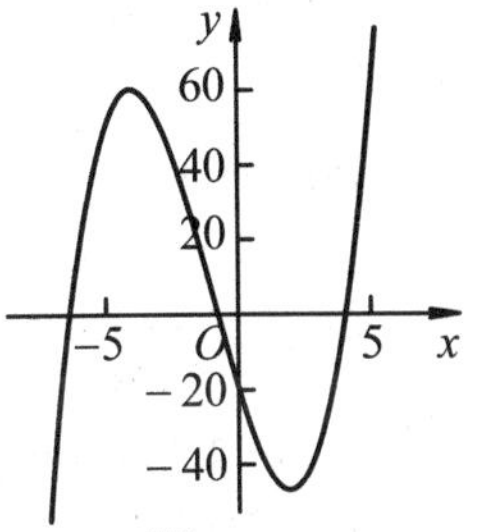

例 12 求出函数 $f(x) = x^3 + 3x^2 - 24x - 20$ 的极值.

解 函数 $f(x)$ 在 $(-\infty, +\infty)$ 内连续, 且
$$f'(x) = 3x^2 + 6x - 24 = 3(x+4)(x-2).$$
令 $f'(x) = 0$, 得驻点 $x_1 = -4$, $x_2 = 2$. 又 $f''(x) = 6x + 6$, 因为
$$f''(-4) = -18 < 0,$$
$$f''(2) = 18 > 0,$$

图 3-4-18

所以, 极大值 $f(-4) = 60$, 极小值 $f(2) = -48$. 见图 3-4-18.

注: $f''(x_0) = 0$ 时, $f(x)$ 在点 x_0 处不一定取极值, 则仍用第一充分条件进行判断.

例 13 求函数 $f(x) = x^3(x-2) + 1$ 的极值.

解 $f'(x) = 4x^2 \left(x - \dfrac{3}{2} \right)$. 令 $f'(x) = 0$, 求得驻点
$$x_1 = 0, \ x_2 = \frac{3}{2}.$$
又
$$f''(x) = 12x(x-1).$$

函数图形实验

因为 $f''\left(\dfrac{3}{2}\right) = 9 > 0$, 所以 $f(x)$ 在 $x = \dfrac{3}{2}$ 取得极小值, 极小值为 $f\left(\dfrac{3}{2}\right) = -\dfrac{11}{16}$. 而 $f''(0) = 0$, 故用定理 5 无法判别. 考察一阶导数 $f'(x)$ 在驻点 $x_1 = 0$ 左右邻近处的

符号：

当 x 取 0 的左侧邻近处的值时，$f'(x) < 0$；

当 x 取 0 的右侧邻近处的值时，$f'(x) < 0$.

因为 $f'(x)$ 的符号没有改变，所以 $f(x)$ 在 $x = 0$ 处没有极值（见图 3-4-19）.

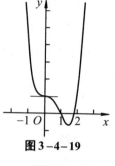

图 3-4-19

*数学实验

实验 3.2　试用计算软件完成下列各题：

(1) 求函数 $f(x) = x^2 e^{-\frac{1}{2}x}$ 的单调区间；

(2) 求函数 $f(x) = \dfrac{2 + 7x}{\sqrt{3 + 5x + 3x^2}}$ 的极值；

计算实验

(3) 求函数 $y = 2\sin^2(2x) + \dfrac{5}{2} x \cos^2\left(\dfrac{x}{2}\right)$ 位于区间 $(0, \pi)$ 内的极值的近似值；

(4) 作函数 $y = \dfrac{x^2 - x + 4}{x - 1}$ 及其导函数的图形，并求函数的单调区间和极值；

(5) 作函数 $y = (x - 3)(x - 8)^{\frac{2}{3}}$ 及其导函数的图形，并求函数的单调区间和极值；

(6) 求函数 $f(x) = x + x^{\frac{5}{3}}$ 的拐点及凸凹区间；

(7) 作函数 $y = x^4 + 2x^3 - 72x^2 + 70x + 24$ 及其二阶导数的图形，并求函数的凹凸区间和拐点；

(8) 设 $h(x) = x^3 + 8x^2 + 19x - 12$，$k(x) = \dfrac{1}{2} x^2 - x - \dfrac{1}{8}$，求方程 $h(x) = k(x)$ 的近似根；

(9) 设 $f(x) = e^{-\frac{x^2}{16}} \cos\left(\dfrac{x}{\pi}\right)$，$g(x) = \sin\sqrt{x^3} + \dfrac{5}{4}$，作出两个函数在区间 $[0, \pi]$ 上的图形，并求方程 $f(x) = g(x)$ 在该区间的近似根.

详见教材配套的网络学习空间.

习题 3-4

1. 证明函数 $y = x - \ln(1 + x^2)$ 单调增加.

2. 判定函数 $f(x) = x + \sin x$ $(0 \leq x \leq 2\pi)$ 的单调性.

3. 求下列函数的单调区间：

(1) $y = \dfrac{1}{3} x^3 - x^2 - 3x + 1$；

(2) $y = (x - 1)(x + 1)^3$；

(3) $y = \dfrac{2}{3} x - \sqrt[3]{x^2}$；

(4) $y = 2x^2 - \ln x$；

(5) $y = \dfrac{x^2}{1 + x}$；

(6) $y = (1 + \sqrt{x})x$.

4. 证明下列不等式：

(1) 当 $x > 0$ 时, $1 + \dfrac{1}{2}x > \sqrt{1+x}$;　　　(2) 当 $x > 4$ 时, $2^x > x^2$;

(3) 当 $x \geq 0$ 时, $(1+x)\ln(1+x) \geq \arctan x$;　　　(4) 当 $0 < x < \dfrac{\pi}{2}$ 时, $\tan x > x + \dfrac{1}{3}x^3$.

5. 试证方程 $\sin x = x$ 有且仅有一个实根.

6. 求下列函数图形的拐点及凹凸区间:

(1) $y = x + \dfrac{1}{x}(x > 0)$;　　　(2) $y = x + \dfrac{x}{x^2 - 1}$;　　　(3) $y = x \arctan x$;

(4) $y = (x+1)^4 + e^x$;　　　(5) $y = \ln(x^2 + 1)$;　　　(6) $y = e^{\arctan x}$.

7. 利用函数图形的凹凸性, 证明不等式:

(1) $\dfrac{e^x + e^y}{2} > e^{\frac{x+y}{2}}$ $(x \neq y)$;

(2) $\cos \dfrac{x+y}{2} > \dfrac{\cos x + \cos y}{2}$, $\forall x, y \in \left(-\dfrac{\pi}{2}, \dfrac{\pi}{2}\right)$.

8. 问 a 及 b 为何值时, 点 $(1,3)$ 为曲线 $y = ax^3 + bx^2$ 的拐点?

9. 试确定曲线 $y = ax^3 + bx^2 + cx + d$ 中的 a、b、c、d, 使得在 $x = -2$ 处曲线有水平切线, $(1, -10)$ 为拐点, 且点 $(-2, 44)$ 在曲线上.

10. 求下列函数的极值:

(1) $y = 3x - x^2$;　　　(2) $y = x - \ln(1+x)$;　　　(3) $y = x + \sqrt{1-x}$;

(4) $y = x^2 e^{-x}$;　　　(5) $y = \dfrac{\ln^2 x}{x}$;　　　(6) $y = e^x \cos x$.

11. 试证: 当 $a + b + 1 > 0$ 时, $f(x) = \dfrac{x^2 + ax + b}{x - 1}$ 取得极值.

12. 试问 a 为何值时, 函数 $f(x) = a \sin x + \dfrac{1}{3}\sin 3x$ 在 $x = \dfrac{\pi}{3}$ 处取得极值? 并求此极值.

§3.5　数学建模 —— 最优化

一、函数的最大值与最小值

在实际应用中, 常常会遇到求最大值和最小值的问题. 如用料最省、容量最大、花钱最少、效率最高、利润最大等. 此类问题在数学上往往可归结为求某一函数(通常称为**目标函数**)的最大值或最小值问题.

假定函数 $f(x)$ 在闭区间 $[a, b]$ 上连续, 则函数在该区间上必取得最大值和最小值. 函数的最大(小)值与函数的极值是有区别的, 前者是指在整个闭区间 $[a, b]$ 上的所有函数值中为最大(小)的, 因而最大(小)值是全局性的概念. 但是, 如果函数的最大(小)值在 (a, b) 内达到, 则最大(小)值同时也是极大(小)值. 此外, 函数的最大(小)值也可能在区间的端点处达到.

综上所述, 求函数在 $[a, b]$ 上的最大(小)值的步骤如下:

(1) 计算函数 $f(x)$ 一切可能极值点上的函数值，并将它们与 $f(a), f(b)$ 比较，这些值中最大的就是最大值，最小的就是最小值；

(2) 对于闭区间 $[a, b]$ 上的连续函数 $f(x)$，如果在这个区间内只有一个可能的极值点，并且函数在该点确有极值，则该点就是函数在所给区间上的最大值(或最小值)点. 图 3-5-1 给出了极大(小)值与最大(小)值分布的一种典型情况.

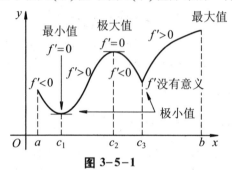

图 3-5-1

例 1　求 $y = f(x) = 2x^3 + 3x^2 - 12x + 14$ 在 $[-3, 4]$ 上的最大值与最小值.

解　因为 $f'(x) = 6(x+2)(x-1)$，解方程 $f'(x) = 0$，得

$$x_1 = -2, \quad x_2 = 1.$$

计算

$$f(-3) = 23; \quad f(-2) = 34;$$
$$f(1) = 7; \qquad f(4) = 142.$$

比较得：最大值 $f(4) = 142$，最小值 $f(1) = 7$.
如图 3-5-2 所示.

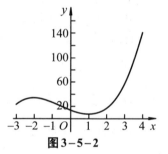

函数图形计算

图 3-5-2

例 2　设工厂 A 到铁路线的垂直距离为 $20\,\mathrm{km}$，垂足为 B. 铁路线上距离 B 100 km 处有一原料供应站 C，如图 3-5-3 所示. 现要在铁路 BC 段 D 处修建一个原料中转车站，再由车站 D 向工厂修一条公路. 如果已知每 km 的铁路运费与公路运费之比为 $3:5$，那么，D 应选在何处，才能使从原料供应站 C 运货到工厂 A 所需运费最省？

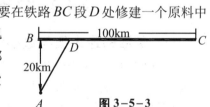

图 3-5-3

解　设 B, D 之间的距离为 x (单位：km)，则 A, D 之间的距离和 C, D 之间的距离分别为

$$|AD| = \sqrt{x^2 + 20^2}, \quad |CD| = 100 - x.$$

如果公路运费为 a 元/km，则铁路运费为 $\dfrac{3}{5}a$ 元/km，故从原料供应站 C 途经中转站 D 到工厂 A 所需总运费 y (**目标函数**) 为

$$y = \frac{3}{5}a|CD| + a|AD| = \frac{3}{5}a(100-x) + a\sqrt{x^2+400} \quad (0 \leq x \leq 100).$$

由于 $\quad y' = -\frac{3}{5}a + \frac{ax}{\sqrt{x^2+400}} = \frac{a(5x - 3\sqrt{x^2+400})}{5\sqrt{x^2+400}}, \quad y'' = \frac{400a}{(x^2+400)^{3/2}},$

解方程 $y' = 0$, 即 $25x^2 = 9(x^2 + 400)$, 得驻点

$$x_1 = 15, \quad x_2 = -15 \,(舍去),$$

因而 $x_1 = 15$ 是函数 y 在定义域内的唯一驻点. 又 $y''(15) > 0$, 由此知 $x_1 = 15$ 是函数 y 的极小值点, 且是函数 y 的最小值点.

综上所述, 车站 D 建于 B, C 之间且与 B 相距 $15\,\mathrm{km}$ 处时, 运费最省. ■

例3 某房地产公司有 50 套公寓要出租, 当租金定为每月 180 元时, 公寓可全部租出去. 当月租金每增加 10 元时, 就有一套公寓租不出去, 而租出去的房子每月需花费 20 元的整修维护费. 试问房租定为多少可获得最大收入?

解 设房租为每月 x 元, 则租出去的房子为 $50 - \left(\dfrac{x-180}{10}\right)$ 套, 每月的总收入为

$$R(x) = (x-20)\left(50 - \frac{x-180}{10}\right) = (x-20)\left(68 - \frac{x}{10}\right).$$

由 $\quad R'(x) = \left(68 - \dfrac{x}{10}\right) + (x-20)\left(-\dfrac{1}{10}\right) = 70 - \dfrac{x}{5},$

解方程 $R'(x) = 0$, 得唯一驻点 $x = 350$. 又 $R''(x) = -1/5$, $R''(350) < 0$, 因此 $R(350)$ 是极大值, 也是最大值. 所以每月每套租金为 350 元时收入最大, 最大收入为

$$R(350) = 10\,890\,(元).\quad ■$$

*二、对抛射体运动建模

我们将要为理想抛射体运动建模. 所谓理想抛射体是指抛射体在运动过程中不计空气阻力, 仅受到唯一的作用力: 总指向正下方的重力, 其运动轨迹呈抛物线状.

假设抛射体在时刻 $t = 0$ 以初速度 v 被发射到第一象限(见图 3-5-4), 若 v 和水平线成角 α(即抛射角), 则抛射体的运动轨迹由参数方程

$$x(t) = (v\cos\alpha)t, \quad y(t) = (v\sin\alpha)t - \frac{1}{2}gt^2$$

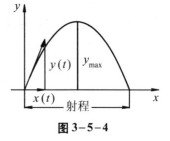

图 3-5-4

给出, 其中 g 是重力加速度(9.8 米/秒²). 上面第一个方程描述了抛射体在时刻 $t \geq 0$ 的水平位置, 而第二个方程描述了抛射体在时刻 $t \geq 0$ 的竖直位置.

例4 在地面上以 400 米/秒的初速度和 $\pi/3$ 的抛射角发射一个抛射体. 求发射 10 秒后抛射体的位置.

解 由 $v = 400$ 米/秒, $\alpha = \pi/3$, $t = 10$, 则

$$x(10) = \left(400\cos\frac{\pi}{3}\right) \times 10 = 2\,000,$$

$$y(10) = \left(400\sin\frac{\pi}{3}\right) \times 10 - \frac{1}{2} \times 9.8 \times 10^2 \approx 2\,974,$$

即发射10秒后抛射体离开发射点的水平距离为2 000米, 在空中的高度为2 974米. ■

　　虽然由参数方程确定的运动轨迹能够解决理想抛射体的大部分问题. 但是有时我们还需要知道它的飞行时间、射程（即从发射点到水平地面的碰撞点的距离）和最大高度.

　　由抛射体在时刻 $t \geq 0$ 的竖直位置解出 t:

$$t\left(v\sin\alpha - \frac{1}{2}gt\right) = 0 \Rightarrow t = 0,\ t = \frac{2v\sin\alpha}{g}.$$

　　因为抛射体在时刻 $t = 0$ 发射, 故 $t = \dfrac{2v\sin\alpha}{g}$ 必然是抛射体碰到地面的时刻. 此时抛射体的水平距离, 即射程为

$$x(t)\Big|_{t=\frac{2v\sin\alpha}{g}} = (v\cos\alpha)t\Big|_{t=\frac{2v\sin\alpha}{g}} = \frac{v^2}{g}\sin 2\alpha,$$

当 $\sin 2\alpha = 1$, 即 $\alpha = \dfrac{\pi}{4}$ 时射程最大.

　　抛射体在它的竖直速度为零时,

$$y'(t) = v\sin\alpha - gt = 0,$$

从而 $t = \dfrac{v\sin\alpha}{g}$, 故最大高度

$$y(t)\Big|_{t=\frac{v\sin\alpha}{g}} = (v\sin\alpha)\left(\frac{v\sin\alpha}{g}\right) - \frac{1}{2}g\left(\frac{v\sin\alpha}{g}\right)^2$$

$$= \frac{(v\sin\alpha)^2}{2g}.$$

　　根据以上分析, 不难求得例4中的抛射体的飞行时间、射程和最大高度:

$$\text{飞行时间 } t = \frac{2v\sin\alpha}{g} = \frac{2 \times 400}{9.8}\sin\frac{\pi}{3} \approx 70.70\,(\text{秒}),$$

$$\text{射程 } x_{\max} = \frac{v^2}{g}\sin 2\alpha = \frac{400^2}{9.8}\sin\frac{2\pi}{3} \approx 14\,139\,(\text{米}),$$

$$\text{最大高度 } y(t)_{\max} = \frac{(v\sin\alpha)^2}{2g} = \frac{\left(400\sin\dfrac{\pi}{3}\right)^2}{2 \times 9.8} \approx 6\,122\,(\text{米}).$$ ■

　　下面我们再来看一个实例.

　　例5　1992 年巴塞罗那夏季奥运会开幕式上的奥运火炬是由射箭铜牌获得者安

东尼奥·雷波罗用一支燃烧的箭点燃的(见图3-5-5(a)). 奥运火炬位于高约21米的火炬台顶端的圆盘中, 假定雷波罗在地面以上2米距火炬台顶端圆盘约70米处的位置射出火箭, 若火箭恰好在达到其最大飞行高度1秒后落入火炬圆盘中, 试确定火箭的发射角α和初速度v_0.(假定火箭射出后在空中的运动过程中受到的阻力为零, 且$g = 10$米/秒^2, $\arctan \dfrac{21.91}{21.11} \approx 46.06°$, $\sin 46.06° \approx 0.72$, 要求精确到小数点后2位.)

解　建立如图3-5-5(b)所示的坐标系, 设火箭被射向空中的初速度为v_0米/秒, 即$v_0 = (v_0 \cos\alpha, v_0 \sin\alpha)$, 则火箭在空中运动$t$秒后的位移方程为

$$s(t) = (x(t), y(t)) = (v_0 \cos\alpha t, 2 + v_0 \sin\alpha t - 5t^2).$$

(a)

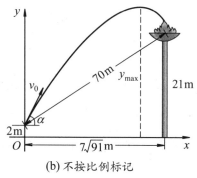

(b) 不按比例标记

图3-5-5

火箭在其速度的竖直分量为零时达到最高点, 故有

$$\frac{\mathrm{d}y(t)}{\mathrm{d}t} = (2 + v_0 \sin\alpha t - 5t^2)' = v_0 \sin\alpha - 10t = 0 \Rightarrow t = \frac{v_0}{10}\sin\alpha,$$

于是可得出当火箭达到最高点1秒后的时刻其水平位移和竖直位移分别为

$$x(t)\Big|_{t = \frac{v_0 \sin\alpha}{10} + 1} = v_0 \cos\alpha\left(\frac{v_0}{10}\sin\alpha + 1\right) = \sqrt{70^2 - 19^2},$$

$$y(t)\Big|_{t = \frac{v_0 \sin\alpha}{10} + 1} = \frac{v_0^2 \sin^2\alpha}{20} - 3 = 21,$$

解得: $v_0 \sin\alpha \approx 21.91$, $v_0 \cos\alpha \approx 21.11$, 从而

$$\tan\alpha = \frac{21.91}{21.11} \Rightarrow \alpha \approx 46.06°,$$

又

$$v_0 \sin\alpha \approx 21.91, \quad \alpha \approx 46.06° \Rightarrow v_0 \approx 30.43(\text{米}/\text{秒}),$$

所以, 火箭的发射角α和初速度v_0分别约为46.06°和30.43米/秒. ■

注:以上我们所研究的均为理想情况下的抛射体运动, 实际情况远比此复杂, 事实上, 抛射体的运动还受到重力和空气阻力等因素的持续影响.

三、在经济学中的应用

1. 平均成本最小化问题

设成本函数 $C = C(x)$ (x 是产量),一个典型的成本函数的图像如图 3-5-6 所示,注意到在前一段区间上曲线呈上凸型,因而切线的斜率,即边际成本函数在此区间上单调下降. 这反映了生产规模的效益. 接着曲线上有一拐点,曲线随之变成下凸型,边际成本函数呈递增态势. 引起这种变化的原因可能是超时工作带来的高成本,或者是生产规模过大带来的低效性.

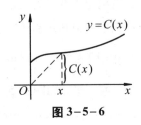

图 3-5-6

定义每单位产品所承担的成本费用为**平均成本函数**,即

$$\overline{C}(x) = \frac{C(x)}{x} \quad (x \text{ 是产量}).$$

注意到 $\frac{C(x)}{x}$ 正是图 3-5-6 曲线上纵坐标与横坐标之比,也正是曲线上一点与原点连线的斜率,据此可作出 $\overline{C}(x)$ 的图像(见图 3-5-7). 易见 $\overline{C}(x)$ 在 $x = 0$ 处无定义. 说明生产数量为零时,不能讨论平均成本. 图 3-5-7 中的整个曲线呈下凸型,故有唯一的极小值. 又由

$$\overline{C}'(x) = \frac{xC'(x) - C(x)}{x^2} = 0$$

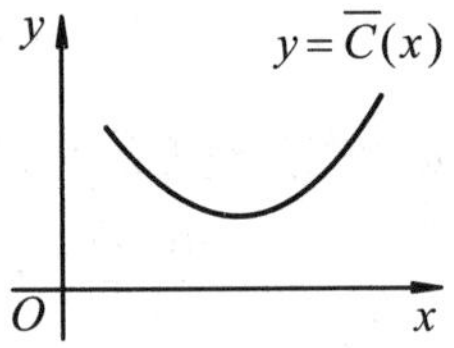

得

$$C'(x) = \frac{C(x)}{x},$$

图 3-5-7

即**当边际成本等于平均成本时,平均成本达到最小**.

例6 设每月产量为 x 吨时,总成本函数为

$$C(x) = \frac{1}{4}x^2 + 8x + 4\,900\,(\text{元}),$$

求最低平均成本和相应产量的边际成本.

解 平均成本为

$$\overline{C}(x) = \frac{C(x)}{x} = \frac{1}{4}x + 8 + \frac{4\,900}{x}.$$

令 $\overline{C}'(x) = \frac{1}{4} - \frac{4\,900}{x^2} = 0$,解得唯一驻点 $x = 140$.

又 $\overline{C}''(140) = \frac{9\,800}{140^3} > 0$. 故 $x = 140$ 是 $\overline{C}(x)$ 的极小值点,也是最小值点. 因此,每月产量为 140 吨时,平均成本最低,其最低平均成本为

$$\overline{C}(140) = \frac{1}{4} \times 140 + 8 + \frac{4\,900}{140} = 78\,(元).$$

边际成本函数为

$$C'(x) = \frac{1}{2}x + 8.$$

故当产量为 140 吨时, 边际成本为 $C'(140) = 78\,(元)$. ■

例 7　某人利用原材料每天要制作 5 个贮藏橱. 假设外来木材的运送成本为 6 000 元, 而贮存每个单位材料的成本为 8 元. 为使他在两次运送期间的制作周期内平均每天的成本最小, 每次他应该订多少原材料以及多长时间订一次货?

解　设每 x 天订一次货, 那么在运送周期内必须订 $5x$ 单位材料. 而平均贮存量大约为运送数量的一半, 即 $5x/2$. 因此

$$每个周期的成本 = 运送成本 + 贮存成本 = 6\,000 + \frac{5x}{2} \cdot x \cdot 8,$$

$$平均成本\ \overline{C}(x) = \frac{每个周期的成本}{x} = \frac{6\,000}{x} + 20x,\ x > 0.$$

由 $\overline{C}'(x) = -\dfrac{6\,000}{x^2} + 20$ 解方程 $\overline{C}'(x) = 0$, 得驻点

$$x_1 = 10\sqrt{3} \approx 17.32, \quad x_2 = -10\sqrt{3} \approx -17.32\,(舍去).$$

因 $\overline{C}''(x) = \dfrac{12\,000}{x^3}$, 则 $\overline{C}''(x_1) > 0$, 所以在 $x_1 = 10\sqrt{3} \approx 17.32$ 天处取得最小值.

贮藏橱制作者应该安排每隔 17 天运送 $5 \times 17 = 85$ 单位材料. ■

2. 存货成本最小化问题

商业的零售商店关心存货成本. 假定一个商店每年销售 360 台计算器, 商店可能通过一次整批订购所有计算器来保证营业. 但是另一方面, 店主将面临储存所有计算器所承担的持产成本 (例如, 保险、房屋面积等). 于是他可能分成几批较小的订货单, 例如 6 批, 因而必须储存的最大数是 60. 但是每次再订货, 却要为文书工作、送货费用、劳动力等支付成本. 因此, 似乎在持产成本和再订购成本之间存在一个平衡点. 下面将展示微分学是怎样帮我们确定平衡点的. 我们最小化下述函数:

$$总存货成本 = (年度持产成本) + (年度再订购成本)$$

所谓批量 x 是指每个再订购期所订货物的最大量. 如果 x 是每期的订货量, 则在那一时段, 现有存货量是在 0 到 x 台之间的某个整数. 为了得到一个关于在该期间的每个时刻的现有存货量的表示式, 可以采用平均量 $x/2$ 来表示该年度的相应时段的平均存货量.

参看 3–5–8 的图形. 如果该批量是 360, 则在前后两次订货之间的时段中, 现有存货处于 0 到 360 台之间的某个位置. 现存货物取平均存量为 360/2 即 180 台. 如果批量是 180, 则在前后两次订货之间的时段中, 现有存货处于 0 到 180 台之间的某个位置. 现存货物取平均存量为 180/2 即 90 台.

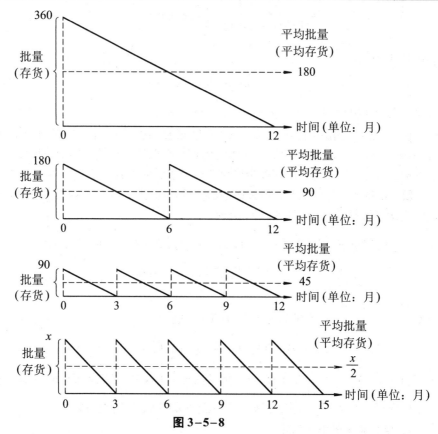

图 3-5-8

例8 某计算器零售商店每年销售 360 台计算器. 库存一台计算器一年的费用是 8 元. 为再订购, 需付 10 元的固定成本, 以及每台计算器另加 8 元. 为最小化存货成本, 商店每年应订购计算器几次? 每次批量是多少?

解 设 x 表示批量. 存货成本表示为

$$C(x) = (\text{年度持产成本}) + (\text{年度再订购成本}).$$

我们分别讨论年度持产成本和年度再订购成本.

现有平均存货量是 $x/2$, 并且每台库存花费 8 元. 因而

$$\text{年度持产成本} = (\text{每台年度成本}) \times (\text{平均台数}) = 8 \cdot \frac{x}{2} = 4x.$$

已知 x 表示批量. 又假定每年再订购 n 次. 于是 $nx = 360 \Rightarrow n = 360 / x$. 因而

$$\text{年度再订购成本} = (\text{每次订购成本}) \times (\text{再订购次数})$$

$$= (10 + 8x) \frac{360}{x} = \frac{3\,600}{x} + 2\,880.$$

因此

$$C(x) = 4x + \frac{3\,600}{x} + 2\,880.$$

令 $C'(x) = 4 - \dfrac{3\,600}{x^2} = 0$，解得驻点 $x = \pm 30$.

又　　　　　　　$C''(x) = \dfrac{7\,200}{x^3} > 0$.

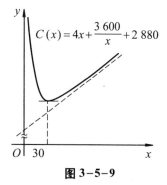

$$C(x) = 4x + \frac{3\,600}{x} + 2\,880$$

图 3-5-9

因为在区间 $[1, 360]$ 内只有一个驻点，即 $x = 30$，所以在 $x = 30$ 处有最小值 (见图 3-5-9).

因此，为了最小化存货成本，商店应每年订货

$$\frac{360}{30} = 12 \ (\text{次}). \qquad ■$$

在这类问题中，当答案不是整数时会发生什么情形呢？对于这些函数，可以考虑与答案最接近的两个整数，然后把它们代入 $C(x)$，使 $C(x)$ 较小的值就是其批量.

例9　再讨论例8，除了把存货成本 8 元改为 9 元，采用例8给出的所有数据. 为使存货成本最小化，商店应按多大的批量再订购计算器且每年应订购几次？

解　把这个例子与例8作比较，求其存货成本，它变成

$$C(x) = 9 \cdot \frac{x}{2} + (10 + 9x) \frac{360}{x} = \frac{9x}{2} + \frac{3\,600}{x} + 3\,240.$$

然后求 $C'(x)$，令它等于 0 来求解 x：

$$C'(x) = \frac{9}{2} - \frac{3\,600}{x^2} = 0 \Rightarrow x = \sqrt{800} \approx 28.3.$$

因为每次再订购 28.3 台没有意义，考虑与 28.3 最接近的两个整数，它们是 28 和 29. 现在有

$$C(28) \approx 3\,494.57(\text{元}) \ \text{和} \ C(29) \approx 3\,494.64 \ (\text{元}).$$

由此可得，最小化存货成本的批量是 28，尽管相差 0.07 元，但并不重要. (注意：这一步骤不是对所有类型的函数都能行得通，但对于这里正在讨论的函数是可行的.) 应再订购的次数是 $360 / 28 \approx 13$，所以仍然涉及某个近似值. ■

使总存货成本最小的批量常称为经济订购量. 在用上述方法来确定经济订购量时，要做三个假设. 首先，在全年中，每次发出订货单与接收货物之间的时间是一致的. 其次，产品的需求在全年是一样的，这对于计算器可能合理，但对于季节性商品，例如服装或滑雪板，这可能不合理. 最后，所涉及的各种成本(如仓储、运输费用等)是不变的. 这在通货膨胀或通货紧缩时，可能是不合理的，虽然可以计算出这些成本，例如通过预测它们可能是多少以及利用平均成本来计算. 尽管如此，上面所描述的方法仍然是有用的，并且使我们能够利用微分学来分析一些看似困难的问题.

3. 利润最大化问题

销售某商品的收入 R 等于产品的单位价格 P 乘以销售量 x，即 $R = P \cdot x$，而销售利润 L 等于收入 R 减去成本 C，即 $L = R - C$.

例10　某服装有限公司确定，为卖出 x 套服装，其单价应为 $p = 150 - 0.5x$. 同时

还确定,生产 x 套服装的总成本可表示成 $C(x)=4\,000+0.25\,x^2$.

(1) 求总收入 $R(x)$.

(2) 求总利润 $L(x)$.

(3) 为使利润最大化,公司必须生产并销售多少套服装?

(4) 最大利润是多少?

(5) 为实现这一最大利润,其服装的单价应定为多少?

解 (1) 总收入

$$R(x)=(\text{服装套数})\cdot\text{单价}=x\cdot p=x(150-0.5x)=150x-0.5x^2.$$

(2) 总利润

$$L(x)=R(x)-C(x)=(150x-0.5x^2)-(4\,000+0.25\,x^2)$$
$$=-0.75x^2+150x-4\,000.$$

(3) 为求 $L(x)$ 的最大值,先求 $L'(x)=-1.5x+150$.解方程 $L'(x)=0$,得 $x=100$.注意到 $L''(x)=-1.5<0$,因为只有一个驻点,所以 $L(100)$ 是最大值.

(4) 最大利润是

$$L(100)=-0.75\times100^2+150\times100-4\,000=3\,500\,(\text{元}).$$

因此公司必须生产并销售 100 套服装来实现 3 500 元的最大利润.

(5) 实现最大利润所需单价是

$$p=150-0.5\times100=100\,(\text{元}).\quad\blacksquare$$

现在一般地考察总利润函数以及与它有关的函数.图3-5-10展示了一个关于总成本函数与总收入函数的例子.根据观察,可以估计出最大利润可能是 $R(x)$ 与 $C(x)$ 之间的最宽差距,即 C_0R_0.

点 B_1 和 B_2 是盈亏平衡点.

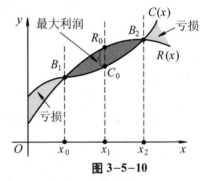

图 3-5-10

图3-5-11展示了一个关于总利润函数的例子.注意到当产量太低($<x_0$)时会出现亏损,这是高固定成本或高初始成本以及低收入所致.当产量太高($>x_2$)时也会出现亏损,这是高边际成本和低边际利润所致(如图3-5-12所示).

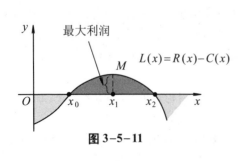

图 3-5-11

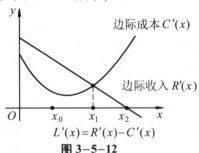

图 3-5-12

商业在 x_0 和 x_2 之间的每一个盈利之处运转. 注意最大利润出现在 $L(x)$ 的驻点 x_1 处. 如果假定对某个区间 (通常取 $[0, \infty)$) 的所有 x, $L'(x)$ 都存在, 则这个驻点出现在使得

$$L'(x) = 0 \text{ 和 } L''(x) < 0$$

的某个数 x 处. 因为 $L(x) = R(x) - C(x)$, 由此可得

$$L'(x) = R'(x) - C'(x) \text{ 和 } L''(x) = R''(x) - C''(x).$$

因此, 最大利润出现在使得

$$L'(x) = R'(x) - C'(x) = 0 \text{ 和 } L''(x) = R''(x) - C''(x) < 0,$$

或

$$R'(x) = C'(x) \text{ 和 } R''(x) < C''(x)$$

的某个数 x 处.

综上所述, 有下面的定理.

定理 1 当边际收入等于边际成本且边际收入的变化率小于边际成本的变化率时, 即

$$R'(x) = C'(x) \text{ 和 } R''(x) < C''(x)$$

时, 可以实现最大利润.

例 11 某大学正试图为足球票定价. 如果每张票价为 6 元, 则平均每场比赛有 70 000 名观众. 每提高 1 元, 就要从平均人数中失去 10 000 名观众. 每名观众在让价上平均花费 1.5 元. 为使收入最大化, 每张票应定价多少? 按该票定价, 将有多少名观众观看比赛?

解 设每张票应提价的金额为 x (如果 x 是负值, 则票价下跌). 首先把总收入 R 表示成 x 的函数.

$$\begin{aligned} R(x) &= (票价收益) + (让价收益) = (人数) \times (票价) + 1.5 \times (人数) \\ &= (70\,000 - 10\,000x) \times (6 + x) + 1.5 \times (70\,000 - 10\,000x) \\ &= -10\,000x^2 - 5\,000x + 525\,000. \end{aligned}$$

为求使 $R(x)$ 最大的 x, 先求 $R'(x)$:

$$R'(x) = -20\,000x - 5\,000.$$

解方程 $R'(x) = 0$, 得

$$x = -0.25 (元).$$

注意到 $R''(x) = -20\,000 < 0$, 因为这是唯一的驻点, 所以 $R(-0.25)$ 是最大值.

因此, 为使收入最大化, 足球票定价为

$$6 - 0.25 = 5.75 (元).$$

也就是说, 下调后的票价将吸引更多的观众去看球赛, 其人数是

$$70\,000 - 10\,000 \times (-0.25) = 72\,500,$$

这将带来最大的收入.

4. 用需求弹性分析总收益的变化

总收益 R 是商品价格 P 与销售量 Q 的乘积, 即

$$R = P \cdot Q = P \cdot f(P).$$

由 $R' = f(P) + Pf'(P) = f(P)\left(1 + f'(P)\dfrac{P}{f(P)}\right) = f(P)(1+\eta)$, 知:

(1) 若 $|\eta| < 1$, 需求变动的幅度小于价格变动的幅度. $R' > 0$, R 递增. 即价格上涨, 总收益增加; 价格下跌, 总收益减少.

(2) 若 $|\eta| > 1$, 需求变动的幅度大于价格变动的幅度. $R' < 0$, R 递减. 即价格上涨, 总收益减少; 价格下跌, 总收益增加.

(3) 若 $|\eta| = 1$, 需求变动的幅度等于价格变动的幅度. $R' = 0$, R 取得最大值.

综上所述, 总收益的变化受需求弹性的制约, 随商品需求弹性的变化而变化, 其关系如图 3-5-13 所示.

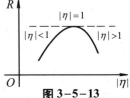

图 3-5-13

例 12 录像带商店设计出一个关于其录像带租金的需求函数, 并把它表示为

$$Q = 120 - 20P,$$

其中 Q 是当每盒租金是 P 元时每天出租录像带的数量. 求解下列各题:

(1) 求当 $P = 2$ 元和 $P = 4$ 元时的弹性, 并说明其经济意义.

(2) 求 $|\eta(P)| = 1$ 时 P 的值, 并说明其经济意义.

(3) 求总收益最大时的价格 P.

解　(1) 首先求出需求弹性

$$\eta(P) = P \cdot \frac{Q'}{Q} = P \cdot \frac{-20}{120 - 20P} = \frac{-P}{6 - P}.$$

当 $P = 2$ 元时, 有

$$\eta(2) = \frac{-2}{6 - 2} = -\frac{1}{2}.$$

$|\eta(2)| = \dfrac{1}{2} < 1$, 表明出租数量改变量的百分比与价格改变量的百分比的比值小于 1. 价格的小幅度增加所引起的出租数量减少的百分比小于价格改变量的百分比.

当 $P = 4$ 元时, 有

$$\eta(4) = \frac{-4}{6 - 4} = -2.$$

$|\eta(4)| = 2 > 1$, 表明出租数量改变量的百分比与价格改变量的百分比的比值大于 1. 价格的小幅度增加所引起的出租数量减少的百分比大于价格改变量的百分比.

(2) 令 $|\eta(P)| = 1$, 即

$$\left|\frac{-P}{6-P}\right| = 1 \Rightarrow P = 3.$$

因此,当每盒租金是3元时,出租数量改变量的百分比与价格改变量的百分比的比值是1.

(3) 总收益是

$$R(P) = PQ = 120P - 20P^2,$$

$$R'(P) = 120 - 40P, \quad R''(P) = -40.$$

令 $R'(P) = 0$,解得 $P = 3$.

又 $R''(P) = -40 < 0$,所以 $P = 3$ 为 $R(P)$ 的极大值点,也是最大值点. 即当每盒租金是3元时,总收益最大. ■

在上例中得到,使 $|\eta(P)| = 1$ 的 P 值与使总收益最大的 P 值是相同的. 这一事实总是成立的.

*数学实验

实验3.3 试借助于计算软件完成下列各题:

(1) 求函数 $y = x^{\frac{1}{3}}(2-x)^{\frac{2}{3}}$ 在区间 $[0, 2]$ 上的最大值;

(2) 求函数 $y = e^{-x}(1 + 2x - 3x^2)$ 的最小值、最大值.

详见教材配套的网络学习空间.

习题 3-5

1. 求下列函数的最大值、最小值:

(1) $y = x^4 - 8x^2 + 2$, $-1 \leqslant x \leqslant 3$;

(2) $y = \sin x + \cos x$, $[0, 2\pi]$;

(3) $y = x + \sqrt{1-x}$, $-5 \leqslant x \leqslant 1$;

(4) $y = \ln(x^2 + 1)$, $[-1, 2]$.

2. 问函数 $y = x^2 - \dfrac{54}{x}$ $(x < 0)$ 在何处取得最小值?

3. 问函数 $y = \dfrac{x}{x^2 + 1}$ $(x \geqslant 0)$ 在何处取得最大值?

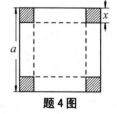

题 4 图

4. 从一块边长为 a 的正方形铁皮的四角上截去同样大小的正方形,然后按虚线把四边折起来做成一个无盖的盒子(见题4图),问要截去多大的小方块,才能使盒子的容量最大?

5. 一个抛射体以速度 840 米/秒和抛射角 $\pi/3$ 发射. 它经过多长时间沿水平方向行进21千米?

6. 求最大射程为24.5千米的枪的枪口速度.

7. 用输油管把离岸 12 公里的一座油田和沿岸往下 20 公里处的炼油厂连接起来 (见题 7 图). 如果水下输油管的铺设成本为 5 万元/公里, 陆地铺设成本为 3 万元/公里. 如何组合水下和陆地的输油管使得铺设费用最少？

8. 一个公司已估算出产品的成本函数为

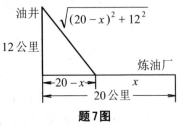

题 7 图

$$C(x) = 2\,600 + 2x + 0.001\,x^2.$$

产量多大时, 平均成本能达到最低？求出最低平均成本.

9. 设生产某产品时的固定成本为 10 000 元, 可变成本与产品日产量 x 吨的立方成正比, 已知日产量为 20 吨时, 总成本为 10 320 元, 问：日产量为多少吨时, 能使平均成本最低？并求最低平均成本(假定日最高产量为 100 吨).

10. 某立体声收音机厂商测定, 为了销售一新款立体声收音机 x 台, 每台的价格(单位：元)必须是 $p = 800 - x$. 厂商还决定, 生产 x 台的总成本可以表示成

$$C(x) = 2\,000 + 10x.$$

(1) 求总收入 $R(x)$.　　　　　　　(2) 求总利润 $L(x)$.

(3) 为使利润最大化, 公司必须生产并销售多少台？

(4) 最大利润是多少？

(5) 为实现这一最大利润, 每台价格必须变成多少？

11. 某家电厂在生产一款新冰箱, 它确定, 为了卖出 x 套冰箱, 其单价应为 $p = 280 - 0.4x$. 同时还确定, 生产 x 台冰箱的总成本可表示成 $C(x) = 5\,000 + 0.6x^2$.

(1) 求总收入 $R(x)$.　　　　　　　(2) 求总利润 $L(x)$.

(3) 为使利润最大化, 公司必须生产并销售多少台冰箱？

(4) 最大利润是多少？

(5) 为实现这一最大利润, 其冰箱的单价应定为多少？

12. 忙碌的推销商在利润与亏损之间的一条细线上权衡, 特别是在确定价格方面, 例如, 对电影院的票价的议定. 根据连续记录, 某影院测定, 如果入场票是 20 元, 则影院取 1 000 人为观影的平均人数. 但是每提价 1 元, 影院就从平均人数中失去 100 位顾客. 每位顾客在让价上平均花费 1.8 元. 为使总利润最大化, 影院应当确定的入场票价是多少？

13. 体育用品商店每年销售 100 张台球桌. 库存一张台球桌一年的费用为 20 元. 为再订购, 需付 40 元固定成本, 并且每张台球桌另加 16 元. 为了最小化存货成本, 商店每年应该订购台球桌几次？每次批量是多少？

14. 某零售电器商店每年销售 2 500 台电视机. 库存一台电视机一年, 商店需要花费 10 元. 为了再订购, 需付 20 元固定成本, 再每台另付 9 元. 为了最小化存货成本, 商店应按多大的批量再订购且每年应订购几次？

15. 再讨论上题, 除了把存货成本 10 元改为 20 元, 采用上题给出的所有数据. 为使存货成本最小化, 商店应按多大的批量再订购电视机且每年应订购几次？

16. 某商品的单位价格 $P = 7 - 0.2x$ (万元/吨), x 表示商品销售量, 总成本函数为

$$C = 3x + 1 \,(万元),$$

(1) 若每销售一吨商品, 政府要征税 t (万元), 求该商家获得最大利润时的销售量；

(2) 在企业获得最大利润的条件下, t 为何值时, 政府税收总额最大?

17. 设某商品的需求函数为 $Q=10-\dfrac{P}{2}$, 求:

(1) 需求弹性;   (2) $P=3$ 时的需求弹性;

(3) 在 $P=3$ 时, 若价格上涨 1%, 总收益增加还是减少? 它将变化百分之几?

18. 某商品的需求量 Q 为价格 P 的函数 $Q=150-2P^2$,

(1) 求 $P=6$ 时的边际需求, 并说明其经济意义;

(2) 求 $P=6$ 时的需求弹性, 并说明其经济意义;

(3) 当 $P=6$ 时, 若价格下降 2%, 总收益变化百分之几? 是增加还是减少?

19. 假设高出地面 0.5 米的一个足球被踢出时, 它的初速度为 30 米/秒, 并与水平线成 $30°$ 角. 假定足球被踢出后在空中的运动过程中受到的阻力为零, $g=10$ 米/秒^2.

(1) 足球何时达到最大高度, 且最大高度是多少?

(2) 求足球的飞行时间和射程.

§3.6 函数图形的描绘

为了确定函数图形的形状, 我们需要知道当沿图形往前走时它是上升或下降以及图形是如何弯曲的. 本节中, 我们将看到函数的一阶和二阶导数是如何为确定图形的形状提供所需要的信息的. 即借助于一阶导数可以确定函数图形的单调性和极值的位置; 借助于二阶导数可以确定函数的凹凸性及拐点. 由此, 可以掌握函数的性态, 并把函数的图形画得比较准确.

在前面两节中, 我们以函数的一阶导数和二阶导数讨论了函数单调性、凹凸性与拐点、极值与极值点等问题, 这些信息有助于我们通过函数的导数粗略地了解函数的图形, 为方便起见, 特总结如下.

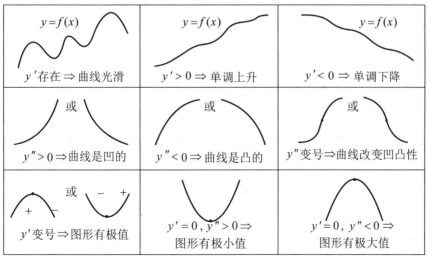

一、渐近线

有些函数的定义域和值域都是有限区间，其图形仅局限于一定的范围之内，如圆、椭圆等．有些函数的定义域或值域是无穷区间，其图形向无穷远处延伸，如双曲线、抛物线等．为了把握曲线在无限变化中的趋势，我们先介绍曲线的渐近线的概念．

定义1　如果曲线 $y=f(x)$ 上的一动点沿着曲线移向无穷远时，该点与某条定直线 L 的距离趋向于零，则直线 L 就称为曲线 $y=f(x)$ 的一条**渐近线**(见图 3-6-1).

渐近线分为水平渐近线、铅直渐近线和斜渐近线三种．

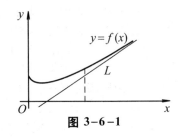

图 3-6-1

1. 水平渐近线

若函数 $y=f(x)$ 的定义域是无穷区间，且

$$\lim_{x\to\infty} f(x)=C,$$

则称直线 $y=C$ 为曲线 $y=f(x)$ 当 $x\to\infty$ 时的**水平渐近线**，类似地，可以定义 $x\to+\infty$ 或 $x\to-\infty$ 时的水平渐近线．

2. 铅直渐近线

若函数 $y=f(x)$ 在点 x_0 处间断，且

$$\lim_{x\to x_0^+} f(x)=\infty \quad \text{或} \quad \lim_{x\to x_0^-} f(x)=\infty,$$

则称直线 $x=x_0$ 为曲线 $y=f(x)$ 的**铅直渐近线**．

例如，对于函数 $y=\dfrac{1}{x-1}$，因为 $\lim\limits_{x\to\infty}\dfrac{1}{x-1}=0$，所以直线 $y=0$ 为 $y=\dfrac{1}{x-1}$ 的水平渐近线．

又因为

$$\lim_{x\to 1}\frac{1}{x-1}=\infty,$$

所以 $x=1$ 是 $y=\dfrac{1}{x-1}$ 的铅直渐近线(见图 3-6-2).

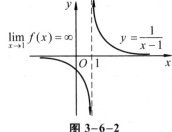

图 3-6-2

3. 斜渐近线

设函数 $y=f(x)$，如果

$$\lim_{x\to\infty}[f(x)-(ax+b)]=0,$$

则称直线 $y=ax+b$ 为 $y=f(x)$ 的**斜渐近线**，其中

$$a=\lim_{x\to\infty}\frac{f(x)}{x}\ (a\neq 0),\quad \lim_{x\to\infty}[f(x)-ax]=b.$$

类似地可以定义 $x\to+\infty$ 或 $x\to-\infty$ 时的斜渐近线．

注：如果 $\lim\limits_{x\to\infty}\dfrac{f(x)}{x}$ 不存在，或虽然它存在但 $\lim\limits_{x\to\infty}[f(x)-ax]$ 不存在，则可以断定 $y=f(x)$ 不存在斜渐近线.

例1 求曲线 $f(x)=\dfrac{2(x-2)(x+3)}{x-1}$ 的渐近线.

解 函数的定义域为 $(-\infty,1)\bigcup(1,+\infty)$，因为

$$\lim_{x\to 1^+}f(x)=-\infty,\quad \lim_{x\to 1^-}f(x)=+\infty,$$

所以直线 $x=1$ 是曲线的铅直渐近线. 又因为

$$\lim_{x\to\infty}\frac{f(x)}{x}=\lim_{x\to\infty}\frac{2(x-2)(x+3)}{x(x-1)}=2,$$

$$\lim_{x\to\infty}\left[\frac{2(x-2)(x+3)}{x-1}-2x\right]$$

$$=\lim_{x\to\infty}\frac{2(x-2)(x+3)-2x(x-1)}{x-1}=4,$$

所以直线 $y=2x+4$ 是曲线的一条斜渐近线（见图3-6-3）.

函数图形实验

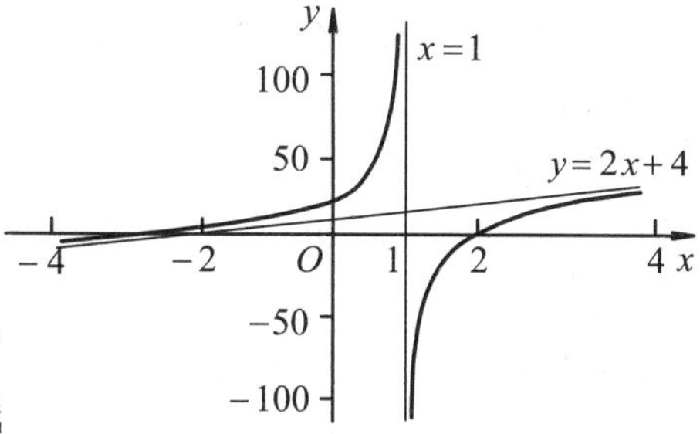

图3-6-3

二、函数图形的描绘

对于一个函数，若能作出其图形，就能从直观上了解该函数的性态特征，并可从其图形上清楚地看出因变量与自变量之间的相互依赖关系. 在中学阶段，我们利用描点法来作函数的图形. 这种方法常会遗漏曲线的一些关键点，如极值点、拐点等，使得曲线的单调性、凹凸性等一些函数的重要性态难以准确地显示出来.

例2 按照以下步骤作出函数 $f(x)=x^4-2x^3+1$ 的图形.

(1) 求 $f'(x)$ 和 $f''(x)$；

(2) 分别求 $f'(x)$ 和 $f''(x)$ 的零点；

(3) 确定函数的增减性、凹凸性、极值点和拐点；

(4) 作出函数 $f(x)=x^4-2x^3+1$ 的图形.

解 (1) $f'(x)=4x^3-6x^2,\ f''(x)=12x^2-12x.$

(2) 由 $f'(x)=4x^3-6x^2=0$，得到 $x=0$ 或 $x=\dfrac{3}{2}$.

由 $f''(x)=12x^2-12x=0$，得到 $x=0$ 或 $x=1$.

(3) 列表确定函数增减区间、凹凸区间及极值点和拐点：

x	$(-\infty,0)$	0	$(0,1)$	1	$(1,3/2)$	$3/2$	$(3/2,+\infty)$
$f'(x)$	$-$	0	$-$		$-$	0	$+$
$f''(x)$	$+$	0	$-$	0	$+$		$+$
$f(x)$	↘	拐点	↘	拐点	↘	极值点	↗

(4) 算出 $x = 0$，$x = 1$，$x = 3/2$ 处的函数值

$$f(0) = 1，\quad f(1) = 0，\quad f\left(\frac{3}{2}\right) = -\frac{11}{16}.$$

根据以上结论，用平滑曲线连接这些点，就可以描绘函数的图形，如图 3-6-4 所示.■

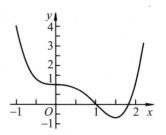

图 3-6-4

函数图形实验

一般地，我们利用导数描述函数 $y = f(x)$ 的图形，其一般步骤如下：

第一步　确定函数 $f(x)$ 的定义域，研究函数特性，如奇偶性、周期性、有界性等，求出函数的一阶导数 $f'(x)$ 和二阶导数 $f''(x)$.

第二步　求出一阶导数 $f'(x)$ 和二阶导数 $f''(x)$ 在函数定义域内的全部零点，并求出函数 $f(x)$ 的间断点以及导数 $f'(x)$ 和 $f''(x)$ 不存在的点，用这些点把函数定义域划分成若干个部分区间.

第三步　确定在这些部分区间内 $f'(x)$ 和 $f''(x)$ 的符号，并由此确定函数的增减性和凹凸性、极值点和拐点.

第四步　确定函数图形的渐近线以及其他变化趋势.

第五步　算出 $f'(x)$ 和 $f''(x)$ 的零点以及 $f'(x)$ 和 $f''(x)$ 不存在时的点所对应的函数值，并在坐标平面上定出相应的点；有时还需适当补充一些辅助作图点（如与坐标轴的交点和曲线的端点等）；然后根据第三、四步中得到的结果，用平滑曲线连接得到的点即可画出函数的图形.

例 3　作函数 $f(x) = \dfrac{x+1}{x^2} - 1$ 的图形.

解　(1) 题设函数的定义域为 $(-\infty, 0) \bigcup (0, +\infty)$，是非奇非偶函数. 而

$$f'(x) = -\frac{x+2}{x^3}，\quad f''(x) = \frac{2(x+3)}{x^4}.$$

(2) 由 $f'(x) = 0$，解得驻点 $x = -2$，由 $f''(x) = 0$，解得 $x = -3$. 导数不存在的点为 $x = 0$. 用这三点把定义域划分成下列四个部分区间：

$$(-\infty, -3)，\quad (-3, -2)，\quad (-2, 0)，\quad (0, +\infty).$$

(3) 列表确定函数增减区间、凹凸区间及极值点和拐点：

x	$(-\infty, -3)$	-3	$(-3, -2)$	-2	$(-2, 0)$	0	$(0, +\infty)$
$f'(x)$	$-$		$-$	0	$+$	不存在	$-$
$f''(x)$	$-$	0	$+$		$+$		$+$
$f(x)$	↘	拐点	↘	极值点	↗	间断点	↘

(4) 因为

$$\lim_{x \to \infty} f(x) = \lim_{x \to \infty} \left[\frac{x+1}{x^2} - 1 \right] = -1,$$

所以直线 $y=-1$ 为水平渐近线；而

$$\lim_{x\to 0} f(x) = \lim_{x\to 0} \left[\frac{x+1}{x^2} - 1 \right] = +\infty,$$

所以直线 $x=0$ 为铅直渐近线.

(5) 算出 $x=-3$, $x=-2$ 处的函数值

$$f(-3) = -\frac{11}{9}, \quad f(-2) = -\frac{5}{4}.$$

得到题设函数图形上的两点 $\left(-3, -\frac{11}{9}\right)$, $\left(-2, \frac{5}{4}\right)$,

再补充下列辅助作图点:

$$\left(\frac{1-\sqrt{5}}{2}, 0\right), \left(\frac{1+\sqrt{5}}{2}, 0\right), A(-1,-1), B(1,1), C\left(2, -\frac{1}{4}\right).$$

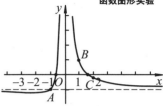

函数图形实验

图 3-6-5

根据 (3)、(4) 中得到的结果, 用平滑曲线连接这些点, 就可描绘出题设函数的图形 (见图 3-6-5).

例 4 作 $f(x) = \sqrt[3]{x^3 - x^2 - x + 1}$ 的图形.

解 (1) 题设函数的定义域是 $(-\infty, +\infty)$, 是非奇非偶函数. 而

$$f'(x) = \frac{3x^2 - 2x - 1}{3\sqrt[3]{(x^3 - x^2 - x + 1)^2}},$$

$$f''(x) = \frac{-8}{9} \cdot \frac{1}{(x-1)^{4/3}(x+1)^{5/3}}.$$

(2) 由 $f'(x) = 0$, 解得驻点 $x = -\frac{1}{3}$, $f''(x) \neq 0$. 导数不存在的点为 $x = \pm 1$. 用这三点把定义域划分成若干区间.

(3) 列表确定函数的增减区间、凸凹区间以及极值点和拐点:

x	$(-\infty, -1)$	-1	$(-1, -1/3)$	$-1/3$	$(-1/3, 1)$	1	$(1, +\infty)$
$f'(x)$	$+$		$+$	0	$-$		$+$
$f''(x)$	$+$		$-$		$-$		$-$
$f(x)$	↗	拐点	↗	极大值	↘	极小点	↗

(4) 因为

$$\lim_{x\to\infty} \frac{f(x)}{x} = \lim_{x\to\infty} \frac{\sqrt[3]{x^3 - x^2 - x + 1}}{x} = \lim_{x\to\infty} \sqrt[3]{1 - \frac{1}{x} - \frac{1}{x^2} + \frac{1}{x^3}} = 1,$$

$$\lim_{x\to\infty} [f(x) - x] = \lim_{x\to\infty} [\sqrt[3]{x^3 - x^2 - x + 1} - x]$$

$$\xlongequal{x=1/t} \lim_{t\to 0} \frac{\sqrt[3]{1 - t - t^2 + t^3} - 1}{t}$$

函数图形实验

$$= \lim_{t \to 0} \frac{-1-2t+3t^2}{3\sqrt[3]{(1-t-t^2+t^3)^2}}$$

$$= -\frac{1}{3},$$

所以 $y = x - \dfrac{1}{3}$ 为斜渐近线.

(5) 计算函数在 $x = 0, -\dfrac{1}{3}, 1$ 的值

$$f(0) = 1, \quad f\left(-\frac{1}{3}\right) = \frac{2}{3}\sqrt[3]{4}, \quad f(1) = 0,$$

根据以上结论,用平滑曲线连接这些点,就可以描绘函数的图形,如图 3-6-6 所示.

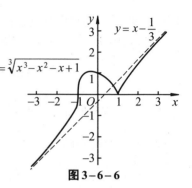

图 3-6-6

习题 3-6

1. 求下列曲线的渐近线:

(1) $y = e^{-\frac{1}{x}}$;　　　　　　(2) $y = \dfrac{e^x}{1+x}$;　　　　　　(3) $y = x + e^{-x}$.

2. 画出具有以下性质的二次可导函数 $y = f(x)$ 图形的略图. 在可能的地方标出坐标值.

x	y	导数
$x < 2$		$y' < 0,\ y'' > 0$
2	1	$y' = 0,\ y'' > 0$
$2 < x < 4$		$y' > 0,\ y'' > 0$
4	4	$y' > 0,\ y'' = 0$
$4 < x < 6$		$y' > 0,\ y'' < 0$
6	7	$y' = 0,\ y'' < 0$
$x > 6$		$y' < 0,\ y'' < 0$

3. 描绘下列函数的图形:

(1) $y = \dfrac{2x^2}{x^2-1}$;　　　　(2) $y = \dfrac{x}{1+x^2}$;　　　　(3) $y = x^2 + \dfrac{1}{x}$;

(4) $y = \dfrac{\ln x}{x}$;　　　　(5) $y = x\sqrt{3-x}$.

4. 设某个产品的价值 V (单位:元) 随时间 t (月) 而下降或折旧,其中

$$V(t) = 50 - \frac{25t^2}{(t+2)^2}.$$

(1) 求 $V(0), V(5), V(10)$ 和 $V(70)$.　　(2) 求在区间 $[0, +\infty)$ 上该产品的极大值.

(3) 求 $\lim\limits_{t \to \infty} V(t)$.　　(4) 描绘 V 的图形.

总 习 题 三

1. 证明下列不等式:

(1) 设 $a > b > 0$, $n > 1$, 证明: $nb^{n-1}(a-b) < a^n - b^n < na^{n-1}(a-b)$;

(2) 设 $a > b > 0$, 证明: $\dfrac{a-b}{a} < \ln \dfrac{a}{b} < \dfrac{a-b}{b}$.

2. 设 $f(x)$ 在 $[0, 1]$ 上可导, 且 $0 < f(x) < 1$, 对于任何 $x \in (0, 1)$ 都有 $f'(x) \neq 1$, 试证: 在 $(0, 1)$ 内, 有且仅有一个数 ξ, 使 $f(\xi) = \xi$.

3. 若 $a < b$ 时, 可微函数 $f(x)$ 有 $f(a) = f(b) = 0$, $f'(a) < 0$, $f'(b) < 0$, 则方程 $f'(x) = 0$ 在 (a, b) 内(   ).

(A) 无实根;

(B) 有且仅有一实根;

(C) 有且仅有两实根;

(D) 至少有两实根.

4. 设 $f(x)$ 在 $[0, \pi]$ 上连续, 在 $(0, \pi)$ 内可导, 求证: 存在 $\xi \in (0, \pi)$, 使得
$$f'(\xi) = -f(\xi) \cot \xi.$$

5. 设 $f(x)$ 在 $[0,1]$ 上连续, 在 $(0,1)$ 内可导, 且 $f(0) = 0$, $f(1) = 1$, 试证: 对于任意给定的正数 a, b, 在 $(0,1)$ 内存在不同的 ξ, η, 使
$$\frac{a}{f'(\xi)} + \frac{b}{f'(\eta)} = a + b.$$

6. 设 $f(x)$ 在 $[a,b]$ 上连续, 在 (a,b) 内可导, 证明: 在 (a,b) 内存在点 ξ 和 η, 使
$$f'(\xi) = \frac{a+b}{2\eta} f'(\eta).$$

7. 证明多项式 $f(x) = x^3 - 3x + a$ 在 $[0,1]$ 上不可能有两个零点.

8. 设 $f(x)$ 可导, 试证 $f(x)$ 的两个零点之间一定有函数 $f(x) + f'(x)$ 的零点.

9. 设 $a_1 - \dfrac{a_2}{3} + \cdots + (-1)^{n-1} \dfrac{a_n}{2n-1} = 0$, 证明方程
$$a_1 \cos x + a_2 \cos 3x + \cdots + a_n \cos(2n-1)x = 0$$
在 $\left(0, \dfrac{\pi}{2}\right)$ 内至少有一个实根.

10. 设在 $[1, +\infty)$ 上处处有 $f''(x) \leq 0$, 且 $f(1) = 2$, $f'(1) = -3$, 证明在 $(1, +\infty)$ 内方程 $f(x) = 0$ 仅有一个实根.

11. 设 $f(x)$ 在 $[1, 2]$ 上具有二阶导数 $f''(x)$, 且 $f(2) = f(1) = 0$. 若 $F(x) = (x-1)f(x)$, 证明: 至少存在一点 $\xi \in (1, 2)$, 使得 $F''(\xi) = 0$.

12. 设函数 $f(x)$ 在 $[a,b]$ 上可导, 且 $f'_+(a) \cdot f'_-(b) < 0$, 求证: 在 (a, b) 内存在一点 ξ, 使得
$$f'(\xi) = 0.$$

13. 用洛必达法则求下列极限:

(1) $\lim\limits_{x \to 0} \dfrac{\ln(1 + x^2)}{\sec x - \cos x}$;

(2) $\lim\limits_{x \to 1}(1 - x)\tan\dfrac{\pi x}{2}$;

(3) $\lim\limits_{x \to -1}\left[\dfrac{1}{x + 1} - \dfrac{1}{\ln(x + 2)}\right]$;

(4) $\lim\limits_{x \to 0}\left(\dfrac{\sin x}{x}\right)^{\frac{1}{1 - \cos x}}$;

(5) $\lim\limits_{x \to 0}(\sin x + \mathrm{e}^x)^{\frac{1}{x}}$;

(6) $\lim\limits_{x \to 0}\left(\dfrac{\sin x}{x}\right)^{\frac{1}{x^2}}$.

14. 设 $\lim\limits_{x \to \infty} f'(x) = k$, 求 $\lim\limits_{x \to \infty}[f(x + a) - f(x)]$.

15. 当 a 与 b 为何值时, $\lim\limits_{x \to 0}\left(\dfrac{\sin 3x}{x^3} + \dfrac{a}{x^2} + b\right) = 0$?

16. 设 $f(x) = \ln(1 + x)$, $x \in (-1, 1)$, 由拉格朗日中值定理得 : $\forall x > 0$, $\exists\, \theta \in (0, 1)$, 使得

$$\ln(1 + x) - \ln(1 + 0) = \dfrac{1}{1 + \theta x}x,$$

证明 : $\lim\limits_{x \to 0}\theta = \dfrac{1}{2}$.

17. 设 $f(x)$ 在 $x_0 = 0$ 的某个邻域内有二阶导数 , 且

$$\lim\limits_{x \to 0}\left(1 + x + \dfrac{f(x)}{x}\right)^{\frac{1}{x}} = \mathrm{e}^3,$$

求 $f(0)$, $f'(0)$, $f''(0)$.

18. 求 $f(x) = \mathrm{e}^x\cos x$ 的三阶麦克劳林公式 .

19. 证明 : $\sqrt{1 + x} = 1 + \dfrac{1}{2}x - \dfrac{1}{8}x^2 + \dfrac{x^3}{16(1 + \theta x)^{5/2}}$ $(0 < \theta < 1)$.

20. 设 $0 < x < \dfrac{\pi}{2}$, 证明 : $\dfrac{x^2}{\pi} < 1 - \cos x < \dfrac{x^2}{2}$.

21. 证明不等式 : $\dfrac{2}{\pi} < \dfrac{\sin x}{x} < 1$ $\left(0 < x < \dfrac{\pi}{2}\right)$.

22. 求一个二次多项式 $p_2(x)$, 使 $2^x = p_2(x) + o(x^2)$, 式中 $o(x^2)$ 代表 $x \to 0$ 时比 x^2 高阶的无穷小 .

23. 求下列函数的单调区间 :

(1) $y = x - \mathrm{e}^x$;

(2) $y = \ln(x + \sqrt{1 + x^2}\,)$;

(3) $y = x^n\mathrm{e}^{-x}$ $(n > 0, x \geqslant 0)$.

24. 证明下列不等式 :

(1) 当 $x > 0$ 时, $1 + x\ln(x + \sqrt{1 + x^2}\,) > \sqrt{1 + x^2}$;

(2) 当 $x > 0$ 时, $x - \dfrac{1}{3}x^3 < \sin x < x$.

25. 设 $b > a > 0$, 证明 : $\ln\dfrac{b}{a} > \dfrac{2(b - a)}{a + b}$.

26. 求下列函数图形的拐点及凹凸区间 :

(1) $y = x^4(12\ln x - 7)$;　　　　　　 (2) $y = x\mathrm{e}^{-x}$;　　　　　　 (3) $y = 1 + \sqrt[3]{x - 2}$.

27. 利用函数图形的凹凸性 , 证明不等式 :

(1) $x\ln x + y\ln y > (x + y)\ln\dfrac{x + y}{2}$ $(x > 0, y > 0, x \neq y)$;

(2) $\sin\dfrac{x}{2} > \dfrac{x}{\pi}$ $(0 < x < \pi)$.

28. 设 $f(x) = x^3 + ax^2 + bx$ 在 $x = 1$ 处有极值 -2, 试确定系数 a, b, 并求出 $y = f(x)$ 的所有极值点及拐点.

29. 求下列函数的极值:

(1) $y = \dfrac{1 + 3x}{\sqrt{4 + 5x^2}}$;

(2) $y = 2e^x + e^{-x}$;

(3) $y = x + \tan x$.

30. 求下列函数的最大值、最小值:

(1) $y = \dfrac{x^2}{1 + x}$, $x \in \left[-\dfrac{1}{2}, 1\right]$;

(2) $y = x^{\frac{1}{x}}$, $x \in (0, +\infty)$.

31. 设 $a > 0$, 求 $f(x) = \dfrac{1}{1 + |x|} + \dfrac{1}{1 + |x - a|}$ 的最大值.

32. 求数列 $\left\{\dfrac{(1 + n)^3}{(1 - n)^2}\right\}$ 的最小项的项数及该项的数值.

33. 证明: $\dfrac{1}{2^{p-1}} \le x^p + (1 - x)^p \le 1$ $(0 \le x \le 1, p > 1)$.

34. 已知某厂生产 x 件产品的成本为 $C = 25\,000 + 200x + \dfrac{1}{40}x^2$ (元). 问:

(1) 若使平均成本最小, 应生产多少件产品?

(2) 若产品以每件 500 元售出, 要使利润最大, 应生产多少件产品?

35. 某产品的销售量是根据价格确定的: 若每公斤售价 50 元, 则可售出 10 000 公斤, 若售价每降 2 元, 则可多售出 2 000 公斤. 又设生产这种产品的固定成本为 60 000 元, 变动成本为每公斤 20 元. 在产销平衡的条件下, 求:

(1) 销量 x 与价格 P 之间的函数关系;

(2) 获利最大时的产量及相应的价格.

36. 以汽船拖载重相等的小船若干只, 在两港之间来回运送货物. 已知每次拖 4 只小船一日能来回 16 次, 每次拖 7 只小船则一日能来回 10 次. 如果小船增多的只数与来回减少的次数成正比, 问每日来回多少次, 每次拖多少只小船能使运货总量达到最大?

37. 设某厂有一批新酿的好酒, 如果现在(假定 $t = 0$)就售出, 总收入为 R_0(元). 如果窖藏起来待来日按陈酒价格出售, t 年末总收入为 $R = R_0 e^{\frac{2}{5}\sqrt{t}}$. 假设银行的年利率为 r, 并以连续复利计算. 试求窖藏多少年售出可使总收入的现值最大, 并求 $r = 0.06$ 时的 t 值.

38. 设某产品的成本函数为 $C = aQ^2 + bQ + c$, 需求函数为 $Q = \dfrac{1}{e}(d - P)$. 其中 C 为成本, Q 为需求量(即产量), P 为单价, a, b, c, d, e 都是正的常数, 且 $d > b$. 求:

(1) 利润最大时的产量及最大利润;

(2) 需求对价格的弹性;

(3) 需求对价格弹性的绝对值为 1 时的产量.

数学家简介 [3]

拉格朗日
—— 数学世界里一座高耸的金字塔

拉格朗日(Lagrange, 1736—1813)是 18 世纪伟大的数学家、力学家和天文学家，1736 年生于意大利都灵. 青年时代，在数学家雷维里 (F. A. Revelli) 的指导下学习几何学后，激发了他的数学天才. 17 岁开始专攻当时迅速发展的数学分析. 19 岁时，拉格朗日写出了用纯分析方法求变分极值的论文，对变分法的创立作出了贡献，此成果使他在都灵出了名. 当年，他被聘为都灵皇家炮兵学校教授. 1763 年，拉格朗日完成的关于"月球天平动研究"的论文因较好地解释了月球自转和公转的角速度的差异，获得了巴黎科学院 1764 年度奖，此后他还四次获得巴黎科学院征奖课题研究

拉格朗日

的年度奖. 1766 年，在达朗贝尔和欧拉的推荐下，普鲁士国王腓特烈大帝写信给拉格朗日说：欧洲最大之王希望欧洲最大之数学家来他的宫廷工作. 拉格朗日接受邀请，于当年 8 月 21 日离开都灵前往柏林科学院，并担任了柏林科学院数学部主任一职，一直到 1787 年才移居巴黎.

拉格朗日的学术生涯主要在 18 世纪后半期. 当时数学、物理学和天文学是自然科学的主体. 数学的主流是由微积分发展起来的数学分析，以欧洲大陆为中心；物理学的主流是力学；天文学的主流是天体力学. 数学分析的发展使力学和天体力学得以深化，而力学和天体力学的课题又成为数学分析发展的动力. 拉格朗日在数学、力学和天文学三个学科中都有重大的历史性贡献，但他主要是数学家，研究力学和天文学的目的是表明数学分析的威力. 他的全部著作、论文、学术报告记录、学术通讯超过 500 篇. 几乎在当时所有的数学领域中，拉格朗日都作出了重要贡献，其最突出的贡献是在使数学分析的基础脱离几何与力学方面起了决定性的作用. 他使得数学的独立性更为清楚，而不仅仅是其他学科的工具. 他的工作总结了 18 世纪的数学成果，同时又开辟了 19 世纪数学研究的道路.

拉格朗日在使天文学力学化、力学分析化方面也起了决定性作用，促使力学和天文学更深入地发展. 他最精心之作当推《天体力学》，他为之倾注了 37 年的心血，用数学把宇宙描绘成一个优美和谐的力学体系，被哈密顿 (Hamilton) 誉为"科学诗".

拉格朗日科学的思想方法，也对后人产生了深远的影响. 拉格朗日常数变易法的实质就是矛盾转化法. 他在探索微分方程求解的过程中，巧妙地运用了高阶与低阶、常量与变量、线性与非线性、齐次与非齐次等各种转化. 拉格朗日解决数学问题的精妙之处就在于他能洞察到数学对象之间深层次的联系，从而创造有利条件，使问题迎刃而解.

拉格朗日是欧洲最伟大的数学家之一，拿破仑曾称赞他是"一座高耸在数学世界的金字塔".

第4章 不定积分

> 数学中的转折点是笛卡儿的变数.有了变数,运动
> 进入了数学;有了变数,辩证法进入了数学;有了变数,
> 微分和积分也就立刻成为必要的了,而它们也就立刻产
> 生,并且是由牛顿和莱布尼茨大体上完成的,但不是由
> 他们发明的.
>
> —— **恩格斯**

　　数学发展的动力主要源于社会发展的环境力量.17世纪,微积分的创立首先是为了解决当时数学面临的四类核心问题中的第四类问题,即求曲线的长度、曲线围成的面积、曲面围成的体积、物体的重心和引力,等等.此类问题的研究具有久远的历史,例如,古希腊人曾用穷竭法求出了某些图形的面积和体积,我国南北朝时期的祖冲之[①]和他的儿子祖暅也曾推导出某些图形的面积和体积.在欧洲,对此类问题的研究兴起于17世纪,先是穷竭法被逐渐修改,后来微积分的创立彻底改变了解决这一大类问题的方法.

　　由求物体的运动速度、曲线的切线和极值等问题产生了导数和微分,构成了微积分学的微分学部分;同时由已知速度求路程、已知切线求曲线以及上述求面积与体积等问题产生了不定积分和定积分,构成了微积分学的积分学部分.

　　前面已经介绍了已知函数求导数的问题,现在我们要考虑其反问题:已知导数求其函数,即求一个未知函数,使其导数恰好是某一已知函数.这种由导数或微分求原函数的逆运算称为不定积分.本章将介绍不定积分的概念及其计算方法.

§4.1 不定积分的概念与性质

一、原函数的概念

　　从微分学知道:若已知曲线方程 $y=f(x)$,则可求出该曲线在任一点 x 处的切线的斜率 $k=f'(x)$.

　　例如,曲线 $y=x^2$ 在点 x 处切线的斜率为 $k=2x$.

　　若已知某产品的成本函数 $C=C(q)$,则可求得其边际成本函数 $C'=C'(q)$.

　　例如,对于固定成本为 2 的成本函数 $C_1(q)=q^2+3q+2$,其边际成本函数为

---

① 祖冲之 (429−500),中国数学家.

$C_1'(q) = 2q + 3.$

现在要解决其**逆问题**：

(1) 已知曲线上任意一点 x 处的切线的斜率，要求该曲线的方程；

(2) 已知某产品的边际成本函数，求生产该产品的成本函数.

为此，我们引入原函数的概念.

定义1　设 $f(x)$ 是定义在区间 I 上的函数，若存在函数 $F(x)$，使得对于任何 $x \in I$ 均有

$$F'(x) = f(x) \quad \text{或} \quad dF(x) = f(x)dx,$$

则称函数 $F(x)$ 为 $f(x)$ 在区间 I 上的**原函数**.

例如，因为 $(\sin x)' = \cos x$，故 $\sin x$ 是 $\cos x$ 的一个原函数.

因为 $(x^2)' = 2x$，故 x^2 是 $2x$ 的一个原函数.

因为 $(x^2+1)' = 2x$，故 x^2+1 是 $2x$ 的一个原函数.

············

从上述后面两个例子可见：**一个函数的原函数不是唯一的**.

事实上，若 $F(x)$ 为 $f(x)$ 在区间 I 上的原函数，则有

$$F'(x) = f(x),$$
$$[F(x) + C]' = f(x) \quad (C \text{ 为任意常数}).$$

从而，$F(x) + C$ 也是 $f(x)$ 在区间 I 上的原函数.

一个函数的任意两个原函数之间相差一个常数.

事实上，设 $F(x)$ 和 $G(x)$ 都是 $f(x)$ 的原函数，则

$$[F(x) - G(x)]' = F'(x) - G'(x) = f(x) - f(x) = 0,$$

即 $F(x) - G(x) = C$ (C 为任意常数).

由此知道，若 $F(x)$ 为 $f(x)$ 在区间 I 上的一个原函数，则函数 $f(x)$ 的**全体原函数**为 $F(x) + C$ (C 为任意常数).

原函数的存在性将在下一章讨论，这里先介绍一个结论：

定理1　区间 I 上的连续函数一定有原函数.

注：求函数 $f(x)$ 的原函数，实质上就是问它是由什么函数求导得来的. 而若求得 $f(x)$ 的一个原函数 $F(x)$，则其全体原函数即为

$$F(x) + C \quad (C \text{ 为任意常数}).$$

二、不定积分的概念

定义2　在某区间 I 上的函数 $f(x)$，若存在原函数，则称 $f(x)$ 为**可积函数**，并将 $f(x)$ 的全体原函数记为

$$\int f(x)dx,$$

称它是函数 $f(x)$ 在区间 I 内的**不定积分**，其中 $\int$ 称为**积分符号**，$f(x)$ 称为**被积函数**，x 称为**积分变量**.

由定义知，若 $F(x)$ 为 $f(x)$ 的原函数，则

$$\int f(x)\,\mathrm{d}x = F(x) + C \quad (C \text{ 称为\textbf{积分常数}}).$$

注：函数 $f(x)$ 的原函数 $F(x)$ 的图形称为 $f(x)$ 的**积分曲线**.

由定义知，求函数 $f(x)$ 的不定积分就是求 $f(x)$ 的全体原函数，在 $\int f(x)\,\mathrm{d}x$ 中，积分号 $\int$ 表示对函数 $f(x)$ 进行求原函数的运算，故求不定积分的运算实质上就是求导（或求微分）运算的逆运算.

例1 问 $\dfrac{\mathrm{d}}{\mathrm{d}x}\left(\int f(x)\,\mathrm{d}x\right)$ 与 $\int f'(x)\,\mathrm{d}x$ 是否相等？

解 不相等.

设 $F'(x) = f(x)$，则

$$\frac{\mathrm{d}}{\mathrm{d}x}\left(\int f(x)\,\mathrm{d}x\right) = (F(x) + C)' = F'(x) + 0 = f(x).$$

而由不定积分定义得

$$\int f'(x)\,\mathrm{d}x = f(x) + C \quad (C \text{ 为任意常数}).$$

所以

$$\frac{\mathrm{d}}{\mathrm{d}x}\left(\int f(x)\,\mathrm{d}x\right) \neq \int f'(x)\,\mathrm{d}x. \qquad\blacksquare$$

例2 求下列不定积分：

(1) $\displaystyle\int x^3\,\mathrm{d}x$; $\qquad$ (2) $\displaystyle\int \frac{1}{x^2}\,\mathrm{d}x$; $\qquad$ (3) $\displaystyle\int \frac{1}{1+x^2}\,\mathrm{d}x$.

解 (1) 因为 $\left(\dfrac{x^4}{4}\right)' = x^3$，所以 $\dfrac{x^4}{4}$ 是 x^3 的一个原函数，从而

$$\int x^3\,\mathrm{d}x = \frac{x^4}{4} + C \quad (C \text{ 为任意常数}).$$

(2) 因为 $\left(-\dfrac{1}{x}\right)' = \dfrac{1}{x^2}$，所以 $-\dfrac{1}{x}$ 是 $\dfrac{1}{x^2}$ 的一个原函数，从而

$$\int \frac{1}{x^2}\,\mathrm{d}x = -\frac{1}{x} + C \quad (C \text{ 为任意常数}).$$

(3) 因为 $(\arctan x)' = \dfrac{1}{1+x^2}$，所以 $\arctan x$ 是 $\dfrac{1}{1+x^2}$ 的一个原函数，从而

$$\int \frac{1}{1+x^2}\,\mathrm{d}x = \arctan x + C \quad (C \text{ 为任意常数}). \qquad\blacksquare$$

求一个不定积分有时是困难的，但检验起来却相对容易：首先检查积分常数，再对结果的右端求导，其导数就应该是被积函数.

例3 检验下列不定积分的正确性：

(1) $\displaystyle\int x\cos x\,\mathrm{d}x = x\sin x + C$; $\qquad$ (2) $\displaystyle\int x\cos x\,\mathrm{d}x = x\sin x + \cos x + C$.

解 (1) 错误. 因为对等式的右端求导，其导函数不是被积函数：

$$(x \sin x + C)' = x \cos x + \sin x + 0 \neq x \cos x .$$

(2) 正确. 因为

$$(x \sin x + \cos x + C)' = x \cos x + \sin x - \sin x + 0 = x \cos x .$$

例 4　已知曲线 $y = f(x)$ 在任一点 x 处的切线的斜率为 $2x$ 且曲线通过点 $(1, 2)$，求此曲线的方程.

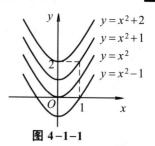

图 4–1–1

解　根据题意知

$$f'(x) = 2x,$$

即 $f(x)$ 是 $2x$ 的一个原函数, 从而

$$f(x) = \int 2x \mathrm{d}x = x^2 + C.$$

其积分曲线 $y = x^2 + C$ 没有重叠地填满坐标平面 (见图 4–1–1), 现要在上述积分曲线中选出通过点 $(1, 2)$ 的那条曲线. 由曲线通过点 $(1, 2)$ 得

$$2 = 1^2 + C \Rightarrow C = 1,$$

故所求曲线方程为 $y = x^2 + 1$.

例 5　经过调查发现，某产品的边际成本函数可由下面的函数给出

$$f(q) = 2q + 3,$$

其中 q 是产量数，已知生产的固定成本为 2，求生产成本函数.

解　设所求生产成本函数为 $C(q)$，按题意，有

$$C'(q) = 2q + 3,$$

因为

$$(q^2 + 3q)' = 2q + 3,$$

所以 $q^2 + 3q$ 是 $2q + 3$ 的一个原函数，从而

$$C(q) = \int (2q + 3) \mathrm{d}q = q^2 + 3q + C_0 \quad (C_0 \text{ 为积分常数}).$$

现要在上述积分曲线中选出一条生产成本曲线，已知生产的固定成本为 2，即当产量 $q = 0$ 时成本为 2，故可得

$$C(0) = 0^2 + 3 \cdot 0 + C_0, \quad \text{即} \ C_0 = 2.$$

因此，所求生产成本函数为

$$C(q) = q^2 + 3q + 2.$$

三、不定积分的性质

由不定积分的定义知，若 $F(x)$ 为 $f(x)$ 在区间 I 上的原函数，即

$$F'(x) = f(x) \quad \text{或} \quad \mathrm{d}F(x) = f(x) \mathrm{d}x,$$

则 $f(x)$ 在区间 I 内的不定积分为

$$\int f(x) \mathrm{d}x = F(x) + C.$$

易见 $\int f(x)\mathrm{d}x$ 是 $f(x)$ 的原函数, 故有:

性质 1 $\dfrac{\mathrm{d}}{\mathrm{d}x}\left[\int f(x)\mathrm{d}x\right] = f(x)$ 或 $\mathrm{d}\left[\int f(x)\mathrm{d}x\right] = f(x)\mathrm{d}x.$

又由于 $F(x)$ 是 $F'(x)$ 的原函数, 故有:

性质 2 $\int F'(x)\mathrm{d}x = F(x) + C$ 或 $\int \mathrm{d}F(x) = F(x) + C.$

注: 由上可见, **微分运算与积分运算是互逆的**. 两个运算连在一起时, $\mathrm{d}\int$ 完全抵消, $\int \mathrm{d}$ 抵消后相差一常数.

利用微分运算法则和不定积分的定义, 可得下列运算性质:

性质 3 两函数代数和的不定积分等于它们各自不定积分的代数和, 即

$$\int [f(x) \pm g(x)]\mathrm{d}x = \int f(x)\mathrm{d}x \pm \int g(x)\mathrm{d}x.$$

证明 $\left[\int f(x)\mathrm{d}x \pm \int g(x)\mathrm{d}x\right]' = \left[\int f(x)\mathrm{d}x\right]' \pm \left[\int g(x)\mathrm{d}x\right]' = f(x) \pm g(x).$ ■

注: 此性质可推广到有限多个函数之和的情形.

性质 4 求不定积分时, 非零常数因子可提到积分号外面. 即

$$\int kf(x)\mathrm{d}x = k\int f(x)\mathrm{d}x \ (k \neq 0).$$

证明 $\left[k\int f(x)\mathrm{d}x\right]' = k\left[\int f(x)\mathrm{d}x\right]' = kf(x) = \left[\int kf(x)\mathrm{d}x\right]'.$ ■

四、基本积分表

根据不定积分的定义, 由导数或微分基本公式, 即可得到不定积分的基本公式. 这里我们列出**基本积分表**, 请读者务必熟记. 因为许多不定积分最终将归结为这些基本积分公式.

(1) $\int k\mathrm{d}x = kx + C$ (k 是常数)   (2) $\int x^{\mu}\mathrm{d}x = \dfrac{x^{\mu+1}}{\mu+1} + C$ ($\mu \neq -1$)

(3) $\int \dfrac{\mathrm{d}x}{x} = \ln|x| + C$ (4) $\int \dfrac{1}{1+x^2}\mathrm{d}x = \arctan x + C$

(5) $\int \dfrac{1}{\sqrt{1-x^2}}\mathrm{d}x = \arcsin x + C$ (6) $\int a^x\mathrm{d}x = \dfrac{a^x}{\ln a} + C$

(7) $\int \mathrm{e}^x\mathrm{d}x = \mathrm{e}^x + C$ (8) $\int \cos x\mathrm{d}x = \sin x + C$

(9) $\int \sin x\mathrm{d}x = -\cos x + C$ (10) $\int \sec^2 x\mathrm{d}x = \tan x + C$

(11) $\int \csc^2 x\mathrm{d}x = -\cot x + C$ (12) $\int \sec x\tan x\mathrm{d}x = \sec x + C$

(13) $\int \csc x\cot x\mathrm{d}x = -\csc x + C$

五、直接积分法

从前面的例题可知，利用不定积分的定义来计算不定积分是非常不方便的. 为解决不定积分的计算问题，这里我们先介绍一种利用不定积分的运算性质和基本积分公式，直接求出不定积分的方法，即**直接积分法**.

例如，计算不定积分 $\int(x^2+2x-7)\mathrm{d}x$，有

$$\int(x^2+2x-7)\mathrm{d}x=\int x^2\mathrm{d}x+\int 2x\mathrm{d}x-\int 7\mathrm{d}x=\frac{x^3}{3}+x^2-7x+C.$$

注：每个积分号都含有任意常数，但由于这些任意常数之和仍是任意常数，因此，只要总的写出一个任意常数 C 即可.

例6　求不定积分 $\int\left(1-\sqrt[3]{x^2}\right)^2\mathrm{d}x$.

解　$\int\left(1-\sqrt[3]{x^2}\right)^2\mathrm{d}x=\int\left(1-2x^{\frac{2}{3}}+x^{\frac{4}{3}}\right)\mathrm{d}x=\int 1\mathrm{d}x-2\int x^{\frac{2}{3}}\mathrm{d}x+\int x^{\frac{4}{3}}\mathrm{d}x$

$$=x-2\times\frac{1}{\frac{2}{3}+1}x^{\frac{2}{3}+1}+\frac{1}{\frac{4}{3}+1}x^{\frac{4}{3}+1}+C=x-\frac{6}{5}x^{\frac{5}{3}}+\frac{3}{7}x^{\frac{7}{3}}+C.\ \blacksquare$$

例7　求 $\int\left(\mathrm{e}^x-\frac{2}{x}\right)\mathrm{d}x$.

解　$\int\left(\mathrm{e}^x-\frac{2}{x}\right)\mathrm{d}x=\int \mathrm{e}^x\mathrm{d}x-2\int\frac{\mathrm{d}x}{x}=\mathrm{e}^x-2\ln|x|-C.\ \blacksquare$

例8　求不定积分 $\int 2^x\mathrm{e}^x\mathrm{d}x$.

解　$\int 2^x\mathrm{e}^x\mathrm{d}x=\int(2\mathrm{e})^x\mathrm{d}x=\frac{(2\mathrm{e})^x}{\ln(2\mathrm{e})}+C=\frac{2^x\mathrm{e}^x}{1+\ln 2}+C.\ \blacksquare$

例9　求不定积分 $\int\frac{\sqrt{1+x^2}}{\sqrt{1-x^4}}\mathrm{d}x$.

解　$\int\frac{\sqrt{1+x^2}}{\sqrt{1-x^4}}\mathrm{d}x=\int\frac{\sqrt{1+x^2}}{\sqrt{1-x^2}\sqrt{1+x^2}}\mathrm{d}x=\int\frac{1}{\sqrt{1-x^2}}\mathrm{d}x=\arcsin x+C.\ \blacksquare$

例10　求不定积分 $\int\frac{x^4}{1+x^2}\mathrm{d}x$.

解　$\int\frac{x^4}{1+x^2}\mathrm{d}x=\int\frac{x^4-1+1}{1+x^2}\mathrm{d}x=\int\frac{(x^2+1)(x^2-1)+1}{1+x^2}\mathrm{d}x=\int\left(x^2-1+\frac{1}{1+x^2}\right)\mathrm{d}x$

$$=\int x^2\mathrm{d}x-\int 1\mathrm{d}x+\int\frac{1}{1+x^2}\mathrm{d}x=\frac{x^3}{3}-x+\arctan x+C.\ \blacksquare$$

例11　求下列不定积分：

(1) $\int\tan^2x\mathrm{d}x$；　　　　　　(2) $\int\sin^2\frac{x}{2}\mathrm{d}x$.

解 (1) $\int \tan^2 x \mathrm{d}x = \int (\sec^2 x - 1)\mathrm{d}x = \int \sec^2 x \mathrm{d}x - \int 1 \mathrm{d}x = \tan x - x + C;$

(2) $\int \sin^2 \dfrac{x}{2} \mathrm{d}x = \int \dfrac{1}{2}(1 - \cos x)\mathrm{d}x = \dfrac{1}{2} \int (1 - \cos x)\mathrm{d}x = \dfrac{1}{2}\left[\int \mathrm{d}x - \int \cos x \mathrm{d}x\right]$

$$= \dfrac{1}{2}(x - \sin x) + C.　　■$$

例 12 已知 $f'(\ln x) = \begin{cases} 1, & 0 < x \leq 1 \\ x, & 1 < x < +\infty \end{cases}$，且 $f(0) = 0$，求 $f(x)$.

解 设 $t = \ln x$，则当 $0 < x \leq 1$ 时，$-\infty < t \leq 0$，$f'(t) = 1$. 于是

$$f(t) = \int f'(t)\mathrm{d}t = t + C_1,$$

即

$$f(x) = x + C_1.$$

当 $1 < x < +\infty$ 时，$0 < t < +\infty$，$f'(t) = \mathrm{e}^t$，于是

$$f(t) = \int f'(t)\mathrm{d}t = \mathrm{e}^t + C_2, \quad 即 \ f(x) = \mathrm{e}^x + C_2,$$

所以

$$f(x) = \begin{cases} x + C_1, & -\infty < x \leq 0 \\ \mathrm{e}^x + C_2, & 0 < x < +\infty \end{cases}.$$

又 $f(0) = 0$，得 $C_1 = 0$，再由 $f(x)$ 在 $x = 0$ 处连续，故有

$$f(0) = \lim_{x \to 0^+} f(x), \quad 得 \ C_2 = -1.$$

所以

$$f(x) = \begin{cases} x, & -\infty < x \leq 0 \\ \mathrm{e}^x - 1, & 0 < x < +\infty \end{cases}.　　■$$

习题 4-1

1. 求下列不定积分：

(1) $\displaystyle\int \dfrac{\mathrm{d}x}{x^2\sqrt{x}}$;

(2) $\displaystyle\int \left(\sqrt[3]{x} - \dfrac{1}{\sqrt{x}}\right)\mathrm{d}x$;

(3) $\displaystyle\int (2^x + x^2)\mathrm{d}x$;

(4) $\displaystyle\int \sqrt{x}\,(x - 3)\mathrm{d}x$;

(5) $\displaystyle\int \dfrac{3x^4 + 3x^2 + 1}{x^2 + 1}\mathrm{d}x$;

(6) $\displaystyle\int \dfrac{x^2}{1 + x^2}\mathrm{d}x$;

(7) $\displaystyle\int \left(\dfrac{x}{2} - \dfrac{1}{x} + \dfrac{3}{x^3} - \dfrac{4}{x^4}\right)\mathrm{d}x$;

(8) $\displaystyle\int \left(\dfrac{3}{1 + x^2} - \dfrac{2}{\sqrt{1 - x^2}}\right)\mathrm{d}x$;

(9) $\displaystyle\int \sqrt{x\sqrt{x\sqrt{x}}}\,\mathrm{d}x$;

(10) $\displaystyle\int \dfrac{\mathrm{d}x}{x^2(1 + x^2)}$;

(11) $\displaystyle\int \dfrac{\mathrm{e}^{2t} - 1}{\mathrm{e}^t - 1}\mathrm{d}t$;

(12) $\displaystyle\int 3^x \mathrm{e}^x \mathrm{d}x$;

(13) $\displaystyle\int \cot^2 x \mathrm{d}x$;

(14) $\displaystyle\int \dfrac{2 \cdot 3^x - 5 \cdot 2^x}{3^x}\mathrm{d}x$;

(15) $\displaystyle\int \cos^2 \dfrac{x}{2}\mathrm{d}x$;

(16) $\displaystyle\int \dfrac{\mathrm{d}x}{1 + \cos 2x}$;

(17) $\displaystyle\int \dfrac{\cos 2x}{\cos x - \sin x}\mathrm{d}x$;

(18) $\displaystyle\int \dfrac{\cos 2x}{\cos^2 x \cdot \sin^2 x}\mathrm{d}x$;

(19) $\int\left(\sqrt{\dfrac{1-x}{1+x}}+\sqrt{\dfrac{1+x}{1-x}}\right)\mathrm{d}x$;　　　(20) $\int\dfrac{1+\cos^2 x}{1+\cos 2x}\,\mathrm{d}x$.

2. 设 $\int xf(x)\,\mathrm{d}x=\arccos x+C$, 求 $f(x)$.

3. 设 $f(x)$ 的导函数是 $\sin x$, 求 $f(x)$ 的原函数的全体.

4. 一曲线通过点 $(\mathrm{e}^2,3)$, 且在任一点处的切线的斜率等于该点横坐标的倒数, 求该曲线的方程.

5. 设生产某产品 x 单位的总成本 C 是 x 的函数 $C(x)$, 固定成本 (即 $C(0)$) 为 20 元, 边际成本函数为 $C'(x)=2x+10$ (元/单位), 求总成本函数 $C(x)$.

§4.2　换元积分法

能用直接积分法计算的不定积分是十分有限的. 本节介绍的换元积分法, 是将复合函数的求导法则反过来用于不定积分, 通过适当的变量替换 (换元), 把某些不定积分化为可利用基本积分公式的形式, 再计算出所求的不定积分.

一、第一类换元法 (凑微分法)

如果不定积分 $\int f(x)\,\mathrm{d}x$ 用直接积分法不易求得, 但被积函数可分解为
$$f(x)=g[\varphi(x)]\varphi'(x),$$
作变量代换 $u=\varphi(x)$, 并注意到 $\varphi'(x)\,\mathrm{d}x=\mathrm{d}\varphi(x)$, 则可将关于变量 x 的积分转化为关于变量 u 的积分, 于是有
$$\int f(x)\,\mathrm{d}x=\int g[\varphi(x)]\varphi'(x)\,\mathrm{d}x=\int g(u)\,\mathrm{d}u.$$
如果 $\int g(u)\,\mathrm{d}u$ 可以求出, 不定积分 $\int f(x)\,\mathrm{d}x$ 的计算问题就解决了, 这就是**第一类换元 (积分) 法 (凑微分法)**.

定理 1 (第一类换元法)　设 $g(u)$ 的原函数为 $F(u)$, $u=\varphi(x)$ 可导, 则有换元公式
$$\int g[\varphi(x)]\varphi'(x)\,\mathrm{d}x=\int g(u)\,\mathrm{d}u=F(u)+C=F[\varphi(x)]+C.$$

注: 上述公式中, 第一个等号表示换元 $\varphi(x)=u$, 最后一个等号表示回代 $u=\varphi(x)$.

例 1　求不定积分 $\int (2x+1)^{10}\,\mathrm{d}x$.

解　$\displaystyle\int (2x+1)^{10}\,\mathrm{d}x=\frac{1}{2}\int (2x+1)^{10}(2x+1)'\,\mathrm{d}x=\frac{1}{2}\int (2x+1)^{10}\,\mathrm{d}(2x+1)$

$\xlongequal[\text{换元}]{2x+1=u}\dfrac{1}{2}\int u^{10}\,\mathrm{d}u=\dfrac{1}{2}\cdot\dfrac{u^{11}}{11}+C\xlongequal[\text{回代}]{u=2x+1}\dfrac{1}{22}(2x+1)^{11}+C.$　∎

注: 一般地, 有 $\int f(ax+b)\mathrm{d}x \xlongequal{ax+b=u} \dfrac{1}{a}\int f(u)\mathrm{d}u$.

例 2 求不定积分 $\int x\mathrm{e}^{x^2}\mathrm{d}x$.

解
$$\int x\mathrm{e}^{x^2}\mathrm{d}x = \frac{1}{2}\int \mathrm{e}^{x^2}(x^2)'\mathrm{d}x = \frac{1}{2}\int \mathrm{e}^{x^2}\mathrm{d}(x^2)$$

$$\xlongequal[\text{换元}]{x^2=u} \frac{1}{2}\int \mathrm{e}^u\mathrm{d}u = \frac{1}{2}\mathrm{e}^u + C \xlongequal[\text{回代}]{u=x^2} \frac{1}{2}\mathrm{e}^{x^2} + C. \quad \blacksquare$$

注: 一般地, 有 $\int x^{n-1}f(x^n)\mathrm{d}x \xlongequal{x^n=u} \dfrac{1}{n}\int f(u)\mathrm{d}u$.

例 3 求不定积分 $\displaystyle\int \frac{1}{x(1+2\ln x)}\mathrm{d}x$.

解 $\displaystyle\int \frac{1}{x(1+2\ln x)}\mathrm{d}x = \int \frac{1}{1+2\ln x}(\ln x)'\mathrm{d}x = \int \frac{1}{2}\cdot\frac{1}{1+2\ln x}(1+2\ln x)'\mathrm{d}x$

$$= \frac{1}{2}\int \frac{1}{1+2\ln x}\mathrm{d}(1+2\ln x) \xlongequal[\text{换元}]{1+2\ln x=u} \frac{1}{2}\int \frac{1}{u}\mathrm{d}u = \frac{1}{2}\ln|u| + C$$

$$\xlongequal[\text{回代}]{u=1+2\ln x} \frac{1}{2}\ln|1+2\ln x| + C. \quad \blacksquare$$

注: 一般地, 我们可根据微分基本公式得到表 4-2-1 中所列的常用凑微分公式.

表 4-2-1   **常用凑微分公式**

	积分类型	换元公式
第一类换元法	1. $\displaystyle\int f(ax+b)\mathrm{d}x = \frac{1}{a}\int f(ax+b)\mathrm{d}(ax+b)\ (a\neq 0)$	$u = ax+b$
	2. $\displaystyle\int f(x^\mu)x^{\mu-1}\mathrm{d}x = \frac{1}{\mu}\int f(x^\mu)\mathrm{d}(x^\mu)\quad(\mu\neq 0)$	$u = x^\mu$
	3. $\displaystyle\int f(\ln x)\cdot\frac{1}{x}\mathrm{d}x = \int f(\ln x)\mathrm{d}(\ln x)$	$u = \ln x$
	4. $\displaystyle\int f(\mathrm{e}^x)\cdot\mathrm{e}^x\mathrm{d}x = \int f(\mathrm{e}^x)\mathrm{d}(\mathrm{e}^x)$	$u = \mathrm{e}^x$
	5. $\displaystyle\int f(a^x)\cdot a^x\mathrm{d}x = \frac{1}{\ln a}\int f(a^x)\mathrm{d}(a^x)$	$u = a^x$
	6. $\displaystyle\int f(\sin x)\cdot\cos x\mathrm{d}x = \int f(\sin x)\mathrm{d}(\sin x)$	$u = \sin x$
	7. $\displaystyle\int f(\cos x)\cdot\sin x\mathrm{d}x = -\int f(\cos x)\mathrm{d}(\cos x)$	$u = \cos x$
	8. $\displaystyle\int f(\tan x)\sec^2 x\mathrm{d}x = \int f(\tan x)\mathrm{d}(\tan x)$	$u = \tan x$
	9. $\displaystyle\int f(\cot x)\csc^2 x\mathrm{d}x = -\int f(\cot x)\mathrm{d}(\cot x)$	$u = \cot x$
	10. $\displaystyle\int f(\arctan x)\frac{1}{1+x^2}\mathrm{d}x = \int f(\arctan x)\mathrm{d}(\arctan x)$	$u = \arctan x$
	11. $\displaystyle\int f(\arcsin x)\frac{1}{\sqrt{1-x^2}}\mathrm{d}x = \int f(\arcsin x)\mathrm{d}(\arcsin x)$	$u = \arcsin x$

对变量代换比较熟练后, 可省去书写中间变量的换元和回代过程.

例 4　求不定积分 $\displaystyle\int \frac{e^{3\sqrt{x}}}{\sqrt{x}}dx$.

解　$\displaystyle\int \frac{e^{3\sqrt{x}}}{\sqrt{x}}dx = 2\int e^{3\sqrt{x}}d(\sqrt{x}) = \frac{2}{3}\int e^{3\sqrt{x}}d(3\sqrt{x}) = \frac{2}{3}e^{3\sqrt{x}} + C.$ ■

例 5　求不定积分 $\displaystyle\int \frac{1}{x^2 - 8x + 25}dx$.

解　$\displaystyle\int \frac{1}{x^2 - 8x + 25}dx = \int \frac{1}{(x-4)^2 + 9}dx = \frac{1}{3^2}\int \frac{1}{\left(\dfrac{x-4}{3}\right)^2 + 1}dx$

$\displaystyle = \frac{1}{3}\int \frac{1}{\left(\dfrac{x-4}{3}\right)^2 + 1}d\left(\frac{x-4}{3}\right) = \frac{1}{3}\arctan\frac{x-4}{3} + C.$ ■

例 6　求不定积分 $\displaystyle\int \frac{1}{1 + e^x}dx$.

解　$\displaystyle\int \frac{1}{1 + e^x}dx = \int \frac{1 + e^x - e^x}{1 + e^x}dx = \int\left(1 - \frac{e^x}{1 + e^x}\right)dx = \int dx - \int \frac{e^x}{1 + e^x}dx$

$\displaystyle = \int dx - \int \frac{1}{1 + e^x}d(1 + e^x) = x - \ln(1 + e^x) + C.$ ■

例 7　求不定积分 $\displaystyle\int \sin 2x\, dx$.

解　方法一　原式 $= \dfrac{1}{2}\displaystyle\int \sin 2x\, d(2x) = -\dfrac{1}{2}\cos 2x + C;$

方法二　原式 $= 2\displaystyle\int \sin x \cos x\, dx = 2\int \sin x\, d(\sin x) = (\sin x)^2 + C;$

方法三　原式 $= 2\displaystyle\int \sin x \cos x\, dx = -2\int \cos x\, d(\cos x) = -(\cos x)^2 + C.$ ■

注: 检验积分结果是否正确, 只需对结果求导, 如果导数等于被积函数, 则结果正确, 否则结果错误.

易检验, 上述 $-\dfrac{1}{2}\cos 2x$, $(\sin x)^2$, $-(\cos x)^2$ 均为 $\sin 2x$ 的原函数.

例 8　求不定积分 $\displaystyle\int \sin^2 x \cdot \cos^5 x\, dx$.

解　$\displaystyle\int \sin^2 x \cdot \cos^5 x\, dx = \int \sin^2 x \cdot \cos^4 x\, d(\sin x) = \int \sin^2 x \cdot (1 - \sin^2 x)^2\, d(\sin x)$

$\displaystyle = \int (\sin^2 x - 2\sin^4 x + \sin^6 x)\, d(\sin x)$

$\displaystyle = \frac{1}{3}\sin^3 x - \frac{2}{5}\sin^5 x + \frac{1}{7}\sin^7 x + C.$ ■

注: 当被积函数是三角函数的乘积时, 拆开奇次项去凑微分; 当被积函数为三角函数的偶数次幂时, 常用半角公式通过降低幂次的方法来计算.

例9 求不定积分 $\int \cos^2 x \mathrm{d}x$.

解 $\int \cos^2 x \mathrm{d}x = \int \dfrac{1 + \cos 2x}{2} \mathrm{d}x = \dfrac{1}{2}\left(\int \mathrm{d}x + \int \cos 2x \mathrm{d}x\right)$

$\qquad = \dfrac{1}{2}\int \mathrm{d}x + \dfrac{1}{4}\int \cos 2x \mathrm{d}(2x) = \dfrac{x}{2} + \dfrac{\sin 2x}{4} + C.$ ■

下面再给出几个不定积分计算的例题，请读者悉心体会其中的方法.

例10 求不定积分 $\int \dfrac{1}{x^2 - a^2} \mathrm{d}x$.

解 由于 $\dfrac{1}{x^2 - a^2} = \dfrac{1}{2a}\left(\dfrac{1}{x-a} - \dfrac{1}{x+a}\right)$，所以

$\int \dfrac{1}{x^2 - a^2} \mathrm{d}x = \dfrac{1}{2a}\int\left(\dfrac{1}{x-a} - \dfrac{1}{x+a}\right)\mathrm{d}x = \dfrac{1}{2a}\left(\int \dfrac{1}{x-a} \mathrm{d}x - \int \dfrac{1}{x+a} \mathrm{d}x\right)$

$\qquad = \dfrac{1}{2a}\left[\int \dfrac{1}{x-a} \mathrm{d}(x-a) - \int \dfrac{1}{x+a} \mathrm{d}(x+a)\right]$

$\qquad = \dfrac{1}{2a}(\ln|x-a| - \ln|x+a|) + C$

$\qquad = \dfrac{1}{2a}\ln\left|\dfrac{x-a}{x+a}\right| + C.$ ■

例11 求不定积分 $\int \dfrac{1}{\sqrt{2x+3} + \sqrt{2x-1}} \mathrm{d}x$.

解 原式 $= \int \dfrac{\sqrt{2x+3} - \sqrt{2x-1}}{(\sqrt{2x+3} + \sqrt{2x-1})(\sqrt{2x+3} - \sqrt{2x-1})} \mathrm{d}x$

$\qquad = \dfrac{1}{4}\int \sqrt{2x+3} \mathrm{d}x - \dfrac{1}{4}\int \sqrt{2x-1} \mathrm{d}x$

$\qquad = \dfrac{1}{8}\int \sqrt{2x+3} \mathrm{d}(2x+3) - \dfrac{1}{8}\int \sqrt{2x-1} \mathrm{d}(2x-1)$

$\qquad = \dfrac{1}{12}(\sqrt{2x+3})^3 - \dfrac{1}{12}(\sqrt{2x-1})^3 + C.$ ■

例12 求不定积分 $\int \csc x \mathrm{d}x$.

解 $\int \csc x \mathrm{d}x = \int \dfrac{\mathrm{d}x}{\sin x} = \int \dfrac{\mathrm{d}x}{2\sin\frac{x}{2}\cos\frac{x}{2}} = \int \dfrac{1}{\tan\frac{x}{2}\cos^2\frac{x}{2}} \mathrm{d}\left(\dfrac{x}{2}\right)$

$\qquad = \int \dfrac{1}{\tan\frac{x}{2}} \mathrm{d}\left(\tan\dfrac{x}{2}\right) = \ln\left|\tan\dfrac{x}{2}\right| + C,$

因为 $\qquad \tan\dfrac{x}{2} = \dfrac{\sin\frac{x}{2}}{\cos\frac{x}{2}} = \dfrac{2\sin^2\frac{x}{2}}{\sin x} = \dfrac{1 - \cos x}{\sin x} = \csc x - \cot x,$

所以

$$\int \csc x \mathrm{d}x = \ln|\csc x - \cot x| + C.　\blacksquare$$

例 13　求不定积分 $\int \sec^6 x \mathrm{d}x$.

解　$\displaystyle\int \sec^6 x \mathrm{d}x = \int (\sec^2 x)^2 \sec^2 x \mathrm{d}x = \int (1 + \tan^2 x)^2 \mathrm{d}(\tan x)$

$$= \int (1 + 2\tan^2 x + \tan^4 x)\mathrm{d}(\tan x) = \tan x + \frac{2}{3}\tan^3 x + \frac{1}{5}\tan^5 x + C.　\blacksquare$$

二、第二类换元法

如果不定积分 $\int f(x)\mathrm{d}x$ 用直接积分法或第一类换元法不易求得, 但作适当的变量替换 $x = \varphi(t)$ 后, 所得到的关于新积分变量 t 的不定积分

$$\int f[\varphi(t)]\varphi'(t)\mathrm{d}t$$

可以求得, 则可解决 $\int f(x)\mathrm{d}x$ 的计算问题, 这就是所谓的**第二类换元(积分)法**.

定理 2（第二类换元法）　设 $x = \varphi(t)$ 是单调、可导函数, 且

$$\varphi'(t) \neq 0,$$

又设 $f[\varphi(t)]\varphi'(t)$ 具有原函数 $F(t)$, 则

$$\int f(x)\mathrm{d}x = \int f[\varphi(t)]\varphi'(t)\mathrm{d}t = F(t) + C = F[\psi(x)] + C,$$

其中 $\psi(x)$ 是 $x = \varphi(t)$ 的反函数.

证明　因为 $F(t)$ 是 $f[\varphi(t)]\varphi'(t)$ 的原函数, 令

$$G(x) = F[\psi(x)],$$

则　　$$G'(x) = \frac{\mathrm{d}F}{\mathrm{d}t} \cdot \frac{\mathrm{d}t}{\mathrm{d}x} = f[\varphi(t)]\varphi'(t) \cdot \frac{1}{\varphi'(t)} = f[\varphi(t)] = f(x),$$

即 $G(x)$ 为 $f(x)$ 的一个原函数. 从而结论得证.　$\blacksquare$

注：由定理 2 可见, 第二类换元积分法的换元和回代过程与第一类换元积分法的换元和回代过程正好相反.

例 14　求不定积分 $\int \sqrt{a^2 - x^2}\,\mathrm{d}x\ (a > 0)$.

解　令 $x = a\sin t$, 则 $\mathrm{d}x = a\cos t\mathrm{d}t$, $t \in (-\pi/2, \pi/2)$, 所以

$$\int \sqrt{a^2 - x^2}\,\mathrm{d}x = \int a\cos t \cdot a\cos t \mathrm{d}t = \frac{a^2}{2}\int (1 + \cos 2t)\mathrm{d}t$$

$$= \frac{a^2}{2}\left(t + \frac{1}{2}\sin 2t\right) + C = \frac{a^2}{2}(t + \sin t \cos t) + C.$$

为将变量 t 还原回原来的积分变量 x, 由 $x = a\sin t$ 作直角三

角形(见图 4-2-1), 可知 $\cos t = \dfrac{\sqrt{a^2 - x^2}}{a}$, 代入上式, 得

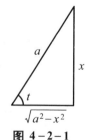

图 4-2-1

$$\int \sqrt{a^2 - x^2}\, dx = \frac{a^2}{2}\left(\arcsin\frac{x}{a} + \frac{x}{a}\cdot\frac{\sqrt{a^2 - x^2}}{a}\right) + C$$

$$= \frac{a^2}{2}\arcsin\frac{x}{a} + \frac{x}{2}\cdot\sqrt{a^2 - x^2} + C.\qquad\blacksquare$$

注: 若令 $x = a\cos t$, 同样可计算.

例 15 求不定积分 $\displaystyle\int \frac{1}{\sqrt{x^2 + a^2}}\, dx$ $(a > 0)$.

解 见图 4-2-2, 令 $x = a\tan t$, 则 $dx = a\sec^2 t\, dt$, $t \in (-\pi/2,\, \pi/2)$, 所以

$$\int \frac{1}{\sqrt{x^2 + a^2}}\, dx = \int \frac{1}{a\sec t}\cdot a\sec^2 t\, dt = \int \sec t\, dt$$

$$= \ln|\sec t + \tan t| + C_1 = \ln\left|\frac{x}{a} + \frac{\sqrt{x^2 + a^2}}{a}\right| + C_1$$

$$= \ln|x + \sqrt{x^2 + a^2}| + C.\qquad\blacksquare$$

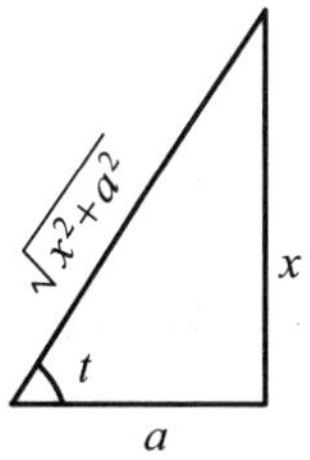

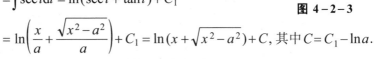

图 4-2-2

例 16 求不定积分 $\displaystyle\int \frac{1}{\sqrt{x^2 - a^2}}\, dx$ $(a > 0)$.

解 被积函数的定义域为 $|x| > a$. 当 $x > a$ 时, 如图 4-2-3 所示, 令 $x = a\sec t$, $t \in (0,\, \pi/2)$, 则 $dx = a\sec t \cdot \tan t\, dt$, 所以

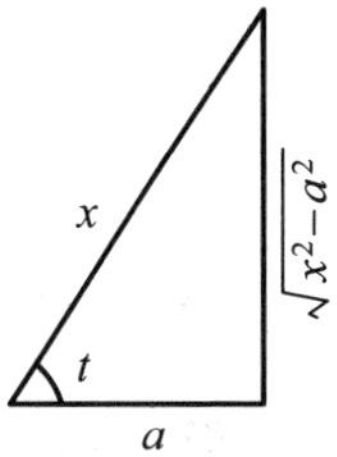

$$\int \frac{1}{\sqrt{x^2 - a^2}}\, dx = \int \frac{a\sec t \cdot \tan t}{a\tan t}\, dt$$

$$= \int \sec t\, dt = \ln(\sec t + \tan t) + C_1$$

图 4-2-3

$$= \ln\left(\frac{x}{a} + \frac{\sqrt{x^2 - a^2}}{a}\right) + C_1 = \ln(x + \sqrt{x^2 - a^2}) + C,\ \text{其中}\ C = C_1 - \ln a.$$

当 $x < -a$ 时, 令 $x = -u$, 则 $u > a$, 即为上述情形, 得

$$\int \frac{dx}{\sqrt{x^2 - a^2}} = \ln(-x - \sqrt{x^2 - a^2}) + C.$$

综合以上结果, 得

$$\int \frac{dx}{\sqrt{x^2 - a^2}} = \ln|x + \sqrt{x^2 - a^2}| + C.\qquad\blacksquare$$

注: 以上几例所使用的均为三角代换, 三角代换的目的是化掉根式, 其一般规律如下: 如果被积函数中含有 $\sqrt{a^2 - x^2}$, 可令 $x = a\sin t$, $t \in (-\pi/2,\, \pi/2)$; 如果被积函数中含有 $\sqrt{x^2 + a^2}$, 可令 $x = a\tan t$, $t \in (-\pi/2,\, \pi/2)$; 如果被积函数中含有 $\sqrt{x^2 - a^2}$, 可令 $x = \pm a\sec t$, $t \in (0,\, \pi/2)$.

当有理分式函数中分母(多项式)的次数较高时, 常采用**倒代换** $x = \dfrac{1}{t}$.

例17　求不定积分 $\int \dfrac{1}{x(x^7+2)}\,dx$.

解　令 $x=\dfrac{1}{t}$，则 $dx=-\dfrac{1}{t^2}\,dt$，于是

$$\int \frac{1}{x(x^7+2)}\,dx=\int \frac{t}{\left(\dfrac{1}{t}\right)^7+2}\cdot\left(-\frac{1}{t^2}\right)dt=-\int\frac{t^6}{1+2t^7}\,dt$$

$$=-\frac{1}{14}\ln|1+2t^7|+C=-\frac{1}{14}\ln|2+x^7|+\frac{1}{2}\ln|x|+C. \quad\blacksquare$$

　　根式有理化是化简不定积分计算的常用方法之一，去掉被积函数根号并不一定要采用三角代换，应根据被积函数的情况来确定采用何种根式有理化代换.

例18　求不定积分 $\int \dfrac{x^5}{\sqrt{1+x^2}}\,dx$.

解　本例如果用三角代换将相当烦琐. 现在我们采用根式有理化代换，令

$$t=\sqrt{1+x^2},\ \text{则}\ x^2=t^2-1,\ x\,dx=t\,dt,$$

于是　　$\displaystyle\int \frac{x^5}{\sqrt{1+x^2}}\,dx=\int\frac{(t^2-1)^2}{t}\,t\,dt=\int(t^4-2t^2+1)\,dt=\frac{1}{5}t^5-\frac{2}{3}t^3+t+C$

$$=\frac{1}{15}(8-4x^2+3x^4)\sqrt{1+x^2}+C. \quad\blacksquare$$

例19　求不定积分 $\int \dfrac{1}{\sqrt{1+e^x}}\,dx$.

解　令 $t=\sqrt{1+e^x}$，则

$$e^x=t^2-1,\ x=\ln(t^2-1),\ dx=\frac{2t\,dt}{t^2-1},$$

$$\int\frac{1}{\sqrt{1+e^x}}\,dx=\int\frac{2}{t^2-1}\,dt=\int\left(\frac{1}{t-1}-\frac{1}{t+1}\right)dt=\ln\left|\frac{t-1}{t+1}\right|+C$$

$$=2\ln(\sqrt{1+e^x}-1)-x+C. \quad\blacksquare$$

　　本节中一些例题的结果以后会经常遇到，所以它们通常也被当作公式使用. 这样，常用的积分公式，除了基本积分表中的公式外，我们再续补下面几个(其中常数 $a>0$).

(14) $\displaystyle\int \tan x\,dx=-\ln|\cos x|+C$ 　　　　(15) $\displaystyle\int \cot x\,dx=\ln|\sin x|+C$

(16) $\displaystyle\int \sec x\,dx=\ln|\sec x+\tan x|+C$ 　(17) $\displaystyle\int \csc x\,dx=\ln|\csc x-\cot x|+C$

(18) $\displaystyle\int \frac{dx}{a^2+x^2}=\frac{1}{a}\arctan\frac{x}{a}+C$ 　(19) $\displaystyle\int \frac{dx}{x^2-a^2}=\frac{1}{2a}\ln\left|\frac{x-a}{x+a}\right|+C$

(20) $\displaystyle\int \frac{dx}{\sqrt{a^2-x^2}}=\arcsin\frac{x}{a}+C$ 　(21) $\displaystyle\int \frac{dx}{\sqrt{x^2\pm a^2}}=\ln|x+\sqrt{x^2\pm a^2}|+C$

(22) $\int \sqrt{a^2-x^2}\,\mathrm{d}x = \dfrac{a^2}{2}\arcsin\dfrac{x}{a} + \dfrac{x}{2}\cdot\sqrt{a^2-x^2} + C$

*数学实验

实验4.1 试用计算软件求下列不定积分:

(1) $\displaystyle\int \cos x\cos 2x\cos 3x\,\mathrm{d}x$;

(2) $\displaystyle\int \dfrac{x^2}{\sqrt{1+x+x^2}}\,\mathrm{d}x$;

(3) $\displaystyle\int \dfrac{x^{10}}{x^2+x-2}\,\mathrm{d}x$;

(4) $\displaystyle\int \dfrac{\sin x\cos x\,\mathrm{d}x}{\sqrt{a^2\sin^2 x + b^2\cos^2 x}}$;

(5) $\displaystyle\int \dfrac{\mathrm{d}x}{\sqrt{x^2+a^2}}$;

(6) $\displaystyle\int \sqrt{a^2-x^2}\,\mathrm{d}x$;

(7) $\displaystyle\int \sqrt{(x^2+a^2)^3}\,\mathrm{d}x$;

(8) $\displaystyle\int \sqrt{(x^2-a^2)^3}\,\mathrm{d}x$.

计算实验

详见教材配套的网络学习空间.

习题 4-2

1. 填空使下列等式成立:

(1) $\mathrm{d}x = \underline{\quad}\mathrm{d}(7x-3)$;　　(2) $x\mathrm{d}x = \underline{\quad}\mathrm{d}(1-x^2)$;　　(3) $x^3\mathrm{d}x = \underline{\quad}\mathrm{d}(3x^4-2)$;

(4) $\mathrm{e}^{2x}\mathrm{d}x = \underline{\quad}\mathrm{d}(\mathrm{e}^{2x})$;　　(5) $\dfrac{\mathrm{d}x}{x} = \underline{\quad}\mathrm{d}(5\ln|x|)$;　　(6) $\dfrac{\mathrm{d}x}{x} = \underline{\quad}\mathrm{d}(3-5\ln|x|)$;

(7) $\dfrac{1}{\sqrt{t}}\mathrm{d}t = \underline{\quad}\mathrm{d}(\sqrt{t})$;　　(8) $\dfrac{\mathrm{d}x}{\cos^2 2x} = \underline{\quad}\mathrm{d}(\tan 2x)$;　　(9) $\dfrac{\mathrm{d}x}{1+9x^2} = \underline{\quad}\mathrm{d}(\arctan 3x)$.

2. 求下列不定积分:

(1) $\displaystyle\int \mathrm{e}^{3t}\,\mathrm{d}t$;

(2) $\displaystyle\int (3-5x)^3\,\mathrm{d}x$;

(3) $\displaystyle\int \dfrac{\mathrm{d}x}{3-2x}$;

(4) $\displaystyle\int \dfrac{\mathrm{d}x}{\sqrt[3]{5-3x}}$;

(5) $\displaystyle\int (\sin ax - \mathrm{e}^{\frac{x}{b}})\,\mathrm{d}x$;

(6) $\displaystyle\int \dfrac{\cos\sqrt{t}}{\sqrt{t}}\,\mathrm{d}t$;

(7) $\displaystyle\int \tan^{10}x\sec^2 x\,\mathrm{d}x$;

(8) $\displaystyle\int \dfrac{\mathrm{d}x}{x\ln x\ln\ln x}$;

(9) $\displaystyle\int \tan\sqrt{1+x^2}\cdot\dfrac{x\mathrm{d}x}{\sqrt{1+x^2}}$;

(10) $\displaystyle\int \dfrac{\mathrm{d}x}{\sin x\cos x}$;

(11) $\displaystyle\int \dfrac{\mathrm{d}x}{\mathrm{e}^x+\mathrm{e}^{-x}}$;

(12) $\displaystyle\int x\cos(x^2)\,\mathrm{d}x$;

(13) $\displaystyle\int \dfrac{x\mathrm{d}x}{\sqrt{2-3x^2}}$;

(14) $\displaystyle\int \cos^2(\omega t)\sin(\omega t)\,\mathrm{d}t$;

(15) $\displaystyle\int \dfrac{3x^3}{1-x^4}\,\mathrm{d}x$;

(16) $\displaystyle\int \dfrac{\sin x}{\cos^3 x}\,\mathrm{d}x$;

(17) $\displaystyle\int \dfrac{x^9}{\sqrt{2-x^{20}}}\,\mathrm{d}x$;

(18) $\displaystyle\int \dfrac{1-x}{\sqrt{9-4x^2}}\,\mathrm{d}x$;

(19) $\displaystyle\int \dfrac{\mathrm{d}x}{2x^2-1}$;

(20) $\displaystyle\int \dfrac{x\mathrm{d}x}{(4-5x)^2}$;

(21) $\displaystyle\int \dfrac{x^2\,\mathrm{d}x}{(x-1)^{100}}$;

(22) $\displaystyle\int \dfrac{x\mathrm{d}x}{x^8-1}$;

(23) $\displaystyle\int \cos^3 x\,\mathrm{d}x$;

(24) $\displaystyle\int \cos^2(\omega t+\varphi)\,\mathrm{d}t$;

(25) $\int \sin 2x \cos 3x \mathrm{d}x$;　　　　(26) $\int \sin 5x \sin 7x \mathrm{d}x$;　　　　(27) $\int \tan^3 x \sec x \mathrm{d}x$;

(28) $\int \dfrac{10^{\arccos x}}{\sqrt{1-x^2}} \mathrm{d}x$;　　　(29) $\int \dfrac{\mathrm{d}x}{(\arcsin x)^2 \sqrt{1-x^2}}$;　　　(30) $\int \dfrac{\arctan \sqrt{x}}{\sqrt{x}(1+x)} \mathrm{d}x$;

(31) $\int \dfrac{\ln \tan x}{\cos x \sin x} \mathrm{d}x$;　　　(32) $\int \dfrac{1+\ln x}{(x \ln x)^2} \mathrm{d}x$;　　　(33) $\int \dfrac{\mathrm{d}x}{1-\mathrm{e}^x}$;

(34) $\int \dfrac{\mathrm{d}x}{x(x^6+4)}$;　　　(35) $\int \dfrac{\mathrm{d}x}{x^8(1-x^2)}$.

3. 求下列不定积分:

(1) $\int \dfrac{\mathrm{d}x}{1+\sqrt{1-x^2}}$;　　　(2) $\int \dfrac{\sqrt{x^2-9}}{x} \mathrm{d}x$;　　　(3) $\int \dfrac{\mathrm{d}x}{\sqrt{(x^2+1)^3}}$;

(4) $\int \dfrac{\mathrm{d}x}{(x^2+a^2)^{3/2}}$;　　　(5) $\int \dfrac{x^2+1}{x\sqrt{1+x^4}} \mathrm{d}x$;　　　(6) $\int \sqrt{5-4x-x^2} \mathrm{d}x$.

4. 求一个函数 $f(x)$, 满足 $f'(x) = \dfrac{1}{\sqrt{x+1}}$, 且 $f(0) = 1$.

5. 设 $f(x)$ 在 $[1, +\infty)$ 上可导, $f(1) = 0$, $f'(\mathrm{e}^x+1) = 3\mathrm{e}^{2x}+2$, 求 $f(x)$.

§4.3　分部积分法

　　虽然前面介绍的换元积分法可以解决许多积分的计算问题, 但有些积分, 如 $\int x\mathrm{e}^x \mathrm{d}x$, $\int x \cos x \mathrm{d}x$ 等, 利用换元法就无法求解.

　　本节我们要介绍另一种基本积分法 —— **分部积分法**.

　　设函数 $u = u(x)$ 和 $v = v(x)$ 具有连续导数, 则

$$\mathrm{d}(uv) = v\mathrm{d}u + u\mathrm{d}v,$$

移项得到

$$u\mathrm{d}v = \mathrm{d}(uv) - v\mathrm{d}u,$$

所以有

$$\int u\mathrm{d}v = uv - \int v\mathrm{d}u, \tag{3.1}$$

或

$$\int uv' \mathrm{d}x = uv - \int u'v \mathrm{d}x. \tag{3.2}$$

式 (3.1) 或式 (3.2) 称为**分部积分公式**.

　　利用分部积分公式求不定积分的关键在于如何将所给积分 $\int f(x)\mathrm{d}x$ 化为 $\int u\mathrm{d}v$ 形式, 使它更容易计算. 所采用的主要方法就是凑微分法, 例如,

$$\int x\mathrm{e}^x \mathrm{d}x = \int x\mathrm{d}(\mathrm{e}^x) = x\mathrm{e}^x - \int \mathrm{e}^x \mathrm{d}x = x\mathrm{e}^x - \mathrm{e}^x + C = (x-1)\mathrm{e}^x + C.$$

　　利用分部积分法计算不定积分, 选择好 u, v 非常关键, 选择不当将会使积分的计算变得更加复杂, 例如,

$$\int x e^x \mathrm{d}x = \int e^x \mathrm{d}\left(\frac{x^2}{2}\right) = \frac{x^2}{2}e^x - \int \frac{x^2}{2}\mathrm{d}(e^x) = \frac{x^2}{2}e^x - \int \frac{x^2}{2}e^x \mathrm{d}x.$$

分部积分法实质上就是求两函数乘积的导数 (或微分) 的逆运算. 一般地, 下列类型的被积函数常考虑应用分部积分法 (其中 m, n 都是正整数).

$$x^n \sin mx \qquad\qquad x^n \cos mx$$
$$e^{nx} \sin mx \qquad\qquad e^{nx} \cos mx$$
$$x^n e^{mx} \qquad\qquad x^n \ln x$$
$$x^n \arcsin mx \qquad x^n \arccos mx \qquad x^n \arctan mx \ \text{等}.$$

下面将通过例题介绍分部积分法的应用.

例 1 求不定积分 $\int x \cos x \mathrm{d}x$.

解 令 $u = x$, $\cos x \mathrm{d}x = \mathrm{d}(\sin x) = \mathrm{d}v$, 则

$$\int x \cos x \mathrm{d}x = \int x \mathrm{d}(\sin x) = x \sin x - \int \sin x \mathrm{d}x = x \sin x + \cos x + C. \qquad\blacksquare$$

有些函数的积分需要连续多次应用分部积分法.

例 2 求不定积分 $\int x^2 e^x \mathrm{d}x$.

解 令 $u = x^2$, $e^x \mathrm{d}x = \mathrm{d}(e^x) = \mathrm{d}v$, 则

$$\int x^2 e^x \mathrm{d}x = x^2 e^x - 2\int x e^x \mathrm{d}x = x^2 e^x - 2\int x \mathrm{d}(e^x) \ (\text{再次用分部积分法})$$
$$= x^2 e^x - 2\left(x e^x - \int e^x \mathrm{d}x\right) = x^2 e^x - 2(x e^x - e^x) + C. \qquad\blacksquare$$

注: 若被积函数是幂函数 (指数为正整数) 与指数函数或正 (余) 弦函数的乘积, 可设幂函数为 u, 而将其余部分凑微分进入微分号, 使得应用分部积分公式后, 幂函数的幂次降低一次.

例 3 求不定积分 $\int x \arctan x \mathrm{d}x$.

解 令 $u = \arctan x$, $x \mathrm{d}x = \mathrm{d}\left(\frac{x^2}{2}\right) = \mathrm{d}v$, 则

$$\int x \arctan x \mathrm{d}x = \frac{x^2}{2}\arctan x - \int \frac{x^2}{2}\mathrm{d}(\arctan x) = \frac{x^2}{2}\arctan x - \int \frac{x^2}{2}\cdot\frac{1}{1+x^2}\mathrm{d}x$$
$$= \frac{x^2}{2}\arctan x - \int \frac{1}{2}\cdot\left(1 - \frac{1}{1+x^2}\right)\mathrm{d}x = \frac{x^2}{2}\arctan x - \frac{1}{2}(x - \arctan x) + C. \qquad\blacksquare$$

例 4 求不定积分 $\int x^3 \ln x \mathrm{d}x$.

解 令 $u = \ln x$, $x^3 \mathrm{d}x = \mathrm{d}\left(\frac{x^4}{4}\right) = \mathrm{d}v$, 则

$$\int x^3 \ln x \mathrm{d}x = \frac{1}{4}x^4 \ln x - \frac{1}{4}\int x^3 \mathrm{d}x = \frac{1}{4}x^4 \ln x - \frac{1}{16}x^4 + C. \qquad\blacksquare$$

注: 若被积函数是幂函数与对数函数或反三角函数的乘积, 可设对数函数或反三角函数为 u, 而将幂函数凑微分进入微分号, 使得应用分部积分公式后, 对数函数

或反三角函数消失.

例 5 求不定积分 $\int e^x \sin x dx$.

解 $\int e^x \sin x dx = \int \sin x d(e^x)$（取三角函数为 u）

$$= e^x \sin x - \int e^x d(\sin x) = e^x \sin x - \int e^x \cos x dx$$

$$= e^x \sin x - \int \cos x d(e^x) \quad （再取三角函数为 u）$$

$$= e^x \sin x - \left[e^x \cos x - \int e^x d(\cos x) \right]$$

$$= e^x(\sin x - \cos x) - \int e^x \sin x dx.$$

解得 $\int e^x \sin x dx = \dfrac{e^x}{2}(\sin x - \cos x) + C.$ ■

注：若被积函数是指数函数与正（余）弦函数的乘积, u, dv 可随意选取, 但在两次分部积分中, 必须选用同类型的 u, 以便经过两次分部积分后产生循环式, 从而解出所求积分.

例 6 求不定积分 $\int \sin(\ln x) dx$.

解 $\int \sin(\ln x) dx = x \sin(\ln x) - \int x d[\sin(\ln x)] = x \sin(\ln x) - \int x \cos(\ln x) \cdot \dfrac{1}{x} dx$

$$= x \sin(\ln x) - \{ x \cos(\ln x) - \int x d[\cos(\ln x)] \}$$

$$= x[\sin(\ln x) - \cos(\ln x)] - \int \sin(\ln x) dx,$$

解得 $\int \sin(\ln x) dx = \dfrac{x}{2}[\sin(\ln x) - \cos(\ln x)] + C.$ ■

灵活应用分部积分法, 可以解决许多不定积分的计算问题.

下面再举一些例子, 请读者悉心体会其解题方法.

例 7 求不定积分 $\int \sec^3 x dx$.

解 $\int \sec^3 x dx = \int \sec x \cdot \sec^2 x dx = \int \sec x d(\tan x) = \sec x \tan x - \int \sec x \tan^2 x dx$

$$= \sec x \tan x - \int \sec x (\sec^2 x - 1) dx = \sec x \tan x - \int \sec^3 x dx + \int \sec x dx$$

$$= \sec x \tan x + \ln|\sec x + \tan x| - \int \sec^3 x dx.$$

解得 $\int \sec^3 x dx = \dfrac{1}{2}(\sec x \tan x + \ln|\sec x + \tan x|) + C.$ ■

例 8 求不定积分 $\int e^{\sqrt{x}} dx$.

解 令 $t = \sqrt{x}$, 则 $x = t^2$, $dx = 2t dt$, 于是

$$\int e^{\sqrt{x}} dx = 2\int e^t t dt = 2\int t d(e^t) = 2t e^t - 2\int e^t dt = 2t e^t - 2e^t + C$$

$$= 2\mathrm{e}^t(t-1) + C = 2\mathrm{e}^{\sqrt{x}}(\sqrt{x}-1) + C.$$

例 9 求不定积分 $I_n = \int \dfrac{\mathrm{d}x}{(x^2+a^2)^n}$，其中 n 为正整数.

解 当 $n=1$ 时，有

$$I_1 = \int \frac{\mathrm{d}x}{x^2+a^2} = \frac{1}{a}\arctan\frac{x}{a} + C,$$

当 $n>1$ 时，利用分部积分法，得

$$\int \frac{\mathrm{d}x}{(x^2+a^2)^{n-1}} = \frac{x}{(x^2+a^2)^{n-1}} + 2(n-1)\int \frac{x^2}{(x^2+a^2)^n}\,\mathrm{d}x$$

$$= \frac{x}{(x^2+a^2)^{n-1}} + 2(n-1)\int \left[\frac{1}{(x^2+a^2)^{n-1}} - \frac{a^2}{(x^2+a^2)^n}\right]\mathrm{d}x,$$

即

$$I_{n-1} = \frac{x}{(x^2+a^2)^{n-1}} + 2(n-1)(I_{n-1} - a^2 I_n),$$

于是

$$I_n = \frac{1}{2a^2(n-1)}\left[\frac{x}{(x^2+a^2)^{n-1}} + (2n-3)I_{n-1}\right].$$

以此作递推公式，则由 I_1 开始可计算出 $I_n\,(n>1)$.

例 10 已知 $f(x)$ 的一个原函数是 e^{-x^2}，求 $\int xf'(x)\mathrm{d}x$.

解 利用分部积分公式，得

$$\int xf'(x)\,\mathrm{d}x = \int x\,\mathrm{d}[f(x)] = xf(x) - \int f(x)\,\mathrm{d}x,$$

根据题意

$$\int f(x)\,\mathrm{d}x = \mathrm{e}^{-x^2} + C,$$

上式两边同时对 x 求导，得

$$f(x) = -2x\mathrm{e}^{-x^2},$$

所以

$$\int xf'(x)\,\mathrm{d}x = xf(x) - \int f(x)\,\mathrm{d}x = -2x^2\mathrm{e}^{-x^2} - \mathrm{e}^{-x^2} - C.$$

*数学实验

实验 4.2 试用计算软件求下列不定积分：

(1) $\displaystyle\int \frac{\sin x - \cos x}{\sin x + 2\cos x}\,\mathrm{d}x$；

(2) $\displaystyle\int \mathrm{e}^{ax}\cos bx\,\mathrm{d}x$；

(3) $\displaystyle\int x^n \ln x\,\mathrm{d}x$；

(4) $\displaystyle\int \frac{x}{\sqrt{c+bx-ax^2}}\,\mathrm{d}x$；

(5) $\displaystyle\int x^2 \arctan\frac{x}{a}\,\mathrm{d}x$；

(6) $\displaystyle\int \mathrm{e}^{ax}\sin bx\,\mathrm{d}x$；

(7) $\displaystyle\int \mathrm{e}^{ax}\cos^n bx\,\mathrm{d}x$；

(8) $\displaystyle\int x^m (\ln x)^n\,\mathrm{d}x$.

计算实验

详见教材配套的网络学习空间.

习题　4-3

1. 求下列不定积分：

(1) $\int \arcsin x \mathrm{d}x$;

(2) $\int \ln(x^2+1)\mathrm{d}x$;

(3) $\int \arctan x \mathrm{d}x$;

(4) $\int \mathrm{e}^{-2x} \sin \dfrac{x}{2} \mathrm{d}x$;

(5) $\int x^2 \arctan x \mathrm{d}x$;

(6) $\int x \cos \dfrac{x}{2} \mathrm{d}x$;

(7) $\int x \tan^2 x \mathrm{d}x$;

(8) $\int \ln^2 x \mathrm{d}x$;

(9) $\int x \ln(x-1)\mathrm{d}x$;

(10) $\int \dfrac{\ln^2 x}{x^2} \mathrm{d}x$;

(11) $\int \cos(\ln x)\mathrm{d}x$;

(12) $\int \dfrac{\ln x}{x^2} \mathrm{d}x$;

(13) $\int x^n \ln x \mathrm{d}x \ \ (n \neq -1)$;

(14) $\int x^2 \mathrm{e}^{-x} \mathrm{d}x$;

(15) $\int x^3 (\ln x)^2 \mathrm{d}x$;

(16) $\int \dfrac{\ln(\ln x)}{x} \mathrm{d}x$;

(17) $\int x \sin x \cos x \mathrm{d}x$;

(18) $\int x^2 \cos^2 \dfrac{x}{2} \mathrm{d}x$;

(19) $\int (x^2-1)\sin 2x \mathrm{d}x$;

(20) $\int \mathrm{e}^{\sqrt[3]{x}} \mathrm{d}x$;

(21) $\int (\arcsin x)^2 \mathrm{d}x$;

(22) $\int \mathrm{e}^x \sin^2 x \mathrm{d}x$;

(23) $\int \dfrac{\ln(1+x)}{\sqrt{x}} \mathrm{d}x$;

(24) $\int \dfrac{\ln(\mathrm{e}^x+1)}{\mathrm{e}^x} \mathrm{d}x$;

(25) $\int x \ln \dfrac{1+x}{1-x} \mathrm{d}x$;

(26) $\int \dfrac{\mathrm{d}x}{\sin 2x \cos x}$.

*2. 用列表法 (见教材配套的网络学习空间) 求下列不定积分：

(1) $\int x\mathrm{e}^{3x} \mathrm{d}x$;

(2) $\int (x+1)\mathrm{e}^x \mathrm{d}x$;

(3) $\int x^2 \cos x \mathrm{d}x$;

(4) $\int (x^2+1)\mathrm{e}^{-x} \mathrm{d}x$;

(5) $\int x \ln(x-1)\mathrm{d}x$;

(6) $\int \mathrm{e}^{-x} \cos x \mathrm{d}x$.

3. 已知 $\dfrac{\sin x}{x}$ 是 $f(x)$ 的原函数，求 $\int x f'(x)\mathrm{d}x$.

4. 已知 $f(x)=\dfrac{\mathrm{e}^x}{x}$，求 $\int x f''(x)\mathrm{d}x$.

5. 设 $I_n = \int \dfrac{\mathrm{d}x}{\sin^n x}$ $(2 \leq n)$，证明 $I_n = -\dfrac{1}{n-1} \cdot \dfrac{\cos x}{\sin^{n-1} x} + \dfrac{n-2}{n-1} I_{n-2}$.

6. 设 $f(x)$ 是单调连续函数，$f^{-1}(x)$ 是它的反函数，且

$$\int f(x)\mathrm{d}x = F(x)+C,$$

求 $\int f^{-1}(x)\mathrm{d}x$.

§4.4　有理函数的积分

本节我们还要介绍一些比较简单的特殊类型函数的不定积分，包括有理函数的

积分及可化为有理函数的函数积分, 如三角函数有理式、简单无理函数的积分等.

一、有理函数的积分

有理函数是指有理式所表示的函数, 它包括有理整式和有理分式两类:

有理整式
$$f(x) = a_0 x^n + a_1 x^{n-1} + \cdots + a_{n-1} x + a_n,$$

有理分式
$$\frac{P(x)}{Q(x)} = \frac{a_0 x^n + a_1 x^{n-1} + \cdots + a_{n-1} x + a_n}{b_0 x^m + b_1 x^{m-1} + \cdots + b_{m-1} x + b_m},$$

其中 m, n 都是非负整数; $a_0, a_1, \cdots, a_n$ 及 $b_0, b_1, \cdots, b_m$ 都是实数, 并且 $a_0 \neq 0$, $b_0 \neq 0$.

在有理分式中, $n < m$ 时, 称为**真分式**; $n \geq m$ 时, 称为**假分式**.

利用多项式除法, 可以把任意一个假分式化为一个有理整式和一个真分式之和. 例如,

$$\frac{x^3 + x + 1}{x^2 + 1} = x + \frac{1}{x^2 + 1}.$$

有理整式的积分很简单, 以下我们只讨论有理真分式的积分.

1. 最简分式的积分

下列四类分式称为最简分式, 其中 n 为大于等于 2 的正整数. A, M, N, a, p, q 均为常数, 且 $p^2 - 4q < 0$.

(1) $\dfrac{A}{x-a}$; 　　(2) $\dfrac{A}{(x-a)^n}$; 　　(3) $\dfrac{Mx+N}{x^2+px+q}$; 　　(4) $\dfrac{Mx+N}{(x^2+px+q)^n}$.

下面我们先来讨论这四类最简分式的不定积分.

前两类最简分式的不定积分可以由基本积分公式直接得到. 对于第三类最简分式, 将其分母配方得

$$x^2 + px + q = \left(x + \frac{p}{2}\right)^2 + q - \frac{p^2}{4}.$$

令 $x + \dfrac{p}{2} = t$, 并记 $x^2 + px + q = t^2 + a^2$, $Mx + N = Mt + b$, 其中

$$a^2 = q - \frac{p^2}{4}, \quad b = N - \frac{Mp}{2},$$

于是　　$\displaystyle\int \frac{Mx+N}{x^2+px+q} \, dx = \int \frac{Mt}{t^2+a^2} \, dt + \int \frac{b}{t^2+a^2} \, dt$

$$= \frac{M}{2} \ln|x^2+px+q| + \frac{b}{a} \arctan \frac{x+\dfrac{p}{2}}{a} + C.$$

对于第四类最简分式, 则有

$$\int \frac{Mx+N}{(x^2+px+q)^n} \, dx = \int \frac{Mt}{(t^2+a^2)^n} \, dt + \int \frac{b}{(t^2+a^2)^n} \, dt$$

$$= -\frac{M}{2(n-1)(t^2+a^2)^{n-1}} + b\int \frac{\mathrm{d}t}{(t^2+a^2)^n}.$$

上式最后一个不定积分的求法在上一节的例 9 中已经给出.

综上所述, 最简分式的不定积分都能被求出, 且原函数都是初等函数. 根据代数学的有关定理可知, 任何有理真分式都可以分解为上述四类最简分式的和, 因此, **有理函数的原函数都是初等函数**.

2. 有理分式化为最简分式的和

求有理函数的不定积分的难点在于如何将所给有理真分式化为最简分式之和. 下面我们先来讨论这个问题.

设给定有理真分式 $\dfrac{P(x)}{Q(x)}$, 要把它表示为最简分式的和, 首先要把分母 $Q(x)$ 在实数范围内分解为一次因式与二次因式的乘积, 再根据这些因式的结构, 利用待定系数法确定所有系数.

设多项式 $Q(x)$ 在实数范围内能分解为如下形式:
$$Q(x) = b_0(x-a)^\alpha \cdots (x-b)^\beta (x^2+px+q)^\lambda \cdots (x^2+rx+s)^\mu,$$
其中 $p^2-4q<0, \cdots, r^2-4s<0$, 则

$$\begin{aligned}
\frac{P(x)}{Q(x)} =\ & \frac{A_1}{(x-a)^\alpha} + \frac{A_2}{(x-a)^{\alpha-1}} + \cdots + \frac{A_\alpha}{x-a} + \cdots \\
& + \frac{B_1}{(x-b)^\beta} + \frac{B_2}{(x-b)^{\beta-1}} + \cdots + \frac{B_\beta}{x-b} + \cdots \\
& + \frac{M_1 x + N_1}{(x^2+px+q)^\lambda} + \frac{M_2 x + N_2}{(x^2+px+q)^{\lambda-1}} + \cdots + \frac{M_\lambda x + N_\lambda}{x^2+px+q} + \cdots \\
& + \frac{R_1 x + S_1}{(x^2+rx+s)^\mu} + \frac{R_2 x + S_2}{(x^2+rx+s)^{\mu-1}} + \cdots + \frac{R_\mu x + S_\mu}{x^2+rx+s}
\end{aligned}$$

其中 $A_1, \cdots, A_\alpha, B_1, \cdots, B_\beta, M_1, \cdots, M_\lambda, N_1, \cdots, N_\lambda, R_1, \cdots, R_\mu, S_1, \cdots, S_\mu$ 等都是常数.

在上述有理分式的分解式中, 应注意到以下两点:

(1) 若分母 $Q(x)$ 中含有因式 $(x-a)^k$, 则分解后含有下列 k 个最简分式之和:
$$\frac{A_1}{(x-a)^k} + \frac{A_2}{(x-a)^{k-1}} + \cdots + \frac{A_k}{x-a},$$
其中 $A_1, A_2, \cdots, A_k$ 都是常数. 特别地, 若 $k=1$, 分解后有 $\dfrac{A_1}{x-a}$.

(2) 若分母 $Q(x)$ 中含有因式 $(x^2+px+q)^k$, 其中
$$p^2-4q<0,$$
则分解后含有下列 k 个最简分式之和:
$$\frac{M_1 x + N_1}{(x^2+px+q)^k} + \frac{M_2 x + N_2}{(x^2+px+q)^{k-1}} + \cdots + \frac{M_k x + N_k}{x^2+px+q},$$

其中 M_i, N_i ($i=1,2,\cdots,k$) 都是常数. 特别地, 若 $k=1$, 分解后有

$$\frac{M_1 x + N_1}{x^2 + px + q}.$$

例1 求不定积分 $\displaystyle\int \frac{x+3}{x^2-5x+6}\mathrm{d}x$.

解 因为 $x^2-5x+6=(x-2)(x-3)$, 所以设

$$\frac{x+3}{x^2-5x+6}=\frac{A}{x-2}+\frac{B}{x-3},$$

其中 A, B 为待定常数. 两端消去分母得

$$x+3=A(x-3)+B(x-2)=(A+B)x-(3A+2B),$$

从而有

$$A+B=1, \quad -(3A+2B)=3,$$

解得 $A=-5$, $B=6$, 即

$$\frac{x+3}{x^2-5x+6}=\frac{-5}{x-2}+\frac{6}{x-3}.$$

所以 $\displaystyle\int \frac{x+3}{x^2-5x+6}\mathrm{d}x=\int\left(\frac{-5}{x-2}+\frac{6}{x-3}\right)\mathrm{d}x=-5\ln|x-2|+6\ln|x-3|+C.$ ■

例2 求不定积分 $\displaystyle\int \frac{1}{x(x-1)^2}\mathrm{d}x$.

解 被积有理函数可拆成

$$\frac{1}{x(x-1)^2}=\frac{A}{x}+\frac{B}{(x-1)^2}+\frac{C}{x-1},$$

其中 A, B, C 为待定常数, 两端比较, 得

$$1=A(x-1)^2+Bx+Cx(x-1),$$

令 $x=0$, 得 $A=1$; 令 $x=1$, 得 $B=1$; 令 $x=2$, 得 $C=-1$. 即

$$\frac{1}{x(x-1)^2}=\frac{1}{x}+\frac{1}{(x-1)^2}-\frac{1}{x-1},$$

所以 $\displaystyle\int \frac{1}{x(x-1)^2}\mathrm{d}x=\int\left[\frac{1}{x}+\frac{1}{(x-1)^2}-\frac{1}{x-1}\right]\mathrm{d}x=\ln|x|-\frac{1}{x-1}-\ln|x-1|+C.$ ■

例3 求不定积分 $\displaystyle\int \frac{1}{(1+2x)(1+x^2)}\mathrm{d}x$.

解 题设有理式可分解成

$$\frac{1}{(1+2x)(1+x^2)}=\frac{A}{1+2x}+\frac{Bx+C}{1+x^2},$$

其中 A、B、C 为待定常数. 两端消去分母得

$$1=A(1+x^2)+(Bx+C)(1+2x),$$

整理得

$$1=(A+2B)x^2+(B+2C)x+C+A,$$

即

$$A+2B=0, \quad B+2C=0, \quad A+C=1,$$

解得 $A = \dfrac{4}{5}$, $B = -\dfrac{2}{5}$, $C = \dfrac{1}{5}$, 所以

$$\int \frac{1}{(1+2x)(1+x^2)}\,\mathrm{d}x = \int \frac{\dfrac{4}{5}}{1+2x}\,\mathrm{d}x + \int \frac{-\dfrac{2}{5}x+\dfrac{1}{5}}{1+x^2}\,\mathrm{d}x$$

$$= \frac{2}{5}\ln|1+2x| - \frac{1}{5}\int \frac{2x}{1+x^2}\,\mathrm{d}x + \frac{1}{5}\int \frac{1}{1+x^2}\,\mathrm{d}x$$

$$= \frac{2}{5}\ln|1+2x| - \frac{1}{5}\ln(1+x^2) + \frac{1}{5}\arctan x + C.\quad ■$$

　　前面所介绍的求有理函数的不定积分的方法虽然具有普遍适用的特点，但在具体积分时，不应拘泥于上述方法，而应根据被积函数的特点，灵活选用其他各种能简化积分计算的方法.

例 4　求不定积分 $\displaystyle\int \frac{2x^3+2x^2+5x+5}{x^4+5x^2+4}\,\mathrm{d}x$.

解　原式 $= \displaystyle\int \frac{2x^3+5x}{x^4+5x^2+4}\,\mathrm{d}x + \int \frac{2x^2+5}{x^4+5x^2+4}\,\mathrm{d}x$

$$= \frac{1}{2}\int \frac{\mathrm{d}(x^4+5x^2+4)}{x^4+5x^2+4} + \int \frac{x^2+1+x^2+4}{(x^2+1)(x^2+4)}\,\mathrm{d}x$$

$$= \frac{1}{2}\ln|x^4+5x^2+4| + \int \frac{\mathrm{d}x}{x^2+4} + \int \frac{\mathrm{d}x}{x^2+1}$$

$$= \frac{1}{2}\ln|x^4+5x^2+4| + \frac{1}{2}\arctan \frac{x}{2} + \arctan x + C.\quad ■$$

二、可化为有理函数的积分

1. 三角函数有理式的积分

　　由 $\sin x$, $\cos x$ 和常数经过有限次四则运算构成的函数称为三角有理函数，记为
$$R(\sin x,\ \cos x).$$

　　三角函数的积分比较灵活，方法很多. 在换元积分法和分部积分法中我们都介绍过一些方法. 这里，我们主要介绍三角函数有理式的积分方法，其基本思想是通过适当的变换，将三角有理函数的积分化为有理函数的积分.

　　由三角函数理论我们知道，$\sin x$ 和 $\cos x$ 都可以用 $\tan \dfrac{x}{2}$ 的有理式来表示，即

$$\sin x = 2\sin \frac{x}{2}\cos \frac{x}{2} = \frac{2\tan \dfrac{x}{2}}{\sec^2 \dfrac{x}{2}} = \frac{2\tan \dfrac{x}{2}}{1+\tan^2 \dfrac{x}{2}},$$

$$\cos x = \cos^2 \frac{x}{2} - \sin^2 \frac{x}{2} = \frac{1-\tan^2 \dfrac{x}{2}}{\sec^2 \dfrac{x}{2}} = \frac{1-\tan^2 \dfrac{x}{2}}{1+\tan^2 \dfrac{x}{2}},$$

因此, 如果令 $u = \tan\dfrac{x}{2}$, 则 $x = 2\arctan u$, 从而有

$$\sin x = \frac{2u}{1+u^2}, \quad \cos x = \frac{1-u^2}{1+u^2}, \quad \mathrm{d}x = \frac{2\,\mathrm{d}u}{1+u^2}. \tag{4.1}$$

由此可见, 通过变换 $u = \tan\dfrac{x}{2}$, 三角函数有理式的积分总是可以化为有理函数的积分, 即

$$\int R(\sin x,\, \cos x)\,\mathrm{d}x = \int R\left(\frac{2u}{1+u^2},\, \frac{1-u^2}{1+u^2}\right)\frac{2}{1+u^2}\,\mathrm{d}u.$$

所以这个变换公式又称为**万能置换公式**.

有些情况下(如三角函数有理式中 $\sin x$ 和 $\cos x$ 的幂次均为偶数时), 我们也常用变换 $u = \tan x$, 此时易推出

$$\sin x = \frac{u}{\sqrt{1+u^2}}, \quad \cos x = \frac{1}{\sqrt{1+u^2}}, \quad \mathrm{d}x = \frac{1}{1+u^2}\,\mathrm{d}u, \tag{4.2}$$

这个变换公式常称为**修改的万能置换公式**.

例 5 求不定积分 $\displaystyle\int \frac{\sin x}{1+\sin x+\cos x}\,\mathrm{d}x$.

解 由万能置换公式, 令 $u = \tan\dfrac{x}{2}$, 则

$$\int \frac{\sin x}{1+\sin x+\cos x}\,\mathrm{d}x = \int \frac{\dfrac{2u}{1+u^2}\cdot\dfrac{2}{1+u^2}\,\mathrm{d}u}{1+\dfrac{2u}{1+u^2}+\dfrac{1-u^2}{1+u^2}} = \int \frac{2u}{(1+u)(1+u^2)}\,\mathrm{d}u$$

$$= \int \frac{2u+1+u^2-1-u^2}{(1+u)(1+u^2)}\,\mathrm{d}u = \int \frac{(1+u)^2-(1+u^2)}{(1+u)(1+u^2)}\,\mathrm{d}u$$

$$= \int \frac{1+u}{1+u^2}\,\mathrm{d}u - \int \frac{1}{1+u}\,\mathrm{d}u = \arctan u + \frac{1}{2}\ln(1+u^2) - \ln|1+u| + C$$

$$= \frac{x}{2} + \ln\left|\sec\frac{x}{2}\right| - \ln\left|1+\tan\frac{x}{2}\right| + C. \quad\blacksquare$$

例 6 求不定积分 $\displaystyle\int \frac{1}{\sin^4 x}\,\mathrm{d}x$.

解 方法一 由万能置换公式, 令 $u = \tan\dfrac{x}{2}$, 则

$$\int \frac{1}{\sin^4 x}\,\mathrm{d}x = \int \frac{1}{\left(\dfrac{2u}{1+u^2}\right)^4}\cdot\frac{2}{1+u^2}\,\mathrm{d}u$$

$$= \int \frac{1+3u^2+3u^4+u^6}{8u^4}\,\mathrm{d}u = \frac{1}{8}\left[-\frac{1}{3u^3}-\frac{3}{u}+3u+\frac{u^3}{3}\right]+C$$

$$= -\frac{1}{24\left(\tan\frac{x}{2}\right)^3} - \frac{3}{8\tan\frac{x}{2}} + \frac{3}{8}\tan\frac{x}{2} + \frac{1}{24}\left(\tan\frac{x}{2}\right)^3 + C.$$

方法二 利用修改的万能置换公式，令 $u = \tan x$，则

$$\int\frac{1}{\sin^4 x}dx = \int\frac{1}{\left(\dfrac{u}{\sqrt{1+u^2}}\right)^4}\cdot\frac{1}{1+u^2}du = \int\frac{1+u^2}{u^4}du = -\frac{1}{3u^3} - \frac{1}{u} + C$$

$$= -\frac{1}{3}\cot^3 x - \cot x + C.$$

方法三 不用万能置换公式.

$$\int\frac{1}{\sin^4 x}dx = \int\csc^2 x(1+\cot^2 x)dx = \int\csc^2 x dx + \int\cot^2 x\csc^2 x dx$$

$$= -\cot x - \frac{1}{3}\cot^3 x + C.\qquad\blacksquare$$

注: 比较以上三种解法可知，万能置换不一定是最佳方法，故三角有理式的计算中先考虑其他手段，不得已才用万能置换.

2. 简单无理函数的积分

求简单无理函数的积分，其基本思想是利用适当的变换将其有理化，转化为有理函数的积分. 下面我们通过例子来说明.

例 7 求不定积分 $\displaystyle\int\frac{1}{x+\sqrt{x}}dx$.

解 令变量 $t = \sqrt{x}$，即作变量代换 $x = t^2 (t > 0)$，从而微分 $dx = 2t dt$，所以不定积分

$$\int\frac{1}{x+\sqrt{x}}dx = \int\frac{1}{t^2+t}\cdot 2t dt = 2\int\frac{1}{t+1}dt = 2\ln|t+1| + C = 2\ln(\sqrt{x}+1) + C.\qquad\blacksquare$$

例 8 求不定积分 $\displaystyle\int\frac{x}{\sqrt[3]{3x+1}}dx$.

解 令 $t = \sqrt[3]{3x+1}$，则 $x = \dfrac{t^3-1}{3}$，$dx = t^2 dt$，所以

$$\int\frac{x}{\sqrt[3]{3x+1}}dx = \int\frac{t^3-1}{3t}t^2 dt = \frac{1}{3}\int(t^4-t)dt = \frac{1}{3}\left(\frac{t^5}{5} - \frac{t^2}{2}\right) + C$$

$$= \frac{1}{15}(3x+1)^{5/3} - \frac{1}{6}(3x+1)^{2/3} + C.\qquad\blacksquare$$

例 9 求不定积分 $\displaystyle\int\frac{1}{\sqrt{x}(1+\sqrt[3]{x})}dx$.

解 为同时消去被积函数中的根式 $\sqrt{x}$ 和 $\sqrt[3]{x}$，可令 $x = t^6$，则 $dx = 6t^5 dt$，从而

$$\int\frac{1}{\sqrt{x}(1+\sqrt[3]{x})}dx = \int\frac{6t^5}{t^3(1+t^2)}dt = \int\frac{6t^2}{1+t^2}dt = 6\int\frac{t^2+1-1}{1+t^2}dt$$

$$= 6\int\left(1 - \frac{1}{1+t^2}\right)\mathrm{d}t = 6\left[t - \arctan t\right] + C$$

$$= 6\left[\sqrt[6]{x} - \arctan\sqrt[6]{x}\right] + C. \qquad\blacksquare$$

本章我们介绍了不定积分的概念及计算方法. 必须指出的是：初等函数在它有定义的区间上的不定积分一定存在，但不定积分存在与不定积分能否用初等函数表示出来不是一回事. 事实上，很多初等函数的不定积分是存在的，但它们的不定积分却无法用初等函数表示出来，如

$$\int \mathrm{e}^{-x^2}\mathrm{d}x, \quad \int \frac{\sin x}{x}\,\mathrm{d}x, \quad \int \frac{\mathrm{d}x}{\sqrt{1+x^3}}.$$

同时，我们还应了解求函数的不定积分与求函数的导数的区别. 求一个函数的导数总可以循着一定的规则和方法，而求一个函数的不定积分却无统一的规则可循，需要具体问题具体分析，灵活应用各类积分方法和技巧.

实际应用中常常利用积分表(见教材配套的网络学习空间)来计算不定积分. 求不定积分时可按被积函数的类型从表中查到相应的公式，或经过少量的运算和代换将被积函数化成表中已有公式的形式.

例如，求不定积分 $\displaystyle\int \frac{1}{5 - 4\cos x}\,\mathrm{d}x$.

被积函数中含有三角函数，在积分表(十一)中查得公式：

(105) $\displaystyle\int \frac{\mathrm{d}x}{a + b\cos x} = \frac{2}{a+b}\sqrt{\frac{a+b}{a-b}}\arctan\left(\sqrt{\frac{a-b}{a+b}}\tan\frac{x}{2}\right) + C\ (a^2 > b^2).$

将 $a = 5,\ b = -4$ 代入，得

$$\int \frac{1}{5 - 4\cos x}\,\mathrm{d}x = \frac{2}{3}\arctan\left(3\tan\frac{x}{2}\right) + C.$$

又如，求不定积分 $\displaystyle\int \frac{\mathrm{d}x}{x\sqrt{4x^2 + 9}}$.

积分表中不能直接查出，需先进行变量代换.

令 $2x = u$，则 $\sqrt{4x^2 + 9} = \sqrt{u^2 + 3^2}$，从而

$$\int \frac{\mathrm{d}x}{x\sqrt{4x^2 + 9}} = \int \frac{\dfrac{1}{2}\mathrm{d}u}{\dfrac{u}{2}\sqrt{u^2 + 3^2}} = \int \frac{\mathrm{d}u}{u\sqrt{u^2 + 3^2}},$$

在积分表(六)中查得公式

(37) $\displaystyle\int \frac{\mathrm{d}x}{x\sqrt{x^2 + a^2}} = \frac{1}{a}\ln\frac{\sqrt{x^2 + a^2} - a}{|x|} + C,$

所以

$$\int \frac{\mathrm{d}u}{u\sqrt{u^2+3^2}} = \frac{1}{3}\ln\frac{\sqrt{u^2+3^2}-3}{|u|} + C,$$

将 $u=2x$ 代入, 得

$$\int \frac{\mathrm{d}x}{x\sqrt{4x^2+9}} = \frac{1}{3}\ln\frac{\sqrt{4x^2+9}-3}{2|x|} + C.$$

*数学实验

实验 4.3　试用计算软件求下列不定积分:

(1) $\displaystyle\int \frac{\mathrm{d}x}{x^4+1}$;

(2) $\displaystyle\int \frac{\mathrm{d}x}{(x+1)(x+2)^2(x+3)^3}$;

(3) $\displaystyle\int \frac{\mathrm{d}x}{x(1+2\sqrt{x}+\sqrt[3]{x})}$;

(4) $\displaystyle\int \sqrt{1-x^2}\,\arcsin x\,\mathrm{d}x$;

(5) $\displaystyle\int \sqrt{ax^2+bx+c}\,\mathrm{d}x$;

(6) $\displaystyle\int \frac{\mathrm{d}x}{\sqrt{c+bx-ax^2}}$;

(7) $\displaystyle\int \sqrt{(x-a)(b-x)}\,\mathrm{d}x$;

(8) $\displaystyle\int \frac{\mathrm{d}x}{a+b\cos x}$.

详见教材配套的网络学习空间.

计算实验

习题　4-4

1. 求下列不定积分:

(1) $\displaystyle\int \frac{x^3}{x+3}\,\mathrm{d}x$;

(2) $\displaystyle\int \frac{x^5+x^4-8}{x^3-x}\,\mathrm{d}x$;

(3) $\displaystyle\int \frac{3}{x^3+1}\,\mathrm{d}x$;

(4) $\displaystyle\int \frac{x+1}{(x-1)^3}\,\mathrm{d}x$;

(5) $\displaystyle\int \frac{3x+2}{x(x+1)^3}\,\mathrm{d}x$;

(6) $\displaystyle\int \frac{x\mathrm{d}x}{(x+2)(x+3)^2}$;

(7) $\displaystyle\int \frac{3x}{x^3-1}\,\mathrm{d}x$;

(8) $\displaystyle\int \frac{1-x-x^2}{(x^2+1)^2}\,\mathrm{d}x$;

(9) $\displaystyle\int \frac{x\mathrm{d}x}{(x+1)(x+2)(x+3)}$;

(10) $\displaystyle\int \frac{x^2+1}{(x+1)^2(x-1)}\,\mathrm{d}x$;

(11) $\displaystyle\int \frac{1}{x(x^2+1)}\,\mathrm{d}x$;

(12) $\displaystyle\int \frac{\mathrm{d}x}{(x^2+1)(x^2+x)}$.

2. 求下列不定积分:

(1) $\displaystyle\int \frac{\mathrm{d}x}{3+\sin^2 x}$;

(2) $\displaystyle\int \frac{\mathrm{d}x}{3+\cos x}$;

(3) $\displaystyle\int \frac{\mathrm{d}x}{2+\sin x}$;

(4) $\displaystyle\int \frac{\mathrm{d}x}{1+\tan x}$;

(5) $\displaystyle\int \frac{\mathrm{d}x}{1+\sin x+\cos x}$;

(6) $\displaystyle\int \frac{\mathrm{d}x}{2\sin x-\cos x+5}$;

(7) $\displaystyle\int \frac{\mathrm{d}x}{(5+4\sin x)\cos x}$;

(8) $\displaystyle\int \frac{1+\sin x}{\sin x(1+\cos x)}\,\mathrm{d}x$;

(9) $\displaystyle\int \frac{\mathrm{d}x}{1+\sqrt[3]{x+1}}$;

(10) $\displaystyle\int \frac{(\sqrt{x})^3+1}{\sqrt{x}+1}\,\mathrm{d}x$;

(11) $\displaystyle\int \frac{\sqrt{x+1}-1}{\sqrt{x+1}+1}\,\mathrm{d}x$;

(12) $\displaystyle\int \frac{\mathrm{d}x}{\sqrt{x}+\sqrt[4]{x}}$.

(13) $\displaystyle\int \frac{x^3\,\mathrm{d}x}{\sqrt{1+x^2}}$;　　　　　　(14) $\displaystyle\int \sqrt{\frac{a+x}{a-x}}\,\mathrm{d}x$;　　　　　　(15) $\displaystyle\int \frac{\mathrm{d}x}{\sqrt[3]{(x+1)^2(x-1)^4}}$.

总 习 题 四

1. 设 $f(x)$ 的一个原函数是 e^{-2x}, 则 $f(x)=(\quad)$.

(A) e^{-2x};　　　　(B) $-2\mathrm{e}^{-2x}$;　　　　(C) $-4\mathrm{e}^{-2x}$;　　　　(D) $4\mathrm{e}^{-2x}$.

2. 设 $\displaystyle\int xf(x)\,\mathrm{d}x=\arcsin x+C$, 则 $\displaystyle\int \frac{\mathrm{d}x}{f(x)}=$ _____.

3. 设 $f(x^2-1)=\ln\dfrac{x^2}{x^2-2}$, 且 $f[\varphi(x)]=\ln x$, 求 $\displaystyle\int \varphi(x)\,\mathrm{d}x$.

4. 设 $F(x)$ 为 $f(x)$ 的原函数, 当 $x\geq 0$ 时, 有 $f(x)F(x)=\sin^2 2x$, 且 $F(0)=1$, $F(x)\geq 0$, 试求 $f(x)$.

5. 求下列不定积分:

(1) $\displaystyle\int x\sqrt{2-5x}\,\mathrm{d}x$;　　　　(2) $\displaystyle\int \frac{\mathrm{d}x}{x\sqrt{x^2-1}}\ (x>1)$;　　　　(3) $\displaystyle\int \frac{2^x 3^x}{9^x-4^x}\,\mathrm{d}x$;

(4) $\displaystyle\int \frac{x^2}{a^6-x^6}\,\mathrm{d}x\ (a>0)$;　　　　(5) $\displaystyle\int \frac{\mathrm{d}x}{\sqrt{x(1+x)}}$;　　　　(6) $\displaystyle\int \frac{\mathrm{d}x}{x(2+x^{10})}$;

(7) $\displaystyle\int \frac{7\cos x-3\sin x}{5\cos x+2\sin x}\,\mathrm{d}x$;　　　　(8) $\displaystyle\int \frac{\mathrm{e}^x(1+\sin x)}{1+\cos x}\,\mathrm{d}x$.

6. 求不定积分: $\displaystyle\int \left[\frac{f(x)}{f'(x)}-\frac{f^2(x)f''(x)}{f'^3(x)}\right]\mathrm{d}x$.

7. 设 $I_n=\displaystyle\int \tan^n x\,\mathrm{d}x$, 求证: $I_n=\dfrac{1}{n-1}\tan^{n-1}x-I_{n-2}$, 并求 $\displaystyle\int \tan^5 x\,\mathrm{d}x$.

8. $\displaystyle\int \sqrt{\frac{1+x}{1-x}}\,\mathrm{d}x=(\quad)$.

(A) $x-\cos x+C$;　　　　　　　　　　(B) $\arcsin x-\sqrt{1-x^2}+C$;

(C) $\arcsin x+\sqrt{1-x^2}+C$;　　　　　　(D) $\arccos x-\sqrt{1-x^2}+C$.

9. 设不定积分 $I_1=\displaystyle\int \frac{1+x}{x(1+x\mathrm{e}^x)}\,\mathrm{d}x$, $I_2=\displaystyle\int \frac{\mathrm{d}u}{u(1+u)}$, 则有 ($\quad$).

(A) $I_1=I_2+x$;　　　(B) $I_1=I_2-x$;　　　(C) $I_1=-I_2$;　　　(D) $I_1=I_2$.

10. 求下列不定积分:

(1) $\displaystyle\int \frac{\mathrm{d}x}{x\sqrt{1+x^4}}$;　　　　(2) $\displaystyle\int \frac{x+1}{x^2\sqrt{x^2-1}}\,\mathrm{d}x$;　　　　(3) $\displaystyle\int \frac{x+2}{x^2\sqrt{1-x^2}}\,\mathrm{d}x$;

(4) $\displaystyle\int \frac{\mathrm{d}x}{(1+x^2)\sqrt{1-x^2}}$;　　　　(5) $\displaystyle\int \frac{\mathrm{d}x}{x\sqrt{4-x^2}}$.

11. 求下列不定积分:

(1) $\int \ln(x+\sqrt{1+x^2})\,dx$；   (2) $\int \ln(x^2+2)\,dx$；   (3) $\int x\tan x\sec^4 x\,dx$；

(4) $\int e^x \arctan(-e^x)\,dx$；   (5) $\int \dfrac{\ln(1+x^2)}{x^3}\,dx$；   (6) $\int \dfrac{x}{1+\cos x}\,dx$.

12. 求不定积分：$\int x^n e^x\,dx$，n 为自然数.

13. 已知 $f'(\sin^2 x)=\cos 2x+\tan^2 x$，$0<x<\dfrac{\pi}{2}$，求 $f(x)$.

14. 求下列不定积分：

(1) $\int \dfrac{x^{11}\,dx}{x^8+3x^4+2}$；   (2) $\int \dfrac{1-x^8}{x(1+x^8)}\,dx$；   (3) $\int \dfrac{x^3-2x+1}{(x-2)^{100}}\,dx$；

(4) $\int \dfrac{x}{(x^2+1)(x^2+4)}\,dx$；   (5) $\int \dfrac{dx}{(x^2+1)(x^2+x+1)}$；   (6) $\int \dfrac{\sqrt[3]{x}}{x(\sqrt{x}+\sqrt[3]{x})}\,dx$；

(7) $\int \dfrac{\sqrt{x(x+1)}}{\sqrt{x}+\sqrt{x+1}}\,dx$；   (8) $\int \dfrac{1}{(x-1)\sqrt{x^2-2}}\,dx$；   (9) $\int \dfrac{dx}{\sqrt[3]{(x+1)^2(x-1)^4}}$；

(10) $\int \dfrac{x\,dx}{\sqrt{1+x^2+\sqrt{(1+x^2)^3}}}$.

15. 求下列不定积分：

(1) $\int \dfrac{dx}{\sin 2x+2\sin x}$；   (2) $\int \dfrac{\tan(x/2)}{1+\sin x+\cos x}\,dx$；   (3) $\int \dfrac{dx}{\sin^3 x\cos x}$；

(4) $\int \dfrac{\sin x\cos x}{\sin x+\cos x}\,dx$；   (5) $\int \sin x\sin 2x\sin 3x\,dx$；   (6) $\int \dfrac{\sin x\cos x}{\sin^4 x+\cos^4 x}\,dx$；

(7) $\dfrac{1}{2}\int \dfrac{1-r^2}{1-2r\cos x+r^2}\,dx$ $(0<r<1,\ -\pi<x<\pi)$；   (8) $\int \dfrac{4\sin x+3\cos x}{\sin x+2\cos x}\,dx$.

16. 求 $\int \max\{1,|x|\}\,dx$.

17. 设 $y(x-y)^2=x$，求 $\int \dfrac{1}{x-3y}\,dx$.

18. 设 $f(x)$ 定义在 (a,b) 上，$c\in(a,b)$，又 $f(x)$ 在 $(a,b)\backslash\{c\}$ 连续，c 为 $f(x)$ 的第一类间断点，问 $f(x)$ 在 (a,b) 内是否存在原函数？为什么？

19. 设某商店每周生产 x 单位时边际成本为 $0.3x+8$（元/单位），固定成本为 100 元. 求

(1) 总成本函数 $C(x)$；

(2) 若该商品的需求函数为 $x=320-4p$，求利润函数 $L(x)$；

(3) 每周生产多少单位可获得最大利润？最大利润是多少？

20. 设某商店的边际需求为 $Q'(p)=-2p$（元/件），且最大需求量为 972 件，求：

(1) 需求量 Q 与价格 p 的函数关系；

(2) 定价不高于多少元，才能使需求量不少于 296 件？

(3) 求 $Q=296$ 时需求量对价格的弹性 η；

(4) 价格 p 为多少时总收益最大？

数学家简介 [4]

<h1 style="text-align:center">牛　顿</h1>

—— 科学巨擘

　　数学和科学中的巨大进展，几乎总是建立在作出一点一滴贡献的许多人的工作之上．需要一个人来走那最高和最后的一步，这个人要能够敏锐地从纷乱的猜测和说明中清理出前人有价值的想法，有足够的想象力把这些碎片重新组织起来，并且足够大胆地制定一个宏伟的计划．在微积分中，这个人就是牛顿．

牛　顿

　　牛顿 (Newton, Isaac)，1642 年 12 月 25 日生于英国林肯郡的一个普通农民家庭．父亲在他出生前两个月就去世了，母亲在他 3 岁时改嫁，从那以后，他被寄养在贫穷的外祖母家．牛顿并不是神童，他从小在低标准的地方学校接受教育，学业平庸，时常受到老师的批评和同学的欺负．上中学时，牛顿对机械模型设计有特别的兴趣，曾制作了水车、风车、木钟等许多玩具．1659 年，17 岁的牛顿被母亲召回管理田庄，但在牛顿的舅父和当地格兰瑟姆中学校长的反复劝说下，他母亲最终同意让牛顿复学．1660 年秋，牛顿在辍学 9 个月后又回到了格兰瑟姆中学，为升学做准备．

　　1661 年，牛顿如愿以偿，以优异的成绩考入久负盛名的剑桥大学三一学院，开始了苦读生涯．大学期间除了巴罗 (Barrow) 外，他从他的老师那里只得到了很少的一点鼓舞，他自己做实验并且研读了大量自然科学著作，其中包括笛卡儿 (Descartes) 的《哲学原理》、伽利略 (Galileo) 的《恒星使节》与《两大世界体系的对话》、开普勒 (Kepler) 的《折光学》等著作．大学课程刚结束，学校因为伦敦地区鼠疫流行而关闭．他回到家乡，度过了 1665 年和 1666 年，并在那里开始了他在机械、数学和光学上的伟大工作．由观察苹果落地，他发现了万有引力定律，这是打开无所不包的力学科学的钥匙．他研究流数法和反流数法，获得了解决微积分问题的一般方法．他用三棱镜分解出七色彩虹，作出了划时代的发现，即像太阳光那样的白光，实际上是由从紫到红的各种颜色混合而成的．"所有这些"，牛顿后来说，"是在 1665 年和 1666 年两个鼠疫年中做的，因为在这些日子里，我正处在发现力最旺盛的时期，而且对于数学和(自然)哲学的关心，比其他任何时候都多．"后世有人评说："科学史上没有别的成功的例子能和牛顿这两年黄金岁月相比．"

　　1667 年复活节后不久，牛顿回到剑桥，但他对自己的重大发现却未作宣布．当年的 10 月他被选为三一学院的初级委员．翌年，获得硕士学位，同时成为高级委员．1669 年，39 岁的巴罗认识到牛顿的才华，主动宣布牛顿的学识已超过自己，欣然把卢卡斯 (Lucas) 教授的职位让给了年仅 26 岁的牛顿，这件事成了科学史上的一段佳话．

　　牛顿是他那个时代的世界著名的物理学家、数学家和天文学家．牛顿工作的最大特点是辛勤劳动和独立思考．他有时不分昼夜地工作，常常好几个星期一直在实验室里度过．他总是不满足于自己的成就，是个非常谦虚的人．他说："我不知道，在别人看来，我是什么样的人．

但在我自己看来，我不过就像是一个在海滨玩耍的小孩，为不时发现比寻常更为光滑的一块卵石或比寻常更为美丽的一片贝壳而沾沾自喜，而对于展现在我面前的浩瀚的真理的海洋，却全然没有发现."

　　在牛顿的全部科学贡献中，数学成就占有突出的地位，这不仅因为这些成就开拓了崭新的近代数学，而且因为牛顿正是依靠他所创立的数学方法实现了自然科学的一次巨大综合，从而开拓了近代科学.单就数学方面的成就，就使他与古希腊的阿基米德、德国的"数学王子"高斯一起，被称为人类有史以来最杰出的三大数学家.

　　微积分的发明和制定是牛顿最卓越的数学成就.微积分所处理的一些具体问题，如切线问题、求积问题、瞬时速度问题和函数的极大、极小值问题等，在牛顿之前就已经有人研究.17 世纪上半叶，天文学、力学与光学等自然科学的发展使这些问题的解决日益成为燃眉之急.当时几乎所有的科学大师都竭力寻求有关的数学新工具，特别是描述运动与变化的无穷小算法，并且在牛顿诞生前后的一个时期内取得了迅速发展.牛顿超越前人的功绩在于他能站在更高的角度，对以往分散的努力加以综合，将自古希腊以来求解无限小问题的各种技巧统一为两类普遍的算法 —— 微分与积分，并确立了这两类运算的互逆关系，从而完成了微积分发明中最后的也是最关键的一步，为其深入发展与广泛应用铺平了道路.

　　牛顿将毕生的精力献身于数学和科学事业，为人类作出了卓越的贡献，赢得了崇高的社会地位和荣誉.自 1669 年担任卢卡斯教授职位后，1672 年由于设计、制造了反射望远镜，他被选为英国皇家学会的会员.1688 年，被推选为国会议员.1697 年，出版了不朽之作《自然哲学的数学原理》.1699 年任英国造币厂厂长.1703 当选为英国皇家学会会长，以后连选连任，直至逝世.1705 年被英国女王封为爵士，达到了他一生荣誉之巅.1727 年 3 月 31 日，牛顿在患肺炎与痛风症后溘然辞世，葬礼在威斯敏斯特大教堂耶路撒冷厅隆重举行.当时参加了牛顿葬礼的伏尔泰(F. M. A. Voltaire) 看到英国的大人物都争相抬牛顿的灵柩后感叹说："英国人悼念牛顿就像悼念一位造福于民的国王." 三年后,诗人蒲柏(A. Pope) 在为牛顿所作的墓志铭中写下了这样的名句：

　　　　自然和自然规律隐藏在黑夜里，
　　　　上帝说：降生牛顿！
　　　　于是世界就充满光明.

第5章　定积分及其应用

不定积分是微分法逆运算的一个侧面，本章要介绍的定积分则是它的另一个侧面．定积分源于求图形的面积和体积等实际问题．古希腊的阿基米德用"穷竭法"，我国的刘徽用"割圆术"，都曾计算过一些几何体的面积和体积，这些均为定积分的雏形．直到17世纪中叶，牛顿和莱布尼茨先后提出了定积分的概念，并发现了积分与微分之间的内在联系，给出了计算定积分的一般方法，从而才使定积分成为解决有关实际问题的有力工具，并使各自独立的微分学与积分学联系在一起，构成了完整的理论体系——微积分学．

本章先从几何问题与力学问题引入定积分的定义，然后讨论定积分的性质、计算方法以及定积分在几何学与经济学中的应用．

§5.1　定积分概念

我们先从分析和解决几个典型问题入手，看一下定积分的概念是怎样从现实原型中抽象出来的．

一、引例

1. 曲边梯形的面积

在中学，我们学过求矩形、三角形等以直线为边的图形的面积．但在实际应用中，往往需要求以曲线为边的图形（曲边形）的面积．

设 $y=f(x)$ 在区间 $[a,b]$ 上非负、连续．在直角坐标系中，由曲线 $y=f(x)$、直线 $x=a$、$x=b$ 和 $y=0$ 围成的图形称为**曲边梯形**（见图5-1-1）.

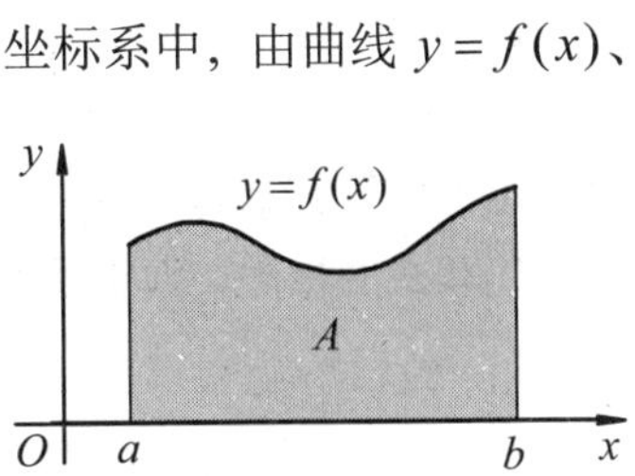

由于任何一个曲边形总可以分割成多个曲边梯形来考虑，因此，求曲边形面积的问题就转化为求曲边梯形面积的问题．

如何求曲边梯形的面积呢？

我们知道，矩形的面积 ＝ 底×高，而曲边梯形在底边上各点的高 $f(x)$ 在区间 $[a,b]$ 上是变化的，故它的面积不能直接按矩形的面积公式来计算．然而，由于 $f(x)$ 在区间 $[a,b]$ 上是连续变化的，在很小一段区间上它的变化也很小，因此，若把区

图 5-1-1

间 $[a, b]$ 划分为许多个小区间, 在每个小区间上用其中某一点处的高来近似代替同一小区间上的**小曲边梯形**的高, 则每个**小曲边梯形**就可以近似看成**小矩形**, 我们就以所有这些**小矩形**的面积之和作为曲边梯形面积的近似值. 当把区间 $[a, b]$ 无限细分, 使得每个小区间的长度趋于零时, 所有小矩形面积之和的极限就可以定义为**曲边梯形的面积**. 这个定义同时也给出了计算曲边梯形面积的方法:

(1) **分割**　在区间 $[a, b]$ 中任意插入 $n-1$ 个分点

$$a = x_0 < x_1 < x_2 < \cdots < x_{n-1} < x_n = b,$$

把 $[a, b]$ 分成 n 个小区间

$$[x_0, x_1], [x_1, x_2], \cdots, [x_{n-1}, x_n],$$

它们的长度分别为

$$\Delta x_1 = x_1 - x_0, \ \Delta x_2 = x_2 - x_1, \cdots, \ \Delta x_n = x_n - x_{n-1}.$$

过每个分点, 作平行于 y 轴的直线段, 把曲边梯形分为 n 个小曲边梯形 (见图 5-1-2). 在每个小区间 $[x_{i-1}, x_i]$ 上任取一点 ξ_i, 用以 $[x_{i-1}, x_i]$ 为底、$f(\xi_i)$ 为高的小矩形近似代替第 i 个小曲边梯形 ($i = 1, 2, \cdots, n$), 则第 i 个小曲边梯形的面积近似为 $f(\xi_i) \Delta x_i$.

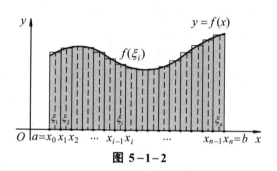

图 5-1-2

(2) **求和**　将这样得到的 n 个小矩形的面积之和作为所求的曲边梯形面积 A 的近似值, 即

$$A \approx f(\xi_1) \Delta x_1 + f(\xi_2) \Delta x_2 + \cdots + f(\xi_n) \Delta x_n = \sum_{i=1}^{n} f(\xi_i) \Delta x_i.$$

(3) **取极限**　为保证所有小区间的长度都趋于零, 我们要求小区间长度中的最大值趋于零, 若记

$$\lambda = \max\{\Delta x_1, \ \Delta x_2, \cdots, \ \Delta x_n\},$$

则上述条件可表示为 $\lambda \to 0$. 当 $\lambda \to 0$ 时 (这时小区间的个数 n 无限增多, 即 $n \to \infty$), 取上述和式的极限, 便得到曲边梯形的面积

$$A = \lim_{\lambda \to 0} \sum_{i=1}^{n} f(\xi_i) \Delta x_i.$$

2. 变速直线运动的路程

在初等物理中, 我们知道, 对于匀速直线运动有下列公式:

$$路程 = 速度 \times 时间.$$

现在我们来考察变速直线运动: 设某物体作直线运动, 已知速度 $v = v(t)$ 是时

间间隔 $[T_1, T_2]$ 上 t 的连续函数，且 $v(t) \geq 0$，求物体在这段时间内所经过的路程 s.

在这个问题中，速度随时间 t 而变化，因此，所求路程不能直接按匀速直线运动的公式来计算．然而，由于 $v(t)$ 是连续变化的，在很短一段时间内，其速度的变化也很小，可近似看作匀速的情形．因此，若把时间间隔划分为许多个小时间段，在每个小时间段内，以匀速运动代替变速运动，则可以计算出在每个小时间段内路程的近似值；再对每个小时间段内路程的近似值求和，则得到整个路程的近似值；最后，利用求极限的方法算出路程的精确值．具体步骤如下：

(1) **分割**　在时间间隔 $[T_1, T_2]$ 中任意插入 $n-1$ 个分点
$$T_1 = t_0 < t_1 < t_2 < \cdots < t_{n-1} < t_n = T_2,$$
把 $[T_1, T_2]$ 分成 n 个小时间段
$$[t_0, t_1], \ [t_1, t_2], \ \cdots, \ [t_{n-1}, t_n],$$
各小时间段的长度分别为
$$\Delta t_1 = t_1 - t_0, \ \cdots, \ \Delta t_i = t_i - t_{i-1}, \ \cdots, \ \Delta t_n = t_n - t_{n-1},$$
而各小时间段内物体经过的路程依次为：$\Delta s_1, \cdots, \Delta s_i, \cdots, \Delta s_n$.

在每个小时间段 $[t_{i-1}, t_i]$ 上任取一点 τ_i，再以时刻 τ_i 的速度 $v(\tau_i)$ 近似代替 $[t_{i-1}, t_i]$ 上各时刻的速度，得到小时间段 $[t_{i-1}, t_i]$ 内物体经过的路程 Δs_i 的近似值，即
$$\Delta s_i \approx v(\tau_i) \Delta t_i \ (i = 1, 2, \cdots, n).$$

(2) **求和**　将这样得到的 n 个小时间段上路程的近似值之和作为所求变速直线运动路程的近似值，即
$$s = \Delta s_1 + \Delta s_2 + \cdots + \Delta s_n = \sum_{i=1}^{n} \Delta s_i \approx \sum_{i=1}^{n} v(\tau_i) \Delta t_i.$$

(3) **取极限**　记 $\lambda = \max\{\Delta t_1, \Delta t_2, \cdots, \Delta t_n\}$，当 $\lambda \to 0$ 时，取上述和式的极限，便得到变速直线运动路程的精确值
$$s = \lim_{\lambda \to 0} \sum_{i=1}^{n} v(\tau_i) \Delta t_i.$$

二、定积分的定义

从前述两个引例我们看到，无论是求曲边梯形的面积问题，还是求变速直线运动的路程问题，实际背景完全不同，但通过"分割、求和、取极限"，都能转化为形如 $\sum_{i=1}^{n} f(\xi_i) \Delta x_i$ 的和式的极限问题．由此可抽象出定积分的定义．

定义1　设 $f(x)$ 在 $[a, b]$ 上有界，在 $[a, b]$ 中任意插入 $n-1$ 个分点
$$a = x_0 < x_1 < x_2 < \cdots < x_{n-1} < x_n = b$$
把区间 $[a, b]$ 分割成 n 个小区间
$$[x_0, x_1], \ [x_1, x_2], \ \cdots, \ [x_{n-1}, x_n],$$
各小区间的长度依次为

$$\Delta x_1 = x_1 - x_0, \ \Delta x_2 = x_2 - x_1, \ \cdots, \ \Delta x_n = x_n - x_{n-1}.$$

在每个小区间 $[x_{i-1}, x_i]$ 上任取一点 $\xi_i (x_{i-1} \le \xi_i \le x_i)$，作函数值 $f(\xi_i)$ 与小区间长度 Δx_i 的乘积 $f(\xi_i)\Delta x_i (i = 1, 2, \cdots, n)$，并作和式

$$S_n = \sum_{i=1}^{n} f(\xi_i)\Delta x_i.$$

记 $\lambda = \max\{\Delta x_1, \Delta x_2, \cdots, \Delta x_n\}$，如果不论对 $[a, b]$ 采取怎样的分法，也不论在小区间 $[x_{i-1}, x_i]$ 上点 ξ_i 采取怎样的取法，只要当 $\lambda \to 0$ 时，和 S_n 总趋于确定的极限 I，我们就称这个极限 I 为函数 $f(x)$ 在区间 $[a, b]$ 上的**定积分**，记为

$$\int_a^b f(x)\,\mathrm{d}x = I = \lim_{\lambda \to 0} \sum_{i=1}^{n} f(\xi_i)\Delta x_i,$$

其中，$f(x)$ 称为**被积函数**，$f(x)\mathrm{d}x$ 称为**被积表达式**，x 称为积分变量，$[a, b]$ 称为**积分区间**，a 称为积分的**下限**，b 称为积分的**上限**.

关于定积分的定义，我们要作以下几点说明：

(1) 定积分 $\int_a^b f(x)\,\mathrm{d}x$ 是和式 $\sum\limits_{i=1}^{n} f(\xi_i)\Delta x_i$ 的极限值，即为一个确定的常数. 这个常数只与被积函数 $f(x)$ 和积分区间 $[a, b]$ 有关，而与积分变量用哪个字母表达无关，即有

$$\int_a^b f(x)\,\mathrm{d}x = \int_a^b f(t)\,\mathrm{d}t = \int_a^b f(u)\,\mathrm{d}u.$$

(2) 定义中区间的分法和 ξ_i 的取法是任意的.

(3) $\sum\limits_{i=1}^{n} f(\xi_i)\Delta x_i$ 通常称为函数 $f(x)$ 的**积分和**. 当函数 $f(x)$ 在区间 $[a, b]$ 上的定积分存在时，我们称 $f(x)$ 在区间 $[a, b]$ 上**可积**，否则称为**不可积**.

关于定积分，还有一个重要的问题：函数 $f(x)$ 在区间 $[a, b]$ 上满足怎样的条件，$f(x)$ 在区间 $[a, b]$ 上一定可积？这个问题本书不作深入讨论，只给出下面两个定理.

定理 1　若函数 $f(x)$ 在区间 $[a, b]$ 上连续，则 $f(x)$ 在区间 $[a, b]$ 上可积.

定理 2　若函数 $f(x)$ 在区间 $[a, b]$ 上有界，且只有有限个间断点，则 $f(x)$ 在区间 $[a, b]$ 上可积.

根据定积分的定义，本节的两个引例可以简洁地表述为：

(1) 由连续曲线 $y = f(x) (f(x) \ge 0)$、直线 $x = a$、$x = b$ 及 x 轴围成的曲边梯形的面积 A 等于函数 $f(x)$ 在区间 $[a, b]$ 上的定积分，即

$$A = \int_a^b f(x)\,\mathrm{d}x.$$

(2) 以变速 $v = v(t) (v(t) \ge 0)$ 作直线运动的物体，从时刻 $t = T_1$ 到时刻 $t = T_2$ 所经过的路程 s 等于函数 $v(t)$ 在时间间隔 $[T_1, T_2]$ 上的定积分，即

$$s = \int_{T_1}^{T_2} v(t)\,dt.$$

例1 利用定积分的定义计算定积分 $\int_0^1 x^2\,dx$.

解 因 $f(x)=x^2$ 在 $[0,1]$ 上连续，故被积函数是可积的，从而定积分的值与对区间$[0,1]$的分法及 ξ_i 的取法无关. 不妨将区间 $[0,1]$ n 等分 (见图5-1-3)，分点为

$$x_i = \frac{i}{n} \ (i=1,2,\cdots,n-1);$$

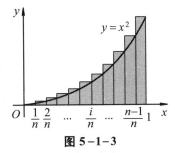

图 5-1-3

这样，每个小区间 $[x_{i-1},x_i]$ 的长度为

$$\lambda = \Delta x_i = \frac{1}{n} \ (i=1,2,\cdots,n);$$

ξ_i 取每个小区间的右端点

$$\xi_i = x_i \ (i=1,2,\cdots,n),$$

则得到积分和式

$$\sum_{i=1}^{n} f(\xi_i)\Delta x_i = \sum_{i=1}^{n} \xi_i^2 \Delta x_i = \sum_{i=1}^{n} x_i^2 \Delta x_i = \sum_{i=1}^{n} \left(\frac{i}{n}\right)^2 \cdot \frac{1}{n} = \frac{1}{n^3} \sum_{i=1}^{n} i^2$$

$$= \frac{1}{n^3}(1^2 + 2^2 + \cdots + n^2) = \frac{1}{n^3} \cdot \frac{n(n+1)(2n+1)}{6} = \frac{1}{6}\left(1+\frac{1}{n}\right)\left(2+\frac{1}{n}\right).$$

当 $\lambda \to 0$，即 $n \to \infty$ 时，取上式右端的极限. 根据定积分的定义，即得到所求的定积分为

$$\int_0^1 x^2\,dx = \lim_{\lambda \to 0} \sum_{i=1}^{n} \xi_i^2 \Delta x_i = \lim_{n \to \infty} \frac{1}{6}\left(1+\frac{1}{n}\right)\left(2+\frac{1}{n}\right) = \frac{1}{3}. \quad ■$$

注：求定积分的过程体现了事物变化从量变到质变的完整过程，其中蕴含着丰富的辩证思维.

恩格斯指出："初等数学，即常数的数学，是在形式逻辑的范围内活动的，至少总的说来是这样；而变量数学 —— 其中最主要的部分是微积分 —— 本质上不外乎是辩证法在数学方面的应用."从初等数学到变量数学的过渡，反映了人类思维从形式逻辑向辩证逻辑的跨越，是人类的认识能力由低级向高级的发展.

求曲边梯形的面积和求变速直线运动的路程的前两步，即"分割"和"求和"，是初等数学方法的体现，也是初等数学方法中形式逻辑思维的体现. 只有第三步"取极限"这种蕴含于变量数学中的丰富的辩证逻辑思维，才使得微积分巧妙地、有效地解决了初等数学所不能解决的问题.

三、定积分的近似计算

由例1的计算过程可见，对于任一确定的自然数n，积分和

$$\sum_{i=1}^{n} f(\xi_i)\Delta x_i = \frac{1}{6}\left(1+\frac{1}{n}\right)\left(2+\frac{1}{n}\right)$$

都是定积分 $\int_0^1 x^2\,dx$ 的近似值. 当 n 取不同的值时, 就可得到定积分 $\int_0^1 x^2\,dx$ 的精度不同的近似值. 一般来说, n 取值越大, 近似程度就越好.

下面我们就一般情形来讨论定积分的近似计算问题.

若函数 $f(x)$ 在区间 $[a, b]$ 上连续, 则定积分 $\int_a^b f(x)\,dx$ 存在. 如同例1, 我们将区间 $[a, b]$ 分成 n 个长度相等的小区间

$$a = x_0 < x_1 < x_2 < \cdots < x_{n-1} < x_n = b,$$

每个小区间 $[x_{i-1}, x_i]\,(i = 1, 2, \cdots, n)$ 的长度均为 $\Delta x = \dfrac{b-a}{n}$, 任取 $\xi_i \in [x_{i-1}, x_i]$, 则有

$$\int_a^b f(x)\,dx = \lim_{n \to \infty} \frac{b-a}{n} \sum_{i=1}^n f(\xi_i).$$

从而对于任一确定的自然数 n, 有

$$\int_a^b f(x)\,dx \approx \frac{b-a}{n} \sum_{i=1}^n f(\xi_i). \tag{1.1}$$

在式 (1.1) 中, 若取 $\xi_i = x_{i-1}$, 则得到

$$\int_a^b f(x)\,dx \approx \frac{b-a}{n} \sum_{i=1}^n f(x_{i-1}).$$

记 $f(x_i) = y_i\,(i = 0, 1, 2, \cdots, n)$, 则上式可记为

$$\int_a^b f(x)\,dx \approx \frac{b-a}{n}\,(y_0 + y_1 + y_2 + \cdots + y_{n-1}). \tag{1.2}$$

在式 (1.1) 中, 若取 $\xi_i = x_i$, 则可得到近似公式

$$\int_a^b f(x)\,dx \approx \frac{b-a}{n}\,(y_1 + y_2 + y_3 + \cdots + y_n). \tag{1.3}$$

以上求定积分近似值的方法称为**矩形法**, 式 (1.2) 称为**左矩形公式**, 式 (1.3) 称为**右矩形公式**.

矩形法的几何意义非常明确, 就是用小矩形的面积近似作为小曲边梯形的面积, 总体上用阶梯形的面积作为整个曲边梯形面积的近似值 (见图 5–1–4).

定积分的近似计算法很多, 这里不再作介绍, 随着计算机应用的普及, 利用现成的数学软件计算定积分的近似值已变得非常方便.

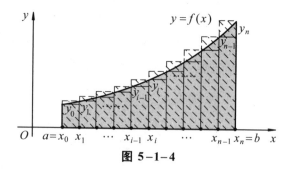

图 5–1–4

例2 用矩形法计算定积分 $\int_0^1 \mathrm{e}^{-x^2}\mathrm{d}x$ 的近似值.

解 把区间十等分, 设分点为 $x_i\,(i=0,1,\cdots,10)$, 并设相应的函数值为 $y_i=\mathrm{e}^{-x_i^2}$ $(i=0,1,\cdots,10)$, 列表如下:

i	0	1	2	3	4	5
x_i	0	0.1	0.2	0.3	0.4	0.5
y_i	1.000 00	0.990 05	0.960 79	0.913 93	0.852 14	0.778 80
i	6	7	8	9	10	
x_i	0.6	0.7	0.8	0.9	1	
y_i	0.697 68	0.612 63	0.527 29	0.444 86	0.367 88	

利用**左矩形公式** (1.2), 得

$$\int_0^1 \mathrm{e}^{-x^2}\mathrm{d}x \approx (y_0+y_1+\cdots+y_9)\times\frac{1-0}{10}\approx 0.777\,82.$$

利用**右矩形公式** (1.3), 得

$$\int_0^1 \mathrm{e}^{-x^2}\mathrm{d}x \approx (y_1+y_2+\cdots+y_{10})\times\frac{1-0}{10}\approx 0.714\,61.$$ ■

*数学实验

实验5.1 利用定积分定义计算定积分的近似值:

(1) 利用定义计算定积分 $\int_0^1 x^3\,\mathrm{d}x$;

(2) 利用定义计算定积分 $\int_0^{2\pi}\ln(5-4\cos x)\,\mathrm{d}x$;

计算实验

(3) 改变 (1) 中区间细分的量, 作图对比不同的效果.

详见教材配套的网络学习空间.

习题 5-1

1. 利用定积分的定义计算由抛物线 $y=x^2+1$、直线 $x=a$、$x=b\,(b>a)$ 及横轴围成的图形的面积.

2. 利用定积分的定义计算下列积分:

(1) $\int_a^b x\mathrm{d}x\,(a<b)$;   (2) $\int_1^{\mathrm{e}}\ln x\mathrm{d}x$.

3. 利用定积分的几何意义, 说明下列等式:

(1) $\int_0^1 2x\mathrm{d}x=1$;   (2) $\int_{-\pi}^{\pi}\sin x\mathrm{d}x=0$.

4. 利用定积分的几何意义求 $\int_a^b \sqrt{(x-a)(b-x)}\,dx$ $(b>0)$ 的值.

5. 试将下列极限表示成定积分.

(1) $\lim\limits_{\lambda\to 0}\sum\limits_{i=1}^{n}(\xi_i^2-3\xi_i)\Delta x_i$, λ 是 $[-7,5]$ 上的分割;

(2) $\lim\limits_{\lambda\to 0}\sum\limits_{i=1}^{n}\sqrt{4-\xi_i^2}\,\Delta x_i$, λ 是 $[0,1]$ 上的分割.

6. 试将和式的极限 $\lim\limits_{n\to\infty}\dfrac{1^p+2^p+\cdots+n^p}{n^{p+1}}$ $(p>0)$ 表示成定积分.

7. 有一条河, 宽为 200 米, 从一岸到正对岸每隔 20 米测量一次水深, 测得数据(单位: 米) 如下表:

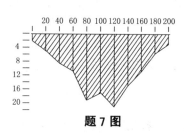

题 7 图

x (宽)	0	20	40	60	80	100
y (深)	2	5	9	11	19	17
x (宽)	120	140	160	180	200	
y (深)	21	15	11	6	3	

试用梯形公式求此河横截面面积的近似值.

(**提示**: 梯形公式 $\int_b^a f(x)\,dx \approx \dfrac{b-a}{n}\left(\dfrac{y_0+y_1}{2}+\dfrac{y_1+y_2}{2}+\cdots+\dfrac{y_{n-1}+y_n}{2}\right)$.)

8. 某跑车 36s 内(0.01h) 速度从 0 加速到 228 km/h 的数据如下表所示:

t (h)	0.0	0.001	0.002	0.003	0.004	0.005	0.006	0.007	0.008	0.009	0.010
$v(t)$(km/h)	0	64	100	132	154	174	187	201	212	220	228

用矩形法估算该跑车在 36s 内速度达到 228km/h 时行进的路程.

§5.2　定积分的性质

为了进一步讨论定积分的理论与计算, 本节我们要介绍定积分的一些性质. 在下面的讨论中假定被积函数是可积的. 同时, 为计算和应用方便起见, 我们先对定积分作两点补充规定:

(1) 当 $a=b$ 时, $\int_a^b f(x)\,dx=0$;　　　　(2) 当 $a>b$ 时, $\int_a^b f(x)\,dx=-\int_b^a f(x)\,dx$.

根据上述规定, 交换定积分的上下限, 其绝对值不变而符号相反. 因此, 在下面的讨论中如无特别指出, 对定积分上下限的大小不加限制.

性质1　$\int_a^b [f(x)\pm g(x)]\,dx=\int_a^b f(x)\,dx \pm \int_a^b g(x)\,dx$.

证明　$\int_a^b [f(x)\pm g(x)]\,dx=\lim\limits_{\lambda\to 0}\sum\limits_{i=1}^{n}[f(\xi_i)\pm g(\xi_i)]\Delta x_i$

$$= \lim_{\lambda \to 0} \sum_{i=1}^{n} f(\xi_i)\Delta x_i \pm \lim_{\lambda \to 0} \sum_{i=1}^{n} g(\xi_i)\Delta x_i = \int_a^b f(x)\,\mathrm{d}x \pm \int_a^b g(x)\,\mathrm{d}x.$$ ■

注: 此性质可以推广到有限多个函数的情形.

性质2 $\int_a^b kf(x)\,\mathrm{d}x = k\int_a^b f(x)\,\mathrm{d}x$ (k 为常数).

证明 $\int_a^b kf(x)\,\mathrm{d}x = \lim_{\lambda \to 0} \sum_{i=1}^{n} kf(\xi_i)\Delta x_i = \lim_{\lambda \to 0} k\sum_{i=1}^{n} f(\xi_i)\Delta x_i$

$$= k \lim_{\lambda \to 0} \sum_{i=1}^{n} f(\xi_i)\Delta x_i = k\int_a^b f(x)\,\mathrm{d}x.$$ ■

由性质1和性质2, 易得

推论1 设 m, n 均为常数, 则

$$\int_a^b [mf(x) + ng(x)]\,\mathrm{d}x = m\int_a^b f(x)\,\mathrm{d}x + n\int_a^b g(x)\,\mathrm{d}x.$$

性质3 $\int_a^b f(x)\,\mathrm{d}x = \int_a^c f(x)\,\mathrm{d}x + \int_c^b f(x)\,\mathrm{d}x.$

证明 先证 $a < c < b$ 的情形.

由被积函数 $f(x)$ 在 $[a, b]$ 上的可积性可知, 无论怎样划分 $[a, b]$, 积分和的极限总是不变的. 所以我们总是可以把 c 取作一个分点, 于是, $[a, b]$ 上的积分和等于 $[a, c]$ 上的积分和加上 $[c, b]$ 上的积分和, 即

$$\sum_{[a,b]} f(\xi_i)\Delta x_i = \sum_{[a,c]} f(\xi_i)\Delta x_i + \sum_{[c,b]} f(\xi_i)\Delta x_i \quad (i = 1, 2, \cdots, n).$$

令 $\lambda \to 0$, 上式两端取极限, 即得

$$\int_a^b f(x)\,\mathrm{d}x = \int_a^c f(x)\,\mathrm{d}x + \int_c^b f(x)\,\mathrm{d}x.$$

再证 $a < b < c$ 的情形. 此时, 点 b 位于 a, c 之间, 所以

$$\int_a^c f(x)\,\mathrm{d}x = \int_a^b f(x)\,\mathrm{d}x + \int_b^c f(x)\,\mathrm{d}x.$$

即

$$\int_a^b f(x)\,\mathrm{d}x = \int_a^c f(x)\,\mathrm{d}x - \int_b^c f(x)\,\mathrm{d}x = \int_a^c f(x)\,\mathrm{d}x + \int_c^b f(x)\,\mathrm{d}x.$$

同理可证 $c < a < b$ 的情形. 从而不论 a, b, c 的相对位置如何, 所证等式总成立. ■

注: 性质3表明: 定积分对于积分区间具有**可加性**.

性质4 $\int_a^b 1 \cdot \mathrm{d}x = \int_a^b \mathrm{d}x = b - a.$

显然, 定积分 $\int_a^b \mathrm{d}x$ 在几何上表示以 $[a, b]$ 为底、 $f(x) \equiv 1$ 为高的矩形的面积.

这个性质的证明请读者自己根据定积分的定义来完成.

性质5 若在区间 $[a, b]$ 上有 $f(x) \leq g(x)$, 则

$$\int_a^b f(x)\,\mathrm{d}x \le \int_a^b g(x)\,\mathrm{d}x \quad (a<b).$$

证明　由定积分的定义和性质可知，

$$\int_a^b g(x)\,\mathrm{d}x - \int_a^b f(x)\,\mathrm{d}x = \int_a^b [g(x)-f(x)]\,\mathrm{d}x = \lim_{\lambda \to 0} \sum_{i=1}^n [g(\xi_i)-f(\xi_i)]\Delta x_i.$$

由题设条件，等号右端积分和中的每一项均大于等于零，所以

$$\sum_{i=1}^n [g(\xi_i)-f(\xi_i)]\Delta x_i \ge 0.$$

于是，根据极限的保号性定理，有

$$\int_a^b [g(x)-f(x)]\,\mathrm{d}x \ge 0,$$

即

$$\int_a^b f(x)\,\mathrm{d}x \le \int_a^b g(x)\,\mathrm{d}x.$$ ■

推论 2　若在区间 $[a, b]$ 上 $f(x) \ge 0$，则

$$\int_a^b f(x)\,\mathrm{d}x \ge 0 \quad (a<b).$$

推论 3　$\left| \int_a^b f(x)\,\mathrm{d}x \right| \le \int_a^b |f(x)|\,\mathrm{d}x \quad (a<b).$

证明　因为 $-|f(x)| \le f(x) \le |f(x)|$，所以

$$-\int_a^b |f(x)|\,\mathrm{d}x \le \int_a^b f(x)\,\mathrm{d}x \le \int_a^b |f(x)|\,\mathrm{d}x,$$

即

$$\left| \int_a^b f(x)\,\mathrm{d}x \right| \le \int_a^b |f(x)|\,\mathrm{d}x.$$ ■

注：$|f(x)|$ 在区间 $[a, b]$ 上的可积性是显然的.

例 1　比较积分值 $\int_0^{-2} \mathrm{e}^x \mathrm{d}x$ 和 $\int_0^{-2} x\,\mathrm{d}x$ 的大小.

解　令 $f(x) = \mathrm{e}^x - x$，$x \in [-2, 0]$，因为 $f(x) > 0$，所以

$$\int_{-2}^0 (\mathrm{e}^x - x)\,\mathrm{d}x > 0, \quad \text{即} \quad \int_{-2}^0 \mathrm{e}^x \mathrm{d}x > \int_{-2}^0 x\,\mathrm{d}x,$$

从而

$$\int_0^{-2} \mathrm{e}^x \mathrm{d}x < \int_0^{-2} x\,\mathrm{d}x.$$ ■

性质 6 (估值定理)　设 M 及 m 分别是函数 $f(x)$ 在区间 $[a, b]$ 上的最大值及最小值，则

$$m(b-a) \le \int_a^b f(x)\,\mathrm{d}x \le M(b-a).$$

利用性质 4 和性质 5，易证得性质 6.

注: 性质6有明显的几何意义, 即以 $[a, b]$ 为底、$y = f(x)$ 为曲边的曲边梯形的面积 $\int_a^b f(x)\mathrm{d}x$ 介于同一底边而高分别为 m 与 M 的矩形面积 $m(b-a)$ 与 $M(b-a)$ 之间 (见图 5-2-1).

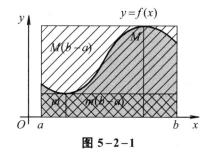

图 5-2-1

例2 估计积分 $\int_{\pi/4}^{\pi/2} \dfrac{\sin x}{x} \mathrm{d}x$ 的值.

解 设 $f(x) = \dfrac{\sin x}{x}$, $x \in \left[\dfrac{\pi}{4}, \dfrac{\pi}{2}\right]$, 由

$$f'(x) = \frac{x\cos x - \sin x}{x^2} = \frac{\cos x(x - \tan x)}{x^2} < 0$$

知 $f(x)$ 在 $\left[\dfrac{\pi}{4}, \dfrac{\pi}{2}\right]$ 上单调减少, 故函数在 $x = \dfrac{\pi}{4}$ 处取得最大值, 在 $x = \dfrac{\pi}{2}$ 处取得最小值, 即

$$M = f\left(\frac{\pi}{4}\right) = \frac{2\sqrt{2}}{\pi}, \quad m = f\left(\frac{\pi}{2}\right) = \frac{2}{\pi},$$

所以

$$\frac{2}{\pi} \cdot \left(\frac{\pi}{2} - \frac{\pi}{4}\right) \leq \int_{\pi/4}^{\pi/2} \frac{\sin x}{x}\,\mathrm{d}x \leq \frac{2\sqrt{2}}{\pi} \cdot \left(\frac{\pi}{2} - \frac{\pi}{4}\right),$$

即

$$\frac{1}{2} \leq \int_{\pi/4}^{\pi/2} \frac{\sin x}{x}\,\mathrm{d}x \leq \frac{\sqrt{2}}{2}. \qquad \blacksquare$$

性质7 (定积分中值定理) 如果函数 $f(x)$ 在闭区间 $[a, b]$ 上连续, 则在 $[a, b]$ 上至少存在一个点 ξ, 使

$$\int_a^b f(x)\,\mathrm{d}x = f(\xi)(b-a) \quad (a \leq \xi \leq b).$$

这个公式称为**积分中值公式**.

证明 将性质6中的不等式除以区间长度 $b-a$, 得

$$m \leq \frac{1}{b-a}\int_a^b f(x)\,\mathrm{d}x \leq M.$$

这表明数值 $\dfrac{1}{b-a}\displaystyle\int_a^b f(x)\,\mathrm{d}x$ 介于函数 $f(x)$ 的最小值与最大值之间. 由闭区间上连续函数的介值定理知, 在区间 $[a, b]$ 上至少存在一个点 ξ, 使得

$$\frac{1}{b-a}\int_a^b f(x)\,\mathrm{d}x = f(\xi),$$

即

$$\int_a^b f(x)\,\mathrm{d}x = f(\xi)(b-a) \quad (a \leq \xi \leq b). \qquad \blacksquare$$

注：定积分中值定理在几何上表示，在 $[a, b]$ 上至少存在一点 ξ，使得以 $[a, b]$ 为底、$y = f(x)$ 为曲边的曲边梯形的面积 $\int_a^b f(x)\mathrm{d}x$ 等于底边相同而高为 $f(\xi)$ 的矩形的面积 $f(\xi)(b-a)$（见图 5-2-2）.

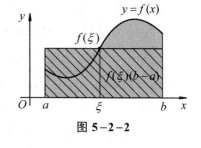

图 5-2-2

由上述几何解释易见，数值 $\dfrac{1}{b-a}\int_a^b f(x)\mathrm{d}x$ 表示连续曲线 $f(x)$ 在区间 $[a, b]$ 上的平均高度，我们称其为**函数 $f(x)$ 在区间 $[a, b]$ 上的平均值**. 这一概念是对有限个数的平均值概念的拓展. 例如，我们可用它来计算作变速直线运动的物体在指定时间间隔内的平均速度等.

例3 设 $f(x)$ 在 $[a, b]$ 上连续，在 (a, b) 内可导，且存在 $c \in (a, b)$ 使得

$$\int_a^c f(x)\mathrm{d}x = f(b)(c-a),$$

证明在 (a, b) 内存在一点 ξ，使得 $f'(\xi) = 0$.

证明 由于 $f(x)$ 在 $[a, b]$ 上连续，$f(x)$ 在 $[a, c]$ 上连续，又由定积分中值定理知存在 $\eta \in [a, c]$，使得

$$\int_a^c f(x)\mathrm{d}x = f(\eta)(c-a),$$

因此 $\eta \neq b$ 且 $f(\eta) = f(b)$，由罗尔中值定理知存在一点 $\xi \in (\eta, b) \subset (a, b)$，使得

$$f'(\xi) = 0. \qquad \blacksquare$$

例4 设 $f(x)$ 可导，且 $\lim\limits_{x \to +\infty} f(x) = 1$，求 $\lim\limits_{x \to +\infty} \int_x^{x+2} t \sin\dfrac{3}{t} f(t)\mathrm{d}t$.

解 由积分中值定理知，存在 $\xi \in [x, x+2]$，使得

$$\int_x^{x+2} t \sin\frac{3}{t} f(t)\mathrm{d}t = \xi \sin\frac{3}{\xi} f(\xi)(x+2-x),$$

从而

$$\lim_{x \to +\infty} \int_x^{x+2} t \sin\frac{3}{t} f(t)\mathrm{d}t = 2\lim_{\xi \to +\infty} \xi \sin\frac{3}{\xi} f(\xi)$$

$$= 2\lim_{\xi \to +\infty} \frac{\xi}{3} \sin\frac{3}{\xi} \cdot \lim_{\xi \to +\infty} 3f(\xi) = 2\lim_{\xi \to +\infty} 3f(\xi) = 6. \qquad \blacksquare$$

习题 5-2

1. 证明定积分性质：

(1) $\int_a^b kf(x)\mathrm{d}x = k\int_a^b f(x)\mathrm{d}x$（$k$ 是常数）；

(2) $\int_a^b 1 \cdot \mathrm{d}x = \int_a^b \mathrm{d}x = b - a$.

2. 估计下列各积分的值:

(1) $\int_{\frac{\pi}{4}}^{\frac{5\pi}{4}} (1+\sin^2 x)\,dx$;　　　　(2) $\int_1^2 \frac{x}{1+x^2}\,dx$;　　　　(3) $\int_1^2 xe^x\,dx$.

3. 设 $f(x)$ 及 $g(x)$ 在 $[a,b]$ 上连续, 证明:

(1) 若在 $[a,b]$ 上, $f(x) \geq 0$, 且 $\int_a^b f(x)\,dx = 0$, 则在 $[a,b]$ 上, $f(x) \equiv 0$;

(2) 若在 $[a,b]$ 上, $f(x) \geq 0$, 且 $f(x) \not\equiv 0$, 则 $\int_a^b f(x)\,dx > 0$;

(3) 若在 $[a,b]$ 上, $f(x) \geq g(x)$, 且 $\int_a^b f(x)\,dx = \int_a^b g(x)\,dx$, 则在 $[a,b]$ 上, $f(x) \equiv g(x)$.

4. 假定 $f(z)$ 是连续的, 而且 $\int_0^3 f(z)\,dz = 3$ 和 $\int_0^4 f(z)\,dz = 7$, 求下列各值.

(1) $\int_3^4 f(z)\,dz$;　　　　(2) $\int_4^3 f(z)\,dz$.

5. 根据定积分性质及上题结论比较下列每组积分的大小:

(1) $\int_1^2 \ln x\,dx$, $\int_1^2 (\ln x)^2\,dx$;　　　　(2) $\int_0^1 e^x\,dx$, $\int_0^1 e^{x^2}\,dx$;

(3) $\int_0^1 e^x\,dx$, $\int_0^1 (x+1)\,dx$;　　　　(4) $\int_0^{\frac{\pi}{2}} x\,dx$, $\int_0^{\frac{\pi}{2}} \sin x\,dx$;

(5) $\int_{-\frac{\pi}{2}}^0 \sin x\,dx$, $\int_0^{\frac{\pi}{2}} \sin x\,dx$;　　　　(6) $\int_1^0 \ln(1+x)\,dx$, $\int_1^0 \frac{x}{1+x}\,dx$.

6. 利用定积分中值定理证明: $\lim\limits_{n\to\infty} \int_0^{1/2} \frac{x^n}{1+x}\,dx = 0$.

7. 求 $f(x) = 2^x$ 在 $[0,2]$ 上的平均值.

8. 如果函数 $f(x)$ 在区间 $[a,b]$ 上连续且 $\int_a^b f(x)\,dx = 0$, 证明在 $[a,b]$ 上至少存在一个零点.

9. 设函数 $f(x)$ 在 $[0,1]$ 上连续, 在 $(0,1)$ 内可导, 且 $3\int_{2/3}^1 f(x)\,dx = f(0)$, 证明在 $(0,1)$ 内至少存在一点 ξ, 使 $f'(\xi) = 0$.

§5.3 微积分基本公式

积分学要解决两个问题: 第一个问题是原函数的求法问题, 我们在第 4 章中已经对它做了讨论; 第二个问题就是定积分的计算问题. 如果我们要按定积分的定义来计算定积分, 那将是十分困难的. 因此, 寻求一种计算定积分的有效方法便成为积分学发展的关键. 我们知道, 不定积分作为原函数的概念与定积分作为积分和的极限的概念是完全不相干的. 但是, 牛顿和莱布尼茨不仅发现而且找到了这两个概念之间存在着的深刻的内在联系, 即所谓的 **"微积分基本定理"**, 并由此巧妙地开辟了求定积分的新途径 —— **牛顿 – 莱布尼茨公式**. 从而使积分学与微分学一起构成变量数学的基础学科 —— **微积分学**. 因此, 牛顿和莱布尼茨作为微积分学的奠基人也载入了史册.

一、引例

设有一物体在一直线上运动. 在这一直线上取定原点、正向及单位长度, 使其成为一数轴. 设时刻 t 时物体所在位置为 $s(t)$, 速度为 $v(t)$ $(v(t) \geq 0)$, 则从 §5.1 知道, 物体在时间间隔 $[T_1, T_2]$ 内经过的路程为

$$s = \int_{T_1}^{T_2} v(t) \, \mathrm{d}t;$$

另一方面, 这段路程又可表示为位置函数 $s(t)$ 在 $[T_1, T_2]$ 上的增量

$$s(T_2) - s(T_1).$$

由此可见, 位置函数 $s(t)$ 与速度函数 $v(t)$ 有如下关系:

$$\int_{T_1}^{T_2} v(t) \, \mathrm{d}t = s(T_2) - s(T_1). \tag{3.1}$$

因为 $s'(t) = v(t)$, 即位置函数 $s(t)$ 是速度函数 $v(t)$ 的原函数, 所以, 求速度函数 $v(t)$ 在时间间隔 $[T_1, T_2]$ 内所经过的路程就转化为求 $v(t)$ 的原函数 $s(t)$ 在 $[T_1, T_2]$ 上的增量.

这个结论是否具有普遍性呢? 即, 一般地, 函数 $f(x)$ 在区间 $[a, b]$ 上的定积分 $\int_a^b f(x) \, \mathrm{d}x$ 是否等于 $f(x)$ 的原函数 $F(x)$ 在 $[a, b]$ 上的增量呢? 下面我们将具体进行讨论.

二、积分上限的函数及其导数

设函数 $f(x)$ 在区间 $[a, b]$ 上连续, x 是 $[a, b]$ 上的一点, 则由

$$\Phi(x) = \int_a^x f(x) \, \mathrm{d}x \tag{3.2}$$

定义的函数称为**积分上限的函数**(或**变上限的函数**).

式 (3.2) 中积分变量和积分上限有时都用 x 表示, 但它们的含义并不相同, 为了区别它们, 常将积分变量改用 t 来表示, 即

$$\Phi(x) = \int_a^x f(x) \, \mathrm{d}x = \int_a^x f(t) \, \mathrm{d}t.$$

$\Phi(x)$ 的几何意义是右侧直线可移动的曲边梯形的面积. 如图 5 – 3 – 1 所示, 曲边梯形的面积 $\Phi(x)$ 随 x 的位置的变动而改变, 当 x 给定后, 面积 $\Phi(x)$ 就随之确定.

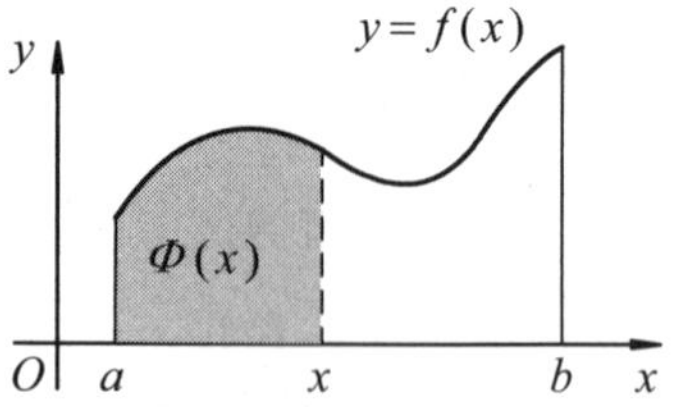

关于函数 $\Phi(x)$ 的可导性, 我们有:

定理 1　若函数 $f(x)$ 在区间 $[a, b]$ 上连续, 则积分上限的函数

图 5 – 3 – 1

$$\Phi(x)=\int_a^x f(t)\,\mathrm{d}t,\ x\in[a,b]$$

在 $[a,b]$ 上可导，且

$$\Phi'(x)=\frac{\mathrm{d}}{\mathrm{d}x}\int_a^x f(t)\mathrm{d}t=f(x)\ \ (a\le x\le b).\tag{3.3}$$

证明 设 $x\in(a,b)$, $\Delta x>0$, 使得 $x+\Delta x\in(a,b)$, 则有

$$\begin{aligned}\Delta\Phi=\Phi(x+\Delta x)-\Phi(x)&=\int_a^{x+\Delta x}f(t)\mathrm{d}t-\int_a^x f(t)\mathrm{d}t\\&=\int_a^x f(t)\,\mathrm{d}t+\int_x^{x+\Delta x}f(t)\,\mathrm{d}t-\int_a^x f(t)\,\mathrm{d}t\\&=\int_x^{x+\Delta x}f(t)\,\mathrm{d}t=f(\xi)\Delta x,\ \ \xi\in[x,x+\Delta x].\end{aligned}$$

由于函数 $f(x)$ 在点 x 处连续，所以

$$\Phi'(x)=\lim_{\Delta x\to 0}\frac{\Delta\Phi}{\Delta x}=\lim_{\Delta x\to 0}f(\xi)=f(x).$$

若 $x=a$, 取 $\Delta x>0$, 同理可证 $\Phi'_+(a)=f(a)$; 若 $x=b$, 取 $\Delta x<0$, 同理可证 $\Phi'_+(b)=f(b)$; 综上即有

$$\frac{\mathrm{d}}{\mathrm{d}x}\int_a^x f(t)\mathrm{d}t=f(x)\qquad(a\le x\le b).$$ ■

注: 定理 1 揭示了微分(或导数)与定积分这两个不相干的概念之间的内在联系，因而称为**微积分基本定理**.

如果 $f(x)$ 是正的，定理 1 就有了一个完美的解释. $f(x)$ 从 a 到 x 的积分是高度为 $f(t)$ 的线段在区间 $[a,x]$ 上扫过的面积.

设想公共汽车挡风玻璃上雨刮器工作的情形(见图 5-3-2), 雨刮器移动至点 x 时，刷片的垂直高度为 $f(x)$, 被雨刮器刷洗的面积为

$$\Phi(x)=\int_a^x f(t)\,\mathrm{d}t.$$

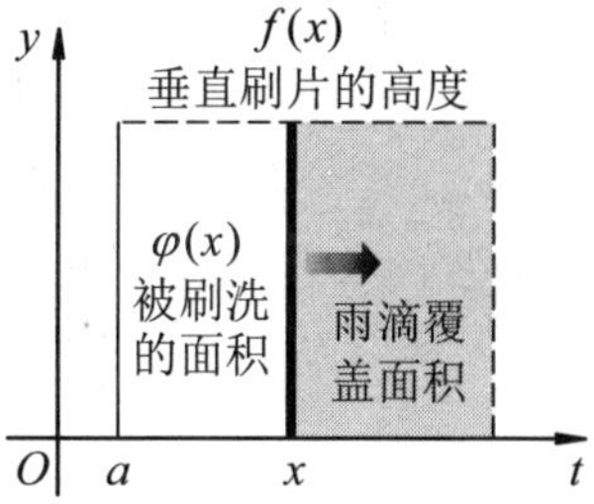

图 5-3-2

由此可见，雨刮器的刷片刷洗挡风玻璃的速率就等于刷片的高度，即

$$\frac{\mathrm{d}\Phi}{\mathrm{d}x}=\frac{\mathrm{d}}{\mathrm{d}x}\int_a^x f(t)\,\mathrm{d}t=f(x).$$

利用复合函数的求导法则，可进一步得到下列公式：

(1) $\displaystyle\frac{\mathrm{d}}{\mathrm{d}x}\int_a^{\varphi(x)}f(t)\,\mathrm{d}t=f[\varphi(x)]\varphi'(x);$ (3.4)

(2) $\displaystyle\frac{\mathrm{d}}{\mathrm{d}x}\int_{\psi(x)}^{\varphi(x)}f(t)\,\mathrm{d}t=f[\varphi(x)]\varphi'(x)-f[\psi(x)]\psi'(x).$ (3.5)

上述公式的证明请读者自己完成.

例 1 求 $\displaystyle\frac{\mathrm{d}}{\mathrm{d}x}\left[\int_0^x\cos^2t\mathrm{d}t\right].$

解　$\dfrac{\mathrm{d}}{\mathrm{d}x}\left[\displaystyle\int_0^x \cos^2 t\,\mathrm{d}t\right] = \cos^2 x$.

例2　求 $\dfrac{\mathrm{d}}{\mathrm{d}x}\left[\displaystyle\int_1^{x^3} \mathrm{e}^{t^2}\mathrm{d}t\right]$.

解　这里 $\displaystyle\int_1^{x^3}\mathrm{e}^{t^2}\mathrm{d}t$ 是 x^3 的函数，因而是 x 的复合函数，令 $x^3 = u$，则

$$\Phi(u) = \int_1^u \mathrm{e}^{t^2}\mathrm{d}t,$$

根据复合函数求导法则，有

$$\frac{\mathrm{d}}{\mathrm{d}x}\left[\int_1^{x^3}\mathrm{e}^{t^2}\mathrm{d}t\right] = \frac{\mathrm{d}}{\mathrm{d}u}\left[\int_1^u\mathrm{e}^{t^2}\mathrm{d}t\right] \cdot \frac{\mathrm{d}u}{\mathrm{d}x} = \Phi'(u)\cdot 3x^2 = \mathrm{e}^{u^2}\cdot 3x^2 = 3x^2\mathrm{e}^{x^6}.$$

例3　求 $\displaystyle\lim_{x\to 0}\dfrac{\displaystyle\int_{\cos x}^1 \mathrm{e}^{-t^2}\mathrm{d}t}{x^2}$.

解　题设极限式是 $\dfrac{0}{0}$ 型未定式，可应用洛必达法则．由

$$\frac{\mathrm{d}}{\mathrm{d}x}\int_{\cos x}^1 \mathrm{e}^{-t^2}\mathrm{d}t = -\frac{\mathrm{d}}{\mathrm{d}x}\int_1^{\cos x}\mathrm{e}^{-t^2}\mathrm{d}t = -\mathrm{e}^{-\cos^2 x}\cdot(\cos x)' = \sin x\cdot \mathrm{e}^{-\cos^2 x},$$

所以

$$\lim_{x\to 0}\frac{\displaystyle\int_{\cos x}^1\mathrm{e}^{-t^2}\mathrm{d}t}{x^2} = \lim_{x\to 0}\frac{\sin x\cdot \mathrm{e}^{-\cos^2 x}}{2x} = \frac{1}{2\mathrm{e}}.$$

例4　设函数 $y = y(x)$ 由方程 $\displaystyle\int_0^{y^2}\mathrm{e}^{t^2}\mathrm{d}t + \int_x^0 \sin t\,\mathrm{d}t = 0$ 确定，求 $\dfrac{\mathrm{d}y}{\mathrm{d}x}$.

解　在方程两边同时对 x 求导：

$$\frac{\mathrm{d}}{\mathrm{d}x}\left(\int_0^{y^2}\mathrm{e}^{t^2}\mathrm{d}t\right) + \frac{\mathrm{d}}{\mathrm{d}x}\left(\int_x^0\sin t\,\mathrm{d}t\right) = 0,$$

于是

$$\frac{\mathrm{d}}{\mathrm{d}y}\left(\int_0^{y^2}\mathrm{e}^{t^2}\mathrm{d}t\right)\cdot\frac{\mathrm{d}y}{\mathrm{d}x} + \frac{\mathrm{d}}{\mathrm{d}x}\left(\int_x^0\sin t\,\mathrm{d}t\right) = 0,$$

即

$$\mathrm{e}^{y^4}\cdot(2y)\cdot\frac{\mathrm{d}y}{\mathrm{d}x} + (-\sin x) = 0,$$

故

$$\frac{\mathrm{d}y}{\mathrm{d}x} = \frac{\sin x}{2y\mathrm{e}^{y^4}}.$$

例5　设 $f(x)$ 在 $[0, +\infty)$ 上连续且满足 $\displaystyle\int_0^{x(x^2+x+1)}f(t)\mathrm{d}t = 2x$，求 $f(3)$.

解　方程 $\displaystyle\int_0^{x(x^2+x+1)}f(t)\mathrm{d}t = 2x$ 的两边对 x 求导，得

$$f[x(x^2+x+1)]\cdot[x(x^2+x+1)]' = 2,$$

即

$$f(x^3+x^2+x)\cdot(3x^2+2x+1) = 2,$$

令 $x = 1$，得 $f(3) = \dfrac{1}{3}$.

三、牛顿－莱布尼茨公式

定理 1 是在被积函数连续的条件下证得的，因而，这也就证明了"连续函数必存在原函数"的结论，故有如下原函数的存在定理．

定理 2 若函数 $f(x)$ 在区间 $[a, b]$ 上连续，则函数

$$\Phi(x) = \int_a^x f(t)\mathrm{d}t$$

就是 $f(x)$ 在 $[a, b]$ 上的一个原函数．

定理 2 的重要意义在于：一方面肯定了连续函数的原函数是存在的，另一方面初步揭示了积分学中定积分与原函数的联系．因此，我们就有可能通过原函数来计算定积分．

定理 3 若函数 $F(x)$ 是连续函数 $f(x)$ 在区间 $[a, b]$ 上的一个原函数，则

$$\int_a^b f(x)\mathrm{d}x = F(b) - F(a). \tag{3.6}$$

式 (3.6) 称为**牛顿－莱布尼茨公式**．

证明 已知函数 $F(x)$ 是 $f(x)$ 的一个原函数，又根据定理 2 知，

$$\Phi(x) = \int_a^x f(t)\mathrm{d}t$$

也是 $f(x)$ 的一个原函数，所以

$$F(x) - \Phi(x) = C, \quad x \in [a, b].$$

在上式中令 $x = a$，得 $F(a) - \Phi(a) = C$．而

$$\Phi(a) = \int_a^a f(t)\mathrm{d}t = 0,$$

所以 $F(a) = C$，故

$$\int_a^x f(t)\mathrm{d}t = F(x) - F(a).$$

在上式中再令 $x = b$，即得公式 (3.6)，该公式也常记作

$$\int_a^b f(x)\mathrm{d}x = F(x)\Big|_a^b = F(b) - F(a). \qquad \blacksquare$$

注：根据上一节定积分的补充规定可知，当 $a > b$ 时，牛顿－莱布尼茨公式 (3.6) 仍成立．

由于 $f(x)$ 的原函数 $F(x)$ 一般可通过求不定积分求得，因此，牛顿－莱布尼茨公式巧妙地把定积分的计算问题与不定积分联系起来，将其转化为求被积函数的一个原函数在区间 $[a, b]$ 上的增量的问题．

牛顿－莱布尼茨公式 (3.6) 也称为**微积分基本公式**．

例 6 求定积分 $\int_0^1 x^2 \mathrm{d}x$．

解 因 $\dfrac{x^3}{3}$ 是 x^2 的一个原函数，由牛顿－莱布尼茨公式，有

$$\int_0^1 x^2 \, dx = \frac{x^3}{3} \Big|_0^1 = \frac{1}{3} - \frac{0}{3} = \frac{1}{3}.$$

■

例 7　求定积分 $\int_{-2}^{-1} \frac{1}{x} \, dx$.

解　当 $x < 0$ 时，$\frac{1}{x}$ 的一个原函数是 $\ln|x|$，所以

$$\int_{-2}^{-1} \frac{1}{x} \, dx = \ln|x| \Big|_{-2}^{-1} = \ln 1 - \ln 2 = -\ln 2.$$

■

例 8　求定积分 $\int_0^1 |2x-1| \, dx$.

解　因为
$$|2x-1| = \begin{cases} 1-2x, & x \le 1/2, \\ 2x-1, & x > 1/2 \end{cases}$$

所以
$$\int_0^1 |2x-1| \, dx = \int_0^{1/2}(1-2x)\,dx + \int_{1/2}^1 (2x-1)\,dx$$

$$= (x-x^2)\Big|_0^{1/2} + (x^2-x)\Big|_{1/2}^1 = \frac{1}{2}.$$

■

例 9　求定积分 $\int_{-2}^2 \max\{x, x^2\} \, dx$.

解　如图 5-3-3 所示，我们有

$$f(x) = \max\{x, x^2\} = \begin{cases} x^2, & -2 \le x < 0 \\ x, & 0 \le x < 1, \\ x^2, & 1 \le x \le 2 \end{cases}$$

所以

$$\int_{-2}^2 \max\{x, x^2\} \, dx = \int_{-2}^0 x^2 \, dx + \int_0^1 x \, dx + \int_1^2 x^2 \, dx$$

$$= \frac{11}{2}.$$

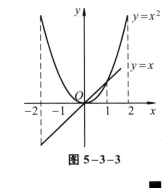

图 5-3-3

例 10　计算由曲线 $y = \sin x$ 在 $x = 0$，$x = \pi$ 之间及 x 轴围成的图形的面积 A.

解　如图 5-3-4 所示，根据定积分几何意义，所求面积

$$A = \int_0^\pi \sin x \, dx = -\cos x \Big|_0^\pi$$

$$= -\cos \pi - (-\cos 0) = 2.$$

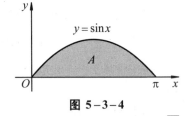

图 5-3-4

例 11　设函数 $f(x)$ 在闭区间 $[a, b]$ 上连续，证明：在开区间 (a, b) 内至少存在一点 ξ，使

$$\int_a^b f(x) \, dx = f(\xi)(b-a) \quad (a < \xi < b).$$

证明　因为 $f(x)$ 连续，故它的原函数存在，设为 $F(x)$，即设在 $[a, b]$ 上，$F'(x) = f(x)$. 根据牛顿-莱布尼茨公式，有

$$\int_a^b f(x)\mathrm{d}x = F(b) - F(a).$$

显然, 函数 $F(x)$ 在区间 $[a, b]$ 上满足微分中值定理的条件, 因此, 按微分中值定理, 在开区间 (a, b) 内至少存在一点 ξ, 使得

$$F(b) - F(a) = F'(\xi)(b - a), \quad \xi \in (a, b),$$

故

$$\int_a^b f(x)\mathrm{d}x = f(\xi)(b - a), \quad \xi \in (a, b). \quad\blacksquare$$

注: 本例的结论是对积分中值定理的改进. 从其证明中不难看出积分中值定理与微分中值定理的联系.

例 12 某服装公司生产每套服装的边际成本是

$$C'(x) = 0.000\,3x^2 - 0.2x + 50,$$

(1) 用和 $\sum\limits_{i=1}^{4} C'(x_i)\Delta x$ 计算生产 400 套服装的总成本的近似值;

(2) 用定积分计算生产 400 套服装的总成本的精确值.

解 (1) 把区间 $[0, 400]$ 分成 4 个长度相等的小区间

$$0 = x_0 < x_1 < x_2 < x_3 < x_4 = 400,$$

每个区间的长度均为 $\Delta x = 100$ (如图 5-3-5 中的左图所示).

用左矩形公式, 得

$$\sum_{i=1}^{4} C'(x_i)\Delta x = 100[C'(0) + C'(100) + C'(200) + C'(300)]$$

$$= 100(50 + 33 + 22 + 17) = 12\,200\,(\text{元}).$$

(2) 精确的总成本是 (如图 5-3-5 中的右图所示).

$$\int_0^{400} C'(x)\mathrm{d}x = (0.000\,1x^3 - 0.1x^2 + 50x)\Big|_0^{400}$$

$$= 10\,400\,(\text{元}). \quad\blacksquare$$

因此, 在考虑分成的小区间的个数较少的情况下, (1) 的近似值相差也不是很大.

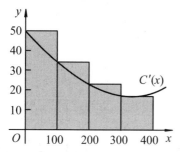 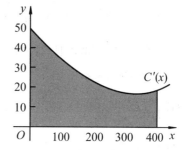

图 5-3-5

*数学实验

实验5.2 试用计算软件计算下列定积分：

(1) $\displaystyle\int_0^{2\pi} \frac{\mathrm{d}x}{1+a\cos x}$ $(0 \le a < 1)$；

(2) $\displaystyle\int_0^{\frac{\pi}{2}} \frac{\mathrm{d}x}{a^2\sin^2 x + b^2\cos^2 x}$ $(ab \neq 0)$；

(3) $\displaystyle\int_0^1 x^{15}\sqrt{1+3x^8}\,\mathrm{d}x$；

(4) $\displaystyle\int_0^{2\pi} \frac{\mathrm{d}x}{(2+\cos x)(3+\cos x)}$；

(5) $\displaystyle\int_0^x t\sin^2\mathrm{d}t$．

计算实验

微信扫描右侧二维码，即可进行重复或修改实验(详见教材配套的网络学习空间)．

习题 5-3

1. 设 $y = \displaystyle\int_0^x \sin t\mathrm{d}t$，求 $y'(0)$，$y'\left(\dfrac{\pi}{4}\right)$．

2. 计算下列各导数：

(1) $\dfrac{\mathrm{d}}{\mathrm{d}x}\displaystyle\int_1^x \sin \mathrm{e}^t\mathrm{d}t$；

(2) $\dfrac{\mathrm{d}}{\mathrm{d}x}\displaystyle\int_{x^2}^{x^3} \dfrac{\mathrm{d}t}{\sqrt{1+t^4}}$；

(3) $\dfrac{\mathrm{d}}{\mathrm{d}x}\displaystyle\int_{\sin x}^{\cos x} \cos(\pi t^2)\mathrm{d}t$．

3. 设 $g(x) = \displaystyle\int_0^{x^2} \dfrac{\mathrm{d}x}{1+x^3}$，求 $g''(1)$．

4. 设函数 $y = y(x)$ 由方程 $\displaystyle\int_0^y \mathrm{e}^t\mathrm{d}t + \int_0^x \cos t\mathrm{d}t = 0$ 确定，求 $\dfrac{\mathrm{d}y}{\mathrm{d}x}$．

5. 设 $x = \displaystyle\int_0^t \sin u\mathrm{d}u$，$y = \displaystyle\int_0^t \cos u\mathrm{d}u$，求 $\dfrac{\mathrm{d}y}{\mathrm{d}x}$．

6. 求下列极限：

(1) $\displaystyle\lim_{x\to 0} \dfrac{\displaystyle\int_0^x \cos t^2\mathrm{d}t}{x}$；

(2) $\displaystyle\lim_{x\to 0} \dfrac{\displaystyle\int_0^x \arctan t\mathrm{d}t}{x^2}$；

(3) $\displaystyle\lim_{x\to 0} \dfrac{\displaystyle\int_0^{x^2} \sqrt{1+t^2}\,\mathrm{d}t}{x^2}$．

7. 设 $f(x)$ 在 $0 \le t < +\infty$ 上连续，若 $\displaystyle\int_0^{f(x)} t^2\mathrm{d}t = x^2(1+x)$，求 $f(2)$．

8. 当 x 为何值时，函数 $I(x) = \displaystyle\int_0^x t\mathrm{e}^{-t^2}\mathrm{d}t$ 有极值？

9. 求 $f(x) = \displaystyle\int_0^x \mathrm{e}^x\mathrm{d}x$ 在 $[1, 2]$ 上的最大、最小值．

10. 计算下列各定积分：

(1) $\displaystyle\int_1^2 \left(x^2 + \dfrac{1}{x^4}\right)\mathrm{d}x$；

(2) $\displaystyle\int_0^2 |x-1|\mathrm{d}x$；

(3) $\displaystyle\int_0^{\sqrt{3}a} \dfrac{\mathrm{d}x}{a^2+x^2}$；

(4) $\displaystyle\int_{-1/2}^{1/2} \dfrac{\mathrm{d}x}{\sqrt{1-x^2}}$；

(5) $\displaystyle\int_0^{\frac{\pi}{4}} \tan^2\theta\mathrm{d}\theta$；

(6) $\displaystyle\int_0^{\frac{3}{4}\pi} \sqrt{1+\cos 2x}\,\mathrm{d}x$．

11. 求下图中阴影区域的面积.

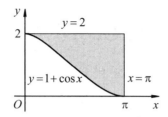

12. 设 $f(x)=\begin{cases}\dfrac{1}{2}\sin x, & 0\le x\le\pi\\[2mm] 0, & x<0\ 或\ x>\pi\end{cases}$, 求 $\Phi(x)=\displaystyle\int_0^x f(t)\mathrm{d}t$ 在 $(-\infty,+\infty)$ 内的表达式.

13. 设 $f(x)$ 连续, 若 $f(x)$ 满足 $\displaystyle\int_0^1 f(xt)\mathrm{d}t=f(x)+x\mathrm{e}^x$, 求 $f(x)$.

14. 设 $f(x)=\dfrac{1}{1+x^2}+x^3\displaystyle\int_0^1 f(x)\mathrm{d}x$, 求 $\displaystyle\int_0^1 f(x)\mathrm{d}x$.

15. 设 $f(x)=\displaystyle\int_1^x \dfrac{\ln(1+t)}{t}\,\mathrm{d}t\ (x>0)$, 求 $f(x)+f\left(\dfrac{1}{x}\right)$.

16. 当印刷了 x 份广告时印刷一份广告的边际成本是 $\dfrac{\mathrm{d}C}{\mathrm{d}x}=\dfrac{1}{2\sqrt{x}}$ 元, 求:

(1) 印刷 $2\sim100$ 份广告的成本 $C(100)-C(1)$;

(2) 印刷 $101\sim400$ 份广告的成本 $C(400)-C(100)$.

17. 某公司估计, 其销售额将会以函数 $S'(t)=20\mathrm{e}^t$ 所给出的速度连续增长, 其中 $S'(t)$ 是在时间 t 天的销售额的增长速度, 以元/天为单位.

(1) 求初始 5 天的累积销售额;

(2) 求第 2 天到第 5 天的销售额. (这是从 1 到 5 的积分.)

18. 一家公司以 250 000 元购买了一台新机器. 从这台机器生产的产品的销售中所获得的边际利润是 $R'(t)=4\,000t$, 机器残值以 $V'(t)=25\,000\mathrm{e}^{-0.1t}$ 的速度下降. T 年后来自机器的总利润为

$$L(t)=\begin{pmatrix}\text{来自产品}\\\text{销售的利润}\end{pmatrix}+\begin{pmatrix}\text{来自机器}\\\text{销售的利润}\end{pmatrix}-(\text{机器的成本})=\int_0^T R'(t)\mathrm{d}t+\int_0^T V'(t)\mathrm{d}t-250\,000,$$

(1) 求 $L(T)$;   (2) 求 $L(10)$.

19. 设 $f(x)$ 在 $[a,b]$ 上连续, 在 (a,b) 内可导且 $f'(x)\le0$, $F(x)=\dfrac{1}{x-a}\displaystyle\int_a^x f(t)\mathrm{d}t$, 证明: 在 (a,b) 内有 $F'(x)\le0$.

20. 求:

(1) 函数 $f(x)=2-\displaystyle\int_2^{x+1}\dfrac{9}{1+t}\,\mathrm{d}t$ 在 $x=1$ 处的线性化;

(2) 函数 $f(x)=3+\displaystyle\int_1^{x^2}\sec(t-1)\,\mathrm{d}t$ 在 $x=-1$ 处的线性化.

§5.4　定积分的换元积分法和分部积分法

由微积分基本公式知道, 求定积分 $\int_a^b f(x)\mathrm{d}x$ 的问题可以转化为求被积函数 $f(x)$ 的原函数 $F(x)$ 在区间 $[a,b]$ 上的增量问题. 从而求不定积分时应用的换元积分法和分部积分法在求定积分时仍适用, 本节将具体讨论, 请读者注意其与不定积分的差异.

一、定积分的换元积分法

定理 1　设函数 $f(x)$ 在闭区间 $[a, b]$ 上连续, 函数 $x=\varphi(t)$ 满足条件:

(1) $\varphi(\alpha)=a$, $\varphi(\beta)=b$, 且 $a\le\varphi(t)\le b$,

(2) $\varphi(t)$ 在 $[\alpha, \beta]$ (或 $[\beta, \alpha]$) 上具有连续导数,

则有
$$\int_a^b f(x)\mathrm{d}x = \int_\alpha^\beta f[\varphi(t)]\varphi'(t)\,\mathrm{d}t. \tag{4.1}$$

式 (4.1) 称为定积分的**换元公式**.

证　因为 $f(x)$ 在 $[a, b]$ 上连续, 故它在 $[a, b]$ 上可积, 且原函数存在. 设 $F(x)$ 是 $f(x)$ 的一个原函数, 则

$$\int_a^b f(x)\mathrm{d}x = F(b)-F(a);$$

另一方面, $\Phi(t)=F[\varphi(t)]$, 由复合函数求导法则, 得

$$\Phi'(t)=\frac{\mathrm{d}F}{\mathrm{d}x}\cdot\frac{\mathrm{d}x}{\mathrm{d}t}=f(x)\varphi'(t)=f[\varphi(t)]\varphi'(t),$$

即 $\Phi(t)$ 是 $f[\varphi(t)]\varphi'(t)$ 的一个原函数, 从而

$$\int_\alpha^\beta f[\varphi(t)]\varphi'(t)\mathrm{d}t = \Phi(\beta)-\Phi(\alpha).$$

注意到 $\Phi(t)=F[\varphi(t)]$, $\varphi(\alpha)=a$, $\varphi(\beta)=b$, 则

$$\Phi(\beta)-\Phi(\alpha)=F[\varphi(\beta)]-F[\varphi(\alpha)]=F(b)-F(a),$$

$$\int_a^b f(x)\mathrm{d}x = F(b)-F(a)=\Phi(\beta)-\Phi(\alpha)=\int_\alpha^\beta f[\varphi(t)]\varphi'(t)\mathrm{d}t. \quad \blacksquare$$

定积分的换元公式与不定积分的换元公式类似. 但是, 在应用定积分的换元公式时应注意以下两点:

(1) 用 $x=\varphi(t)$ 把变量 x 换成新变量 t 时, 积分限也要换成对应于新变量 t 的积分限, 且上限对应于上限, 下限对应于下限;

(2) 求出 $f[\varphi(t)]\varphi'(t)$ 的一个原函数 $\Phi(t)$ 后, 不必像计算不定积分那样再把 $\Phi(t)$ 变换成原变量 x 的函数, 只需直接求出 $\Phi(t)$ 在新变量 t 的积分区间上的增量即可.

例1　求定积分 $\int_0^{\pi/2} \cos^5 x \sin x \mathrm{d}x$.

解　令 $t = \cos x$，则 $\mathrm{d}t = -\sin x \mathrm{d}x$，且当 $x = \pi/2$ 时，$t = 0$；当 $x = 0$ 时，$t = 1$. 所以

$$\int_0^{\pi/2} \cos^5 x \sin x \mathrm{d}x = -\int_1^0 t^5 \mathrm{d}t = \int_0^1 t^5 \mathrm{d}t = \frac{t^6}{6} \bigg|_0^1 = \frac{1}{6}.$$ ■

注：本例中，如果不明确写出新变量 t，则定积分的上、下限就不需改变，重新计算如下：

$$\int_0^{\pi/2} \cos^5 x \sin x \mathrm{d}x = -\int_0^{\pi/2} \cos^5 x \mathrm{d}(\cos x) = -\frac{\cos^6 x}{6} \bigg|_0^{\pi/2} = -\left(0 - \frac{1}{6}\right) = \frac{1}{6}.$$

例2　求定积分 $\int_0^a \sqrt{a^2 - x^2}\, \mathrm{d}x\ (a > 0)$.

解　令 $x = a\sin t$，则 $\mathrm{d}x = a\cos t \mathrm{d}t$，且当 $x = 0$ 时，$t = 0$；当 $x = a$ 时，$t = \pi/2$.

$$\sqrt{a^2 - x^2} = a\sqrt{1 - \sin^2 t} = a|\cos t| = a\cos t.$$

所以

$$\int_0^a \sqrt{a^2 - x^2}\, \mathrm{d}x = a^2 \int_0^{\pi/2} \cos^2 t \mathrm{d}t = a^2 \int_0^{\pi/2} \frac{1 + \cos 2t}{2}\, \mathrm{d}t = \frac{a^2}{2} \int_0^{\pi/2} (1 + \cos 2t)\, \mathrm{d}t$$

$$= \frac{a^2}{2}\left(t + \frac{1}{2}\sin 2t\right) \bigg|_0^{\pi/2} = \frac{\pi a^2}{4}.$$ ■

注：利用定积分的几何意义，易直接得到本例的计算结果.

例3　求定积分 $\int_0^\pi \sqrt{\sin^3 x - \sin^5 x}\, \mathrm{d}x$.

解　因为 $f(x) = \sqrt{\sin^3 x - \sin^5 x} = |\cos x|(\sin x)^{3/2}$，所以

$$\int_0^\pi \sqrt{\sin^3 x - \sin^5 x}\, \mathrm{d}x = \int_0^\pi |\cos x|(\sin x)^{3/2}\, \mathrm{d}x$$

$$= \int_0^{\pi/2} \cos x (\sin x)^{3/2}\, \mathrm{d}x - \int_{\pi/2}^\pi \cos x (\sin x)^{3/2}\, \mathrm{d}x$$

$$= \int_0^{\pi/2} (\sin x)^{3/2}\, \mathrm{d}(\sin x) - \int_{\pi/2}^\pi (\sin x)^{3/2}\, \mathrm{d}(\sin x)$$

$$= \frac{2}{5}(\sin x)^{5/2} \bigg|_0^{\pi/2} - \frac{2}{5}(\sin x)^{5/2} \bigg|_{\pi/2}^\pi = \frac{2}{5} - \left(-\frac{2}{5}\right) = \frac{4}{5}.$$ ■

注：若忽略 $\cos x$ 在 $[\pi/2, \pi]$ 上的非正性将会导致错误.

例4　求定积分 $\int_0^4 \frac{x+2}{\sqrt{2x+1}}\, \mathrm{d}x$.

解　令 $t = \sqrt{2x+1}$，则 $x = \frac{t^2-1}{2}$，$\mathrm{d}x = t\mathrm{d}t$. 当 $x = 0$ 时，$t = 1$；当 $x = 4$ 时，$t = 3$，所以

$$\int_0^4 \frac{x+2}{\sqrt{2x+1}}\, \mathrm{d}x = \int_1^3 \frac{\dfrac{t^2-1}{2}+2}{t}\, t\mathrm{d}t = \frac{1}{2}\int_1^3 (t^2+3)\, \mathrm{d}t = \frac{1}{2}\left(\frac{1}{3}t^3 + 3t\right) \bigg|_1^3$$

$$= \frac{1}{2}\left[\left(\frac{27}{3}+9\right)-\left(\frac{1}{3}+3\right)\right]=\frac{22}{3}.$$ ∎

例 5　若 $f(x)$ 在 $[-a, a]$ 上连续，则

(1) 当 $f(x)$ 为偶函数时，有 $\displaystyle\int_{-a}^{a} f(x)\mathrm{d}x = 2\int_{0}^{a} f(x)\mathrm{d}x$；

(2) 当 $f(x)$ 为奇函数时，有 $\displaystyle\int_{-a}^{a} f(x)\mathrm{d}x = 0$.

证明　因为

$$\int_{-a}^{a} f(x)\mathrm{d}x = \int_{-a}^{0} f(x)\mathrm{d}x + \int_{0}^{a} f(x)\mathrm{d}x,$$

在上式右端第一项中令 $x=-t$，则

$$\int_{-a}^{0} f(x)\mathrm{d}x = -\int_{a}^{0} f(-t)\mathrm{d}t = \int_{0}^{a} f(-t)\mathrm{d}t = \int_{0}^{a} f(-x)\mathrm{d}x,$$

于是　　　　　　　　$\displaystyle\int_{-a}^{a} f(x)\mathrm{d}x = \int_{0}^{a} f(x)\mathrm{d}x + \int_{0}^{a} f(-x)\mathrm{d}x.$

(1) 当 $f(x)$ 为偶函数，即 $f(-x)=f(x)$ 时，

$$\int_{-a}^{a} f(x)\mathrm{d}x = 2\int_{0}^{a} f(x)\mathrm{d}x;$$

(2) 当 $f(x)$ 为奇函数，即 $f(-x)=-f(x)$ 时，

$$\int_{-a}^{a} f(x)\mathrm{d}x = 0.$$ ∎

例 6　求定积分 $\displaystyle\int_{-1}^{1}\left(|x|+\sin x\right)x^{2}\,\mathrm{d}x.$

解　因为积分区间关于原点对称，且 $|x|x^{2}$ 为偶函数，$\sin x \cdot x^{2}$ 为奇函数，所以

$$\int_{-1}^{1}\left(|x|+\sin x\right)x^{2}\,\mathrm{d}x = \int_{-1}^{1}|x|x^{2}\,\mathrm{d}x = 2\int_{0}^{1}x^{3}\,\mathrm{d}x = 2\cdot\frac{x^{4}}{4}\bigg|_{0}^{1} = \frac{1}{2}.$$ ∎

例 7　设 $f(x)$ 在 $[0, 1]$ 上连续，证明：

(1) $\displaystyle\int_{0}^{\pi/2} f(\sin x)\mathrm{d}x = \int_{0}^{\pi/2} f(\cos x)\,\mathrm{d}x$；

(2) $\displaystyle\int_{0}^{\pi} xf(\sin x)\mathrm{d}x = \frac{\pi}{2}\int_{0}^{\pi} f(\sin x)\,\mathrm{d}x$，由此计算 $\displaystyle\int_{0}^{\pi}\frac{x\sin x}{1+\cos^{2}x}\,\mathrm{d}x.$

证明　(1) 观察等式两端，易知所作变换应使 $f(\sin x)$ 变成 $f(\cos x)$，为此可设 $x=\dfrac{\pi}{2}-t$，则 $\mathrm{d}x=-\mathrm{d}t$，且当 $x=0$ 时，$t=\dfrac{\pi}{2}$；当 $x=\dfrac{\pi}{2}$，$t=0$，所以

$$\int_{0}^{\pi/2} f(\sin x)\mathrm{d}x = -\int_{\pi/2}^{0} f\left[\sin\left(\frac{\pi}{2}-t\right)\right]\mathrm{d}t = \int_{0}^{\pi/2} f(\cos t)\mathrm{d}t = \int_{0}^{\pi/2} f(\cos x)\mathrm{d}x.$$

(2) 观察等式两端，易知所作变换应使 $xf(\sin x)$ 变成 $f(\sin x)$，为此可设 $x=\pi-t$，则 $\mathrm{d}x=-\mathrm{d}t$，且当 $x=0$ 时，$t=\pi$；当 $x=\pi$ 时，$t=0$，所以

$$\int_{0}^{\pi} xf(\sin x)\mathrm{d}x = -\int_{\pi}^{0}(\pi-t)f[\sin(\pi-t)]\mathrm{d}t = \int_{0}^{\pi}(\pi-t)f(\sin t)\mathrm{d}t$$

$$= \pi \int_0^\pi f(\sin t)\,dt - \int_0^\pi tf(\sin t)\,dt = \pi \int_0^\pi f(\sin x)\,dx - \int_0^\pi xf(\sin x)\,dx,$$

故

$$\int_0^\pi xf(\sin x)\,dx = \frac{\pi}{2}\int_0^\pi f(\sin x)\,dx.$$

利用上述结果，即得

$$\int_0^\pi \frac{x\sin x}{1+\cos^2 x}\,dx = \frac{\pi}{2}\int_0^\pi \frac{\sin x}{1+\cos^2 x}\,dx = -\frac{\pi}{2}\int_0^\pi \frac{1}{1+\cos^2 x}\,d(\cos x)$$

$$= -\frac{\pi}{2}\left[\arctan(\cos x)\right]\Big|_0^\pi = -\frac{\pi}{2}\left(-\frac{\pi}{4}-\frac{\pi}{4}\right) = \frac{\pi^2}{4}. \qquad \blacksquare$$

二、定积分的分部积分法

设函数 $u=u(x),\ v=v(x)$ 在区间 $[a,b]$ 上具有连续导数，则

$$d(uv) = u\,dv + v\,du,$$

移项得

$$u\,dv = d(uv) - v\,du,$$

于是

$$\int_a^b u\,dv = \int_a^b d(uv) - \int_a^b v\,du,$$

即

$$\int_a^b u\,dv = (uv)\Big|_a^b - \int_a^b v\,du, \qquad (4.2)$$

或

$$\int_a^b uv'\,dx = (uv)\Big|_a^b - \int_a^b vu'\,dx. \qquad (4.3)$$

这就是**定积分的分部积分公式**. 与不定积分的分部积分公式不同的是，这里可将原函数已经积出的部分 uv 先用上、下限代入.

例8 求定积分 $\int_0^{1/2}\arcsin x\,dx$.

解 $\int_0^{1/2}\arcsin x\,dx = [x\arcsin x]\Big|_0^{1/2} - \int_0^{1/2}\frac{x\,dx}{\sqrt{1-x^2}}$

$$= \frac{1}{2}\cdot\frac{\pi}{6} + \frac{1}{2}\int_0^{1/2}\frac{1}{\sqrt{1-x^2}}\,d(1-x^2) = \frac{\pi}{12} + \left(\sqrt{1-x^2}\right)\Big|_0^{1/2} = \frac{\pi}{12} + \frac{\sqrt{3}}{2} - 1. \qquad \blacksquare$$

例9 求定积分 $\int_0^{\pi/4}\frac{x\,dx}{1+\cos 2x}$.

解 $\int_0^{\pi/4}\frac{x\,dx}{1+\cos 2x} = \int_0^{\pi/4}\frac{x\,dx}{2\cos^2 x} = \int_0^{\pi/4}\frac{x}{2}\,d(\tan x)$

$$= \frac{1}{2}(x\tan x)\Big|_0^{\pi/4} - \frac{1}{2}\int_0^{\pi/4}\tan x\,dx = \frac{\pi}{8} - \frac{1}{2}(\ln|\sec x|)\Big|_0^{\pi/4} = \frac{\pi}{8} - \frac{\ln 2}{4}. \qquad \blacksquare$$

例10 求定积分 $\int_{1/2}^1 e^{-\sqrt{2x-1}}\,dx$.

解 令 $t=\sqrt{2x-1}$，则 $t\,dt = dx$，且当 $x=1/2$ 时，$t=0$；当 $x=1$ 时，$t=1$. 于是有

$$\int_{1/2}^{1} e^{-\sqrt{2x-1}} dx = \int_{0}^{1} t e^{-t} dt.$$

再使用分部积分法，得

$$\int_{0}^{1} t e^{-t} dt = -(t e^{-t})\Big|_{0}^{1} + \int_{0}^{1} e^{-t} dt = -\frac{1}{e} - (e^{-t})\Big|_{0}^{1} = 1 - \frac{2}{e}.$$ ■

例 11　求 $\int_{0}^{1} \ln(1+x^2) dx$.

解　$\int_{0}^{1} \ln(1+x^2) dx = x \ln(1+x^2)\Big|_{0}^{1} - 2\int_{0}^{1} \frac{x^2}{1+x^2} dx$

$$= \ln 2 - 2\int_{0}^{1}\left(1 - \frac{1}{1+x^2}\right) dx = \ln 2 - 2(x - \arctan x)\Big|_{0}^{1}$$

$$= \ln 2 - 2 + \frac{\pi}{2}.$$ ■

例 12　导出 $I_n = \int_{0}^{\pi/2} \sin^n x dx$（$n$ 为非负整数）的递推公式.

解　易见

$$I_0 = \int_{0}^{\pi/2} dx = \frac{\pi}{2}, \quad I_1 = \int_{0}^{\pi/2} \sin x dx = 1.$$

当 $n \geq 2$ 时，设 $u = \sin^{n-1} x$，$dv = \sin x dx$，则

$$du = (n-1)\sin^{n-2} x \cos x dx, \; v = -\cos x,$$

于是

$$I_n = (-\sin^{n-1} x \cos x)\Big|_{0}^{\pi/2} + (n-1)\int_{0}^{\pi/2} \sin^{n-2} x \cos^2 x dx$$

$$= (n-1)\int_{0}^{\pi/2} \sin^{n-2} x (1 - \sin^2 x) dx$$

$$= (n-1)\int_{0}^{\pi/2} \sin^{n-2} x dx - (n-1)\int_{0}^{\pi/2} \sin^n x dx$$

$$= (n-1) I_{n-2} - (n-1) I_n.$$

从而得到关于下标 n 的递推公式

$$I_n = \frac{n-1}{n} I_{n-2}.$$

当 n 为偶数时，设 $n = 2m$，则有

$$I_{2m} = \frac{2m-1}{2m} \cdot \frac{2m-3}{2m-2} \cdot \frac{2m-5}{2m-4} \cdot \cdots \cdot \frac{5}{6} \cdot \frac{3}{4} \cdot \frac{1}{2} \cdot I_0$$

$$= \frac{2m-1}{2m} \cdot \frac{2m-3}{2m-2} \cdot \frac{2m-5}{2m-4} \cdot \cdots \cdot \frac{5}{6} \cdot \frac{3}{4} \cdot \frac{1}{2} \cdot \frac{\pi}{2};$$

当 n 为奇数时，设 $n = 2m+1$，则有

$$I_{2m+1} = \frac{2m}{2m+1} \cdot \frac{2m-2}{2m-1} \cdot \frac{2m-4}{2m-3} \cdot \cdots \cdot \frac{6}{7} \cdot \frac{4}{5} \cdot \frac{2}{3} \cdot I_1$$

$$= \frac{2m}{2m+1} \cdot \frac{2m-2}{2m-1} \cdot \frac{2m-4}{2m-3} \cdot \cdots \cdot \frac{6}{7} \cdot \frac{4}{5} \cdot \frac{2}{3}.$$

注：根据例 7 中 (1) 的结果，有

$$\int_0^{\pi/2} \cos^n x \mathrm{d}x = \int_0^{\pi/2} \sin^n x \mathrm{d}x.$$

在计算定积分时，本例的结果可作为已知结果使用. 例如，计算定积分

$$\int_0^{\pi} \sin^5 \frac{x}{2} \mathrm{d}x.$$

令 $x/2 = t$，则 $\mathrm{d}x = 2\mathrm{d}t$，当 $x = 0$ 时，$t = 0$；当 $x = \pi$ 时，$t = \pi/2$. 于是

$$\int_0^{\pi} \sin^5 \frac{x}{2} \mathrm{d}x = 2\int_0^{\pi/2} \sin^5 t \mathrm{d}t = 2 \cdot \frac{4}{5} \cdot \frac{2}{3} = \frac{16}{15}.$$

*数学实验

实验 5.3 试用计算软件计算下列定积分：

计算实验

(1) $\int_0^{\ln 2} x\mathrm{e}^{-x} \mathrm{d}x$；
(2) $\int_0^{\sqrt{3}} x \arctan x \mathrm{d}x$；

(3) $\int_0^a x^2 \sqrt{a^2 - x^2} \mathrm{d}x \, (a > 0)$；
(4) $\int_{\frac{1}{2}}^2 \left(1 + x - \frac{1}{x}\right) \mathrm{e}^{x+\frac{1}{x}} \mathrm{d}x$.

微信扫描右侧二维码，即可进行重复或修改实验(详见教材配套的网络学习空间).

习题 5-4

1. 用换元积分法计算下列定积分：

(1) $\int_{\frac{\pi}{3}}^{\pi} \sin\left(x + \frac{\pi}{3}\right) \mathrm{d}x$；
(2) $\int_{-2}^1 \frac{\mathrm{d}x}{(11+5x)^3}$；
(3) $\int_0^{\frac{\pi}{2}} \sin\varphi \cos^3\varphi \mathrm{d}\varphi$；

(4) $\int_{\frac{\pi}{6}}^{\frac{\pi}{2}} \cos^2 u \mathrm{d}u$；
(5) $\int_0^5 \frac{x^3}{x^2+1} \mathrm{d}x$；
(6) $\int_0^5 \frac{2x^2 + 3x - 5}{x+3} \mathrm{d}x$；

(7) $\int_{-1}^1 \frac{x\mathrm{d}x}{(x^2+1)^2}$；
(8) $\int_1^2 \frac{\mathrm{e}^{1/x}}{x^2} \mathrm{d}x$；
(9) $\int_0^1 t\mathrm{e}^{-\frac{t^2}{2}} \mathrm{d}t$；

(10) $\int_0^{\sqrt{2}a} \frac{x\mathrm{d}x}{\sqrt{3a^2 - x^2}}$；
(11) $\int_1^{\mathrm{e}^2} \frac{\mathrm{d}x}{x\sqrt{1 + \ln x}}$；
(12) $\int_{-\frac{\pi}{2}}^{\frac{\pi}{2}} \sin x \cos 2x \mathrm{d}x$；

(13) $\int_{-\frac{\pi}{2}}^{\frac{\pi}{2}} \sqrt{\cos x - \cos^3 x} \, \mathrm{d}x$；
(14) $\int_0^1 \sqrt{2x - x^2} \, \mathrm{d}x$；
(15) $\int_0^{\sqrt{2}} \sqrt{2 - x^2} \, \mathrm{d}x$；

(16) $\int_1^{\sqrt{3}} \frac{\mathrm{d}x}{x^2\sqrt{1+x^2}}$；
(17) $\int_0^1 (1+x^2)^{-\frac{3}{2}} \mathrm{d}x$；
(18) $\int_{-1}^1 \frac{x\mathrm{d}x}{\sqrt{5 - 4x}}$；

(19) $\int_{\frac{3}{4}}^1 \frac{\mathrm{d}x}{\sqrt{1-x}-1}$；
(20) $\int_{-3}^0 \frac{x+1}{\sqrt{x+4}} \mathrm{d}x$；
(21) $\int_0^1 \frac{\sqrt{\mathrm{e}^{-x}}}{\sqrt{\mathrm{e}^x + \mathrm{e}^{-x}}} \mathrm{d}x$.

2. 用分部积分法计算下列定积分:

(1) $\displaystyle\int_0^1 x\mathrm{e}^{-x}\,\mathrm{d}x$;　　　　　(2) $\displaystyle\int_1^{\mathrm{e}} x\ln x\,\mathrm{d}x$;　　　　　(3) $\displaystyle\int_0^1 x\arctan x\,\mathrm{d}x$;

(4) $\displaystyle\int_1^{\mathrm{e}}\sin(\ln x)\,\mathrm{d}x$;　　　(5) $\displaystyle\int_0^{\pi/2} x\sin 2x\,\mathrm{d}x$;　　(6) $\displaystyle\int_0^{2\pi} x\cos^2 x\,\mathrm{d}x$;

(7) $\displaystyle\int_1^2 x\log_2 x\,\mathrm{d}x$;　　　(8) $\displaystyle\int_1^4 \frac{\ln x}{\sqrt{x}}\,\mathrm{d}x$;　　　(9) $\displaystyle\int_{\pi/4}^{\pi/3}\frac{x}{\sin^2 x}\,\mathrm{d}x$;

(10) $\displaystyle\int_0^{\sqrt{\ln 2}} x^3\mathrm{e}^{x^2}\,\mathrm{d}x$;　　(11) $\displaystyle\int_0^{\pi/4}\frac{x\sec^2 x}{(1+\tan x)^2}\,\mathrm{d}x$;　(12) $\displaystyle\int_0^{\pi/2}\mathrm{e}^{2x}\cos x\,\mathrm{d}x$;

(13) $\displaystyle\int_0^2\ln(x+\sqrt{x^2+1})\,\mathrm{d}x$;　　(14) $\displaystyle\int_{1/2}^1 \mathrm{e}^{\sqrt{2x-1}}\,\mathrm{d}x$.

3. 利用函数的奇偶性计算下列定积分:

(1) $\displaystyle\int_{-\pi}^{\pi} x^4\sin x\,\mathrm{d}x$;　　(2) $\displaystyle\int_{-\frac{\pi}{2}}^{\frac{\pi}{2}} 4\cos^4\theta\,\mathrm{d}\theta$;　　(3) $\displaystyle\int_{-\frac{1}{2}}^{\frac{1}{2}}\frac{(\arcsin x)^2}{\sqrt{1-x^2}}\,\mathrm{d}x$;

(4) $\displaystyle\int_{-5}^5\frac{x^3\sin^2 x\,\mathrm{d}x}{x^4+2x^2+1}$;　　(5) $\displaystyle\int_{-\sqrt{3}}^{\sqrt{3}}|\arctan x|\,\mathrm{d}x$;　　(6) $\displaystyle\int_{-2}^2\frac{x+|x|}{2+x^2}\,\mathrm{d}x$.

4. 已知 $2\displaystyle\int_{-1}^1\sqrt{1-x^2}\,\mathrm{d}x=\pi$, 试利用此结果求下列积分:

(1) $\displaystyle\int_{-3}^3\sqrt{9-x^2}\,\mathrm{d}x$;　　(2) $\displaystyle\int_0^2\sqrt{1-\frac{1}{4}x^2}\,\mathrm{d}x$;　　(3) $\displaystyle\int_{-2}^2(x-3)\sqrt{4-x^2}\,\mathrm{d}x$.

5. 证明: $\displaystyle\int_0^{\pi}\sin^n x\,\mathrm{d}x=2\int_0^{\pi/2}\sin^n x\,\mathrm{d}x$.

6. 证明: $\displaystyle\int_{-a}^a\varphi(x^2)\,\mathrm{d}x=2\int_0^a\varphi(x^2)\,\mathrm{d}x$, 其中 $\varphi(x)$ 为连续函数.

7. 已知 $f(x)$ 是连续函数, 证明:

(1) $\displaystyle\int_a^b f(x)\,\mathrm{d}x=(b-a)\int_0^1 f[a+(b-a)x]\,\mathrm{d}x$;

(2) $\displaystyle\int_0^{2a} f(x)\,\mathrm{d}x=\int_0^a [f(x)+f(2a-x)]\,\mathrm{d}x$.

8. 证明: $\displaystyle\int_0^1 x^m(1-x)^n\,\mathrm{d}x=\int_0^1 x^n(1-x)^m\,\mathrm{d}x$.

9. 计算定积分 $J_m=\displaystyle\int_0^{\pi} x\sin^m x\,\mathrm{d}x$ (m 为自然数).

10. 设 $f(t)$ 是连续函数, 证明:

(1) 当 $f(t)$ 是偶函数时, $\phi(x)=\displaystyle\int_0^x f(t)\,\mathrm{d}t$ 为奇函数;

(2) 当 $f(t)$ 是奇函数时, $\phi(x)=\displaystyle\int_0^x f(t)\,\mathrm{d}t$ 为偶函数.

11. 若 $f''(x)$ 在 $[0,\pi]$ 上连续, $f(0)=2$, $f(\pi)=1$, 证明: $\displaystyle\int_0^{\pi}[f(x)+f''(x)]\sin x\,\mathrm{d}x=3$.

12. 设 $f(x)=\displaystyle\int_1^{x^2}\frac{\sin t}{t}\,\mathrm{d}t$, 求 $\displaystyle\int_0^1 xf(x)\,\mathrm{d}x$.

§5.5 广 义 积 分

我们前面介绍的定积分有两个最基本的约束条件：积分区间的有限性和被积函数的有界性. 但在某些实际问题中，常常需要突破这些约束条件. 因此，在定积分的计算中，我们还要研究无穷区间上的积分和无界函数的积分. 这两类积分通称为**广义积分**或**反常积分**，相应地，前面的定积分则称为**常义积分**或**正常积分**.

一、无穷限的广义积分

定义1 设函数 $f(x)$ 在区间 $[a, +\infty)$ 上连续，如果极限

$$\lim_{b \to +\infty} \int_a^b f(x)\,dx$$

存在，则称此极限为**函数 $f(x)$ 在无穷区间 $[a, +\infty)$ 上的广义积分**，记为 $\int_a^{+\infty} f(x)\,dx$，

即

$$\int_a^{+\infty} f(x)\,dx = \lim_{b \to +\infty} \int_a^b f(x)\,dx.$$

这时也称**广义积分 $\int_a^{+\infty} f(x)\,dx$ 收敛**；如果极限 $\lim\limits_{b \to +\infty} \int_a^b f(x)\,dx$ 不存在，则称**广义积分 $\int_a^{+\infty} f(x)\,dx$ 发散**.

类似地，可定义**函数 $f(x)$ 在无穷区间 $(-\infty, b]$ 上的广义积分**

$$\int_{-\infty}^b f(x)\,dx = \lim_{a \to -\infty} \int_a^b f(x)\,dx.$$

定义2 函数 $f(x)$ 在无穷区间 $(-\infty, +\infty)$ 上的广义积分定义为

$$\int_{-\infty}^{+\infty} f(x)\,dx = \int_{-\infty}^a f(x)\,dx + \int_a^{+\infty} f(x)\,dx.$$

其中 a 为任意实数，当上式右端两个积分都收敛时，称**广义积分 $\int_{-\infty}^{+\infty} f(x)\,dx$ 是收敛的**，否则，称**广义积分 $\int_{-\infty}^{+\infty} f(x)\,dx$ 是发散的**.

上述广义积分统称为**无穷限的广义积分**.

若 $F(x)$ 是 $f(x)$ 的一个原函数，记

$$F(+\infty) = \lim_{x \to +\infty} F(x), \quad F(-\infty) = \lim_{x \to -\infty} F(x),$$

则广义积分可表示为（如果极限存在）：

$$\int_a^{+\infty} f(x)\,dx = F(x)\big|_a^{+\infty} = F(+\infty) - F(a);$$

$$\int_{-\infty}^b f(x)\,dx = F(x)\big|_{-\infty}^b = F(b) - F(-\infty);$$

$$\int_{-\infty}^{+\infty} f(x)\,\mathrm{d}x = F(x)\big|_{-\infty}^{+\infty} = F(+\infty) - F(-\infty).$$

例1　计算广义积分 $\int_0^{+\infty} \mathrm{e}^{-x}\,\mathrm{d}x$.

解　对于任意 $b>0$, 有

$$\int_0^b \mathrm{e}^{-x}\,\mathrm{d}x = -\mathrm{e}^{-x}\big|_0^b = -\mathrm{e}^{-b} - (-1) = 1 - \mathrm{e}^{-b}.$$

于是　　　　　　　$$\lim_{b \to +\infty} \int_0^b \mathrm{e}^{-x}\,\mathrm{d}x = \lim_{b \to +\infty}(1 - \mathrm{e}^{-b}) = 1 - 0 = 1,$$

所以　　　　　　　$$\int_0^{+\infty} \mathrm{e}^{-x}\,\mathrm{d}x = \lim_{b \to +\infty} \int_0^b \mathrm{e}^{-x}\,\mathrm{d}x = 1.$$

在理解了广义积分定义的实质后, 上述求解过程也可直接写成

$$\int_0^{+\infty} \mathrm{e}^{-x}\,\mathrm{d}x = -\mathrm{e}^{-x}\big|_0^{+\infty} = 0 - (-1) = 1. \quad\blacksquare$$

例2　判断广义积分 $\int_0^{+\infty} \sin x\,\mathrm{d}x$ 的敛散性.

解　对于任意 $b>0$, 有

$$\int_0^b \sin x\,\mathrm{d}x = -\cos x\big|_0^b = -\cos b + (\cos 0) = 1 - \cos b,$$

因为 $\lim\limits_{b \to +\infty}(1 - \cos b)$ 不存在, 所以广义积分 $\int_0^{+\infty} \sin x\,\mathrm{d}x$ 发散. $\quad\blacksquare$

例3　计算广义积分 $\int_{-\infty}^{+\infty} \dfrac{\mathrm{d}x}{1+x^2}$.

解　$$\int_{-\infty}^{+\infty} \frac{\mathrm{d}x}{1+x^2} = [\arctan x]\big|_{-\infty}^{+\infty} = \lim_{x \to +\infty}\arctan x - \lim_{x \to -\infty}\arctan x$$

$$= \frac{\pi}{2} - \left(-\frac{\pi}{2}\right) = \pi. \quad\blacksquare$$

例4　计算广义积分 $\int_0^{+\infty} t\mathrm{e}^{-pt}\,\mathrm{d}t$ (p 是常数, 且 $p>0$).

解　$$\int_0^{+\infty} t\mathrm{e}^{-pt}\,\mathrm{d}t = -\frac{1}{p}\int_0^{+\infty} t\,\mathrm{d}(\mathrm{e}^{-pt}) = -\frac{1}{p}\,t\mathrm{e}^{-pt}\big|_0^{+\infty} + \frac{1}{p}\int_0^{+\infty}\mathrm{e}^{-pt}\,\mathrm{d}t$$

$$= -\frac{1}{p}\,t\mathrm{e}^{-pt}\big|_0^{+\infty} - \frac{1}{p^2}\,\mathrm{e}^{-pt}\big|_0^{+\infty}$$

$$= -\frac{1}{p}\lim_{t \to +\infty} t\mathrm{e}^{-pt} + 0 - \frac{1}{p^2}(0-1) = \frac{1}{p^2}.$$

注: 其中未定式的极限

$$\lim_{t \to +\infty} t\mathrm{e}^{-pt} = \lim_{t \to +\infty}\frac{t}{\mathrm{e}^{pt}} = \lim_{t \to +\infty}\frac{1}{p\mathrm{e}^{pt}} = 0.$$

例5　讨论广义积分 $\int_1^{+\infty} \dfrac{1}{x^p}\,\mathrm{d}x$ 的敛散性.

解　当 $p \neq 1$ 时, 有

$$\int_1^{+\infty} \frac{1}{x^p}\,dx = \frac{x^{1-p}}{1-p}\bigg|_1^{+\infty} = \begin{cases} +\infty, & p<1 \\ \dfrac{1}{p-1}, & p>1 \end{cases};$$

当 $p=1$ 时，有

$$\int_1^{+\infty} \frac{1}{x^p}\,dx = \int_1^{+\infty} \frac{1}{x}\,dx = \ln x\,\big|_1^{+\infty} = +\infty.$$

因此，当 $p>1$ 时，题设广义积分收敛，其值为 $\dfrac{1}{p-1}$；当 $p\le 1$ 时，题设广义积分发散. ∎

二、无界函数的广义积分

另一类广义积分就是无界函数的积分问题.

定义 3 设函数 $f(x)$ 在区间 $(a,b]$ 上连续，而在点 a 的右半邻域内 $f(x)$ 无界. 取 $\varepsilon>0$，如果极限

$$\lim_{\varepsilon\to 0^+} \int_{a+\varepsilon}^b f(x)\,dx$$

存在，则称此极限为函数 $f(x)$ 在区间 $(a,b]$ 上的**广义积分**，记作

$$\int_a^b f(x)\,dx = \lim_{\varepsilon\to 0^+} \int_{a+\varepsilon}^b f(x)\,dx.$$

当极限存在时，称**广义积分 $\int_a^b f(x)\,dx$ 是收敛的**，点 a 称为**瑕点**. 否则称**广义积分 $\int_a^b f(x)\,dx$ 是发散的**.

类似地，可定义**函数 $f(x)$ 在区间 $[a,b)$ 上的广义积分**

$$\int_a^b f(x)\,dx = \lim_{\varepsilon\to 0^+} \int_a^{b-\varepsilon} f(x)\,dx.$$

定义 4 设函数 $f(x)$ 在区间 $[a,b]$ 上除点 $c\,(a<c<b)$ 外连续，而在点 c 的邻域内无界，则函数 $f(x)$ 在区间 $[a,b]$ 上的广义积分定义为

$$\int_a^b f(x)\,dx = \int_a^c f(x)\,dx + \int_c^b f(x)\,dx.$$

当上式右端两个积分都收敛时，称**广义积分 $\int_a^b f(x)\,dx$ 是收敛的**，否则，称**广义积分 $\int_a^b f(x)\,dx$ 是发散的**.

无界函数的广义积分又称为**瑕积分**. 定义中函数 $f(x)$ 的无界间断点（如定义 3 中的点 a 和定义 4 中的点 c 等）称为**瑕点**.

例 6 计算广义积分 $\displaystyle\int_0^a \frac{dx}{\sqrt{a^2-x^2}}\,(a>0)$.

解 原式 $=\displaystyle\lim_{\varepsilon\to 0^+} \int_0^{a-\varepsilon} \frac{dx}{\sqrt{a^2-x^2}} = \lim_{\varepsilon\to 0^+} \left(\arcsin\frac{x}{a}\right)\bigg|_0^{a-\varepsilon}$

$$= \lim_{\varepsilon \to 0^+} \left(\arcsin \frac{a-\varepsilon}{a} - 0 \right) = \frac{\pi}{2}.$$

例 7　计算广义积分 $\int_1^2 \dfrac{\mathrm{d}x}{x \ln x}$.

解　$\displaystyle\int_1^2 \frac{\mathrm{d}x}{x \ln x} = \lim_{\varepsilon \to 0^+} \int_{1+\varepsilon}^2 \frac{\mathrm{d}x}{x \ln x} = \lim_{\varepsilon \to 0^+} \int_{1+\varepsilon}^2 \frac{\mathrm{d}(\ln x)}{\ln x}$

$\qquad\qquad = \lim_{\varepsilon \to 0^+} \left[\ln(\ln x) \right] \Big|_{1+\varepsilon}^2 = \lim_{\varepsilon \to 0^+} \left[\ln(\ln 2) - \ln(\ln(1+\varepsilon)) \right]$

$\qquad\qquad = +\infty.$

故原广义积分发散.

例 8　讨论广义积分 $\int_0^1 \dfrac{1}{x^q} \mathrm{d}x$ 的敛散性.

解　当 $q=1$ 时, 有

$$\int_0^1 \frac{1}{x^q} \mathrm{d}x = \int_0^1 \frac{1}{x} \mathrm{d}x = \ln x \big|_0^1 = +\infty;$$

当 $q \neq 1$ 时, 有

$$\int_0^1 \frac{1}{x^q} \mathrm{d}x = \frac{x^{1-q}}{1-q} \bigg|_0^1 = \begin{cases} +\infty, & q > 1 \\ \dfrac{1}{1-q}, & q < 1 \end{cases}.$$

因此, 当 $q<1$ 时广义积分收敛, 其值为 $\dfrac{1}{1-q}$; 当 $q \geq 1$ 时广义积分发散.

例 9　计算广义积分 $\int_0^1 \dfrac{\arcsin \sqrt{x}}{\sqrt{x(1-x)}} \mathrm{d}x$.

解　被积函数有两个可疑的瑕点: $x=0$ 和 $x=1$. 因为

$$\lim_{x \to 0^+} \frac{\arcsin \sqrt{x}}{\sqrt{x(1-x)}} = 1,$$

故 $x=1$ 是其唯一的瑕点, 所以

$$\int_0^1 \frac{\arcsin \sqrt{x}}{\sqrt{x(1-x)}} \mathrm{d}x = 2 \int_0^1 \arcsin \sqrt{x} \, \mathrm{d}(\arcsin \sqrt{x}) = (\arcsin \sqrt{x})^2 \big|_0^1 = \frac{\pi^2}{4}.$$

*数学实验

实验 5.4　试用计算软件计算下列广义积分:

(1) $\displaystyle\int_{-\infty}^{+\infty} \frac{\mathrm{d}x}{(x^2+x+1)^2}$;　　　　(2) $\displaystyle\int_0^1 \frac{\mathrm{d}x}{(2-x)\sqrt{1-x}}$;

(3) $\displaystyle\int_0^{+\infty} \frac{x \ln x}{(1+x^2)^2} \mathrm{d}x$;　　　　(4) $\displaystyle\int_0^{\frac{\pi}{2}} \ln \cos x \, \mathrm{d}x$.

计算实验

微信扫描右侧二维码, 即可进行重复或修改实验(详见教材配套的网络学习空间).

习题 5-5

1. 判断下列各广义积分的敛散性，若收敛，计算其值：

(1) $\int_1^{+\infty} \dfrac{\mathrm{d}x}{x^3}$；　(2) $\int_1^{+\infty} \dfrac{\mathrm{d}x}{\sqrt{x}}$；　(3) $\int_0^{+\infty} \mathrm{e}^{-ax}\mathrm{d}x\ (a>0)$；

(4) $\int_{-\infty}^{+\infty} \dfrac{\mathrm{d}x}{x^2+4x+5}$；　(5) $\int_e^{+\infty} \dfrac{\ln x}{x}\mathrm{d}x$；　(6) $\int_1^{+\infty} \dfrac{\mathrm{d}x}{x(x^2+1)}$；

(7) $\int_0^1 \dfrac{x\mathrm{d}x}{\sqrt{1-x^2}}$；　(8) $\int_0^2 \dfrac{\mathrm{d}x}{(1-x)^2}$；　(9) $\int_1^2 \dfrac{x\mathrm{d}x}{\sqrt{x-1}}$．

2. 求当 k 为何值时，广义积分 $\int_2^{+\infty} \dfrac{\mathrm{d}x}{x(\ln x)^k}$ 收敛？当 k 为何值时，该广义积分发散？又当 k 为何值时，该广义积分取得最小值？

3. 下列计算是否正确？为什么？

(1) $\int_{-1}^1 \dfrac{\mathrm{d}x}{x^2} = -\dfrac{1}{x}\Big|_{-1}^1 = -2$；

(2) $\int_{-\infty}^{+\infty} \dfrac{x}{\sqrt{1+x^2}}\mathrm{d}x = 0$（因为被积函数为奇函数）．

4. 计算广义积分 $I_n = \int_0^{+\infty} x^n \mathrm{e}^{-x}\mathrm{d}x$（$n$ 为自然数）．

§5.6 定积分的几何应用

定积分是求某种总量的数学模型，它在几何学、物理学、经济学、社会学等方面都有着广泛的应用，这显示了它巨大的魅力. 也正是这些广泛的应用，推动着积分学不断地发展和完善. 因此，在学习的过程中，我们不仅要掌握计算某些实际问题的公式，更重要的还在于要深刻领会用定积分解决实际问题的基本思想和方法 —— **微元法**，不断积累和提高数学的应用能力.

一、微元法

定积分的所有应用问题一般总可按"分割、求和、取极限"三个步骤把所求量表示为定积分的形式. 为更好地说明这种方法，我们先来回顾本章讨论过的求曲边梯形面积的问题.

假设一曲边梯形由连续曲线 $y=f(x)$（$f(x)\geq 0$）、x 轴与两条直线 $x=a$ 和 $x=b$ 围成，试求其面积 A.

(1) **分割**　用任意一组分点把区间 $[a,b]$ 分成长度为 Δx_i（$i=1,2,\cdots,n$）的 n 个小区间，相应地把曲边梯形分成 n 个小曲边梯形，记第 i 个小曲边梯形的面积为 ΔA_i，则

$$\Delta A_i \approx f(\xi_i)\Delta x_i \ (x_{i-1} \le \xi_i \le x_i); \tag{6.1}$$

(2) 求和　得面积 A 的近似值

$$A = \sum_{i=1}^{n} \Delta A_i \approx \sum_{i=1}^{n} f(\xi_i)\Delta x_i; \tag{6.2}$$

(3) 求极限　得面积 A 的精确值

$$A = \lim_{\lambda \to 0} \sum_{i=1}^{n} f(\xi_i)\Delta x_i = \int_a^b f(x)\,\mathrm{d}x, \tag{6.3}$$

其中 $\lambda = \max\{\Delta x_1, \Delta x_2, \cdots, \Delta x_n\}$.

由上述过程可见, 当把区间 $[a, b]$ 分割成 n 个小区间时, 所求面积 A (**总量**) 也被相应地分割成 n 个小曲边梯形 (**部分量**), 而所求总量等于各部分量之和 (即 $A = \sum_{i=1}^{n} \Delta A_i$), 这一性质称为所求总量对于区间 $[a, b]$ 具有**可加性**. 此外, 以 $f(\xi_i)\Delta x_i$ 近似代替部分量 ΔA_i 时, 其误差是一个比 Δx_i 高阶的无穷小. 这两点保证了求和、取极限后能得到所求总量的精确值.

对于上述分析过程, 在实际应用中可略去其下标, 改写如下:

(1) 分割　把区间 $[a, b]$ 分割为 n 个小区间, 任取其中一个小区间 $[x, x+\mathrm{d}x]$ (**区间微元**), 用 ΔA 表示 $[x, x+\mathrm{d}x]$ 上小曲边梯形的面积, 于是, 所求面积为

$$A = \sum \Delta A.$$

取 $[x, x+\mathrm{d}x]$ 的左端点 x 为 ξ, 取以点 x 处的函数值 $f(x)$ 为高、$\mathrm{d}x$ 为底的小矩形的面积 $f(x)\mathrm{d}x$ (**面积微元**, 记为 $\mathrm{d}A$) 作为 ΔA 的近似值 (见图 5-6-1), 即

$$\Delta A \approx \mathrm{d}A = f(x)\mathrm{d}x. \tag{6.4}$$

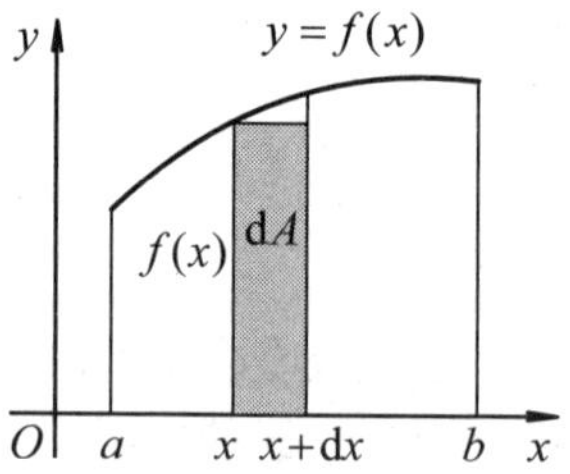

(2) 求和　得面积 A 的近似值

$$A \approx \sum \mathrm{d}A = \sum f(x)\mathrm{d}x. \tag{6.5}$$

图 5-6-1

(3) 求极限　得面积 A 的精确值

$$A = \lim \sum f(x)\mathrm{d}x = \int_a^b f(x)\,\mathrm{d}x. \tag{6.6}$$

由上述分析, 我们可以抽象出在应用学科中广泛采用的将所求量 U (**总量**) 表示为定积分的方法 —— **微元法**, 这个方法的主要步骤如下:

(1) 由分割写出微元　根据具体问题, 选取一个积分变量, 例如 x 为积分变量, 并确定它的变化区间 $[a, b]$, 任取 $[a, b]$ 的一个区间微元 $[x, x+\mathrm{d}x]$, 求出对应于这个区间微元上的部分量 ΔU 的近似值, 即求出所求总量 U 的**微元**

$$\mathrm{d}U = f(x)\,\mathrm{d}x;$$

(2) 由微元写出积分　根据 $\mathrm{d}U = f(x)\mathrm{d}x$ 写出表示总量 U 的定积分

$$U = \int_a^b \mathrm{d}U = \int_a^b f(x)\,\mathrm{d}x.$$

应用微元法解决实际问题时,应注意如下两点:

(1) 所求总量 U 关于区间 $[a, b]$ 应具有可加性,即如果把区间 $[a, b]$ 分成许多部分区间,则 U 相应地分成许多部分量,而 U 等于所有部分量 ΔU 之和. 这一要求是由定积分概念本身决定的.

(2) 使用微元法的关键在于正确给出部分量 ΔU 的近似表达式 $f(x)\mathrm{d}x$,即使得 $f(x)\mathrm{d}x = \mathrm{d}U \approx \Delta U$. 在通常情况下,要检验 $\Delta U - f(x)\mathrm{d}x$ 是否为 $\mathrm{d}x$ 的高阶无穷小并非易事,因此,在实际应用中要注意 $\mathrm{d}U = f(x)\mathrm{d}x$ 的合理性.

微元法在几何学、物理学、经济学、社会学等领域中具有广泛的应用,本章后面的内容主要介绍微元法在几何学与经济学中的应用.

二、平面图形的面积

1. 直角坐标系下平面图形的面积

根据定积分的几何意义,对于非负函数 $f(x)$,定积分 $\int_a^b f(x)\,\mathrm{d}x$ 表示由曲线 $y = f(x)$,直线 $x = a$, $x = b$ 与 x 轴围成的平面图形的面积. 被积表达式 $f(x)\mathrm{d}x$ 就是面积微元 $\mathrm{d}A$(见图 $5-6-1$),即

$$\mathrm{d}A = f(x)\,\mathrm{d}x.$$

如果 $f(x)$ 不是非负的,则所围成的如图 $5-6-2$ 所示的图形的面积应为

$$A = \int_a^b |f(x)|\,\mathrm{d}x.$$

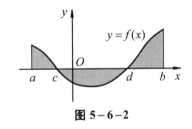

一般地,由两条曲线 $y = f(x)$、$y = g(x)$ 与直线 $x = a$、$x = b$ 围成的如图 $5-6-3$ (a)、(b) 所示的图形的面积为

图 $5-6-2$

$$A = \int_a^b |f(x) - g(x)|\,\mathrm{d}x.$$

更一般地,对于任意曲线所围成的图形,我们可以用平行坐标轴的直线将其分割成几个部分,使每一部分都可以利用上面的公式来计算面积(见图 $5-6-4$).

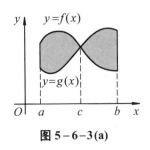

图 $5-6-3$(a)

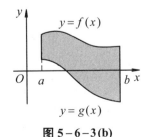

图 $5-6-3$(b)

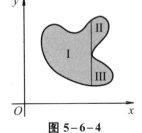

图 $5-6-4$

例 1　求由 $y^2 = x$ 和 $y = x^2$ 围成的图形的面积.

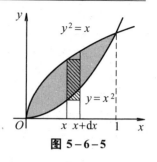

解　画出草图 (见图 5-6-5), 并由方程组

$$\begin{cases} y^2 = x \\ y = x^2 \end{cases},$$

解得它们的交点为 $(0, 0)$, $(1, 1)$.

选 x 为积分变量, 则 x 的变化范围是 $[0, 1]$, 任取其上的一个区间微元 $[x, x+\mathrm{d}x]$, 则可得到对应于 $[x, x+\mathrm{d}x]$ 的面积微元为

$$\mathrm{d}A = (\sqrt{x} - x^2)\,\mathrm{d}x,$$

从而所求面积为

$$A = \int_0^1 (\sqrt{x} - x^2)\,\mathrm{d}x = \left(\frac{2}{3} x^{\frac{3}{2}} - \frac{x^3}{3} \right) \Big|_0^1 = \frac{1}{3}. \qquad ∎$$

图 5-6-5

例 2　求由抛物线 $y+1 = x^2$ 与直线 $y = 1+x$ 围成的面积.

解　画出草图 (见图 5-6-6), 并由方程组

$$\begin{cases} y+1 = x^2 \\ y = 1+x \end{cases},$$

解得它们的交点为 $(-1, 0)$, $(2, 3)$.

选 x 为积分变量, 则 x 的变化范围是 $[-1, 2]$, 任取其上的一个区间微元 $[x, x+\mathrm{d}x]$, 则可得到对应于 $[x, x+\mathrm{d}x]$ 的面积微元为

$$\mathrm{d}A = [(1+x) - (x^2-1)]\,\mathrm{d}x.$$

从而, 所求面积为

$$A = \int_{-1}^2 [(1+x) - (x^2-1)]\,\mathrm{d}x = \frac{9}{2}. \qquad ∎$$

例 3　求由 $y^2 = 2x$ 和 $y = x-4$ 所围成的图形的面积.

解　画出草图 (见图 5-6-7), 并由方程组

$$\begin{cases} y^2 = 2x \\ y = x-4 \end{cases},$$

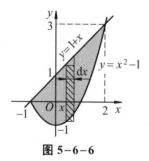

图 5-6-6

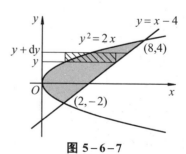

图 5-6-7

解得它们的交点为 $(2, -2)$, $(8, 4)$.

选 y 为积分变量，则 y 的变化范围是 $[-2, 4]$，任取其上的一个区间微元 $[y, y+\mathrm{d}y]$，则可得到对应于 $[y, y+\mathrm{d}y]$ 的面积微元为

$$\mathrm{d}A = \left(y + 4 - \frac{y^2}{2}\right)\mathrm{d}y,$$

从而所求面积为

$$A = \int_{-2}^{4} \mathrm{d}A = \int_{-2}^{4}\left(y + 4 - \frac{y^2}{2}\right)\mathrm{d}y = 18. \quad ■$$

注：本例如果选 x 为积分变量，则计算过程将会复杂许多．因此，在实际应用中，应根据具体情况合理选择积分变量，以达到简化计算的目的．

例 4 求椭圆 $\dfrac{x^2}{a^2} + \dfrac{y^2}{b^2} = 1$ 所围成的面积．

解 如图 5-6-8 所示，由于椭圆关于两坐标轴对称，设 A_1 为第一象限部分的面积，则利用微元法可知，所求椭圆面积为

$$A = 4A_1 = 4\int_0^a y\mathrm{d}x.$$

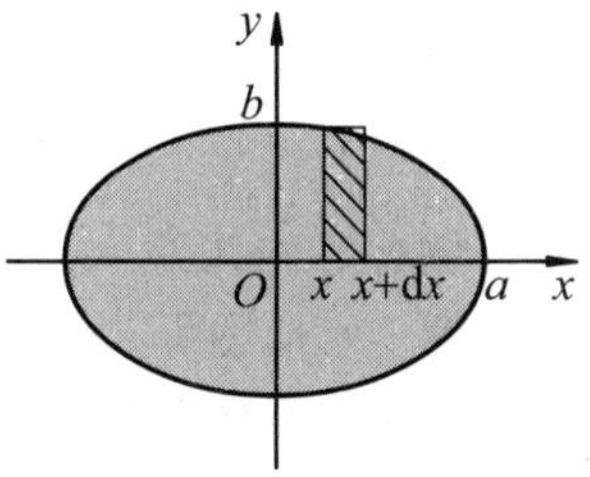

为方便计算，利用椭圆的参数方程

$$\begin{cases} x = a\cos t \\ y = b\sin t \end{cases} \quad (0 \le t \le 2\pi),$$

图 5-6-8

当 x 由 0 变到 a 时，t 由 $\pi/2$ 变到 0，所以

$$A = 4\int_0^a y\mathrm{d}x = 4\int_{\pi/2}^0 b\sin t\,\mathrm{d}(a\cos t) = 4ab\int_0^{\pi/2}\sin^2 t\,\mathrm{d}t = \pi ab.$$

当 $a = b$ 时，椭圆变成圆，即半径为 a 的圆的面积 $A = \pi a^2$. ■

2. 极坐标系下平面图形的面积

设曲线的方程由极坐标形式给出

$$r = r(\theta) \quad (\alpha \le \theta \le \beta),$$

现在要求由曲线 $r = r(\theta)$、射线 $\theta = \alpha$ 和 $\theta = \beta$ 围成的**曲边扇形**的面积 A（见图 5-6-9）．我们可利用微元法来解决．

选取极角 θ 为积分变量，其变化范围为 $[\alpha, \beta]$．任取其一个区间微元 $[\theta, \theta+\mathrm{d}\theta]$，则对应于 $[\theta, \theta+\mathrm{d}\theta]$ 区间的小曲边扇形的面积可以用半径为 $r = r(\theta)$、中心角为 $\mathrm{d}\theta$ 的圆扇形的面积来近似代替，从而曲边扇形的面积微元为

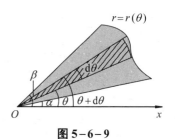

图 5-6-9

$$\mathrm{d}A = \frac{1}{2}[r(\theta)]^2\mathrm{d}\theta.$$

所求曲边扇形的面积为

$$A = \int_\alpha^\beta \frac{1}{2}\left[r(\theta)\right]^2 \mathrm{d}\theta.$$

例 5　求双纽线 $r^2 = a^2\cos 2\theta$ 所围平面图形的面积.

解　因 $r^2 \geqslant 0$，故 θ 的变化范围是

$$\left[-\frac{\pi}{4}, \frac{\pi}{4}\right], \quad \left[\frac{3\pi}{4}, \frac{5\pi}{4}\right].$$

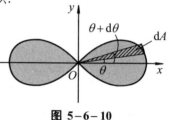

如图 5-6-10 所示，图形关于极点和极轴均对称，

因此，只需计算在 $\left[0, \dfrac{\pi}{4}\right]$ 上的图形面积，再乘以 4

倍即可. 任取其上的一个区间微元 $[\theta, \theta+\mathrm{d}\theta]$，相应地得到面积微元为

图 5-6-10

$$\mathrm{d}A = \frac{1}{2} a^2 \cos 2\theta \mathrm{d}\theta,$$

从而所求面积为

$$A = 4\int_0^{\pi/4} \mathrm{d}A = 4\int_0^{\pi/4} \frac{1}{2} a^2 \cos 2\theta \mathrm{d}\theta = a^2. \quad\blacksquare$$

例 6　求心形线 $r = a(1+\cos\theta)$ 所围平面图形的面积 $(a>0)$.

解　心形线所围成的图形如图 5-6-11 所示. 该
图形关于极轴对称，因此，所求面积 A 是 $[0, \pi]$ 上的图
形面积的 2 倍. 任取其上的一个区间微元 $[\theta, \theta+\mathrm{d}\theta]$，
相应地得到面积微元为

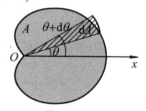

$$\mathrm{d}A = \frac{1}{2} a^2 (1+\cos\theta)^2 \mathrm{d}\theta,$$

从而所求面积为

图 5-6-11

$$A = 2\int_0^\pi \mathrm{d}A = a^2\int_0^\pi (1+2\cos\theta+\cos^2\theta)\mathrm{d}\theta = a^2\int_0^\pi \left(\frac{3}{2}+2\cos\theta+\frac{1}{2}\cos 2\theta\right)\mathrm{d}\theta$$

$$= a^2\left(\frac{3\theta}{2}+2\sin\theta+\frac{1}{4}\sin 2\theta\right)\Big|_0^\pi = \frac{3}{2}\pi a^2. \quad\blacksquare$$

*数学实验

实验 5.5　试用计算软件计算下列曲线围成的面积：

(1) $y^2 = \dfrac{x^3}{2a-x}$，$x = 2a$；

(2) $y^2 = \dfrac{x^n}{(1+x^{n+2})^2}$ $(x>0, n>-2)$；

(3) $y = \mathrm{e}^{-x}\sin x$，$y = 0(0 \leqslant x \leqslant 2\pi)$；

(4) 摆线 $x = a(t=\sin t)$，$y = a(1-\cos t)$ $(0 \leqslant t \leqslant 2\pi)$，$y = 0$；

(5) $r = 1+2^{\sin(5\theta)} (0 \leqslant \theta \leqslant 2\pi)$.

详见教材配套的网络学习空间.

计算实验

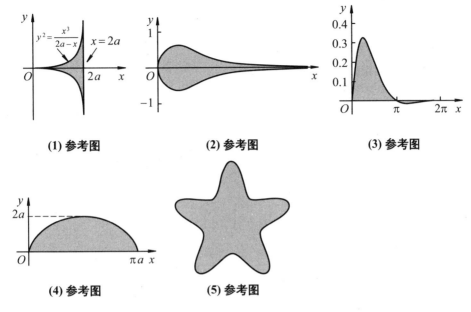

(1) 参考图 **(2) 参考图** **(3) 参考图**

(4) 参考图 **(5) 参考图**

三、旋转体

由一个平面图形绕该平面内一条直线旋转一周而成的立体称为**旋转体**. 这条直线称为**旋转轴**.

例如，圆柱可视为由矩形绕它的一条边旋转一周而成的立体，圆锥可视为直角三角形绕它的一条直角边旋转一周而成的立体，而球体可视为半圆绕它的直径旋转一周而成的立体.

我们主要考虑以 x 轴和 y 轴为旋转轴的旋转体，下面利用微元法来推导求旋转体体积的公式.

设旋转体是由连续曲线 $y = f(x)$、直线 $x = a$、$x = b$ 与 x 轴所围平面图形绕 x 轴旋转而成的（见图 5-6-12）. 现在我们来求旋转体的体积 V.

取 x 为自变量，其变化区间为 $[a, b]$. 设想用垂直于 x 轴的平面将旋转体分成 n 个小薄片，即把 $[a, b]$ 分成 n 个区间微元，其中任一区间微元 $[x, x+dx]$ 所对应的小薄片的体积可近似视为以 $f(x)$ 为底半径、dx 为高的扁圆柱体的体积（见图 5-6-13），即该旋转体的体积微元为

$$dV = \pi [f(x)]^2 dx,$$

从而所求旋转体的体积为

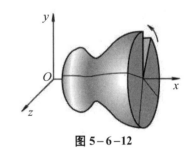

图 5-6-12

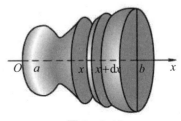

图 5-6-13

$$V = \pi \int_a^b [f(x)]^2 \,\mathrm{d}x.$$

例7　求高为h、底半径为r的正圆锥体的体积.

解　此正圆锥体可看成是由直线 $y = \dfrac{r}{h}x$,

$y = 0$ 和 $x = h$ 围成的平面图形绕 x 轴旋转而

成的旋转体(见图5-6-14).

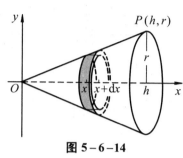

图 5-6-14

取 x 为自变量，其变化区间为 $[0, h]$，任

取其上一区间微元 $[x, x+\mathrm{d}x]$，对应于该微元

的体积微元为

$$\mathrm{d}V = \pi \left(\frac{r}{h}x \right)^2 \mathrm{d}x,$$

从而所求旋转体的体积为

$$V = \int_0^h \pi \left(\frac{r}{h}x \right)^2 \mathrm{d}x = \frac{\pi r^2}{h^2} \left[\frac{x^3}{3} \right] \Big|_0^h = \frac{\pi h r^2}{3}. \qquad ■$$

例8　计算由椭圆 $\dfrac{x^2}{a^2} + \dfrac{y^2}{b^2} = 1$ 围成的平面图形绕 x 轴旋转而成的旋转椭球体的

体积.

解　该旋转体可视为由上半椭圆 $y = \dfrac{b}{a}\sqrt{a^2 - x^2}$ 及 x 轴围成的图形绕 x 轴旋转

而成的立体.

取 x 为自变量，其变化区间为 $[-a, a]$，

任取其上一区间微元 $[x, x+\mathrm{d}x]$，对应于该

区间微元的小薄片的体积近似等于底半径为

$\dfrac{b}{a}\sqrt{a^2 - x^2}$、高为$\mathrm{d}x$的扁圆柱体的体积(见

图5-6-15)，即体积微元为

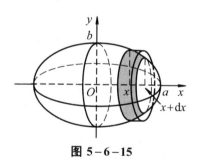

图 5-6-15

$$\mathrm{d}V = \pi \frac{b^2}{a^2}(a^2 - x^2)\,\mathrm{d}x,$$

故所求旋转椭球体的体积为

$$V = \int_{-a}^a \mathrm{d}V = \int_{-a}^a \pi \frac{b^2}{a^2}(a^2 - x^2)\,\mathrm{d}x = 2\pi \frac{b^2}{a^2} \int_0^a (a^2 - x^2)\,\mathrm{d}x$$

$$= 2\pi \frac{b^2}{a^2} \left(a^2 x - \frac{x^3}{3} \right) \Big|_0^a = \frac{4}{3}\pi ab^2.$$

特别地，当$a = b = R$时，可得半径为R的球体的体积为

$$V = \frac{4}{3}\pi R^3. \qquad ■$$

用上述类似的方法可以推出：由连续曲线 $x = \varphi(y)$、直线 $y = c$、$y = d(c < d)$ 及 y 轴围成的曲边梯形绕 y 轴旋转一周而成的旋转体(见图 5-6-16)的体积为

$$V = \int_c^d \pi[\varphi(y)]^2 \mathrm{d}y.$$

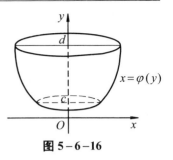

图 5-6-16

例 9 求曲线 $y = x^2$、$y = 2 - x^2$ 围成的图形分别绕 x 轴和 y 轴旋转而成的旋转体的体积.

解 画出草图 (见图 5-6-17)，并由方程组

$$\begin{cases} y = x^2 \\ y = 2 - x^2 \end{cases}$$

解得交点为 $(-1, 1)$ 及 $(1, 1)$. 于是，所求的绕 x 轴旋转而成的旋转体的体积为

$$V_x = 2\pi\int_0^1 [(2 - x^2)^2 - x^4]\mathrm{d}x$$

$$= 8\pi\left(x - \frac{1}{3}x^3\right)\Big|_0^1 = \frac{16}{3}\pi.$$

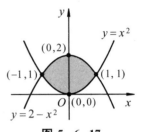

图 5-6-17

所求的绕 y 轴旋转而成的旋转体的体积为

$$V_y = \pi\int_0^1 (\sqrt{y})^2 \mathrm{d}y + \pi\int_1^2 (\sqrt{2 - y})^2 \mathrm{d}y$$

$$= \pi\left(\frac{1}{2}y^2\right)\Big|_0^1 + \pi\left(2y - \frac{1}{2}y^2\right)\Big|_1^2 = \pi. \quad\blacksquare$$

四、平行截面面积为已知的立体的体积

如果一个立体不是旋转体，但知道该立体上垂直于一定轴的各个截面的面积，那么，这个立体的体积也可用定积分来计算.

如图 5-6-18 所示，取上述定轴为 x 轴，并设该立体在过点 $x = a$、$x = b$ 且垂直于 x 轴的两平面之间，以 $A(x)$ 表示过点 x 且垂直于 x 轴的截面面积. 这里假定 $A(x)$ 是 x 的连续函数. 取 x 为积分变量，它的变化区间为 $[a, b]$，任取其中一个区

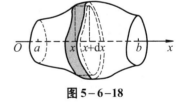

图 5-6-18

间微元 $[x, x + \mathrm{d}x]$，对应于该微元的一薄片的体积近似于底面积为 $A(x)$、高为 $\mathrm{d}x$ 的扁圆柱体的体积，即体积微元为

$$\mathrm{d}V = A(x)\mathrm{d}x,$$

从而所求立体的体积为

$$V = \int_a^b A(x)\mathrm{d}x.$$

例10　一平面经过半径为 R 的圆柱体的底圆中心,并与底面成角 α (见图 5-6-19),计算该平面截圆柱体所得立体的体积.

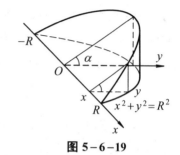

解　取该平面与圆柱体底面的交线为 x 轴,底面上过圆中心且垂直于 x 轴的直线为 y 轴,则底圆的方程为

$$x^2 + y^2 = R^2.$$

图 5-6-19

立体中过点 x 且垂直于 x 轴的截面是一个直角三角形. 它的两条直角边的边长分别为 y 及 $y\tan\alpha$,即 $\sqrt{R^2 - x^2}$ 及 $\sqrt{R^2 - x^2}\tan\alpha$,从而,截面面积为

$$A(x) = \frac{1}{2}(R^2 - x^2)\tan\alpha,$$

所求立体的体积为

$$V = \frac{1}{2}\int_{-R}^{R}(R^2 - x^2)\tan\alpha \,\mathrm{d}x = \frac{2}{3}R^3\tan\alpha.$$ ∎

*数学实验

实验5.6　试用计算软件计算下列各题:

(1) 曲线 $y = b\left(\dfrac{x}{a}\right)^{2/3}$ $(0 \leq x \leq a)$ 绕 Ox 轴旋转所成的旋转体的体积;

(2) 曲线 $x^2 - xy + y^2 = a^2$ $(a > 0)$ 绕 Ox 轴旋转所成的旋转体的体积;

(3) 曲线 $y = \mathrm{e}^{-x}\sqrt{\sin x}$ $(0 \leq x \leq \pi)$ 绕 Ox 轴旋转所成的旋转体的体积;

(4) 曲线 $y = x\sin^2 x$ $(0 \leq x \leq \pi)$ 与 x 轴所围成的图形分别绕 x 轴和 y 轴旋转所成的旋转体的体积.

计算实验

详见教材配套的网络学习空间.

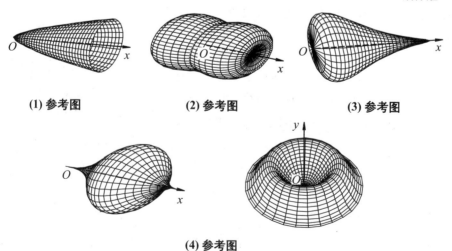

(1) 参考图　　　**(2) 参考图**　　　**(3) 参考图**

(4) 参考图

习题 5-6

1. 求曲线 $y = \sqrt{x}$ 与直线 $y = x$ 所围图形的面积.

2. 求由曲线 $y = e^x$ 与直线 $x = 0$ 及 $y = e$ 所围图形的面积.

3. 求曲线 $y^2 = x$ 与直线 $y^2 = -x + 4$ 所围图形的面积.

4. 求曲线 $y = 1/x$ 与直线 $y = x$ 及 $x = 2$ 所围图形的面积.

5. 抛物线 $y^2 = 2x$ 分圆 $x^2 + y^2 = 8$ 的面积为两部分, 求这两部分的面积.

6. 求曲线 $y = e^x$、$y = e^{-x}$ 与直线 $x = 1$ 所围图形的面积.

7. 求曲线 $y = \ln x$ 与直线 $y = \ln a$ 及 $y = \ln b$ 所围图形的面积 $(b > a > 0)$.

8. 求在区间 $[0, \pi/2]$ 上, 曲线 $y = \sin x$ 与直线 $x = 0$、$y = 1$ 所围图形的面积.

9. 求曲线 $y = x^2$, $4y = x^2$ 及直线 $y = 1$ 所围图形的面积.

10. 求位于曲线 $y = e^x$ 下方, 该曲线过原点的切线的左方及 x 轴上方之间的图形的面积.

11. 求通过 $(0, 0)$, $(1, 2)$ 的抛物线, 要求它具有以下性质:

(1) 它的对称轴平行于 y 轴, 且向下弯;   (2) 它与 x 轴所围图形的面积最小.

12. 求下列平面图形分别绕 x 轴、y 轴旋转产生的立体的体积:

(1) 曲线 $y = \sqrt{x}$ 与直线 $x = 1$、$x = 4$、$y = 0$ 所围成的图形;

(2) 在区间 $\left[0, \dfrac{\pi}{2}\right]$ 上, 曲线 $y = \sin x$ 与直线 $x = \dfrac{\pi}{2}$、$y = 0$ 所围成的图形;

(3) 曲线 $y = x^3$ 与直线 $x = 2$、$y = 0$ 所围成的图形.

13. 求曲线 $y = x^2$, $x = y^2$ 所围成的图形 y 轴旋转一周所产生的旋转体的体积.

14. 求曲线 $y = \sin x \, (0 \leq x \leq \pi)$ 与 x 轴所围成的平面图形绕 y 轴旋转一周所成的旋转体的体积.

15. 设直线 $y = ax + b$ 与直线 $x = 0$、$x = 1$ 及 $y = 0$ 所围成的梯形面积等于 A, 试求 a、b, 使这个梯形绕 x 轴旋转所得旋转体的体积最小 $(a \geq 0, b > 0)$.

16. 求曲线 $r = 2a\cos\theta$ 所围图形的面积.

17. 求曲线 $r = 2a(2 + \cos\theta)$ 所围图形的面积.

18. 设 $y = f(x)$ 是区间 $[0, 1]$ 上任一非负连续函数. 试证明: 存在一点 $x_0 \in (0, 1)$, 使得在区间 $[0, x_0]$ 上, 以 $f(x_0)$ 为高的矩形面积等于在区间 $[x_0, 1]$ 上以 $y = f(x)$ 为曲边的曲边梯形面积.

§5.7 积分在经济分析中的应用

一、由边际函数求原经济函数

由第 3 章边际分析知, 对于一已知经济函数 $F(x)$ (如需求函数 $Q(P)$、总成本函数 $C(x)$、总收入函数 $R(x)$ 和利润函数 $L(x)$ 等), 它的边际函数就是其导函数 $F'(x)$.

作为导数(微分)的逆运算, 若对已知的边际函数 $F'(x)$ 求不定积分, 则可求得**原经济函数**

$$F(x) = \int F'(x)\mathrm{d}x, \tag{7.1}$$

其中, 积分常数 C 可由经济函数的具体条件确定.

我们也可利用牛顿-莱布尼茨公式

$$\int_0^x F'(x)\,\mathrm{d}x = F(x) - F(0),$$

求得原经济函数

$$F(x) = \int_0^x F'(t)\,\mathrm{d}t + F(0), \tag{7.2}$$

并可求出原经济函数从 a 到 b 的**变动值**(或**增量**)

$$\Delta F = F(b) - F(a) = \int_a^b F'(x)\,\mathrm{d}x. \tag{7.3}$$

1. 总需求函数

由第 1 章知, 需求量 Q 是价格 P 的函数 $Q = Q(P)$, 一般地, 价格 $P = 0$ 时, 需求量最大, 设最大需求量为 Q_0, 则有

$$Q_0 = Q(P)|_{P=0}.$$

若已知边际需求为 $Q'(P)$, 则**总需求函数** $Q(P)$ 为

$$Q(P) = \int Q'(P)\mathrm{d}P, \tag{7.4}$$

其中, 积分常数 C 可由条件 $Q(P)|_{P=0} = Q_0$ 确定.

$Q(P)$ 也可用积分上限的函数表示为

$$Q(P) = \int_0^P Q'(t)\,\mathrm{d}t + Q_0. \tag{7.5}$$

例 1　已知对某商品的需求量是价格 P 的函数, 且边际需求 $Q'(P) = -4$, 该商品的最大需求量为 80 (即 $P = 0$ 时, $Q = 80$), 求需求量与价格的函数关系.

解　由边际需求的不定积分公式(7.4), 可得需求量

$$Q(P) = \int Q'(P)\mathrm{d}P = \int -4\mathrm{d}P = -4P + C \ (C\text{为积分常数}).$$

将 $Q(P)|_{P=0} = 80$ 代入, 得 $C = 80$, 于是, 需求量与价格的函数关系为

$$Q(P) = -4P + 80.$$

本例也可由变上限的定积分公式(7.5)直接求得

$$Q(P) = \int_0^P Q'(t)\,\mathrm{d}t + Q(0) = \int_0^P (-4)\,\mathrm{d}t + 80 = -4P + 80. \quad ■$$

2. 总成本函数

设产量为 x 时的边际成本为 $C'(x)$, 固定成本为 C_0, 则产量为 x 时的**总成本函数**为

$$C(x) = \int C'(x)\mathrm{d}x, \tag{7.6}$$

其中, 积分常数 C 由初始条件 $C(0) = C_0$ 确定.

$C(x)$ 也可用积分上限的函数表示为

$$C(x) = \int_0^x C'(t)\,\mathrm{d}t + C_0, \tag{7.7}$$

其中, C_0 为**固定成本**, $\int_0^x C'(t)\,\mathrm{d}t$ 为**变动成本**.

例2 若一企业生产某产品的边际成本是产量 x 的函数

$$C'(x) = 2\mathrm{e}^{0.2x},$$

固定成本 $C_0 = 90$, 求总成本函数.

解 由不定积分公式 (7.6), 得

$$C(x) = \int C'(x)\,\mathrm{d}x = \int 2\mathrm{e}^{0.2x}\,\mathrm{d}x = \frac{2}{0.2}\mathrm{e}^{0.2x} + C.$$

由固定成本 $C_0 = 90$, 即 $x = 0$ 时, $C(0) = 90$, 代入上式, 得

$$90 = 10 + C, \quad 即 C = 80.$$

于是, 所求总成本函数为

$$C(x) = 10\mathrm{e}^{0.2x} + 80. \qquad \blacksquare$$

3. 总收入函数

设产销量为 x 时的边际收入为 $R'(x)$, 则产销量为 x 时的**总收入函数**可由不定积分公式

$$R(x) = \int R'(x)\,\mathrm{d}x \tag{7.8}$$

求得, 其中, 积分常数 C 由 $R(0) = 0$ 确定 (一般地, 假定产销量为0时总收入为0).

$R(x)$ 也可用积分上限的函数表示为

$$R(x) = \int_0^x R'(t)\,\mathrm{d}t. \tag{7.9}$$

例3 已知生产某产品 x 单位时的边际收入为 $R'(x) = 100 - 2x$ (元/单位), 求生产 40 单位时的总收入及平均收入, 并求再多生产10个单位时所增加的总收入.

解 利用积分上限的函数表示式 (7.9), 可直接求出

$$R(40) = \int_0^{40} (100 - 2x)\,\mathrm{d}x = (100x - x^2)\Big|_0^{40} = 2\,400\,(元),$$

平均收入是

$$\frac{R(40)}{40} = \frac{2\,400}{40} = 60\,(元).$$

在生产 40 个单位后再生产 10 个单位所增加的总收入可由增量公式求得:

$$\Delta R = R(50) - R(40) = \int_{40}^{50} R'(q)\,\mathrm{d}q = \int_{40}^{50} (100 - 2q)\,\mathrm{d}q = (100q - q^2)\Big|_{40}^{50} = 100\,(元). \ \blacksquare$$

4. 总利润函数

设某产品边际收入为 $R'(x)$, 边际成本为 $C'(x)$, 则**总收入**为

$$R(x) = \int_0^x R'(t)\,\mathrm{d}t, \tag{7.10}$$

总成本为
$$C(x) = \int_0^x C'(t)\,\mathrm{d}t + C_0, \tag{7.11}$$

其中 $C_0 = C(0)$ 为固定成本. **边际利润**为
$$L'(x) = R'(x) - C'(x). \tag{7.12}$$

总利润为　$L(x) = R(x) - C(x)$
$$= \int_0^x R'(t)\,\mathrm{d}t - \left[\int_0^x C'(t)\,\mathrm{d}t + C_0 \right] = \int_0^x [R'(t) - C'(t)]\,\mathrm{d}t - C_0,$$

即
$$L(x) = \int_0^x L'(t)\,\mathrm{d}t - C_0. \tag{7.13}$$

其中, $\int_0^x L'(t)\,\mathrm{d}t$ 称为产销量为 x 时的**毛利**, 毛利减去固定成本即为**纯利**.

例4　已知某产品的边际收入为 $R'(x) = 25 - 2x$, 边际成本为 $C'(x) = 13 - 4x$, 固定成本为 $C_0 = 10$, 求当 $x = 5$ 时的毛利和纯利.

解　方法一　由边际利润的表达式 (7.12), 有
$$L'(x) = R'(x) - C'(x) = (25 - 2x) - (13 - 4x) = 12 + 2x,$$

从而可求得 $x = 5$ 时的毛利为
$$\int_0^x L'(t)\,\mathrm{d}t = \int_0^5 (12 + 2t)\,\mathrm{d}t = (12t + t^2)\big|_0^5 = 85,$$

当 $x = 5$ 时的纯利为
$$L(5) = \int_0^5 L'(t)\,\mathrm{d}t - C_0 = 85 - 10 = 75.$$

方法二　利用总收入的表达式 (7.10), 有
$$R(5) = \int_0^5 R'(t)\,\mathrm{d}t = \int_0^5 (25 - 2t)\,\mathrm{d}t = (25t - t^2)\big|_0^5 = 100,$$

总成本为
$$C(5) = \int_0^5 C'(t)\,\mathrm{d}t + C_0 = \int_0^5 (13 - 4t)\,\mathrm{d}t + 10 = (13t - 2t^2)\big|_0^5 + 10 = 25.$$

纯利为
$$L(5) = R(5) - C(5) = 100 - 25 = 75,$$

毛利为
$$L(5) + C_0 = 75 + 10 = 85.$$　■

二、由边际函数求最优问题

例5　某企业生产 x 吨产品时的边际成本为
$$C'(x) = \frac{1}{50}x + 30\,(\text{元/吨}),$$

且固定成本为 900 元, 试求产量为多少时平均成本最低?

解　首先求出成本函数, 由
$$C(x) = \int_0^x C'(t)\,\mathrm{d}t + C_0 = \int_0^x \left(\frac{1}{50}t + 30 \right)\mathrm{d}t + 900 = \frac{1}{100}x^2 + 30x + 900$$

可得平均成本函数为

$$\overline{C}(x) = \frac{C(x)}{x} = \frac{1}{100}x + 30 + \frac{900}{x},$$

$$\overline{C}'(x) = \frac{1}{100} - \frac{900}{x^2},$$

令 $\overline{C}'(x) = 0$，得 $x_1 = 300$（$x_2 = -300$ 舍去）. 因此，$\overline{C}(x)$ 仅有一个驻点 $x_1 = 300$. 再由实际问题本身可知 $\overline{C}(x)$ 有最小值. 故当产量为 300 吨时，平均成本最低. ■

例6 假设某产品的边际收入函数为 $R'(x) = 9 - x$（万元/万台），边际成本函数为 $C'(x) = 4 + x/4$（万元/万台），其中产量 x 以万台为单位.

(1) 试求当产量由 4 万台增加到 5 万台时利润的变化量.

(2) 当产量为多少时利润最大？

(3) 已知固定成本为 1 万元，求总成本函数和利润函数.

解 (1) 首先求出边际利润

$$L'(x) = R'(x) - C'(x) = (9 - x) - \left(4 + \frac{x}{4}\right) = 5 - \frac{5}{4}x,$$

再由增量公式，得

$$\Delta L = L(5) - L(4) = \int_4^5 L'(t)\mathrm{d}t = \int_4^5 \left(5 - \frac{5}{4}t\right)\mathrm{d}t = -\frac{5}{8}（\text{万元}）.$$

故在 4 万台基础上再生产 1 万台，利润不但未增加，反而减少了.

(2) 令 $L'(x) = 0$，可解得唯一驻点 $x = 4$（万台）. 即产量为 4 万台时利润最大，由此结果也可得知问题 (1) 中利润减少的原因.

(3) 总成本函数为

$$C(x) = \int_0^x C'(t)\mathrm{d}t + C_0 = \int_0^x \left(4 + \frac{t}{4}\right)\mathrm{d}t + 1 = \frac{1}{8}x^2 + 4x + 1,$$

总利润函数为

$$L(x) = \int_0^x L'(t)\mathrm{d}t - C_0 = \int_0^x \left(5 - \frac{5}{4}t\right)\mathrm{d}t - 1 = 5x - \frac{5}{8}x^2 - 1.$$

■ 计算边际函数问题

三、在其他经济问题中的应用

1. 广告策略

例7 某出口公司每月销售额是 1 000 000 美元，平均利润是销售额的 10%. 根据公司以往的经验，广告宣传期间月销售额的变化率近似地服从增长曲线 $1\,000\,000\,\mathrm{e}^{0.02t}$（$t$ 以月为单位），公司现在需要决定是否举行一次类似的总成本为 130 000 美元的广告活动. 按惯例，对于超过 100 000 美元的广告活动，如果新增销售额产生的利润超过广告投资的 10%，则决定做广告. 试问该公司按惯例是否应该做此广告？

解 由公式知，12 个月后总销售额是当 $t = 12$ 时的定积分，即

$$\text{总销售额} = \int_0^{12} 1\,000\,000\,\mathrm{e}^{0.02t}\mathrm{d}t = \frac{1\,000\,000\,\mathrm{e}^{0.02t}}{0.02}\bigg|_0^{12}$$

$$= 50\,000\,000\,[\,e^{0.24} - 1\,] \approx 13\,560\,000\,(\text{美元}).$$

公司的利润是销售额的10%, 所以新增销售额产生的利润是

$$0.10 \times (13\,560\,000 - 12\,000\,000) = 156\,000\,(\text{美元}),$$

156 000 美元利润是由于花费 130 000 美元的广告费而取得的, 因此, 广告所产生的实际利润是

$$156\,000 - 130\,000 = 26\,000\,(\text{美元}),$$

这表明盈利大于广告成本的10%, 故公司应该做此广告. ■

2. 消费者剩余和生产者剩余

在市场经济中, 生产并销售某一商品的数量可由这一商品的供给曲线与需求曲线来描述. 供给曲线描述的是生产者根据不同的价格水平所提供的商品数量, 一般假定价格上涨时, 供给量将会增加. 因此, 把供给量看成价格的函数 $P = S(Q)$, 这是一个增函数, 即供给曲线是单调递增的. 需求曲线则反映了顾客的购买行为, 通常假定价格上涨, 购买

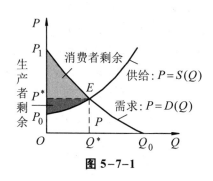

图 5-7-1

的数量下降, 即需求曲线 $P = D(Q)$ 随价格的上升而单调递减 (见图 5-7-1).

需求量与供给量都是价格的函数, 但经济学家习惯用纵坐标表示价格, 横坐标表示需求量或供给量. 在市场经济下, 价格和数量在不断调整, 最后趋向于平衡价格和平衡数量, 分别用 P^* 和 Q^* 表示, **平衡点** (Q^*, P^*) 是供给曲线和需求曲线的交点. 此时, 经营者和消费者之间真正发生了购买和销售活动.

消费者剩余是经济学中的重要概念, 它的具体定义就是: 消费者对某种商品愿意付出的代价超过实际付出的代价的余额. 即:

消费者剩余 = 愿意付出的金额 - 实际付出的金额.

由此可见, 消费者剩余可以衡量消费者所得到的额外满足.

在图 5-7-1 中, P_0 是供给曲线在价格坐标轴上的截距, 也就是当价格为 P_0 时, 供给量是零, 只有价格高于 P_0 时, 才有供给. 而 P_1 是需求曲线的截距, 当价格为 P_1 时, 需求量是零, 只有价格低于 P_1 时, 才有需求. Q_0 则表示商品免费赠送时的最大需求量.

在市场经济中, 有时一些消费者愿意对某种商品付出比他们实际所付出的市场价格 P^* 更高的价格, 由此他们所得到的好处称为**消费者剩余** (CS). 由图 5-7-1 可以看出:

$$CS = \int_0^{Q^*} D(Q)\,\mathrm{d}Q - P^*Q^*. \tag{7.14}$$

$\int_0^{Q^*} D(Q)\,\mathrm{d}Q$ 表示由一些愿意付出比 P^* 更高的价格的消费者的总消费量, 而 P^*Q^*

表示实际的消费额,两者之差为消费者省下来的钱,即消费者剩余.

同理,对生产者来说,有时也有一些生产者愿意以比市场价格 P^* 低的价格出售他们的商品,由此他们所得到的好处称为**生产者剩余** (PS),如图 5-7-1 所示,有

$$PS = P^*Q^* - \int_0^{Q^*} S(Q)\mathrm{d}Q. \tag{7.15}$$

例8 已知需求函数 $D(Q) = (Q-5)^2$ 和消费函数 $S(Q) = Q^2 + Q + 3$,求:

(1) 平衡点;

(2) 平衡点处的消费者剩余;

(3) 平衡点处的生产者剩余.

解 (1) 为了求平衡点,令

$$D(Q) = S(Q),$$

并求解如下方程

$$(Q-5)^2 = Q^2 + Q + 3,$$

解之得

$$Q = 2,$$

即 $Q^* = 2$. 把 $Q = 2$ 代入到 $D(Q)$,则

$$P^* = D(2) = (2-5)^2 = 9,$$

因此,平衡点是 $(2, 9)$.

(2) 平衡点处的消费者剩余是

$$\int_0^{Q^*} D(Q)\mathrm{d}Q - P^*Q^* = \int_0^2 (Q-5)^2\mathrm{d}Q - 2 \cdot 9 = \frac{(Q-5)^3}{3}\Big|_0^2 - 18 = \frac{44}{3} \approx 14.67.$$

(3) 平衡点处的生产者剩余是

$$P^*Q^* - \int_0^{Q^*} S(Q)\mathrm{d}Q = 2 \cdot 9 - \int_0^2 (Q^2 + Q + 3)\mathrm{d}Q$$

$$= 18 - \left(\frac{Q^3}{3} + \frac{Q^2}{2} + 3Q\right)\Big|_0^2$$

$$= \frac{22}{3} \approx 7.33.$$

消费者剩余和生产者剩余

3. 资本现值和投资问题

在第 1 章中已知,设有 P 元货币,若按年利率 r 作连续复利计算,则 t 年后的价值为 $P\mathrm{e}^{rt}$ 元;反之,若 t 年后要有货币 P 元,则按连续复利计算,现在应有 $P\mathrm{e}^{-rt}$ 元,称此为**资本现值**.

我们设在时间区间 $[0, T]$ 内 t 时刻的单位时间收入为 $f(t)$,称此为**收入率**,若按年利率为 r 的连续复利计算,则在时间区间 $[t, t+\mathrm{d}t]$ 内的收入现值为 $f(t)\mathrm{e}^{-rt}\mathrm{d}t$.按照定积分微元法的思想,则在 $[0, T]$ 内得到的总收入现值为

$$y = \int_0^T f(t)\mathrm{e}^{-rt}\mathrm{d}t, \tag{7.16}$$

若收入率 $f(t) = a$ (a 为常数)，称其为**均匀收入率**，如果年利率 r 也为常数，则总收入的现值为

$$y = \int_0^T a\mathrm{e}^{-rt}\mathrm{d}t = a \cdot \frac{-1}{r}\mathrm{e}^{-rt}\Big|_0^T = \frac{a}{r}(1-\mathrm{e}^{-rT}). \tag{7.17}$$

例 9　现给予某企业一笔投资 A，经测算，该企业在 T 年中可以按每年 a 元的均匀收入率获得收入，若年利率为 r，试求：

(1) 该投资的纯收入贴现值；　　　　　　(2) 收回该笔投资的时间为多久？

解　(1) 求投资纯收入的贴现值：

因收入率为 a，年利率为 r，故投资后的 T 年中获得的总收入的现值为

$$y = \int_0^T a\mathrm{e}^{-rt}\mathrm{d}t = \frac{a}{r}(1-\mathrm{e}^{-rT}),$$

从而，投资所获得的纯收入的贴现值为

$$R = y - A = \frac{a}{r}(1-\mathrm{e}^{-rT}) - A.$$

(2) 求收回投资的时间：

收回投资，即总收入的现值等于投资，故有

$$\frac{a}{r}(1-\mathrm{e}^{-rT}) = A,$$

由此解得

$$T = \frac{1}{r}\ln\frac{a}{a-Ar}.$$

即收回投资的时间为

投资问题

$$T = \frac{1}{r}\ln\frac{a}{a-Ar}.$$

例如，若对某企业投资 $A = 800$（万元），年利率为 5%，设在 20 年中的均匀收入率为 $a = 200$（万元／年），则有总收入的现值为

$$y = \frac{200}{0.05}(1-\mathrm{e}^{-0.05 \times 20}) = 4\,000(1-\mathrm{e}^{-1}) \approx 2\,528.5\,(万元),$$

从而，投资所得的纯收入为

$$R = y - A = 2\,528.5 - 800 = 1\,728.5\,(万元),$$

投资回收期为

$$T = \frac{1}{0.05}\ln\frac{200}{200 - 800 \times 0.05} = 20\ln 1.25 \approx 4.46\,(年).$$

由此可知：该投资在 20 年中可得纯利润为 1 728.2 万元，投资回收期约为 4.46 年.

例 10　有一个大型投资项目，投资成本为 $A = 10\,000$（万元），投资年利率为 5%，每年的均匀收入率为 $a = 2\,000$（万元），求该投资为无限期时的纯收入的贴现值(或称

为投资的资本价值).

解 按题设条件, 收入率为 $a = 2\,000$(万元), 年利率 $r = 5\%$, 故无限期投资的总收入的贴现值为

$$y = \int_0^{+\infty} a\mathrm{e}^{-rt}\mathrm{d}t = \int_0^{+\infty} 2\,000\mathrm{e}^{-0.05t}\mathrm{d}t = \lim_{b \to +\infty} \int_0^b 2\,000\mathrm{e}^{-0.05t}\mathrm{d}t$$

$$= \lim_{b \to +\infty} \frac{2\,000}{0.05}[1 - \mathrm{e}^{-0.05b}] = 2\,000 \times \frac{1}{0.05} = 40\,000(万元).$$

从而投资为无限期时的纯收入的贴现值为

$$R = y - A = 40\,000 - 10\,000 = 30\,000(万元) = 3(亿元).$$

即投资为无限期时的纯收入的贴现值为 3 亿元. ■

4. 国民收入分配

现在, 我们讨论国民收入分配不平等的问题. 观察图 5-7-3 中的**洛伦兹** (M.O.Lorenz) **曲线**.

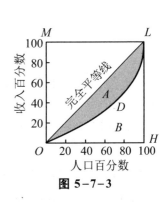

图 5-7-3

横轴 OH 表示人口(按收入由低到高分组)的累积百分比, 纵轴 OM 表示收入的累积百分比. 当**收入完全平等**时, 人口累积百分比等于收入累积百分比, 洛伦兹曲线为通过原点、倾角为 $45°$ 的直线; 当**收入完全不平等**时, 极少部分(例如1%)的人口却占有几乎全部(100%)收入, 洛伦兹曲线为折线 OHL. 实际上, 一般国家的收入分配, 既不会是完全平等, 也不会是完全不平等, 而是在两者之间, 即**洛伦兹曲线**是图中的凹曲线 ODL.

易见洛伦兹曲线与完全平等线的偏离程度的大小(即图示阴影面积), 它决定了该国国民收入分配不平等的程度.

为方便计算, 取横轴 OH 为 x 轴, 纵轴 OM 为 y 轴, 再假定该国某一时期国民收入分配的洛伦兹曲线可近似表示为 $y = f(x)$, 则

$$A = \int_0^1 [x - f(x)]\mathrm{d}x = \frac{1}{2}x^2\Big|_0^1 - \int_0^1 f(x)\mathrm{d}x = \frac{1}{2} - \int_0^1 f(x)\mathrm{d}x,$$

即 **不平等面积** A = **最大不平等面积** $(A + B) - B = \dfrac{1}{2} - \displaystyle\int_0^1 f(x)\mathrm{d}x,$

系数 $\dfrac{A}{A+B}$ 表示一个国家国民收入在国民之间分配的不平等程度, 经济学上, 称为**基尼 (Gini) 系数**, 记作 G.

$$G = \frac{A}{A+B} = \left(\frac{1}{2} - \int_0^1 f(x)\mathrm{d}x\right) \Big/ \left(\frac{1}{2}\right) = 1 - 2\int_0^1 f(x)\mathrm{d}x.$$

显然, $G = 0$ 时, 是完全平等情形; $G = 1$ 时, 是完全不平等情形.

例 11　某国某年国民收入在国民之间分配的洛伦兹曲线可近似地由 $y = x^2$ ($x \in$ [0, 1]) 表示，试求该国的基尼系数.

解　如图 5-7-4 所示，有

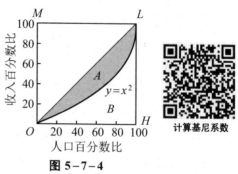

$$A = \frac{1}{2} - \int_0^1 f(x)\,\mathrm{d}x = \frac{1}{2} - \int_0^1 x^2\,\mathrm{d}x$$

$$= \frac{1}{2} - \frac{1}{3}x^3 \Big|_0^1 = \frac{1}{2} - \frac{1}{3} = \frac{1}{6}.$$

故所求基尼系数为

$$\frac{A}{A+B} = \frac{1/6}{1/2} = \frac{1}{3} \approx 0.33. \qquad ■$$

图 5-7-4

计算基尼系数

习题 5-7

1. 已知边际成本 $C'(q) = 25 + 30q - 9q^2$，固定成本为 55，试求总成本 $C(q)$、平均成本与变动成本.

2. 已知边际收入为 $R'(q) = 3 - 0.2q$，q 为销售量. 求总收入函数 $R(q)$，并确定最高收入的大小.

3. 某产品生产 q 个单位时总收入 R 的变化率为 $R'(q) = 200 - \dfrac{q}{100}$，求：

(1) 生产 50 个单位时的总收入；

(2) 在生产 100 个单位的基础上，再生产 100 个单位时总收入的增量.

4. 已知某商品每周生产 q 个单位时，总成本变化率为 $C'(q) = 0.4q - 12$ (元/单位)，固定成本为 500，求总成本 $C(q)$. 如果这种商品的销售单价是 20 元，求总利润 $L(q)$，并问每周生产多少单位时才能获得最大利润？

5. 已知某产品产量 $F(t)$ 的变化率是时间 t 的函数

$$f(t) = at^2 + bt + c \quad (a, b, c \text{ 是常数}),$$

求 $F(0) = 0$ 时产量与时间的函数关系 $F(t)$.

6. 某新产品的销售率由下式给出

$$f(x) = 100 - 90\,\mathrm{e}^{-x},$$

式中 x 是产品上市的天数，前四天的销售总数是曲线 $y = f(x)$ 与 x 轴在 [0, 4] 之间的面积 (见右图)，求前四天总的销售量.

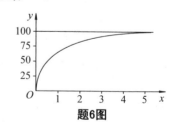

题6图

7. 设某城市人口总数为 F，已知 F 关于时间 t (年) 的变化率为

$$\frac{\mathrm{d}F}{\mathrm{d}t} = \frac{1}{\sqrt{t}}.$$

假设在计算的初始时间 ($t = 0$)，城市人口总数为 100 (万)，试求 t 年中该城市人口的总数.

8. 若边际消费倾向在收入为 Y 时是 $\dfrac{3}{2} Y^{-1/2}$, 且当收入为零时总消费支出 $c_0 = 70$.

(1) 求消费函数 $c(Y)$;

(2) 求收入由 100 增加到 196 时消费支出的增加数.

9. 设边际储蓄倾向 (即储蓄额 S 的变化率) 是收入 y 的函数

$$S'(y) = 0.3 - \frac{1}{10\sqrt{y}},$$

求收入从 $y = 100$ 元增加到 $y = 900$ 元时储蓄的增加额.

10. 如果需求曲线为 $D(q) = 50 - 0.025q^2$, 并已知需求量为 20 个单位, 试求消费者剩余 CS.

11. 假设某国某年的洛伦兹曲线近似地由 $y = x^3 (x \in [0,1])$ 表示, 试求该国的基尼系数.

12. 某投资项目的成本为 100 万元, 在 10 年中每年可收益 25 万元, 投资率为 5%, 试求这 10 年中该项投资的纯收入的贴现值.

13. 现购买一栋别墅价值 300 万元, 若首付 50 万元, 以后分期付款, 每年付款数目相同, 10 年付清, 年利率为 6%, 按连续复利计算, 问每年应付款多少? ($\mathrm{e}^{-0.6} \approx 0.5488$.)

14. 一位居民准备购买一栋别墅, 现价为 300 万元, 如果以分期付款的方式, 要求每年付款 21 万元, 且 20 年付清, 而银行的贷款年利率为 4%, 按连续复利计息, 请你帮这位购房者作一决策: 是采用一次付款合算还是分期付款合算?

总 习 题 五

1. 估计下列各积分的值:

(1) $\displaystyle\int_2^0 \mathrm{e}^{x^2 - x} \mathrm{d}x$;

(2) $\displaystyle\int_0^1 \frac{\mathrm{d}x}{\sqrt{4 - x^2 + x^3}}$.

2. 利用定积分中值定理证明: $\displaystyle\lim_{n \to \infty} \int_n^{n+p} \frac{\sin x}{x} \mathrm{d}x = 0$.

3. 求极限 $\displaystyle\lim_{n \to \infty} \int_n^{n+2} \frac{x^2}{\mathrm{e}^{x^2}} \mathrm{d}x$.

4. 求极限 $\displaystyle\lim_{n \to \infty} \sum_{k=1}^n \sqrt{\frac{(n+k)(n+k+1)}{n^4}}$.

5. 证明: $\ln(1 + n) < 1 + \dfrac{1}{2} + \dfrac{1}{3} + \cdots + \dfrac{1}{n} < 1 + \ln n$.

6. 设函数 $f(x)$ 在 $[a, b]$ 上连续, 且 $f(x) > 0$, 证明:

$$\ln\left[\frac{1}{b-a} \int_a^b f(x) \mathrm{d}x \right] \geq \frac{1}{b-a} \int_a^b \ln f(x) \mathrm{d}x.$$

7. 设 $f(x)$ 在 $[0, a]$ $(a > 0)$ 上有连续导数, 且 $f(0) = 0$, 证明:

$$\left| \int_0^a f(x) \mathrm{d}x \right| \leq \frac{Ma^2}{2},$$

其中 $M = \max\limits_{0 \leq x \leq a} |f'(x)|$.

8. 设 $f(x)$ 在 $[0,1]$ 上连续且单调减少, 试证: 对于任意 $a \in (0,1)$, 有

$$\int_0^a f(x)\,\mathrm{d}x \geq a \int_0^1 f(x)\,\mathrm{d}x.$$

9. $\varphi(x)$ 在 $[a,b]$ 上连续, $f(x) = (x-b)\int_a^x \varphi(t)\,\mathrm{d}t$, 则由罗尔定理, 必有 $\xi \in (a,b)$, 使 $f'(\xi) = ($).

(A) 1; (B) -1; (C) 0; (D) $\varphi(\xi)$.

10. 已知 $\int_0^x [2f(t)-1]\,\mathrm{d}t = f(x)-1$, 则 $f'(0) = ($).

(A) 2; (B) $2\mathrm{e}-1$; (C) 1; (D) $\mathrm{e}-1$.

11. 若 $f(x) = \begin{cases} \dfrac{\displaystyle\int_0^x (\mathrm{e}^{t^2}-1)\,\mathrm{d}t}{x^2}, & x \neq 0, \\ 0, & x = 0 \end{cases}$ 求 $f'(0)$.

12. 设函数 $y = y(x)$ 由方程 $\displaystyle\int_0^{y^2} \mathrm{e}^{-t}\,\mathrm{d}t + \int_x^0 \cos t^2\,\mathrm{d}t = 0$ 确定, 求 $\dfrac{\mathrm{d}y}{\mathrm{d}x}$.

13. 设 $x = \displaystyle\int_1^{t^2} u\ln u\,\mathrm{d}u$, $y = \displaystyle\int_{t^2}^1 u^2 \ln u\,\mathrm{d}u$ ($t>1$), 求 $\dfrac{\mathrm{d}^2 y}{\mathrm{d}x^2}$.

14. 求极限 $\displaystyle\lim_{x \to 0} \dfrac{\left(\displaystyle\int_0^x \mathrm{e}^{t^2}\,\mathrm{d}t\right)^2}{\displaystyle\int_0^x t\mathrm{e}^{2t^2}\,\mathrm{d}t}$.

15. 设 $f(t)$ 在 $0 \leq t < +\infty$ 上连续, 若 $\displaystyle\int_0^{x^2} f(t)\,\mathrm{d}t = x^2(1+x)$, 求 $f(2)$.

16. 求函数 $F(x) = \displaystyle\int_0^x t(t-4)\,\mathrm{d}t$ 在 $[-1,5]$ 上的最大值与最小值.

17. 已知 $f(x)$ 为连续函数, 且

$$\int_0^{2x} xf(t)\,\mathrm{d}t + 2\int_x^0 tf(2t)\,\mathrm{d}t = 2x^3(x-1),$$

求 $f(x)$ 在 $[0,2]$ 上的最值.

18. 设 $f(x) = \begin{cases} x^2, & x \in [0,1) \\ x, & x \in [1,2) \end{cases}$, 求 $\varphi(x) = \displaystyle\int_0^x f(t)\,\mathrm{d}t$ 在 $[0,2]$ 上的表达式, 并讨论 $\varphi(x)$ 在 $(0,2)$ 内的连续性.

19. 已知 $f(x) = x^2 - x\displaystyle\int_0^2 f(x)\,\mathrm{d}x + 2\int_0^1 f(x)\,\mathrm{d}x$, 求 $f(x)$.

20. 设 $f(x)$ 连续, 若 $f(x)$ 满足 $\displaystyle\int_0^x tf(2x-t)\,\mathrm{d}t = \mathrm{e}^x$, 且 $f(1)=1$, 求 $\displaystyle\int_1^2 f(x)\,\mathrm{d}x$.

21. 用定积分换元法计算下列定积分:

(1) $\displaystyle\int_0^\pi (1-\sin^3\theta)\,\mathrm{d}\theta$;

(2) $\displaystyle\int_0^3 \frac{\mathrm{d}x}{(1+x)\sqrt{x}}$;

(3) $\displaystyle\int_{\sqrt{\mathrm{e}}}^{\mathrm{e}} \frac{\mathrm{d}x}{x\sqrt{\ln x\,(1-\ln x)}}$;

(4) $\displaystyle\int_{-\sqrt{2}}^{\sqrt{2}} \sqrt{8-2y^2}\,\mathrm{d}y$;

(5) $\displaystyle\int_{1/\sqrt{2}}^1 \frac{\sqrt{1-x^2}}{x^2}\,\mathrm{d}x$;

(6) $\displaystyle\int_0^a x^2 \sqrt{a^2-x^2}\,\mathrm{d}x$;

(7) $\int_0^1 \dfrac{\sqrt{x}}{2-\sqrt{x}}\,dx$;　　　　(8) $\int_0^2 \dfrac{dx}{\sqrt{x+1}+\sqrt{(x+1)^3}}$;　　　　(9) $\int_{-3}^2 \min(2, x^2)\,dx$.

22. 用分部积分法计算下列定积分:

(1) $\int_{\frac{1}{e}}^{e} |\ln x|\,dx$;　　　　(2) $\int_0^1 x^5 \ln^3 x\,dx$;　　　　(3) $\int_0^1 \dfrac{\ln(1+x)}{(2-x)^2}\,dx$.

23. 利用函数的奇偶性计算下列定积分:

(1) $\int_{-1}^1 (2x+|x|+1)^2\,dx$;　　　　(2) $\int_{-\pi}^{\pi} (\sqrt{1+\cos 2x}+|x|\sin x)\,dx$.

24. 设定积分 $I_1 = \int_1^e \ln x\,dx$, $I_2 = \int_1^e \ln^2 x\,dx$, 则(　　).

(A) $I_2 - I_1^2 = 0$;　　　(B) $I_2 - 2I_1 = 0$;　　　(C) $I_2 + 2I_1 = e$;　　　(D) $I_2 - 2I_1 = e$.

25. 填空: $\int_{-1}^1 (x+\sqrt{1-x^2})^2\,dx = $ _____.

26. 填空: 设 $f(5)=2$, $\int_0^5 f(x)\,dx = 3$, 则 $\int_0^5 x f'(x)\,dx = $ _____.

27. 证明: 偶函数的原函数中的一个为奇函数, 而奇函数中的一切原函数皆为偶函数.

28. 证明: $\int_x^1 \dfrac{dx}{1+x^2} = \int_1^{1/x} \dfrac{dx}{1+x^2}$ $(x>0)$.

29. 已知 $f(x) = \tan^2 x$, 求 $\int_0^{\pi/4} f'(x) f''(x)\,dx$.

30. 设连续函数 $f(x)$ 是一个以 T 为周期的周期函数, 试证明: 对于任意常数 a, 有

$$\int_a^{a+T} f(x)\,dx = \int_0^T f(x)\,dx,$$

并说明其几何意义.

31. 设 $f(x) = \begin{cases} x^2, & 0 \le x \le 1 \\ 2-x, & 1 < x < 2 \end{cases}$, 求 $\int_0^2 f(x)\,dx$.

32. 求定积分 $\int_{-2}^4 \left(x^2 - 3|x| + \dfrac{1}{|x|+1} \right) dx$.

33. 设函数 $f(x)$ 在 $[a,b]$ 上连续, 且 $f(x)$ 在关于 $x = \dfrac{a+b}{2}$ 对称的点处取相同的值. 试证:

$$\int_a^b f(x)\,dx = 2\int_a^{\frac{a+b}{2}} f(x)\,dx.$$

34. 证明: $\int_1^a f\left(x^2 + \dfrac{a^2}{x^2} \right) \dfrac{dx}{x} = \int_1^a f\left(x + \dfrac{a^2}{x} \right) \dfrac{dx}{x}$.

35. 设 $f(x)$ 在 $[a,b]$ 上连续, 且严格单调增加, 证明:

$$(a+b)\int_a^b f(x)\,dx < 2\int_a^b x f(x)\,dx.$$

36. 设 $f(x) \ge 0$ 与 $f''(x) \le 0$ 对 $x \in [a,b]$ 成立, 试证:

$$f(x) \le \dfrac{2}{b-a}\int_a^b f(x)\,dx.$$

37. 判断下列各广义积分的敛散性，若收敛，计算其值：

(1) $\displaystyle\int_{-\infty}^{+\infty}(x^2+x+1)\mathrm{e}^{-x^2}\mathrm{d}x$；

(2) $\displaystyle\int_{-\infty}^{+\infty}(|x|+x)\mathrm{e}^{-|x|}\mathrm{d}x$.

38. 已知 $\displaystyle\int_0^{+\infty}\frac{\sin x}{x}\mathrm{d}x=\frac{\pi}{2}$，则 $\displaystyle\int_0^{+\infty}\frac{\sin^2 x}{x^2}\mathrm{d}x=$ _____ .

39. 计算广义积分 $\displaystyle\int_1^{+\infty}\frac{\mathrm{d}x}{\mathrm{e}^{x+1}+\mathrm{e}^{3-x}}$.

40. 求 c 的值，使 $\displaystyle\lim_{x\to+\infty}\left(\frac{x+c}{x-c}\right)^x=\int_{-\infty}^c t\mathrm{e}^{2t}\mathrm{d}t$.

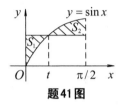

41. 设 $y=\sin x(0\le x\le\pi/2)$. 问：t 取何值时，右图中阴影部分的面积 S_1 与 S_2 之和 S 最小？最大？

题 41 图

42. 由曲线 $y=1-x^2(0\le x\le1)$ 与 x,y 轴围成的区域被曲线 $y=ax^2(a>0)$ 分为面积相等的两部分，求 a 的值.

43. 求介于直线 $x=0$，$x=2\pi$ 之间由曲线 $y=\sin x$ 和 $y=\cos x$ 围成的平面图形的面积.

44. 圆 $\rho=1$ 被心形线 $\rho=1+\cos\theta$ 分割成两部分，求这两部分的面积.

45. 计算 $y=\mathrm{e}^{-x}$ 与直线 $y=0$ 之间位于第一象限内的平面图形绕 x 轴旋转产生的旋转体的体积.

46. 求由圆 $x^2+(y-5)^2=16$ 绕 x 轴旋转而成的环体的体积.

47. 将曲线 $y=\dfrac{\sqrt{x}}{1+x^2}$ 绕 x 轴旋转得一旋转体.

(1) 求此旋转体的体积 V_∞；

(2) 记此旋转体介于 $x=0$ 与 $x=a$ 之间的体积为 $V(a)$，问 a 为何值时有 $V(a)=V_\infty/2$？

48. 将抛物线 $y=x^2-ax$ 在横坐标 0 与 $c(c>a>0)$ 之间的弧段绕 x 轴旋转，问 c 为何值时，所得旋转体积 V 等于弦 $OP(P$ 为抛物线与 $x=c$ 的交点 $)$ 绕 x 轴旋转所得锥体的体积 $V_{锥}$？

49. 某产品的总成本（万元）的变化率 $C'(q)=1($万元/百台$)$，总收入（万元）的变化率为产量 q（百台）的函数

$$R'(q)=5-q\ (万元/百台).$$

(1) 求产量 q 为多少时，利润最大？

(2) 在上述产量（使利润最大）的基础上再生产 100 台，利润将减少多少？

50. 某公司投资 $2\,000$ 万元建成一条生产线，投产后，在 t 时刻的追加成本和追加收益分别为 $g(t)=5+2t^{2/3}$（百万元/年），$\varphi(t)=17-t^{2/3}$（百万元/年），试确定该生产线在何时停产可获得最大利润？最大利润是多少？

51. 生产某种产品的固定成本为 50 万元，边际成本与边际收益分别为

$$MC=Q^2-16Q+100\ (万元/单位产品),$$
$$MR=89-4Q\qquad(万元/单位产品).$$

试确定工厂应将产量定为多少个单位时，才能获得最大利润？并求最大利润.

数学家简介 [5]

莱布尼茨

—— 博学多才的符号大师

莱布尼茨

莱布尼茨 (Leibniz), 1646 年 7 月 1 日出生于德国莱比锡的一个书香门第之家, 其父亲是莱比锡大学的哲学教授, 在莱布尼茨 6 岁时去世了. 莱布尼茨自幼聪慧好学, 童年时代便自学他父亲遗留的藏书, 并自学了中小学课程. 1661 年, 15 岁的莱布尼茨进入了莱比锡大学学习法律, 17 岁获得学士学位, 同年夏季, 莱布尼茨前往耶拿大学, 跟随魏格尔 (E.Weigel) 系统地学习了欧氏几何, 他开始确信毕达哥拉斯 – 柏拉图 (Pythagoras – Plato) 的宇宙观: 宇宙是一个由数学和逻辑原则统率的和谐的整体. 1664 年, 18 岁的莱布尼茨获得哲学硕士学位. 20 岁在阿尔特道夫获得博士学位. 1672 年, 莱布尼茨以外交官身份出访巴黎, 在那里结识了惠更斯 (Huygens, 荷兰人) 以及许多其他杰出学者, 从而更加激发了莱布尼茨对数学的兴趣. 在惠更斯的指导下, 莱布尼茨系统地研究了当时一批著名数学家的著作. 1673 年出访伦敦期间, 莱布尼茨又与英国学术界知名学者建立了联系, 从此, 他以非凡的理解力和创造力进入了数学研究的前沿阵地. 1676 年定居德国汉诺威, 任腓特烈公爵的法律顾问及图书馆馆长, 直到 1716 年 11 月 4 日逝世, 长达 40 年. 莱布尼茨曾历任英国皇家学会会员、巴黎科学院院士, 创建了柏林科学院并担任第一任院长.

莱布尼茨的研究兴趣非常广泛. 他的学识涉及哲学、历史、语言、数学、生物、地质、物理、机械、神学、法学、外交等领域, 并在每个领域中都有杰出的成就. 然而, 由于他独立创建了微积分, 并精心设计了非常巧妙而简洁的微积分符号, 从而他以伟大数学家的称号闻名于世.

莱布尼茨在从事数学研究的过程中深受他的哲学思想的支配. 他说 dx 和 x 相比, 如同点和地球, 或地球半径与宇宙半径相比. 在其积分法论文中, 他从求曲线所围面积的积分概念出发, 把积分看作是无穷小的和, 并引入积分符号 $\int$ (它是通过把拉丁文 "Summa" 的字头 S 拉长而得到的). 他的这个符号, 以及微积分的要领和法则一直保留在当今的教材中. 莱布尼茨也发现了微分和积分是一对互逆的运算, 并建立了沟通微分与积分内在联系的微积分基本定理, 从而使原本各自独立的微分学和积分学构成了统一的微积分学的整体.

莱布尼茨是数学史上最伟大的符号学者之一, 堪称符号大师. 他曾说: "要发明, 就要挑选恰当的符号, 要做到这一点, 就要用含义简明的少量符号来表达和比较忠实地描绘事物的内在本质, 从而最大限度地减少人的思维劳动." 正像印度 — 阿拉伯的数学促进了算术和代数发展一样, 莱布尼茨所创造的这些数学符号对微积分的发展起了很大的促进作用. 欧洲大陆的数学得以迅速发展, 莱布尼茨的巧妙符号功不可没. 除积分、微分符号外, 他创设的符号还有商 "a/b"、比 "$a:b$"、相似 "$\backsim$"、全等 "$\cong$"、并 "$\cup$"、交 "$\cap$" 以及函数和行列式等符号.

牛顿和莱布尼茨对微积分都作出了巨大贡献, 但两人的方法和途径是不同的. 牛顿是在力学研究的基础上，运用几何方法研究微积分；莱布尼茨主要是在研究曲线的切线和面积的问题上，运用分析学方法引进微积分要领．牛顿在微积分的应用上更多地结合了运动学，造诣精深；但莱布尼茨的表达形式简洁准确，胜过牛顿．在对微积分具体内容的研究上，牛顿先有导数概念，后有积分概念；莱布尼茨则先有求积分概念，后有导数概念．除此之外，牛顿与莱布尼茨的学风也迥然不同．作为科学家的牛顿，治学严谨．他迟迟不发表微积分著作《流数术》的原因，很可能是他没有找到合理的逻辑基础，也可能是"害怕别人反对的心理"所致．但作为哲学家的莱布尼茨比较大胆，富于想象力，勇于推广，结果造成虽然创作年代上牛顿先于莱布尼茨10 年，而在发表的时间上，莱布尼茨却早于牛顿 3 年．

虽然牛顿和莱布尼茨研究微积分的方法各异，但殊途同归．各自独立地完成了创建微积分的盛业，光荣应由他们两人共享．然而，在历史上曾出现过一场围绕发明微积分优先权的激烈争论．牛顿的支持者，包括数学家泰勒和麦克劳林，认为莱布尼茨剽窃了牛顿的成果．争论把欧洲科学家分成誓不两立的两派：英国和欧洲大陆．争论双方停止学术交流，不仅影响了数学的正常发展，也波及了自然科学领域，以致发展成为英德两国之间的政治摩擦．自尊心很强的英国抱住牛顿的概念和记号不放，拒绝使用更为合理的莱布尼茨的微积分符号和技巧，致使后来的两百多年间英国在数学发展上大大落后于欧洲大陆．一场旷日持久的争论变成了科学史上的前车之鉴．

莱布尼茨的科研成果大部分出自青年时代，随着这些成果的广泛传播，荣誉纷纷而来，他也变得越来越保守．到了晚年，他在科学方面已无所作为．他开始为宫廷唱赞歌，为上帝唱赞歌，沉醉于神学和公爵家族的研究．莱布尼茨生命中的最后 7 年，是在别人带来的他和牛顿关于微积分发明权的争论中痛苦地度过的．他和牛顿一样，都终生未娶．

附　　录

附录 I　预备知识

一、常用初等代数公式

1. 一元二次方程 $ax^2 + bx + c = 0\ (a \neq 0)$

根的判别式 $\Delta = b^2 - 4ac$.

　　　　　当 $\Delta > 0$ 时, 方程有两个相异实根;

　　　　　当 $\Delta = 0$ 时, 方程有两个相等实根;

　　　　　当 $\Delta < 0$ 时, 方程有共轭复根.

求根公式为 $x_{1,2} = \dfrac{-b \pm \sqrt{b^2 - 4ac}}{2a}$.

2. 指数的运算性质

(1) $a^m \cdot a^n = a^{m+n}$;　　　　(2) $\dfrac{a^m}{a^n} = a^{m-n}$;　　　　(3) $(a^m)^n = a^{m \cdot n}$;

(4) $(a \cdot b)^m = a^m \cdot b^m$;　　　(5) $\left(\dfrac{a}{b}\right)^m = \dfrac{a^m}{b^m}$.

3. 对数的运算性质

(1) 若 $a^y = x$, 则 $y = \log_a x$;　　　　　　(2) $\log_a a = 1$, $\log_a 1 = 0$, $\ln e = 1$, $\ln 1 = 0$;

(3) $\log_a(x \cdot y) = \log_a x + \log_a y$;　　　　(4) $\log_a \dfrac{x}{y} = \log_a x - \log_a y$;

(5) $\log_a x^b = b \cdot \log_a x$;　　　　　　　　(6) $a^{\log_a x} = x$, $e^{\ln x} = x$.

(7) $\log_a b = \dfrac{\log_c b}{\log_c a}$, $\log_a b = \dfrac{1}{\log_b a}$;　　　(8) $\log_{a^n} b^m = \dfrac{m}{n} \log_a b$.

4. 排列组合公式

(1) $n! = n(n-1)(n-2) \cdots 2 \cdot 1$, $0! = 1$;

(2) 排列数 $P_n^m = n(n-1)(n-2) \cdots (n-m+1)$, $P_n^0 = 1$, $P_n^n = n!$;

(3) 组合数 $C_n^m = \dfrac{n(n-1)(n-2) \cdots (n-m+1)}{m!} = \dfrac{n!}{m!(n-m)!}$, $C_n^0 = 1$, $C_n^n = 1$.

5. 常用二项展开及分解公式

(1) $(a+b)^2 = a^2 + 2ab + b^2$;　　　　　　(2) $(a-b)^2 = a^2 - 2ab + b^2$;

(3) $(a+b)^3 = a^3 + 3a^2b + 3ab^2 + b^3$;　　　(4) $(a-b)^3 = a^3 - 3a^2b + 3ab^2 - b^3$;

(5) $a^2 - b^2 = (a+b)(a-b)$;　　　　　　(6) $a^3 - b^3 = (a-b)(a^2 + ab + b^2)$;

(7) $a^3 + b^3 = (a+b)(a^2 - ab + b^2)$;

(8) $a^n - b^n = (a-b)(a^{n-1} + a^{n-2}b + a^{n-3}b^2 + \cdots + b^{n-1})$;

(9) $(a+b)^n = C_n^0 a^n + C_n^1 a^{n-1}b + C_n^2 a^{n-2}b^2 + \cdots + C_n^k a^{n-k}b^k + \cdots + C_n^n b^n$.

6. 常用不等式及其运算性质

如果 $a > b$, 则有

(1) $a \pm c > b \pm c$;　　　　　　　　　　　　(2) $ac > bc \ (c > 0), \ ac < bc \ (c < 0)$;

(3) $\dfrac{a}{c} > \dfrac{b}{c} \ (c > 0), \ \dfrac{a}{c} < \dfrac{b}{c} \ (c < 0)$;

(4) $a^n > b^n \ (n > 0, a > 0, b > 0), \ a^n < b^n \ (n < 0, a > 0, b > 0)$;

(5) $\sqrt[n]{a} > \sqrt[n]{b} \ (n$ 为正整数 $, a > 0, b > 0)$;

对于任意实数 a, b, 均有

(6) $||a| - |b|| \le |a+b| \le |a| + |b|$;

(7) $a^2 + b^2 \ge 2ab$.

7. 常用数列公式

(1) 等差数列: $a_1, a_1+d, a_1+2d, \cdots, a_1+(n-1)d$, 其公差为 d, 前 n 项的和为

$$s_n = a_1 + (a_1+d) + (a_1+2d) + \cdots + [a_1+(n-1)d] = \frac{a_1 + [a_1+(n-1)d]}{2} \cdot n.$$

(2) 等比数列 $a_1, a_1q, a_1q^2, \cdots, a_1q^{n-1}$, 公比为 q, 前 n 项的和为

$$s_n = a_1 + a_1q + a_1q^2 + \cdots + a_1q^{n-1} = \frac{a_1(1-q^n)}{1-q}.$$

(3) 一些常见数列的前 n 项和

$1 + 2 + 3 + \cdots + n = \dfrac{1}{2}n(n+1)$;　　　　　$2 + 4 + 6 + \cdots + 2n = n(n+1)$;

$1 + 3 + 5 + \cdots + (2n-1) = n^2$;　　　　　$1^2 + 2^2 + 3^2 + \cdots + n^2 = \dfrac{1}{6}n(n+1)(2n+1)$;

$1^2 + 3^2 + 5^2 + \cdots + (2n-1)^2 = \dfrac{1}{3}n(4n^2-1)$;　　$1 \cdot 2 + 2 \cdot 3 + 3 \cdot 4 + \cdots + n(n+1) = \dfrac{1}{3}n(n+1)(n+2)$;

$\dfrac{1}{1 \cdot 2} + \dfrac{1}{2 \cdot 3} + \dfrac{1}{3 \cdot 4} + \cdots + \dfrac{1}{n(n+1)} = 1 - \dfrac{1}{n+1}$;

$1^3 + 2^3 + \cdots + n^3 = (1 + 2 + \cdots + n)^2$, 即 $\displaystyle\sum_{i=1}^{n} i^3 = \left(\sum_{i=1}^{n} i\right)^2 = \left[\dfrac{n(n+1)}{2}\right]^2$.

二、常用基本三角公式

1. 基本公式

$\sin^2 x + \cos^2 x = 1$; $1 + \tan^2 x = \sec^2 x$; $1 + \cot^2 x = \csc^2 x$.

2. 倍角公式

$\sin 2x = 2\sin x \cos x$; $\cos 2x = \cos^2 x - \sin^2 x = 1 - 2\sin^2 x = 2\cos^2 x - 1$; $\tan 2x = \dfrac{2\tan x}{1 - \tan^2 x}$;

$\sin 3x = 3\sin x - 4\sin^3 x$; $\cos 3x = 4\cos^3 x - 3\cos x$; $\tan 3x = \dfrac{3\tan x - \tan^3 x}{1 - 3\tan^2 x}$.

3. 半角公式

$\sin^2 \dfrac{x}{2} = \dfrac{1 - \cos x}{2}$; $\cos^2 \dfrac{x}{2} = \dfrac{1 + \cos x}{2}$; $\tan \dfrac{x}{2} = \dfrac{1 - \cos x}{\sin x}$.

4. 加法公式

$\sin(x \pm y) = \sin x \cos y \pm \cos x \sin y$;

$\cos(x \pm y) = \cos x \cos y \mp \sin x \sin y$;

$\tan(x \pm y) = \dfrac{\tan x \pm \tan y}{1 \mp \tan x \tan y}$.

5. 和差化积公式

$\sin x + \sin y = 2 \sin \dfrac{x+y}{2} \cos \dfrac{x-y}{2}$; $\sin x - \sin y = 2 \cos \dfrac{x+y}{2} \sin \dfrac{x-y}{2}$;

$\cos x + \cos y = 2 \cos \dfrac{x+y}{2} \cos \dfrac{x-y}{2}$; $\cos x - \cos y = -2 \sin \dfrac{x+y}{2} \sin \dfrac{x-y}{2}$.

6. 积化和差公式

$\sin x \cos y = \dfrac{1}{2}[\sin(x+y) + \sin(x-y)]$; $\cos x \sin y = \dfrac{1}{2}[\sin(x+y) - \sin(x-y)]$;

$\cos x \cos y = \dfrac{1}{2}[\cos(x+y) + \cos(x-y)]$; $\sin x \sin y = -\dfrac{1}{2}[\cos(x+y) - \cos(x-y)]$.

7. 万能公式

$\sin x = \dfrac{2\tan \dfrac{x}{2}}{1 + \tan^2 \dfrac{x}{2}}$; $\cos x = \dfrac{1 - \tan^2 \dfrac{x}{2}}{1 + \tan^2 \dfrac{x}{2}}$; $\tan x = \dfrac{2\tan \dfrac{x}{2}}{1 - \tan^2 \dfrac{x}{2}}$.

8. 正弦定理

$\dfrac{a}{\sin A} = \dfrac{b}{\sin B} = \dfrac{c}{\sin C} = 2R$，$a, b, c$ 为角 A, B, C 的对边，R 为三角形 ABC 外接圆的半径.

9. 余弦定理

$a^2 = b^2 + c^2 - 2bc \cdot \cos A$;

$b^2 = c^2 + a^2 - 2ca \cdot \cos B$; a, b, c 为角 A, B, C 的对边.

$c^2 = a^2 + b^2 - 2ab \cdot \cos C$.

三、常用求面积和体积的公式

1. 圆：

周长 $= 2\pi r$

面积 $= \pi r^2$

2. 平行四边形：

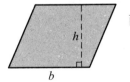

面积 $= bh$

3. 三角形：

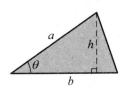

面积 $= \dfrac{1}{2} bh$

面积 $= \dfrac{1}{2} ab \sin \theta$

4. 梯形：

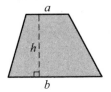

面积 $= \dfrac{a+b}{2} h$

5. 圆扇形:

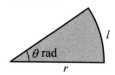

面积 $= \dfrac{1}{2} r^2 \theta$

弧长 $l = r\theta$

6. 扇环:

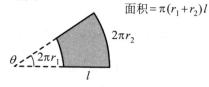

面积 $= \pi(r_1 + r_2) l$

7. 正圆柱体:

体积 $= \pi r^2 h$

侧面积 $= 2\pi rh$

表面积 $= 2\pi r(r + h)$

8. 圆锥体:

体积 $= \dfrac{1}{3}\pi r^2 h$

侧面积 $= \pi rl$

表面积 $= \pi r(r + l)$

9. 圆台:

体积 $= \dfrac{1}{3}\pi(r^2 + rR + R^2) h$

侧面积 $= \pi(r + R) l$

表面积 $= \pi(r + R) l + \pi(r^2 + R^2)$

10. 球体:

体积 $= \dfrac{4}{3}\pi r^3$

表面积 $= 4\pi r^2$

附录Ⅱ　常用曲线

(1) 三次抛物线

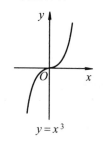

$y = x^3$

(2) 半立方抛物线

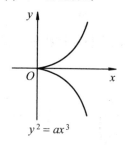

$y^2 = ax^3$

(3) 概率曲线

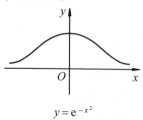

$y = \mathrm{e}^{-x^2}$

(4) 箕舌线

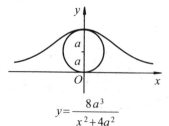

$y = \dfrac{8a^3}{x^2 + 4a^2}$

(5) 蔓叶线

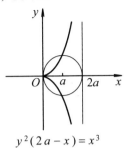

$$y^2(2a-x)=x^3$$

(6) 笛卡儿叶形线

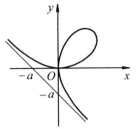

$$x^3+y^3-3axy=0$$

$$x=\frac{3at}{1+t^3},\ y=\frac{3at^2}{1+t^3}$$

(7) 星形线

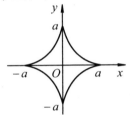

$$x^{\frac{2}{3}}+y^{\frac{2}{3}}=a^{\frac{2}{3}},\ \begin{cases} x=a\cos^3\theta \\ y=a\sin^3\theta \end{cases}$$

(8) 摆线

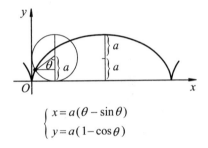

$$\begin{cases} x=a(\theta-\sin\theta) \\ y=a(1-\cos\theta) \end{cases}$$

(9) 心形线

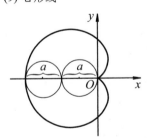

$$x^2+y^2+ax=a\sqrt{x^2-y^2}$$

$$\rho=a(1-\cos\theta)$$

(10) 心形线

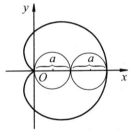

$$x^2+y^2-ax=a\sqrt{x^2-y^2}$$

$$\rho=a(1+\cos\theta)$$

(11) 阿基米德螺线

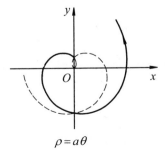

$$\rho=a\theta$$

(12) 对数螺线

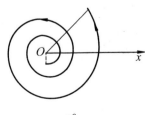

$$\rho=\mathrm{e}^{\alpha\theta}$$

(13) 双曲螺线

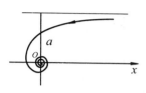

$$\rho\theta = a$$

(14) 悬链线

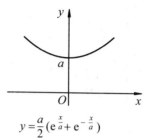

$$y = \frac{a}{2}(e^{\frac{x}{a}} + e^{-\frac{x}{a}})$$

(15) 伯努利双纽线

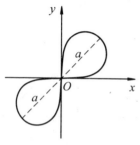

$$(x^2 + y^2)^2 = 2a^2 xy$$
$$r^2 = a^2 \sin 2\theta$$

(16) 伯努利双纽线

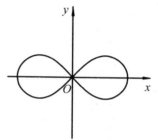

$$(x^2 + y^2)^2 = a^2(x^2 - y^2)$$
$$r^2 = a^2 \cos 2\theta$$

(17) 三叶玫瑰线

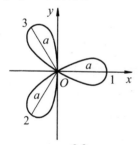

$$r = a\cos 3\theta$$

(18) 三叶玫瑰线

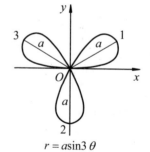

$$r = a\sin 3\theta$$

(19) 四叶玫瑰线

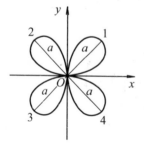

$$r = a\sin 2\theta$$

(20) 四叶玫瑰线

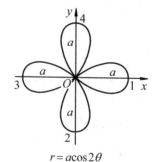

$$r = a\cos 2\theta$$

(21) 圆

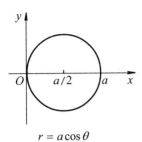

$$r = a\cos\theta$$

(22) 圆

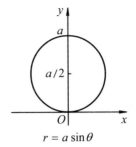

$$r = a\sin\theta$$

(23) 椭圆

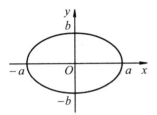

$$\frac{x^2}{a^2} + \frac{y^2}{b^2} = 1, \quad \begin{cases} x = a\cos\theta \\ y = b\sin\theta \end{cases}$$

(24) 抛物线

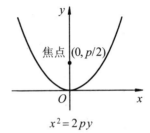

焦点 $(0, p/2)$

$$x^2 = 2py$$

(25) 抛物线

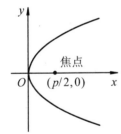

焦点 $(p/2, 0)$

$$y^2 = 2px, \quad r = \frac{p}{1 - \cos\theta}$$

(26) 抛物线

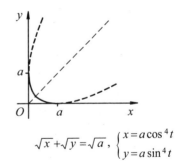

$$\sqrt{x} + \sqrt{y} = \sqrt{a}, \quad \begin{cases} x = a\cos^4 t \\ y = a\sin^4 t \end{cases}$$

(27) 双曲线

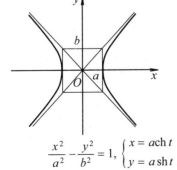

$$\frac{x^2}{a^2} - \frac{y^2}{b^2} = 1, \quad \begin{cases} x = a\operatorname{ch} t \\ y = a\operatorname{sh} t \end{cases}$$

(28) 双曲线

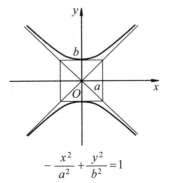

$$-\frac{x^2}{a^2} + \frac{y^2}{b^2} = 1$$

习题答案

第1章　答案

习题 1-1

1. (1) $[-1,0) \bigcup (0,1]$; 　　(2) $(1,2]$; 　　(3) $[-1,3]$; 　　(4) $(-\infty,0) \bigcup (0,3]$;

(5) $(-\infty,-1) \bigcup (1,3)$; 　　(6) $(1,2) \bigcup (2,4)$.

2. (1) 不相同; 　　(2) 不相同; 　　(3) 相同; 　　(4) 不相同.

4. (1) 单调增加; 　　(2) 单调增加.

7. (1) 既非奇函数又非偶函数; 　　(2) 偶函数; 　　(3) 偶函数; 　　(4) 奇函数.

8. (1) 是周期函数, 周期 $l=2\pi$; 　　(2) 不是周期函数; 　　(3) 是周期函数, 周期 $l=\pi$.

*10. (1) $y=207\,139+49.8\,x$; 　　(2) $396\,379$.

*11. (1) $y=1.813\,x+2.356$; 　　(2) 52.214.

*12. (1) $y=770\,\mathrm{e}^{-0.336\,x}$; 　　(2) 第 13 天.

习题 1-2

1. (1) $y=\dfrac{1-x}{1+x}$; 　　(2) $y=\log_2 \dfrac{x}{1-x}$; 　　(3) $y=1+\mathrm{e}^{x-1}$; 　　(4) $y=\sqrt[3]{x^3-1}$.

2. $f(x-1)=\begin{cases} 1, & x<1 \\ 0, & x=1, \\ 1, & x>1 \end{cases} f(x^2-1)=\begin{cases} 1, & |x|<1 \\ 0, & |x|=1. \\ 1, & |x|>1 \end{cases}$ 　　　3. $-3/8,\ 0$.

4. $f[f(x)]=\dfrac{x}{1-2x}$, $f\{f[f(x)]\}=\dfrac{x}{1-3x}$.

5. (1) $y=\sin u,\ u=2x$; 　　　　　(2) $y=\sqrt{u},\ u=\tan v,\ v=\mathrm{e}^x$;

(3) $y=a^u,\ u=v^2,\ v=\sin x$; 　　　(4) $y=\ln u,\ u=\ln v,\ v=\ln x$;

(5) $y=u^3,\ u=1+v^2,\ v=\ln x$; 　　(6) $y=x^2 u,\ u=\cos v,\ v=\mathrm{e}^w,\ w=\sqrt{x}$.

6. (1) $[-1,1]$; 　　(2) $\bigcup\limits_{n\in\mathbf{Z}} [2n\pi,(2n+1)\pi]$; 　　(3) $[1,\mathrm{e}]$; 　　(4) $[-1,1]$.

7. $f(t)=5t+\dfrac{2}{t^2}$, $f(t^2+1)=5(t^2+1)+\dfrac{2}{(t^2+1)^2}$. 　　　　　　　8. $f(x)=x^2-2$.

9. $f(x)=2(1-x^2)$. 　　　　　10. $\varphi(x)=\arcsin(1-x^2)$, $[-\sqrt{2},\sqrt{2}]$.

11. (1)100; 　　(2)6 394; 　　(3)1小时后. 　　　12. (1) $y=6.6\left(\dfrac{1}{2}\right)^{\frac{x}{14}}$; 　　(2)大约38天后.

习题 1-3

1. $f(x)=\begin{cases} 0.15x, & 0<x\leqslant 50 \\ 7.5+0.25(x-50), & x>50 \end{cases}$. 　　　2. 779.46 元. 　　　3. 5, 20.

4. (1) $C(q)=100+3q$, $C(0)=100$; (2) $C(200)=700$ (元), $\overline{C}(200)=3.5$ (元).

5. $R(q) = \dfrac{(1\,000 - q)q}{5}$, 32 000.   6. $R(x) = \begin{cases} 1\,200x, & 0 \le x \le 1\,000 \\ 1\,200x - 2\,500, & 1\,000 < x \le 1\,520 \end{cases}$.

7. $Q = 40\,000 - 1\,000P$, $R(Q) = 40Q - \dfrac{Q^2}{1\,000}$.

8. (1) 9;   (2) 9;   (3) 因为 $L(q) < 0$.

9. (1) $p = \begin{cases} 90, & 0 \le x \le 100 \\ 90 - (x - 100) \cdot 0.01, & 100 < x < 1\,600; \\ 75, & x \ge 1\,600 \end{cases}$

(2) $L = \begin{cases} 30x, & 0 \le x \le 100 \\ 31x - 0.01x^2, & 100 < x < 1\,600; \\ 15x, & x \ge 1\,600 \end{cases}$ (3) $L = 21\,000\,(元)$.

10. (1) $L(q) = 8q - 7 - q^2$;   (2) $L(4) = 9$, $\overline{L}(4) = 9/4$;   (3) 亏损.

11. 销量大于7或小于1时亏损, 销量大于1且小于7时盈利, 销量为1或7时盈亏平衡.

12. (1) $P \approx 3.45\,(元)$;   (2) $P \approx 4.18$.

习题 1-4

1. (1) 0;   (2) 0;   (3) 2;   (4) 1;   (5) 没有极限.

3. $\lim\limits_{n \to \infty} x_n = 0$, $N = [1/\varepsilon]$; 当 $\varepsilon = 0.001$ 时, 取数 $N = 1\,000$.

习题 1-5

1. (1) 0;   (2) 2;   (3) 3;   (4) 2;

2. 不一定.   3. $\delta = 0.000\,2$.   4. $\delta = 0.5$.

6. $\lim\limits_{x \to 0^-} f(x) = -1$, $\lim\limits_{x \to 0^+} f(x) = 1$, $\lim\limits_{x \to 0} f(x)$ 不存在.   8. 不存在.

习题 1-6

1. (1) ×;   (2) √;   (3) √;   (4) ×;   (5) ×.

2. (1) 无穷小;   (2) 无穷小;   (3) 无穷大.   4. (1) 3;   (2) 2;   (3) ∞.

5. 极限 $\lim\limits_{x \to \infty} e^{1/x}$ 存在; 极限 $\lim\limits_{x \to 0} e^{1/x}$ 不存在.

6. $y = x\cos x$ 在 $(-\infty, +\infty)$ 内无界, 但当 $x \to +\infty$ 时, 此函数不是无穷大.

习题 1-7

1. (1) 5   (2) −9;   (3) 0;   (4) 0;   (5) 2;   (6) 0;   (7) 2/3;
(8) 1/2;   (9) $2x$;   (10) 2;   (11) 0;   (12) 0;   (13) −2;   (14) ∞;
(15) 1/2;   (16) 0;   (17) −1;   (18) $(3/2)^{20}$;   (19) 1.

2. (1) 1/5;   (2) ∞;   (3) 2;   (4) 1/2.   3. $\lim\limits_{x \to 0} f(x)$ 不存在; $\lim\limits_{x \to 1} f(x) = 2$.

4. (1) −1;   (2) $\sqrt{2}$.   5. (1) 1/4;   (2) 0;   (3) 4;   (4) 0;   (5) ∞.

6. $k = -3$.   7. $a = 1, b = -1$.   8. 1/2.

习题 1-8

1. (1) 3;   (2) 1;   (3) 1;   (4) 0;   (5) 2;   (6) $\sqrt{2}$;   (7) 1;   (8) 2/3;   (9) 0.

2. (1) $1/e$;　(2) e^2;　(3) e^2;　(4) e^{-k};　(5) e^{-1};　(6) e^{2a};　(7) e;　(8) 1;　(9) $5/3$.

3. -1.　　　　　4. $c = \ln 3$.

5. (1) 提示: $\dfrac{n}{n+\pi} \le n\left(\dfrac{1}{n^2+\pi} + \dfrac{1}{n^2+2\pi} + \cdots + \dfrac{1}{n^2+n\pi} \right) \le \dfrac{n^2}{n^2+\pi}$.

　　(2) 提示: 当 $x > 0$ 时, $1 < \sqrt[n]{1+x} < 1+x$; 当 $-1 < x < 0$ 时, $1+x < \sqrt[n]{1+x} < 1$.

6. $\dfrac{1+\sqrt{13}}{2}$.　　　　　　　　　7. 20 年后的本利和为 6 640 元.

8. 当初的投资额约为 424 元.　　　　9. 15 059.71 元.

习题 1-9

1. $x \to 0$ 时, $x^2 - x^3$ 是比 $x - x^2$ 高阶的无穷小.

2. 同阶; 等价无穷小.　　　　　3. 三阶无穷小.　　　4. 同阶, 但不是等价无穷小.

5. (1) $3/5$;　　(2) 3;　　(3) 2;　　(4) 5;　　(5) $1/2$;　　(6) 5.

习题 1-10

1. (1) $f(x)$ 在 $[0,2]$ 上连续;

　　(2) $f(x)$ 在 $(-\infty,-1)$ 与 $(-1,+\infty)$ 内连续, $x = -1$ 为跳跃间断点.

2. (1) 连续;　　　　　　　(2) 连续.　　　　　　　3. 连续.

4. (1) $x = -2$ 为第二类的无穷间断点;

　　(2) $x = 1$ 为第一类的可去间断点, 补充 $y(1) = -2$, $x = 2$ 为第二类的无穷间断点;

　　(3) $x = 0$ 为可去间断点, 补充 $y(0) = -1$;　　　　(4) $x = 0$ 为第二类的振荡间断点.

5. $a = 1$.　　　　6. $a = 1$, $b = e$.　　　　7. 左不连续, 右连续.

习题 1-11

1. 连续区间: $(-\infty,-3), (-3,2), (2,+\infty)$; $\lim\limits_{x \to 0} f(x) = 1/2$, $\lim\limits_{x \to -3} f(x) = -8/5$, $\lim\limits_{x \to 2} f(x) = \infty$.

2. (1) $\sqrt{5}$;　　(2) 1;　　(3) 0;　　(4) $1/2$;　　(5) 0;　　(6) 0.

7. 提示: $m \le \dfrac{f(x_1) + f(x_2) + \cdots + f(x_n)}{n} \le M$, 其中 m, M 分别为 $f(x)$ 在 $[x_1, x_n]$ 上的最小值及最大值.

总习题一

1. $[-1, 3]$.　　　　2. $[0, +\infty)$.　　　　3. $\delta = \sqrt{2}$.　　　5. 周期 $T = 2(b-a)$.

7. (1) $y = -\dfrac{x}{(1+x)^2}$;　(2) $y = \begin{cases} x, & -\infty < x < 1 \\ \sqrt{x}, & 1 \le x \le 4 \\ \log_3 x, & 9 < x < +\infty \end{cases}$.　8. $f(x) = -2x + \dfrac{1}{1-x}$, $0 < x < 1$.

9. $f(x) = \dfrac{1}{a^2-b^2}\left(a\sin x + b\sin\dfrac{1}{x} \right)$.　　　10. $f(x) = \begin{cases} \dfrac{1}{x} + \dfrac{\sqrt{1+x^2}}{x}, & x > 0 \\ \dfrac{1}{x} - \dfrac{\sqrt{1+x^2}}{x}, & x < 0 \end{cases}$.

11. $\varphi(x) = \begin{cases} (x-1)^2, & 1 \le x \le 2 \\ 2(x-1), & 2 < x \le 3 \end{cases}$.　　　12. $\varphi(x) = \sqrt{\ln(1-x)}$, $x \le 0$.

13. $f[g(x)] = \begin{cases} 1, & x < 0 \\ 0, & x = 0, \\ -1, & x > 0 \end{cases} \quad g[f(x)] = \begin{cases} \mathrm{e}, & |x| < 1 \\ 1, & |x| = 1 \\ \mathrm{e}^{-1}, & |x| > 1 \end{cases}$

14. $f[f(x)] = \begin{cases} 0, & x \leq 0 \\ x, & x > 0 \end{cases} = f(x); \quad g[g(x)] = 0;$

$f[g(x)] = 0; \quad g[f(x)] = \begin{cases} 0, & x \leq 0 \\ -x^2, & x > 0 \end{cases} = g(x).$

15. $R(q) = \begin{cases} 80q, & 0 < q \leq 800 \\ 72q + 6\,400, & q > 800 \end{cases}$.

16. (1) $C(x) = 60\,000 + 20x, \ x \in [10\,000, +\infty);$

(2) $R(x) = x\left(60 - \dfrac{x}{1\,000}\right);$ (3) $L(x) = -\dfrac{x^2}{1\,000} + 40x - 60\,000.$

17. $L(x) = 1.25x - 2\,000, 1\,600$（单位）.   18. $f(x) = 0.12x + \dfrac{7.68 \times 10^6}{x}$.   19. $\lim\limits_{n \to \infty} x_n = \dfrac{1}{2}$.

20. 1.   25. $p = -5, q = 0$ 时，$f(x)$ 为无穷小量；$q \neq 0$，p 为任意常数时，$f(x)$ 为无穷大量.

26. (1) n;   (2) $\dfrac{2\sqrt{2}}{3}$;   (3) $\dfrac{p+q}{2}$;   (4) 0;   (5) 0;   (6) 1/9.

27. $\lim\limits_{x \to 0} f(x)$ 不存在；$\lim\limits_{x \to 2} f(x) = 0$；$\lim\limits_{x \to -\infty} f(x) = 0$；$\lim\limits_{x \to +\infty} f(x) = +\infty$.

28. (1) x;   (2) 6/5;   (3) $\dfrac{1}{2}$.   29. (1) e^2;   (2) e^2;   (3) $\mathrm{e}^{\frac{1}{2}}$.   30. $\lim\limits_{n \to \infty} x_n = \dfrac{1 + \sqrt{5}}{2}$.

32. (1) $0 (n > m$ 时$), 1 (n = m$ 时$), \infty (n < m$ 时$);$ (2) 9/4;   (3) a/n;   (4) -3;   (5) 4.

33. 2.   34. $p(x) = x^3 + 2x^2 + x$.   35. $a = 1, b = -2$.

36. $\beta = \dfrac{1}{1\,992}, \alpha = -\dfrac{1\,991}{1\,992}$.   37. (1) 连续； (2) 不连续.

38. (1) $x = 0$ 和 $x = k\pi + \pi/2$ 为第一类的可去间断点，补充 $y(0) = 1, y(k\pi + \pi/2) = 0, x = k\pi$ $(k \neq 0)$ 为第二类的无穷间断点；

(2) $x = 0$ 为第二类的无穷间断点，$x = 1$ 为第一类的跳跃间断点.

39. $a = 0$.   40. $f(x) = \begin{cases} x, & |x| < 1 \\ 0, & |x| = 1; \ x = 1 \text{和} x = -1 \text{为第一类的跳跃间断点.} \\ -x, & |x| > 1 \end{cases}$

41. $(-\infty, -\sqrt{\mathrm{e}}), (-\sqrt{\mathrm{e}}, 0), (0, \sqrt{\mathrm{e}}), (\sqrt{\mathrm{e}}, +\infty)$.

第2章 答案

习题 2-1

1. 3.   2. 4 (m/s).   3. (1) $-f'(x_0)$;   (2) $2f'(x_0)$;   (3) $\dfrac{3}{2} f'(x_0)$.

4. 2.   5. 切线方程为 $y = x + 1$，法线方程为 $y = -x + 3$.

6. 切线方程为 $x - y + 1 = 0$，法线方程为 $x + y - 1 = 0$.

7. 不可导 ($f'_-(1) \neq f'_+(1)$).　　　　8. 1.　　　　9. $f'(x) = \begin{cases} \cos x, & x < 0 \\ 1, & x \geq 0 \end{cases}$.

10. 在 $x = 0$ 处连续且可导.　　　　11. $2a\varphi(a)$.　　　　12. $x = 0$ 是 $\dfrac{f(x)}{x}$ 的可去间断点.

习题 2-2

1. (1) $3 + \dfrac{5}{2\sqrt{x}}$;　　　　(2) $15x^2 - 2^x \ln 2 + 3\mathrm{e}^x$;　　　　(3) $\sec x(2\sec x + \tan x)$;

(4) $\cos 2x$;　　　　(5) $x^2(3\ln x + 1)$;　　　　(6) $\mathrm{e}^x(\cos x - \sin x)$;

(7) $\dfrac{1 - \ln x}{x^2}$;　　　　(8) $(x-2)(x-3) + (x-1)(x-3) + (x-1)(x-2)$;

(9) $\dfrac{1 + \sin t + \cos t}{(1 + \cos t)^2}$;　　　　(10) $\dfrac{1}{3}x^{-2/3}\sin x + \sqrt[3]{x}\cos x + \mathrm{e}^x a^x \ln a + a^x \mathrm{e}^x$;

(11) $\log_2 x + \dfrac{1}{\ln 2}$;　　　　(12) $\dfrac{3(x^2 - 6x + 1)}{(x^2 - 1)^2}$.

2. (1) $1/3$;　　(2) -2.

3. 点 $(1, 0)$ 处的切线方程: $y = 2(x-1)$, 点 $(-1, 0)$ 处的切线方程: $y = 2(x+1)$.

4. (1) $3\sin(4 - 3x)$;　　(2) $-6x\mathrm{e}^{-3x^2}$;　　(3) $-\dfrac{x}{\sqrt{a^2 - x^2}}$;　　(4) $2x\sec^2(x^2)$;

(5) $\dfrac{\mathrm{e}^x}{1 + \mathrm{e}^{2x}}$;　　(6) $-\dfrac{1}{\sqrt{x - x^2}}$;　　(7) $\dfrac{|x|}{x^2\sqrt{x^2 - 1}}$;　　(8) $\sec x$;　　(9) $\csc x$.

5. (1) $-\dfrac{1}{2}\mathrm{e}^{-x/2}(\cos 3x + 6\sin 3x)$;　　(2) $\dfrac{1}{(1-x)\sqrt{x}}$;　　(3) $\csc x$;　　(4) $\dfrac{1}{x\ln x}$;

(5) $2\sqrt{1 - x^2}$;　　(6) $\dfrac{2\arcsin(x/2)}{\sqrt{4 - x^2}}$;　　(7) $\dfrac{\ln x}{x\sqrt{1 + \ln^2 x}}$;　　(8) $\dfrac{\mathrm{e}^{\arctan\sqrt{x}}}{2\sqrt{x}(1+x)}$;

(9) $n\sin^{n-1}x\cos(n+1)x$;　　(10) $10^{x\tan 2x}\ln 10(\tan 2x + 2x\sec^2 2x)$;

(11) $-\dfrac{\sqrt{2x(1-x)}}{2x(1 - x^2)}$;　　(12) $\dfrac{2}{\mathrm{e}^{4x} + 1}$.

6. (1) $3x^2 f'(x^3)$;　　　　(2) $\sin 2x[f'(\sin^2 x) - f'(\cos^2 x)]$;

(3) $\dfrac{-1}{|x|\sqrt{x^2 - 1}}f'\left(\arcsin\dfrac{1}{x}\right)$.

7. $-x\mathrm{e}^{x-1}$.　　　　8. $f'(x+3) = 5x^4$, $f'(x) = 5(x-3)^4$.

9. $-\dfrac{1}{(1+x)^2}$.　　　　12. $f'(x) = \begin{cases} 2\sec^2 x, & x < 0 \\ \mathrm{e}^x, & x > 0 \\ \text{不存在}, & x = 0 \end{cases}$.

习题 2-3

1. (1) $4\pi r^2$;　　(2) $400\pi(\text{cm}^3)$.

2. 对于 s_1, (1) $1.25\,\text{m/s}$; (2) $v(0) = -3\,\text{m/s}$, $v(2) = 1\,\text{m/s}$; (3) $t = \dfrac{3}{2}$ s 的时刻方向发生改变.

对于 s_2, (1) $3\,\text{m/s}$; (2) $v(0) = -3\,\text{m/s}$, $v(3) = -12\,\text{m/s}$; (3) 物体的运动方向未发生改变.

3. (1) $\dfrac{t}{10}-1$;　　　　(2) 当 $t=0$ 时下降最快, 当 $t=10$ 时下降最慢;

　　(3) 在 t 由 0 逐渐增大到 10 的过程中, $\dfrac{\mathrm{d}h}{\mathrm{d}t}$ 值逐渐增大.

4. (1) 880 (元);　　　　(2) 740 (元).　　　　5. (1) 5 (元).

6. (1) $C'(x)=450+0.04x$;　　　　(2) $L(x)=40x-0.02x^2-2\,000, L'(x)=40-0.04x$;

　　(3) 1 000 (吨).

7. $C'(x)=3+x$, $R'(x)=50/\sqrt{x}$, $L'(x)=50/\sqrt{x}-3-x$.

8. $\eta(1)=-\dfrac{1}{3}$, $\eta(2)=-1$, $\eta(3)=-3$.　　　　9. $\eta(P)=-0.66$.

10. 销售量可增加 $15\% \sim 20\%$.

习题 2-4

1. (1) $20x^3+24x$;　　　　　　(2) $9\mathrm{e}^{3x-2}$;　　　　　　(3) $2\cos x-x\sin x$;

　　(4) $-2\mathrm{e}^{-t}\cos t$;　　　　(5) $-\dfrac{1}{\sqrt{(1-x^2)^3}}$;　　　　(6) $-\dfrac{2(1+x^2)}{(1-x^2)^2}$;

　　(7) $2\sec^2 x\tan x$;　　　　(8) $\dfrac{6x^2-2}{(x^2+1)^3}$;　　　　(9) $2x\mathrm{e}^{x^2}(2x^2+3)$.

2. 19 440.　　　4. $2g(a)$.　　　5. (1) $6xf'(x^3)+9x^4f''(x^3)$;　　(2) $\dfrac{f''(x)f(x)-[f'(x)]^2}{[f(x)]^2}$.

6. (1) $-4\mathrm{e}^x\cos x$;　　　　(2) $\ln x+1\ (n=1), (-1)^n\dfrac{(n-2)!}{x^{n-1}}\ (n\geq 2)$;

　　(3) $(-1)^n n!\left[\dfrac{2}{(x-2)^{n+1}}-\dfrac{1}{(x-1)^{n+1}}\right]$.

习题 2-5

1. (1) $\dfrac{\mathrm{e}^{x+y}-y}{x-\mathrm{e}^{x+y}}$;　　(2) $\dfrac{y}{2\pi y\cos(\pi y^2)-x}$;　　(3) $\dfrac{5-y\mathrm{e}^{xy}}{x\mathrm{e}^{xy}+3y^2}$;　　(4) $\dfrac{\mathrm{e}^y}{1-x\mathrm{e}^y}$;　　(5) $\dfrac{x+y}{x-y}$.

2. (1) $-\dfrac{b^4}{a^2y^3}$;　　(2) $-\dfrac{(x+y)\cos^2 y-(x+y)\sin y}{[(x+y)\cos y-1]^3}$;　　(3) $\dfrac{2\tan^3(x-y)+2\tan(x-y)}{[\tan^2(x-y)+2]^3}$.

3. (1) $(1+x^2)^{\tan x}\left[\sec^2 x\ln(1+x^2)+\dfrac{2x\tan x}{1+x^2}\right]$;

　　(2) $\dfrac{\sqrt[5]{x-3}\sqrt[3]{3x-2}}{\sqrt{x+2}}\left[\dfrac{1}{5(x-3)}+\dfrac{1}{3x-2}-\dfrac{1}{2(x+2)}\right]$;

　　(3) $\dfrac{\sqrt{x+2}(3-x)^4}{(x+1)^5}\left[\dfrac{1}{2(x+2)}-\dfrac{4}{3-x}-\dfrac{5}{x+1}\right]$.

4. $y'(0)=\mathrm{e}$, 切线方程为 $y=\mathrm{e}x+1$, 法线方程为 $y=-\dfrac{1}{\mathrm{e}}x+1$.　　　　5. $y''(0)=-2$.

6. 切线方程为 $y-\dfrac{\pi}{4}=\dfrac{1}{2}(x-\ln 2)$, 法线方程为 $y-\dfrac{\pi}{4}=-2(x-\ln 2)$.

7. (1) $\dfrac{3b}{2a}t$;　　　　(2) $\dfrac{\cos t-\sin t}{\sin t+\cos t}$;　　　　(3) -1.

8. (1) $\dfrac{4}{9}\mathrm{e}^{3t}$;　　　　　(2) $-\dfrac{1+3t^2}{4t^3}$;　　　　　(3) $\dfrac{1+t^2}{4t}$.

习题 2-6

1. $\Delta x=1$ 时, $\Delta y=19$, $\mathrm{d}y=12$; $\Delta x=0.1$ 时, $\Delta y=1.261$, $\mathrm{d}y=1.2$;
   $\Delta x=0.01$ 时, $\Delta y=0.120\,601$, $\mathrm{d}y=0.12$.

2. (1) $\dfrac{5}{2}x^2+C$;　　　　　(2) $-\dfrac{1}{\omega}\cos\omega x+C$;　　　　　(3) $\ln(2+x)+C$;

   (4) $-\dfrac{1}{2}\mathrm{e}^{-2x}+C$;　　　　(5) $2\sqrt{x}+C$;　　　　(6) $\dfrac{1}{2}\tan 2x+C$.

3. (1) $\left(\dfrac{1}{x}+\dfrac{1}{\sqrt{x}}\right)\mathrm{d}x$;　　(2) $(\sin 2x+2x\cos 2x)\mathrm{d}x$;　　(3) $2x(1+x)\mathrm{e}^{2x}\,\mathrm{d}x$;

   (4) $-\dfrac{3x^2}{2(1-x^3)}\mathrm{d}x$;　　(5) $2(\mathrm{e}^{2x}-\mathrm{e}^{-2x})\mathrm{d}x$;　　(6) $\dfrac{2\sqrt{x}-1}{4\sqrt{x}\sqrt{x-\sqrt{x}}}\,\mathrm{d}x$;

   (7) $-\dfrac{2x}{1+x^4}\mathrm{d}x$;　　(8) $\dfrac{\mathrm{d}x}{\sqrt{x^2\pm a^2}}$.

4. $\dfrac{2+\ln(x-y)}{3+\ln(x-y)}\mathrm{d}x$.　　　5. $-\dfrac{y}{x}\mathrm{d}x$.　　　7. (1) $\dfrac{47}{24}$;　　(2) $\dfrac{21}{40}$.

8. $L(x)=\dfrac{3}{2}x+1$, $L_1(x)=\dfrac{1}{2}x+1$, $L_2(x)=x$, $L(x)=L_1(x)+L_2(x)$

9. (1) $1.000\,02$;　　(2) $0.874\,75$;　　(3) $30°47''$.

10. 0.33%.　　　　　11. $0.033\,55(\mathrm{g})$.　　　　12. $\delta_\alpha=0.000\,56$ (弧度) $=1'55''$.

13. 无关; 相关.　　　　14. 0.05%.

总习题二

1. $5f'(x)$.　　2. $1\,000!$.　　3. $2C$.　　5. (1) $\dfrac{x}{1+x\mathrm{e}^x}$;　(2) $\dfrac{1}{3}$.

6. $(2,4)$.　　　7. $y-9x-10=0$ 及 $y-9x+22=0$.　　　　8. 可导.

9. $a=2$, $b=-1$.　　10. $a=b=-1$.　　　　11. 0.

12. (1) $(3x+5)^2(5x+4)^4(120x+161)$;　　　　(2) $-\dfrac{1}{x^2+1}$;　　(3) $\dfrac{1}{\sqrt{1-x^2}+1-x^2}$;

   (4) $\dfrac{1-n\ln x}{x^{n+1}}$;　　(5) $\dfrac{4}{(\mathrm{e}^t+\mathrm{e}^{-t})^2}$;　　(6) $ax^{a-1}+a^x\ln a$;　　(7) $-\dfrac{1}{x^2}\sec^2\dfrac{1}{x}\cdot\mathrm{e}^{\tan\frac{1}{x}}$;

   (8) $\dfrac{2\sqrt{x}+1}{4\sqrt{x}\sqrt{x+\sqrt{x}}}$;　　　　(9) $\arcsin\dfrac{x}{2}$.

13. $-\dfrac{1}{(2x+x^3)\sqrt{1+x^2}}$.

14. (1) $f'(\mathrm{e}^x+x^\mathrm{e})\cdot(\mathrm{e}^x+\mathrm{e}x^{\mathrm{e}-1})$;　　　　(2) $\mathrm{e}^{f(x)}[f'(\mathrm{e}^x)\mathrm{e}^x+f(\mathrm{e}^x)f'(x)]$.

15. $f'(x)=2+1/x^2$.　　16. $3\pi/4$.

17. (1) $2\arctan x+\dfrac{2x}{1+x^2}$;　　(2) $-\dfrac{x}{(1+x^2)^{3/2}}$.　　18. $\dfrac{\mathrm{d}^2y}{\mathrm{d}t^2}+y=0$.　　20. A.

21. (1) $2^{n-1}\sin\left[2x+(n-1)\dfrac{\pi}{2}\right]$; (2) $(-1)^n n!\left[\dfrac{1}{(x-3)^{n+1}}-\dfrac{1}{(x-2)^{n+1}}\right]$.

22. 切线方程为 $x+y-\dfrac{\sqrt{2}}{2}a=0$, 法线方程为 $x-y=0$. 23. 1.

24. (1) $\dfrac{1}{2}\sqrt{x\sin x\sqrt{1-\mathrm{e}^x}}\left[\dfrac{1}{x}+\cot x-\dfrac{\mathrm{e}^x}{2(1-\mathrm{e}^x)}\right]$;

  (2) $(\tan x)^{\sin x}(\cos x\ln\tan x+\sec x)+x^x(\ln x+1)$.

25. e^{-2}. 26. (1) $\dfrac{2(x^2+y^2)}{(x-y)^3}$; (2) $-\dfrac{4\sin y}{(2-\cos y)^3}$. 27. B.

28. $\dfrac{y(\ln y+1)^2-x(\ln x+1)^2}{xy(\ln y+1)^3}$.

29. (1) $\mathrm{e}^{-x}[\sin(3-x)-\cos(3-x)]\,\mathrm{d}x$; (2) $\mathrm{d}y=\begin{cases}\dfrac{\mathrm{d}x}{\sqrt{1-x^2}}, & -1<x<0 \\[3mm] -\dfrac{\mathrm{d}x}{\sqrt{1-x^2}}, & 0<x<1\end{cases}$;

  (3) $8x\tan(1+2x^2)\sec^2(1+2x^2)\,\mathrm{d}x$.

30. $\mathrm{e}^{f(x)}\left[f(\ln x)f'(x)+\dfrac{1}{x}f'(\ln x)\right]\mathrm{d}x$.

31. $-2x\sin x^2$, $-\sin x^2$, $\dfrac{-2\sin x^2}{3x}$, $-2\sin x^2-4x^2\cos x^2$.

32. 25 秒; $\dfrac{6\,250}{9}$ 米. 33. (1) 13.7 米/秒; (2) 15.4 米/秒; (3) 第 10 浪; (4) 第 1 浪.

34. 40 人; 32 元. 35. 0.09; 0.01. 36. 2 米.

37. (1) $5\sqrt{2}$; (2) 10; (3) $v=0$, $a=-10$; (4) 1/4 个周期, $v=-10$, $a=0$.

39. $L(x)=\dfrac{3}{2}x+\dfrac{1}{2}$. 40. $L(x)=\dfrac{5}{2}x-\dfrac{1}{10}$.

41. 1%; 3%. 42. 6 米; $\Delta h\approx\dfrac{-8\Delta a}{5}$ 米.

第 3 章 答案

习题 3-1

1. (1) 满足, $\xi=1/4$; (2) 满足, $\xi=2$.

3. $\xi=\sqrt[3]{\dfrac{15}{4}}\in(1,2)$. 7. 满足, $\xi=14/9$.

习题 3-2

1. (1) 2; (2) $\cos a$; (3) $-1/8$; (4) 1; (5) 1; (6) 4/e;

  (7) 2; (8) 1/2; (9) $+\infty$; (10) 1; (11) 1/2; (12) 1/2;

  (13) e^a; (14) 1; (15) 1; (16) $-1/2$; (17) e; (18) 1;

(19) 1；　　　(20) $e^{1/3}$.

4. 连续.　　　　　　　　　　5. $a = g'(0)$, $f'(0) = \dfrac{1}{2} g''(0)$.

习题 3-3

1. $8 + 10(x-1) + 9(x-1)^2 + 4(x-1)^3 + (x-1)^4$.

2. $\sqrt{x} = 2 + \dfrac{1}{4}(x-4) - \dfrac{1}{64}(x-4)^2 + \dfrac{1}{512}(x-4)^3 - \dfrac{5(x-4)^4}{128[4+\theta(x-4)]^{7/2}}$　$(0 < \theta < 1)$.

3. $f(x) = 1 + 2x + 2x^2 - 2x^4 + o(x^4)$, $f^{(3)}(0) = 0$.

4. $\dfrac{1}{x} = -[1 + (x+1) + (x+1)^2 + \cdots + (x+1)^n] + (-1)^{n+1} \dfrac{(x+1)^{n+1}}{[-1+\theta(x+1)]^{n+2}}$　$(0 < \theta < 1)$.

5. $xe^x = x + x^2 + \dfrac{x^3}{2!} + \cdots + \dfrac{x^n}{(n-1)!} + o(x^n)$　$(0 < \theta < 1)$.　　　　6. $\sqrt{e} \approx 1.646$.

7. (1) $\dfrac{1}{2}$；　(2) $-1/12$.

习题 3-4

2. 单调增加.

3. (1) 在 $(-\infty, -1]$, $[3, +\infty)$ 内单调增加, 在 $[-1, 3]$ 内单调减少；

　(2) 在 $(-\infty, 1/2]$ 内单调减少, 在 $[1/2, +\infty)$ 内单调增加；

　(3) 在 $(-\infty, 0]$, $[1, +\infty)$ 内单调增加, 在 $[0,1]$ 内单调减少；

　(4) 在 $(0, 1/2]$ 内单调减少, 在 $[1/2, +\infty)$ 内单调增加；

　(5) $x \in (-\infty, -2] \cup [0, +\infty)$, y 单调增加, $x \in [-2, -1) \cup (-1, 0]$, y 单调减少；

　(6) 在 $[0, +\infty)$ 内单调增加.

6. (1) 没有拐点, 在正半轴上是凹的；

　(2) 拐点为 $(0, 0)$, 在 $(-\infty, -1) \cup [0, 1)$ 上是凸的, 在 $(-1, 0] \cup (1, +\infty)$ 上是凹的；

　(3) 没有拐点, 在 **R** 上是凹的；

　(4) 没有拐点, 在 **R** 上是凹的；

　(5) 拐点为 $(-1, \ln 2)$, $(1, \ln 2)$, 在 $(-\infty, -1]$, $[1, +\infty)$ 内是凸的, 在 $[-1, 1]$ 上是凹的；

　(6) 拐点为 $(1/2, e^{\arctan(1/2)})$, 在 $(-\infty, 1/2]$ 内是凹的, 在 $[1/2, +\infty)$ 内是凸的.

8. $a = -3/2$, $b = 9/2$.　　　　　　9. $a = 1$, $b = -3$, $c = -24$, $d = 16$.

10. (1) 极大值 $y\left(\dfrac{3}{2}\right) = \dfrac{9}{4}$；　　　　　　　　　　　　　(2) 极小值 $y(0) = 0$；

　(3) 极大值 $y(3/4) = 5/4$；　　　　　(4) 极小值 $y(0) = 0$, 极大值 $y(2) = 4e^{-2}$；

　(5) 极小值 $y(1) = 0$, 极大值 $y(e^2) = 4/e^2$；

　(6) 极大值 $y(\pi/4 + 2k\pi) = \dfrac{\sqrt{2}}{2} e^{\frac{\pi}{4} + 2k\pi}$,

　　　极小值 $y(\pi/4 + (2k+1)\pi) = -\dfrac{\sqrt{2}}{2} e^{\frac{\pi}{4} + (2k+1)\pi}$　$(k = 0, \pm 1, \pm 2, \cdots)$.

12. $a = 2$, $f(\pi/3) = \sqrt{3}$ 为极大值.

习题 3-5

1. (1) 最小值 $y|_{x=2} = -14$，最大值 $y|_{x=3} = 11$；

 (2) 最小值 $y|_{x=\frac{5\pi}{4}} = -\sqrt{2}$，最大值 $y|_{x=\frac{\pi}{4}} = \sqrt{2}$；

 (3) 最小值 $y|_{x=-5} = -5 + \sqrt{6}$，最大值 $y|_{x=3/4} = 5/4$；

 (4) 最小值 $y|_{x=0} = 0$，最大值 $y|_{x=2} = \ln 5$.

2. $x = -3$ 时函数有最小值 27.   3. $x = 1$ 时函数有最大值 1/2.

4. 正方形的四个角各截去边长为 $\dfrac{a}{6}$ 的小正方形时，能做成容积最大的盒子.

5. 50 秒.   6. 15.5 千米/秒.

7. 把水下输油管建到离炼油厂 11 公里的地方.   8. $\overline{C}_{\min} = \overline{C}(1\,612) \approx 5.22$.

9. 当日产量是 50 吨时可使平均成本最低，最低平均成本 300(元/吨).

10. (1) $R(x) = 800x - x^2$；   (2) $L(x) = -x^2 + 790x - 2\,000$；

 (3) 395 台；   (4) 154 025 元；   (5) 405 元.

11. (1) $R(x) = 280x - 0.4x^2 \ (0 < x < 700)$；   (2) $L(x) = -x^2 + 280x - 5\,000$；

 (3) 140 台；   (4) 14 600 元；   (5) 224 元.

12. 14.1 元.   13. 每年订货 5 次，批量 20.

14. 每年订货 25 次，批量 100.   15. 应再订购 35 次，批量 71.

16. (1) 当 $x = 10 - 2.5t$ (吨) 时，企业获利最大；

 (2) 当每吨税收为 2 万元时，政府税收总额最大，最大为 10 万元.

17. (1) $\dfrac{P}{P-20}$；   (2) $-\dfrac{3}{17}$；   (3) 总收益增加，大约增加 0.82%.

18. (1) $Q' = -24$，价格 $P = 6$ 时，再上涨一个价格单位(或再下降一个价格单位)，需求量将减少(或增加) 24 个单位.

 (2) 需求弹性为 -1.85，当价格为 $P = 6$ 时，再上涨(或下降) 1%，需求量将减少(或增加) 1.85%.

 (3) 当价格下降 2% 时，总收益将增加约 1.69%.

19. (1) $t = 1.5$ 秒，$y_{\max} = 11.75$ 米； (2) $t = 3$ 秒，$x_{\max} = 45\sqrt{3}$ 米.

习题 3-6

1. (1) $y = 1$，$x = 0$；   (2) $y = 0$，$x = -1$；   (3) $y = x$.

4. (1) $V(0) = 50$ 元，$V(5) = 37.24$ 元，$V(10) = 32.64$ 元，$V(70) = 26.37$ 元；

 (2) 极大值 $V(0) = 50$ 元；   (3) $\lim\limits_{t \to \infty} V(t) = 25$.

总习题三

3. D.   13. (1) 1；   (2) $2/\pi$；   (3) $-1/2$；   (4) $e^{-1/3}$；   (5) e^2；   (6) $\dfrac{1}{\sqrt[6]{e}}$.

14. ka.　　　　　　15. $a=-3$, $b=9/2$.　　　　　　17. $f(0)=0$；$f'(0)=0$；$f''(0)=4$.

18. $1+x-\dfrac{1}{3}x^3-\dfrac{1}{3!}x^4\mathrm{e}^{\theta x}\cos\theta x\ \ (0<\theta<1)$.　　　　22. $p_2(x)=1+x\ln 2+\dfrac{x^2}{2}\ln^2 2$.

23. (1) 在 $(-\infty,0)$ 内单调增加，$(0,+\infty)$ 内单调减少；

　　(2) 在 $(-\infty,+\infty)$ 内单调增加；　　　(3) 在 $[0,n]$ 内单调增加，在 $(n,+\infty)$ 内单调减少.

26. (1) 拐点为 $(1,-7)$，在 $(0,1]$ 内是凸的，在 $[1,+\infty)$ 内是凹的；

　　(2) 拐点为 $(2,2/\mathrm{e}^2)$，在 $(-\infty,2]$ 内是凸的，在 $[2,+\infty)$ 内是凹的；

　　(3) 拐点为 $(2,1)$，在 $(-\infty,2)$ 内是凹的，在 $(2,+\infty)$ 内是凸的.

28. $a=0$，$b=-3$，极值点为 $x=1$ 和 $x=-1$，拐点为 $(0,0)$.

29. (1) 极大值 $y(12/5)=\sqrt{205}/10$；　　(2) 极小值 $y\left(-\dfrac{1}{2}\ln 2\right)=2\sqrt{2}$；　　(3) 没有极值.

30. (1) 最小值 $y|_{x=0}=0$，最大值 $y|_{x=-1/2}=y|_{x=1}=1/2$；　　(2) 最大值 $\mathrm{e}^{1/\mathrm{e}}$，无最小值.

31. $\dfrac{2+a}{1+a}$.　　　　32. 最小项的项数为 $n=5$，该项的数值为 $\dfrac{27}{2}$.

34. (1) 1 000 件；(2) 6 000 件.

35. (1) $x=60\,000-1\,000P$（公斤）$(0<P\leq 50)$；

　　(2) 获利最大的产量为 20 000 公斤，此时的价格是每公斤 40 元.

36. 12 次／日，6 只／次.　　　　37. $1/25r^2$；$r=0.06$ 时，$t\approx 11$ 年.

38. (1) 当 $Q=\dfrac{d-b}{2(e+a)}$ 时利润最大，$L_{\max}=\dfrac{(d-b)^2}{4(e+a)}-c$；　　　　(2) $-\dfrac{d-eQ}{eQ}$；

　　(3) $Q=d/(2e)$.

第4章　答案

习题 4-1

1. (1) $-\dfrac{2}{3}x^{-3/2}+C$；　　　　　　(2) $\dfrac{3}{4}x^{4/3}-2x^{1/2}+C$；　　　　(3) $\dfrac{2^x}{\ln 2}+\dfrac{1}{3}x^3+C$；

　　(4) $\dfrac{2}{5}x^{5/2}-2x^{3/2}+C$；　　　　(5) $x^3+\arctan x+C$；　　　　(6) $x-\arctan x+C$；

　　(7) $\dfrac{1}{4}x^2-\ln|x|-\dfrac{3}{2}x^{-2}+\dfrac{4}{3}x^{-3}+C$；　　　　(8) $3\arctan x-2\arcsin x+C$；

　　(9) $\dfrac{8}{15}x^{\frac{15}{8}}+C$；　　　　(10) $-\dfrac{1}{x}-\arctan x+C$；　　　　(11) e^t+t+C；

　　(12) $\dfrac{3^x\mathrm{e}^x}{\ln 3+1}+C$；　　　　(13) $-\cot x-x+C$；　　　　(14) $2x-\dfrac{5(2/3)^x}{\ln(2/3)}+C$；

　　(15) $\dfrac{x+\sin x}{2}+C$；　　　　(16) $\dfrac{1}{2}\tan x+C$；　　　　(17) $\sin x-\cos x+C$；

　　(18) $-(\cot x+\tan x)+C$；　　(19) $2\arcsin x+C$；　　　　(20) $\dfrac{1}{2}\tan x+\dfrac{1}{2}x+C$.

2. $\dfrac{-1}{x\sqrt{1-x^2}}$.　　3. $C_1x-\sin x+C_2$.　　4. $y=\ln|x|+1$.　　5. $C(x)=x^2+10x+20$.

习题 4-2

1. (1) $1/7$;　　(2) $-1/2$;　　(3) $1/12$;　　(4) $1/2$;　　(5) $1/5$;

　(6) $-1/5$;　　(7) 2;　　(8) $1/2$;　　(9) $1/3$.

2. (1) $(1/3)\mathrm{e}^{3t}+C$;　　(2) $-(1/20)(3-5x)^4+C$;　　(3) $-(1/2)\ln|3-2x|+C$;

　(4) $-(1/2)(5-3x)^{2/3}+C$;　　(5) $-(1/a)\cos ax-b\mathrm{e}^{x/b}+C$;　　(6) $2\sin\sqrt{t}+C$;

　(7) $(1/11)\tan^{11}x+C$;　　(8) $\ln|\ln\ln x|+C$;　　(9) $-\ln|\cos\sqrt{1+x^2}|+C$;

　(10) $\ln|\tan x|+C$;　　(11) $\arctan\mathrm{e}^x+C$;　　(12) $\dfrac{1}{2}\sin(x^2)+C$;

　(13) $-\dfrac{1}{3}\sqrt{2-3x^2}+C$;　　(14) $-\dfrac{1}{3\omega}\cos^3(\omega t)+C$;　　(15) $-\dfrac{3}{4}\ln|1-x^4|+C$;

　(16) $\dfrac{1}{2}\sec^2 x+C$;　　(17) $\dfrac{1}{10}\arcsin\left(\dfrac{x^{10}}{\sqrt{2}}\right)+C$;　　(18) $\dfrac{1}{2}\arcsin\dfrac{2x}{3}+\dfrac{1}{4}\sqrt{9-4x^2}+C$;

　(19) $\dfrac{1}{2\sqrt{2}}\ln\left|\dfrac{\sqrt{2}x-1}{\sqrt{2}x+1}\right|+C$;　　(20) $\dfrac{1}{25}\ln|4-5x|+\dfrac{4}{25}\cdot\dfrac{1}{4-5x}+C$;

　(21) $-\dfrac{1}{97}\cdot\dfrac{1}{(x-1)^{97}}-\dfrac{1}{49}\cdot\dfrac{1}{(x-1)^{98}}-\dfrac{1}{99}\cdot\dfrac{1}{(x-1)^{99}}+C$;

　(22) $\dfrac{1}{8}\ln\left|\dfrac{x^2-1}{x^2+1}\right|-\dfrac{1}{4}\arctan x^2+C$;　　(23) $\sin x-\dfrac{\sin^3 x}{3}+C$;

　(24) $\dfrac{t}{2}+\dfrac{1}{4\omega}\sin 2(\omega t+\varphi)+C$;　　(25) $\dfrac{1}{2}\cos x-\dfrac{1}{10}\cos 5x+C$;

　(26) $\dfrac{1}{4}\sin 2x-\dfrac{1}{24}\sin 12x+C$;　　(27) $\dfrac{1}{3}\sec^3 x-\sec x+C$;　　(28) $-\dfrac{10^{\arccos x}}{\ln 10}+C$;

　(29) $-\dfrac{1}{\arcsin x}+C$;　　(30) $(\arctan\sqrt{x})^2+C$;　　(31) $\dfrac{1}{2}(\ln\tan x)^2+C$;

　(32) $-\dfrac{1}{x\ln x}+C$;　　(33) $-\ln|\mathrm{e}^{-x}-1|+C$;　　(34) $\dfrac{1}{4}\ln x-\dfrac{1}{24}\ln(x^6+4)+C$;

　(35) $-\dfrac{1}{7x^7}-\dfrac{1}{5x^5}-\dfrac{1}{3x^3}-\dfrac{1}{x}-\dfrac{1}{2}\ln\left|\dfrac{1-x}{1+x}\right|+C$.

3. (1) $\arcsin x-\dfrac{1-\sqrt{1-x^2}}{x}+C$;　　　　(2) $\sqrt{x^2-9}-3\arccos\dfrac{3}{|x|}+C$;

　(3) $\dfrac{x}{\sqrt{1+x^2}}+C$;　　　　(4) $\dfrac{1}{a^2}\dfrac{x}{\sqrt{x^2+a^2}}+C$;

　(5) $\dfrac{1}{2}\left[\ln(\sqrt{1+x^4}+x^2)+\ln\left(\dfrac{\sqrt{x^4+1}-1}{x^2}\right)\right]+C$;

　(6) $\dfrac{9}{2}\arcsin\dfrac{x+2}{3}+\dfrac{x+2}{2}\sqrt{5-4x-x^2}+C$.

4. $f(x)=2\sqrt{x+1}-1$.　　　　5. $f(x)=(x-1)(x^2-2x+3)$.

习题 4-3

1. (1) $x\arcsin x + \sqrt{1-x^2} + C$;

(2) $x\ln(x^2+1) - 2x + 2\arctan x + C$;

(3) $x\arctan x - \dfrac{1}{2}\ln(1+x^2) + C$;

(4) $-\dfrac{2}{17}e^{-2x}\left(\cos\dfrac{x}{2} + 4\sin\dfrac{x}{2}\right) + C$;

(5) $\dfrac{1}{3}x^3\arctan x - \dfrac{1}{6}x^2 + \dfrac{1}{6}\ln(1+x^2) + C$;

(6) $2x\sin\dfrac{x}{2} + 4\cos\dfrac{x}{2} + C$;

(7) $-\dfrac{1}{2}x^2 + x\tan x + \ln|\cos x| + C$;

(8) $x\ln^2 x - 2x\ln x + 2x + C$;

(9) $\dfrac{1}{2}(x^2-1)\ln(x-1) - \dfrac{1}{4}x^2 - \dfrac{1}{2}x + C$;

(10) $-\dfrac{1}{x}(\ln^2 x + 2\ln x + 2) + C$;

(11) $\dfrac{x}{2}(\cos\ln x + \sin\ln x) + C$;

(12) $-\dfrac{1}{x}(\ln x + 1) + C$;

(13) $\dfrac{1}{n+1}x^{n+1}\left(\ln|x| - \dfrac{1}{n+1}\right) + C$;

(14) $-(x^2+2x+2)e^{-x} + C$;

(15) $\dfrac{1}{8}x^4\left(2\ln^2 x - \ln x + \dfrac{1}{4}\right) + C$;

(16) $(\ln\ln x - 1)\ln x + C$;

(17) $-\dfrac{1}{4}x\cos 2x + \dfrac{1}{8}\sin 2x + C$;

(18) $\dfrac{x^3}{6} + \dfrac{1}{2}x^2\sin x + x\cos x - \sin x + C$;

(19) $-\dfrac{1}{2}\left(x^2 - \dfrac{3}{2}\right)\cos 2x + \dfrac{x}{2}\sin 2x + C$;

(20) $3e^{\sqrt[3]{x}}(\sqrt[3]{x^2} - 2\sqrt[3]{x} + 2) + C$;

(21) $x(\arcsin x)^2 + 2\sqrt{1-x^2}\arcsin x - 2x + C$;

(22) $\dfrac{1}{2}e^x - \dfrac{1}{5}e^x\sin 2x - \dfrac{1}{10}e^x\cos 2x + C$;

(23) $2\sqrt{x}\ln(1+x) - 4\sqrt{x} + 4\arctan\sqrt{x} + C$;

(24) $-e^{-x}\ln(e^x+1) - \ln(e^{-x}+1) + C$;

(25) $\dfrac{1}{2}(x^2-1)\ln\dfrac{1+x}{1-x} + x + C$;

(26) $\dfrac{1}{2\cos x} + \dfrac{1}{2}\ln\left|\csc x - \cot x\right| + C$.

2. (1) $\dfrac{1}{3}\left(x - \dfrac{1}{3}\right)e^{3x} + C$;

(2) $xe^x + C$;

(3) $x^2\sin x + 2x\cos x - 2\sin x + C$;

(4) $-(x^2+2x+3)e^{-x} + C$;

(5) $\dfrac{1}{2}(x^2-1)\ln(x-1) - \dfrac{1}{4}x^2 - \dfrac{1}{2}x + C$;

(6) $\dfrac{1}{2}e^{-x}(\sin x - \cos x) + C$.

3. $\cos x - \dfrac{2\sin x}{x} + C$.　　　4. $\left(1 - \dfrac{2}{x}\right)e^x + C$.　　　6. $xf^{-1}(x) - F(f^{-1}(x)) + C$.

习题 4-4

1. (1) $\dfrac{1}{3}x^3 - \dfrac{3}{2}x^2 + 9x - 27\ln|x+3| + C$;

(2) $\dfrac{1}{3}x^3 + \dfrac{1}{2}x^2 + x + 8\ln|x| - 3\ln|x-1| - 4\ln|x+1| + C$;

(3) $\ln|x+1| - \dfrac{1}{2}\ln(x^2-x+1) + \sqrt{3}\arctan\dfrac{2x-1}{\sqrt{3}} + C$;

(4) $-\dfrac{1}{x-1} - \dfrac{1}{(x-1)^2} + C$;

(5) $2\ln\left|\dfrac{x}{x+1}\right| + \dfrac{4x+3}{2(x+1)^2} + C$;

(6) $\ln\left(\dfrac{x+3}{x+2}\right)^2 - \dfrac{3}{x+3} + C$;

(7) $\ln\dfrac{|x-1|}{\sqrt{x^2+x+1}} + \sqrt{3}\arctan\dfrac{2x+1}{\sqrt{3}} + C$;

(8) $\dfrac{2x+1}{2(x^2+1)} + C$;

(9) $2\ln|x+2| - \dfrac{1}{2}\ln|x+1| - \dfrac{3}{2}\ln|x+3| + C$;

(10) $\dfrac{1}{2}\ln|x^2-1| + \dfrac{1}{x+1} + C$;

(11) $\ln|x| - \dfrac{1}{2}\ln(x^2+1) + C$;

(12) $\ln|x| - \dfrac{1}{2}\ln|x+1| - \dfrac{1}{4}\ln(x^2+1) - \dfrac{1}{2}\arctan x + C$.

2. (1) $\dfrac{1}{2\sqrt{3}}\arctan\dfrac{2\tan x}{\sqrt{3}} + C$;

(2) $\dfrac{1}{\sqrt{2}}\arctan\dfrac{\tan\dfrac{x}{2}}{\sqrt{2}} + C$;

(3) $\dfrac{2}{\sqrt{3}}\arctan\dfrac{2\tan\dfrac{x}{2}+1}{\sqrt{3}} + C$;

(4) $\dfrac{1}{2}\left[\ln|1+\tan x| + x - \dfrac{1}{2}\ln(1+\tan^2 x)\right] + C$;

(5) $\ln\left|1+\tan\dfrac{x}{2}\right| + C$;

(6) $\dfrac{1}{\sqrt{5}}\arctan\dfrac{3\tan\dfrac{x}{2}+1}{\sqrt{5}} + C$;

(7) $-\dfrac{4}{9}\ln|5+4\sin x| + \dfrac{1}{2}\ln|1+\sin x| - \dfrac{1}{18}\ln|1-\sin x| + C$;

(8) $\dfrac{1}{2}\ln\left|\tan\dfrac{x}{2}\right| + \tan\dfrac{x}{2} + \dfrac{1}{4}\tan^2\left(\dfrac{x}{2}\right) + C$;

(9) $\dfrac{3}{2}\sqrt[3]{(1+x)^2} - 3\sqrt[3]{x+1} + 3\ln|1+\sqrt[3]{1+x}| + C$;

(10) $\dfrac{1}{2}x^2 - \dfrac{2}{3}\sqrt{x^3} + x + C$;

(11) $x - 4\sqrt{x+1} + 4\ln(\sqrt{1+x}+1) + C$;

(12) $2\sqrt{x} - 4\sqrt[4]{x} + 4\ln(\sqrt[4]{x}+1) + C$;

(13) $\dfrac{1}{3}(1+x^2)^{3/2} - \sqrt{1+x^2} + C$;

(14) $a\cdot\arcsin\dfrac{x}{a} - \sqrt{a^2-x^2} + C$;

(15) $-\dfrac{3}{2}\sqrt[3]{\dfrac{x+1}{x-1}} + C$.

总习题四

1. B.　　　2. $-\dfrac{1}{3}\sqrt{(1-x^2)^3} + C$.　　　3. $x + 2\ln|x-1| + C$.　　　4. $\dfrac{\sin^2 2x}{\sqrt{x-\dfrac{1}{4}\sin 4x+1}}$.

5. (1) $-\dfrac{30x+8}{375}(2-5x)^{3/2} + C$;

(2) $-\arcsin\dfrac{1}{x} + C$;

(3) $\dfrac{1}{2(\ln 3 - \ln 2)}\ln\left|\dfrac{3^x-2^x}{3^x+2^x}\right| + C$;

(4) $\dfrac{1}{6a^3}\ln\left|\dfrac{a^3+x^3}{a^3-x^3}\right| + C$;

(5) $2\ln(\sqrt{x}+\sqrt{1+x}) + C$ 或 $\ln\left|x+\dfrac{1}{2}+\sqrt{x(1+x)}\right| + C$;

(6) $\dfrac{1}{2}\ln|x| - \dfrac{1}{20}\ln(x^{10}+2) + C$;

(7) $x + \ln|5\cos x + 2\sin x| + C$;

(8) $e^x\tan\dfrac{x}{2} + C$.

6. $\dfrac{1}{2}\left[\dfrac{f(x)}{f'(x)}\right]^2+C.$　　　　7. $\dfrac{1}{4}\tan^4x-\dfrac{1}{2}\tan^2x-\ln|\cos x|+C.$　　　　8. B.　　　9. D.

10. (1) $\dfrac{1}{2}\ln\dfrac{\sqrt{1+x^4}-1}{x^2}+C;$　　　　　　　　　(2) $\dfrac{\sqrt{x^2-1}}{x}-\arcsin\dfrac{1}{x}+C;$

(3) $\ln\left|\dfrac{1}{x}-\dfrac{\sqrt{1-x^2}}{x}\right|-\dfrac{2\sqrt{1-x^2}}{x}+C;$　　　　(4) $\dfrac{1}{\sqrt{2}}\arctan\dfrac{\sqrt{2}x}{\sqrt{1-x^2}}+C;$

(5) $\dfrac{1}{4}\ln\left|\dfrac{\sqrt{4-x^2}-2}{\sqrt{4-x^2}+2}\right|+C.$

11. (1) $x\ln(x+\sqrt{1+x^2})-\sqrt{x^2+1}+C;$　　　　(2) $x\ln(x^2+2)-2x+2\sqrt{2}\arctan\dfrac{x}{\sqrt{2}}+C;$

(3) $\dfrac{x}{4\cos^4x}-\dfrac{1}{4}\left(\tan x+\dfrac{1}{3}\tan^3x\right)+C;$

(4) $e^x\arctan e^{-x}+\dfrac{1}{2}\ln(e^{2x}+1)+C;$　　　　(5) $\ln\dfrac{|x|}{\sqrt{1+x^2}}-\dfrac{\ln(1+x^2)}{2x^2}+C;$

(6) $x\tan\dfrac{x}{2}+\ln(1+\cos x)+C.$

12. $I_n=\displaystyle\int x^ne^x\mathrm{d}x=x^ne^x-nI_{n-1},\ I_1=xe^x-e^x+C.$

13. $f(x)=-\ln(1-x)-x^2+C,\ 0<x<1.$

14. (1) $\dfrac{1}{4}x^4+\ln\dfrac{\sqrt[4]{x^4+1}}{x^4+2}+C;$　　　　　　(2) $\ln|x|-\dfrac{1}{4}\ln(1+x^8)+C;$

(3) $-\dfrac{1}{96}\cdot\dfrac{1}{(x-2)^{96}}-\dfrac{6}{97}\cdot\dfrac{1}{(x-2)^{97}}-\dfrac{5}{49}\cdot\dfrac{1}{(x-2)^{98}}-\dfrac{5}{99}\dfrac{1}{(x-2)^{99}}+C;$

(4) $\dfrac{1}{6}\ln\left(\dfrac{x^2+1}{x^2+4}\right)+C;$　　　(5) $\dfrac{1}{2}\ln\dfrac{x^2+x+1}{x^2+1}+\dfrac{\sqrt{3}}{3}\arctan\dfrac{2x+1}{\sqrt{3}}+C;$

(6) $\ln\dfrac{x}{(\sqrt[6]{x}+1)^6}+C;$　　　(7) $-\dfrac{2}{5}(x+1)^{5/2}+\dfrac{2}{3}(x+1)^{3/2}+\dfrac{2}{3}x^{3/2}+\dfrac{2}{5}x^{5/2}+C;$

(8) $-\arcsin\dfrac{2-x}{\sqrt{2}(x-1)}+C;$　　　(9) $-\dfrac{3}{2}\sqrt[3]{\dfrac{x+1}{x-1}}+C;$　　　(10) $2\sqrt{1+\sqrt{1+x^2}}+C.$

15. (1) $\dfrac{1}{4}\left[\ln\left|\tan\dfrac{x}{2}\right|+\dfrac{1}{2}\tan^2\dfrac{x}{2}\right]+C;$　　　　(2) $\tan\dfrac{x}{2}-\ln\left(1+\tan\dfrac{x}{2}\right)+C;$

(3) $\ln|\tan x|-\dfrac{1}{2}\csc^2x+C;$　　　(4) $\dfrac{1}{2}(\sin x-\cos x)-\dfrac{1}{2\sqrt{2}}\ln\left|\tan\left(\dfrac{x}{2}+\dfrac{\pi}{8}\right)\right|+C;$

(5) $-\dfrac{1}{16}\cos 4x-\dfrac{1}{8}\cos 2x+\dfrac{1}{24}\cos 6x+C;$　　　(6) $\dfrac{1}{2}\arctan(\tan^2x)+C;$

(7) $\arctan\left(\dfrac{1+r}{1-r}\tan\dfrac{x}{2}\right)+C;$　　　　(8) $2x-\ln|\sin x+2\cos x|+C.$

16. $\begin{cases}-\dfrac{x^2}{2}+C,&x<-1\\[2mm]x+\dfrac{1}{2}+C,&-1\le x\le1.\\[2mm]\dfrac{x^2}{2}+1+C,&x>1\end{cases}$　　　17. $\dfrac{1}{2}\ln|(x-y)^2-1|+C.$

18. $f(x)$ 在 (a,b) 内不存在原函数.

19. (1) $C(x) = 0.15x^2 + 8x + 100$;

(2) $L(x) = R(x) - C(x) = 72x - 0.4x^2 - 100$;

(3) 每周生产 90 单位时可获得最大利润，最大利润是 3 140 元.

20. (1) $Q(p) = -p^2 + 972$;

(2) 定价不高于 26 (元/件) 能使需求量不少于 296 件;

(3) 约 -4.57;   (4) 价格 $p = 18$ (元/件) 时总收益最大.

第5章 答案

习题 5-1

1. $\dfrac{1}{3}(b^3 - a^3) + b - a$.   2. (1) $\dfrac{1}{2}(b^2 - a^2)$;   (2) 1.   4. $\dfrac{\pi(b-a)^2}{8}$.

5. (1) $\displaystyle\int_{-7}^{5}(x^2 - 3x)\,dx$;   (2) $\displaystyle\int_{0}^{1}\sqrt{4 - x^2}\,dx$.

6. $\displaystyle\int_{0}^{1}x^p\,dx$.   7. 2 330 (m^2).   8. 1.444 km; 1.672 km.

习题 5-2

2. (1) $\pi \le \displaystyle\int_{\pi/4}^{5\pi/4}(1 + \sin^2 x)\,dx \le 2\pi$;   (2) $\dfrac{2}{5} \le \displaystyle\int_{1}^{2}\dfrac{x}{1 + x^2}\,dx \le \dfrac{1}{2}$;

(3) $e \le \displaystyle\int_{1}^{2}xe^x\,dx \le 2e^2$.

4. (1) 4;   (2) -4;

5. (1) $\displaystyle\int_{1}^{2}\ln x\,dx > \int_{1}^{2}(\ln x)^2\,dx$;   (2) $\displaystyle\int_{0}^{1}e^x\,dx > \int_{0}^{1}e^{x^2}\,dx$;

(3) $\displaystyle\int_{0}^{1}e^x\,dx > \int_{0}^{1}(x+1)\,dx$;   (4) $\displaystyle\int_{0}^{\pi/2}x\,dx > \int_{0}^{\pi/2}\sin x\,dx$;

(5) $\displaystyle\int_{-\pi/2}^{0}\sin x\,dx \le \int_{0}^{\pi/2}\sin x\,dx$;   (6) $\displaystyle\int_{1}^{0}\ln(1+x)\,dx < \int_{1}^{0}\dfrac{x}{1+x}\,dx$.

7. $\dfrac{3}{2\ln 2}$.

习题 5-3

1. $y'(0) = 0$, $y'\left(\dfrac{\pi}{4}\right) = \dfrac{\sqrt{2}}{2}$.

2. (1) $\sin e^x$.   (2) $\dfrac{3x^2}{\sqrt{1 + x^{12}}} - \dfrac{2x}{\sqrt{1 + x^8}}$;   (3) $\cos(\pi\sin^2 x)(\sin x - \cos x)$.

3. -2.   4. $\dfrac{dy}{dx} = \dfrac{\cos x}{\sin x - 1}$ 5. $\dfrac{dy}{dx} = \dfrac{\cos t}{\sin t}$.   6. (1) 1;   (2) 1/2;   (3) 1.

7. $f(2) = \sqrt[3]{36}$.   8. $x = 0$ 时，函数 $I(x)$ 取得极小值.

9. $f_{\min} = f(1) = e - 1$; $f_{\max} = f(2) = e^2 - 1$.

10. (1) $2\dfrac{5}{8}$;　　　 (2) 1;　　　 (3) $\dfrac{\pi}{3a}$;　　　 (4) $\dfrac{\pi}{3}$;　　　 (5) $1-\dfrac{\pi}{4}$;　　　 (6) $2\sqrt{2}-1$.

11. π.　　　　　　　　 12. $\varPhi(x)=\begin{cases} 0, & x<0 \\ \sin^2(x/2), & 0\le x\le\pi. \\ 1, & x>\pi \end{cases}$

13. $f(x)=-(x+1)\mathrm{e}^x+C$, C 为任意常数.

14. $\dfrac{\pi}{3}$.　　　　　　 15. $\dfrac{1}{2}(\ln x)^2$.　　　 16. (1) 9 元;　(2) 10 元.

17. (1) 约为 2 948.26 元;　　　 (2) 约为 2 913.90 元.

18. (1) $2\,000T^2-250\,000\mathrm{e}^{-0.1T}$;　　 (2) $P(10)=108\,030$.

20. (1) $L(x)=f(1)+f'(1)(x-1)=2-3(x-1)=-3x+5$;

　　 (2) $L(x)=f(-1)+f'(-1)(x+1)=3-2(x+1)=-2x+1$.

习题 5-4

1. (1) 0;　　　　 (2) $\dfrac{51}{512}$;　　　 (3) $\dfrac{1}{4}$;　　　 (4) $\dfrac{\pi}{6}-\dfrac{\sqrt{3}}{8}$;　　　 (5) $\dfrac{1}{2}(25-\ln 26)$;

　 (6) $10+12\ln 2-4\ln 3$;　　 (7) 0;　　 (8) $\mathrm{e}-\sqrt{\mathrm{e}}$;　　 (9) $1-\mathrm{e}^{-1/2}$;

　 (10) $(\sqrt{3}-1)a$;　　 (11) $2(\sqrt{3}-1)$;　　 (12) 0;　　 (13) $1\dfrac{1}{3}$;　　 (14) $\dfrac{\pi}{4}$;

　 (15) $\dfrac{\pi}{2}$;　　 (16) $\sqrt{2}-\dfrac{2\sqrt{3}}{3}$;　　 (17) $\dfrac{\sqrt{2}}{2}$;　　 (18) $\dfrac{1}{6}$;　　 (19) $1-2\ln 2$;

　 (20) $-4/3$;　　　 (21) $\ln(1+\sqrt{2})-\ln(1+\sqrt{1+\mathrm{e}^2})+1$.

2. (1) $1-\dfrac{2}{\mathrm{e}}$;　　 (2) $\dfrac{1}{4}(\mathrm{e}^2+1)$;　　 (3) $\dfrac{\pi}{4}-\dfrac{1}{2}$;　　 (4) $\dfrac{1}{2}(\mathrm{e}\sin 1-\mathrm{e}\cos 1+1)$;　　 (5) $\dfrac{\pi}{4}$;

　 (6) π^2;　　　 (7) $2-\dfrac{3}{4\ln 2}$;　　 (8) $4(2\ln 2-1)$;　　 (9) $\left(\dfrac{1}{4}-\dfrac{\sqrt{3}}{9}\right)\pi+\dfrac{1}{2}\ln\dfrac{3}{2}$;

　 (10) $\ln 2-\dfrac{1}{2}$;　 (11) $\dfrac{1}{4}\ln 2$;　 (12) $\dfrac{1}{5}(\mathrm{e}^\pi-2)$;　 (13) $2\ln(2+\sqrt{5})-\sqrt{5}+1$;　 (14) 1.

3. (1) 0;　 (2) $\dfrac{3}{2}\pi$;　　 (3) $\dfrac{\pi^3}{324}$;　　 (4) 0;　　 (5) $\dfrac{2\sqrt{3}}{3}\pi-2\ln 2$;　　 (6) $\ln 3$.

4. (1) $\dfrac{9}{2}\pi$;　 (2) $\dfrac{\pi}{2}$;　　 (3) -6π.

9. $J_m=\begin{cases} \dfrac{m!!}{(m+1)!!}\cdot\dfrac{\pi^2}{2}, & m=2n \\[2mm] \dfrac{m!!}{(m+1)!!}\cdot\pi, & m=2n+1 \end{cases}$　$\left(n\in\mathbf{N},\ J_0=\dfrac{\pi^2}{2},\ J_1=\pi\right)$.　　　 12. $\dfrac{1}{2}(\cos 1-1)$.

习题 5-5

1. (1) $\dfrac{1}{2}$;　　 (2) 发散;　　 (3) $\dfrac{1}{a}$;　　 (4) π;　　 (5) 发散;　　 (6) $\dfrac{1}{2}\ln 2$;

　 (7) 1;　　 (8) 发散;　　 (9) $2\dfrac{2}{3}$.

2. 当 $k > 1$ 时收敛于 $\dfrac{1}{(k-1)(\ln 2)^{k-1}}$，当 $k \leq 1$ 时发散；当 $k = 1 - \dfrac{1}{\ln\ln 2}$ 时取得最小值.

3. (1) 不正确；　(2) 不正确.　　　　　　4. $n!$.

习题 5-6

1. $\dfrac{1}{6}$.　　　　　　2. 1.　　　　　　3. $\dfrac{16}{3}\sqrt{2}$.　　　　　　4. $\dfrac{3}{2} - \ln 2$.

5. 两部分面积分别为 $2\left(\pi + \dfrac{2}{3}\right)$ 和 $2\left(3\pi - \dfrac{2}{3}\right)$.

6. $e + \dfrac{1}{e} - 2$.　　7. $b - a$.　　8. $\dfrac{\pi}{2} - 1$.　　9. $\dfrac{4}{3}$.　　10. $\dfrac{e}{2}$.　　11. $y = -4x^2 + 6x$.

12. (1) $V_x = \dfrac{15}{2}\pi$, $V_y = 24\dfrac{4}{5}\pi$;　　(2) $V_x = \pi^2/4$, $V_y = 2\pi$;　　(3) $V_x = \dfrac{128}{7}\pi$, $V_y = \dfrac{64}{5}\pi$.

13. $\dfrac{3}{10}\pi$.　　　14. $2\pi^2$.　　　15. $a = 0$, $b = A$.　　16. πa^2.　　17. $18\pi a^2$.

习题 5-7

1. $C(q) = 25q + 15q^2 - 3q^3 + 55$, $\overline{C}(q) = 25 + 15q - 3q^2 + \dfrac{55}{q}$, 变动成本为 $25q + 15q^2 - 3q^3$.

2. $R(q) = 3q - 0.1q^2$, 当 $q = 15$ 时收入最高为 22.5.　　　　3. (1) 9 987.5;　(2) 19 850.

4. $C(q) = 0.2q^2 - 12q + 500$, $L(q) = 32q - 0.2q^2 - 500$, $q = 80$ 时获得最大利润.

5. $F(t) = \dfrac{1}{3}at^3 + \dfrac{1}{2}bt^2 + ct$.　　　6. $310 + 90e^{-4}$.　　　7. $F(t) = 2\sqrt{t} + 100$.

8. (1) $3\sqrt{Y} + 70$;　(2) 12.　　9. 236.　　　10. 400/3.

11. 1/2.　　　　　　12. 96.73 (万元).　　　13. 每年应付款 33.244 7 万元.

14. 分期付款合算 (租金总费用的现值约为 289.1 万元).

总习题五

1. (1) $-2e^2 \leq \displaystyle\int_2^0 e^{x^2 - x}\,dx \leq -2e^{-1/4}$;　　　　　(2) $\dfrac{1}{2} \leq \displaystyle\int_0^1 \dfrac{1}{\sqrt{4 - x^2 + x^3}}\,dx \leq \dfrac{\pi}{6}$.

3. 0.　　4. $\dfrac{3}{2}$.　　9. C.　　10. C.　　11. $\dfrac{1}{3}$.　　12. $\dfrac{e^{y^2}\cos x^2}{2y}$ $(y \neq 0)$.

13. $-\dfrac{1}{2t^2 \ln t}$.　　　　　14. 2.　　　15. $1 + \dfrac{3\sqrt{2}}{2}$.

16. $F(0) = 0$ 为最大值, $F(4) = -32/3$ 为最小值.

17. $f(2) = 6$, $f\left(\dfrac{1}{2}\right) = -\dfrac{3}{4}$ 分别为 $f(x)$ 的最大值与最小值.

18. $\varphi(x) = \begin{cases} \dfrac{1}{3}x^3, & x \in [0, 1) \\ \dfrac{1}{2}x^2 - \dfrac{1}{6}, & x \in [1, 2] \end{cases}$, $\varphi(x)$ 在 $(0, 2)$ 内连续.　　　19. $x^2 - \dfrac{4}{3}x + \dfrac{2}{3}$.

20. $\dfrac{1 + e}{2}$.

21. (1) $\pi - 1\dfrac{1}{3}$;　　　(2) $\dfrac{2}{3}\pi$;　　　(3) $\dfrac{\pi}{2}$;　　　(4) $\sqrt{2}(\pi+2)$;　　(5) $1 - \dfrac{\pi}{4}$;　　(6) $\dfrac{\pi a^4}{16}$;

　　(7) $8\ln 2 - 5$;　　(8) $\pi/6$;　　(9) $10 - \dfrac{8}{3}\sqrt{2}$.

22. (1) $2 - \dfrac{2}{e}$;　　　(2) $-\dfrac{1}{216}$;　　(3) $\dfrac{1}{3}\ln 2$.　　　　　　23. (1) $\dfrac{22}{3}$;　　(2) $4\sqrt{2}$.

24. C.　　　　25. 2.　　　　26. 7.　　　　29. 8.　　　　31. $\dfrac{5}{6}$.　　　　32. $-6 + \ln 15$.

37. (1) $\dfrac{3}{2}\sqrt{\pi}$;　　(2) 2.　　　　　　　　38. $\dfrac{\pi}{2}$.　　　39. $\dfrac{\pi}{4}e^{-2}$.　　40. $\dfrac{5}{2}$.

41. $t = \dfrac{\pi}{4}$ 时, S 最小; $t = 0$ 时, S 最大.　　42. 3.　　43. $4\sqrt{2}$.　　44. $\dfrac{5\pi}{4} - 2, 2 - \dfrac{\pi}{4}$.

45. $\dfrac{\pi}{2}$.　　　　46. $160\pi^2$.　　　　　　47. (1) $\dfrac{\pi}{2}$; (2) $a = 1$.　　48. $\dfrac{5}{4}a$.

49. (1) $q = 4$;　　(2) 0.5 万元.　　　　　50. 8 年后停产, 最大利润为 1 840 万元.

51. 当 $Q = 11$ 时, 厂商可获得最大利润 $111\dfrac{1}{3}$ 万元.

图书在版编目（CIP）数据

微积分：经管类. 上册/吴赣昌主编. —5 版. —北京：中国人民大学出版社，2017.7
21 世纪数学教育信息化精品教材　大学数学立体化教材
ISBN 978-7-300-24383-2

Ⅰ.①微…　Ⅱ.①吴…　Ⅲ.①微积分-高等学校-教材　Ⅳ.①O172

中国版本图书馆 CIP 数据核字（2017）第 109623 号

21 世纪数学教育信息化精品教材
大学数学立体化教材
微积分（经管类·第五版）上册
吴赣昌　主编
Weijifen

出版发行	中国人民大学出版社			
社　　址	北京中关村大街 31 号		**邮政编码**	100080
电　　话	010 – 62511242（总编室）		010 – 62511770（质管部）	
	010 – 82501766（邮购部）		010 – 62514148（门市部）	
	010 – 62515195（发行公司）		010 – 62515275（盗版举报）	
网　　址	http://www.crup.com.cn			
经　　销	新华书店			
印　　刷	北京昌联印刷有限公司		**版　　次**	2006 年 4 月第 1 版
规　　格	170 mm×228 mm　16 开本			2017 年 7 月第 5 版
印　　张	19.75 插页 1		**印　　次**	2023 年 9 月第 15 次印刷
字　　数	404 000		**定　　价**	42.80 元